# Coding Math
# 寫 MATLAB
# 程式解數學

汪群超

國家圖書館出版品預行編目資料

Coding Math : 寫 MATLAB 程式解數學 / 汪群超著.
-- 1 版. -- 臺北市 : 臺灣東華, 2018.01

400 面; 19x26 公分.

ISBN 978-957-483-918-6 ( 平裝 )

1. Matlab ( 電腦程式 )  2. 數學

312.49M384　　　　　　　　　　106024340

## Coding Math: 寫 MATLAB 程式解數學

| | |
|---|---|
| 著　　者 | 汪群超 |
| 發 行 人 | 陳錦煌 |
| 出 版 者 | 臺灣東華書局股份有限公司 |
| 地　　址 | 臺北市重慶南路一段一四七號三樓 |
| 電　　話 | (02) 2311-4027 |
| 傳　　眞 | (02) 2311-6615 |
| 劃撥帳號 | 00064813 |
| 網　　址 | www.tunghua.com.tw |
| 讀者服務 | service@tunghua.com.tw |
| 門　　市 | 臺北市重慶南路一段一四七號一樓 |
| 電　　話 | (02) 2371-9320 |
| 出版日期 | 2018 年 5 月 1 版 1 刷 |

ISBN　978-957-483-918-6

版權所有 · 翻印必究

# 推薦序

近年來，資料科學已成為最熱門的科技趨勢，並成為解決企業新一代商業模式的最佳方法。立基於統計分析方法的機器學習理論，應用範圍相當廣泛，從財經產業 FinTech 應用之理財機器人、網路下單/理財、信用評等等分析；到消費性產業的客戶消費行為；以及航太與車輛產業的自主式載具之知覺資料分析，到工業 4.0 的工廠機台資料進行預測性的維護與工業物聯網等，都脫離不了資料科學的應用。

成為一個炙手可熱的資料科學人才其實並不是念理工科的專利，就讀商管學院的人員具備專業知識的優勢，單看是否有適合的工具將想法實踐於資料科學分析上。過去近三十五年來，MATLAB 不僅是工學院及資電學院專業人才的必用工具，十幾年來在全球財務金融及商管的應用，普遍被各國央行、跨國性金控、投資及顧問等公司廣泛用在財務模型、資料運算、演算法交易、計量風險、理財機器人等。但是對商管學院的學生而言，聽到撰寫程式，心中總自然地浮現了難如登天的印象。其實 MATLAB 是一套功能齊全，但卻非常容易學習與操作的程式語言。國外自青少年時期便開始使用的案例也不勝枚舉，目前全球已有超過 175 個國家以及 200 萬的工程師與科學家們，使用 MATLAB 環境解決其於數學、統計、工程、研發等資料運算及設計發展等問題。問題在於是否有良師善於引導，並開始學習的第一步，一旦開始，一定會了解為何全球企業及科學家使用 MATLAB 作為科學運算及資料分析的最佳工具！

汪老師累積了十數年的教學經驗，將看來枯燥的統計數學轉化成實驗形式，透過實作加速理解，一步一步帶領沒有程式撰寫經驗的讀者了解數學原理及眾多統計方法，突破往常統計教學的嶄新方法，能扎實地為新進學習者打穩基礎，延伸發展多元的應用也很容易。而對於已經學習過 MATLAB 的讀者而言，本書是您跨入資料科學領域資料解析技術的入門磚，透過國內少有的教授方式搭配練習題，讀者可以輕鬆學習，並在最短時間內就能上手，一窺統計及資料科學的堂奧。

鈦思科技在國內推廣 MATLAB 二十年，成功推廣至國內龐大的產業研發製造及學界的研究，深感 MATLAB 的系統發展環境與運算及繪圖能力愈形強大，新版 MATLAB 不斷引領全球最新趨勢及科技，近來年在深度學習、金融科技、物聯網、機器學習、大數據及物聯網等應用獲得眾多推崇，未來會有更多專業工具箱與整合解決應用方案的推出，定能協助研發者提高產業的競爭優勢。

身為鈦思科技總經理，欣聞汪老師願意不藏私分享教學心得出書，本人極為樂意推薦給大家，相信大家一定能夠受益匪淺，在新時代的科技洪流中站穩腳步。

鈦思科技股份有限公司 總經理

申強華

2018 年 5 月

# 自序

　　本書內容源自筆者在大學教授「統計計算」課程的講義。自己寫講義，無非是市面上沒有合適的書能滿足筆者對這門課的想法。十多年下來，從輔助上課的講義，到逐漸修訂並擴增內容與範圍，最後以主題型態寫成一篇篇的講義文章，放在網路上供學生及有興趣的學者自行閱讀。

　　筆者的想法是以數學實驗室的概念出發，透過電腦程式設計，重建數學與應用科學的學理，譬如在統計、機率、線性代數等數學相關的學門。這一切都是拜電腦科技進步之賜，在軟、硬體方面都提供了足夠的實驗設備，幫助學習者動手做數學實驗。讓原本令人卻步、偏重理論的課程變得有趣，因為透過實驗觀察，也能理解數學。讓數學不是很頂尖的學生也能從事與數學相關的工作，譬如人工智慧 (AI)、機器學習、深度學習、金融科技 (FinTech) 等具時代性的領域。

　　實驗是具象的操作與觀察，學理是抽象的閱讀與理解；從具象理解抽象，從抽象解讀具象，也就是實驗 (程式設計) 與學理 (數學原理) 互為表裡、彼此幫襯、與時俱進。這是時代的優勢，在三十多年前還看不到，年輕學子應趁勢而為，抓住時機開創大時代。

　　本書從講義變成一本書，是東華書局張振楓先生牽線促成。期間鈦思科技提供新版 MATLAB 軟體供筆者測試使用，才能與時並進地提供最新的軟體功能。十多年來，上過筆者的「統計計算」課程的學生，在互動的過程中給了我信心，相信以程式實驗帶領的學習過程是肯定並令人驚喜的。一併感謝他們。

汪群超
2018 年 5 月於三峽臺北大學

# 寫在 2005 年未曾出版的序：
# 程式設計的觀念

　　教學七年了，這本講義也用了三年。其間經過多次的修改，不管擴編還是刪減，多半是依據上課時學生的反應而來。這本講義其實很多地方寫得不夠詳細，本想進一步將所有細節完整呈現，成為一本書。但幾經思量，仍維持原貌，原因是太詳細的內容會養成學生的依賴心，喪失原先期望學生自己去補足不清楚、不詳細的部分。希望學生藉著這門課拾回過去學得不夠清楚的微積分、統計學、機率與線性代數。

　　這本講義企圖將數學原理以電腦數據圖表的方式呈現出來，再要求同學以文字圖案呈現出其間的條理，這樣的訓練是現今大學生十分欠缺的。說穿了就是「表達能力」的培養。這可不是說、學、逗、唱之類的表達，而是一種試圖將不易說清楚或難以理解的東西，透過文字、圖表或語言將它交代清楚。這樣的能力絕對需要長時間的訓練，有了這項「絕技」，大學畢業生不必急著說自己學非所用，有太多的事實證明，擁有絕佳的表達能力，放諸四海都餓不著肚子。

　　表達能力的養成必須按部就班，一點都急不得。可惜的是，莘莘學子不是自作聰明，便是固執己見，往往喜歡憑自己過去的經驗來解決未知的問題，缺乏耐心去熟練不熟悉的工具，不願將專注力用在問題的觀察。學習過程像極蒙著雙眼亂砍、亂殺，到頭來學不到東西還怪老師出太多怪怪的功課，既對升學沒有幫助，也無助以後做生意賺大錢，不多久便放棄了，殊是可惜。

　　以寫作程式為例，每一種程式語言都有其語法規範，該怎麼寫？怎麼用？一點也馬虎不得，連錯一點點都不行，沒得商量的。初學者往往輕忽之，不喜歡被「規範」束縛，不顧老師一再地提醒，愛怎麼寫就怎麼寫，天才般地自行編撰起語法，結果當然是錯誤百出，讓老師在一旁乾著急。更有甚之，錯了還不認帳，直呼語法太不人性化，不能隨意更動，學它何用。

　　寫程式首要遵守語法教條，待熟悉語法規範之後，才能漸漸懂得運用，透過寫一些不痛不癢的小程式，一方面熟悉語法，一方面體驗其威力。漸熟，才慢慢從觀察別人寫的「模範程式」中，了解死的語言原來也能玩出活把戲，這才一步步進入寫作程式的精髓，進一步玩出樂趣。這道理亙古不變，古今達人不管學習琴棋書畫，還是打、拿、摔、踢等

v

武藝，無不遵循這樣的哲理：[1]

> 能力未至不可變也、學識未敷不得變也、功候未到不能變也。
>
> 學於師已窮其法，不可不變也、友古人已悉其意，不得不變也、師造化已盡其理，不能不變也。

從「不可變」、「不得變」、「不能變」，到「不可不變」、「不得不變」、「不能不變，」可以作為寫作程式的養成過程。學習之初應謹慎遵循所有的規範，一絲不苟，不能濫用自己的小聰明亂抄捷徑。要聽話、要服從，將老師的交代與叮嚀當作聖旨般遵循，務必做到。一段時日之後，犯錯越少，進步越多，自然而然當變則變，逐漸形成自己的風格。

不能急，成就總在不知不覺中「被別人發現」，絕非刻意營造而能得。別人眼中看到的成就，對自己而言永遠都是平常事而已，只不過在許多小地方比別人好一點點罷了。但別小看這一點點，許許多多的一點點累積起來，那可有多少啊！

汪群超

2005 年 2 月於臺北大學

---

[1] 摘自五絕奇人鄭曼青先生名著《曼髯三論》。

# 寫在 2002 年實驗後的感想

如果學習數學相關的學科是痛苦的，那真是一個天大的誤會。數學長久以來被「妖魔」化了。在許多學生心中有一種無形的恐懼，甚至厭惡。有些人選擇提早擺脫數學的糾纏，但有些人卻一直揮之不去，走到哪裡都會碰到數學，或與數學相關的領域。

逃避未必求得正果，逃避只是搗著眼睛假裝看不到，一切的逃避或美其名的以不感興趣迴避，都是錯把數學當成表皮摻有農藥的蘋果。儘管知道裡面好吃，卻不敢去碰。但數學能力對一個人的重要性不會因此消失，因為數學能力的展現不一定用來解決數學問題。或許因為如此隱晦，才會引導學生對數學的學習做出零和的決定：學或不學，而且往往是一輩子的賭注。

這本單元式的講義企圖挽回一般學生對數學莫名的恐懼，進而開始喜歡上它。不管你以前多麼痛恨數學，從此刻起，不計前嫌地再一次面對數學。這次讓電腦來幫幫忙，透過電腦程式的寫作去了解數學的內涵與精神。數學題材不在深，電腦程式不在精闢，一切都是玩票的。學完後，你不會成為電腦程式專家，更不會變成數學家，但是你可能不再討厭數學，且對電腦程式的運作有些概念。或許在不知不覺中，數學與電腦會激盪出你未來求知求學的另一番憧憬。幾句話充作參考：

用電腦來解決數學問題，能輕易化解對數學的厭惡與對電腦的恐懼。
用電腦來解決數學問題，找不到答案也可以觀察到許多未知的領域。
用電腦來解決數學問題，觀察、解析問題的能力不知不覺中提昇了。
用電腦來解決數學問題，時間似乎流逝得特別快，你已沉浸其中了。
用電腦來解決數學問題，看問題的角度變大了、也變得寬廣許多了。

對數學的畏懼來自不當的教學或失敗者的恫嚇。不了解學習數學其實是培養各種領域專長的催化劑。數學不見得是第一線的武器，但它永遠是後勤的資源。常常隱而不見，需要時，卻自然流露。不要小看數學的影響力，它無所不在、無孔不入，你只是沒有得到適當的引導！這本講義透過獨立單元介紹一些統計系學生會接觸到的數學，並結合數學軟體 MATLAB，將數學的內涵呈現在螢幕上。這本講義的編排方式不是朝向完整教科書的鉅細靡遺，僅作為上課練習的腳本與課後作業的參考，上課的過程仍是必須的。部分內容摘自同學的作品。當學生的數學情緒被激發時，我似乎看到潛藏在他們內心裡面，受到壓抑的數理能力，他們的發現往往超過我的預期。

*汪群超*
2002 年 7 月於臺北大學

# 目次

**Chapter 1　MATLAB 初識**

1.1　背景　2
1.2　MATLAB 實驗室環境介紹　2
　1.2.1　子視窗介紹　4
　1.2.2　主畫面工具列　6
1.3　MATLAB 的實驗對象：資料與函數　6
　1.3.1　關於資料型態　7
　1.3.2　資料型態轉換　19
1.4　觀察與延伸　20
1.5　習題　21

**Chapter 2　從繪製函數圖切入 MATLAB**

2.1　基本練習　24
2.2　觀察與延伸　36
2.3　習題　44
2.4　本章附錄　46

**Chapter 3　MATLAB 的數學運算與程式**

3.1　練習　52
3.2　程式與程式的管理　58
3.3　外部檔案讀取與儲存　63
　3.3.1　存取 MATLAB 專用檔 (MAT)　63
　3.3.2　存取一般文件檔 (TXT)　65
　3.3.3　存取 EXCEL 檔 (XLS, XLSX, CSV)　66
　3.3.4　存取一般媒體檔 (圖片、影音)　69
　3.3.5　低階檔案存取　71
3.4　觀察與延伸　72
3.5　習題　73

**Chapter 4　迴圈技巧與應用**

4.1　背景介紹　76
4.2　練習　76
4.3　觀察與延伸　92
4.4　習題　94

**Chapter 5　微分與積分**

5.1　背景介紹　98
　5.1.1　微分與積分的符號運算　98
　5.1.2　微分的數值運算　100
　5.1.3　積分的數值運算　103

| | | |
|---|---|---|
| 5.2 | 觀察與延伸 | 110 |
| 5.3 | 習題 | 112 |

### Chapter 6　MATLAB 的副程式

| | | |
|---|---|---|
| 6.1 | 背景介紹 | 118 |
| 6.2 | 副程式寫作 | 118 |
| 6.3 | 觀察與延伸 | 125 |
| 6.4 | 習題 | 129 |

### Chapter 7　單變量函數的根與演算法初識

| | | |
|---|---|---|
| 7.1 | 背景 | 132 |
| 7.2 | MATLAB 求解函數的根 | 133 |
| 7.2.1 | 符號運算 | 133 |
| 7.2.2 | 數值運算 | 134 |
| 7.3 | 演算法的程式設計技巧 | 142 |
| 7.4 | 觀察與延伸 | 147 |
| 7.5 | 習題 | 152 |

### Chapter 8　單變量函數的極值問題

| | | |
|---|---|---|
| 8.1 | 背景 | 156 |
| 8.2 | MATLAB 計算單變量函數的極值 | 157 |
| 8.3 | 計算單變量函數極值的演算法 | 166 |

| | | |
|---|---|---|
| 8.4 | MATLAB 的程式除錯工具 | 173 |
| 8.5 | 觀察與延伸 | 177 |
| 8.6 | 習題 | 179 |

### Chapter 9　多變量函數極值問題

| | | |
|---|---|---|
| 9.1 | 背景介紹 | 186 |
| 9.2 | 無限制式條件下的多變量函數最小值 | 187 |
| 9.3 | 限制式條件下的多變量函數最小值 | 201 |
| 9.4 | 計算極值的演算法 | 209 |
| 9.5 | 觀察與延伸 | 212 |
| 9.6 | 習題 | 213 |

### Chapter 10　非線性聯立方程式的解

| | | |
|---|---|---|
| 10.1 | 背景介紹 | 220 |
| 10.2 | 範例練習 | 220 |
| 10.3 | 觀察與延伸 | 225 |
| 10.4 | 習題 | 225 |

### Chapter 11　機率分配的面貌

| | | |
|---|---|---|
| 11.1 | 背景介紹 | 228 |
| 11.2 | 連續型的機率分配函數 | 229 |

| | | |
|---|---|---|
| 11.3 | 離散 (間斷) 型的機率分配函數 | 236 |
| 11.4 | 樣本 (亂數) 的生成與繪圖 | 239 |
| 11.5 | 觀察與延伸 | 257 |
| 11.6 | 習題 | 259 |

## Chapter 12　程式專題

| | | |
|---|---|---|
| 12.1 | 專題 1：$\pi$ 的估計 | 265 |
| 12.2 | 專題 2：中央極限定理的實驗 | 271 |
| 12.3 | 專題 3：雙樣本 T 檢定的 p-value 分佈 | 284 |
| 12.4 | 專題 4：順序統計量的實驗分配 | 288 |
| 12.5 | 專題 5：泰勒級數的舞步 | 292 |
| 12.6 | 專題 6：摩天輪：轉換矩陣的程式觀 | 296 |
| 12.7 | 專題 7：評估統計量的優劣——以卡方適合度檢定為例演練蒙地卡羅模擬 | 304 |
| 12.7.1 | 卡方適合度檢定問題？ | 305 |
| 12.7.2 | 專題目標 | 306 |
| 12.7.3 | 檢測檢定統計量的型一誤維持 (顯著水準的維持) | 312 |
| 12.7.4 | 檢測檢定統計量的檢定力 | 315 |
| 12.7.5 | 檢定統計量商品化的考量 | 315 |

| | | |
|---|---|---|
| 12.8 | 結論 | 318 |

## Chapter 13　著名 EM 演算法的程式寫作

| | | |
|---|---|---|
| 13.1 | 背景介紹 | 320 |
| 13.2 | 範例練習 | 320 |
| 13.3 | 觀察與延伸 | 340 |
| 13.4 | 習題 | 341 |

## Chapter 14　MATLAB 圖形使用者介面設計

| | | |
|---|---|---|
| 14.1 | 背景介紹 | 346 |
| 14.2 | 佈局與反應函數 | 349 |
| 14.2.1 | 佈局 | 349 |
| 14.2.2 | GUI 檔案 | 351 |
| 14.2.3 | 反應函數 | 352 |
| 14.3 | 範例練習 | 353 |
| 14.4 | 觀察與延伸 | 382 |
| 14.5 | 習題 | 385 |

索引　387

# Chapter 1

# MATLAB 初識

MATLAB 已經超過 30 歲了。一個高階程式語言能如此長壽，屈指可數。代表它有扎實的產品結構、綿密的產學延續性，能隨時代演進跟上腳步，沒有在一波波開放式程式語言的浪潮中滅頂。經過 30 年的繁衍，MATLAB 的產品線涵蓋了許多領域，包括工程、數學 (統計)、財務及處理大數據並與資料庫結合的整合性產品。但不管是什麼領域，其核心仍是以解決數學問題為主的計算與圖形表達能力。本書藉由 MATLAB 在這方面的長處，將數學 (統計、機率) 的學習與應用以實驗的方式導入，讓數學不再只是紙筆的計算與抽象的思考。讓數學看得見、動得了。不但對學習有幫助，也是將來解決工程與一般數學問題的利器。本書並不是要鉅細靡遺地介紹 MATLAB，而僅介紹筆者使用這個軟體近 30 年時間裡經常使用的語法、指令、寫作技巧與經驗，俾能協助初學者盡快掌握這個程式語言的精髓。不足之處或許是筆者刻意安排，也許是疏漏，都請讀者自行查詢線上使用手冊。

本章為新手介紹 MATLAB，這個筆者稱之為「數學實驗室」的環境與配備，協助讀者在學業或工作上得到最大的助益。已經熟悉 MATLAB 操作與程式寫作的讀者可略過本章。透過目錄或索引直接找到所需了解的領域、問題或指令技巧。

### 本章學習目標

認識 MATLAB 的寫作環境與基本操作。

> **關於 MATLAB 的指令與語法**
>
> 指令：categorical, categories, clock, datestr, esp, exp, now, num2str, pwd, readtable, str2num
>
> 語法：資料型態、字串的串聯與邏輯操作元

## 1.1 背景

　　MATLAB (Matrix Laboratory) 是一個軟體開發工具，包含一套自訂的程式語言與程式開發軟體，擅長以矩陣運算的方式解決工程與數學上的問題。MATLAB 為英文簡寫的矩陣實驗室，提供完善的計算環境讓程式語言運作，因此以實驗室為產品名稱。其中程式語言彷彿是實驗室的設備器材，資料 (數字與文字) 與函數恰像實驗對象。整個 MATLAB 實驗室被設計來協助程式設計者有效率地做大量資料的計算或處理較困難的數學問題，並能以精美的圖形輸出結果。本章介紹 MATLAB 實驗室的環境 (程式寫作環境) 與實驗對象 (資料)。至於實驗設備 (程式語言) 與操作方式 (程式寫作) 將藉不同的實驗主題逐步介紹。[1]

## 1.2 MATLAB 實驗室環境介紹

　　程式語言與開發環境 (軟體) 是兩回事，譬如撰寫 C 語言，有多個開發軟體可以使用，有些屬於免費軟體 (如 DEC-C++)，有些需要費用 (如 Microsoft Visual C++)。嚴格來說，能在市面上存活幾年的產品沒有好壞之別，只有個人習慣與否，用得順手就是好軟體。對初學者來說，第一次接觸的開發軟體通常透過學校課程的安排 (也沒得選) 盡力去摸索該軟體的優點就是王道。

---

[1] 詳細內容可以參考 MATLAB 官網上的手冊：http://www.mathworks.com/help/pdf_doc/matlab/index.html。

MATLAB 是一種以 C 語言為其核心建構的高階語言。這裡所謂「高階」是相對於其底層的 C 語言而論，除了有 C 語言的基礎功能外，主要是增加許多功能性的指令，來執行較複雜的工作，減輕程式設計者凡事親力親為的負擔。MATLAB 依領域將這些功能性的指令組合成不同的工具箱 (Toolboxs) 分開銷售。

MATLAB 不僅是程式語言，也是軟體產品，結合程式語言與開發環境為一體，方便開發者進行程式撰寫、分析、除錯與包裝成獨立的軟體產品。MATLAB 軟體的開發視窗 (Desktop) 如圖 1.1 所示，預設的介面依版本不同有些微差距，不外乎包含幾個子視窗 (Panels)，譬如命令視窗 (Command Window)、工作區資料視窗 (Workspace) 與檔案目錄視窗 (Current Folder) 等，整齊地鑲嵌在一個大視窗裡。使用者可以依自己的習慣安排這些子視窗的位置與大小，也可以加入其他子視窗，如圖 1.2 是筆者習慣的工作環境，其中左下角的「指令歷史紀錄」(Command History) 子視窗是新增的。[2] 原來預設在右邊的「工作區資料視窗」被拖

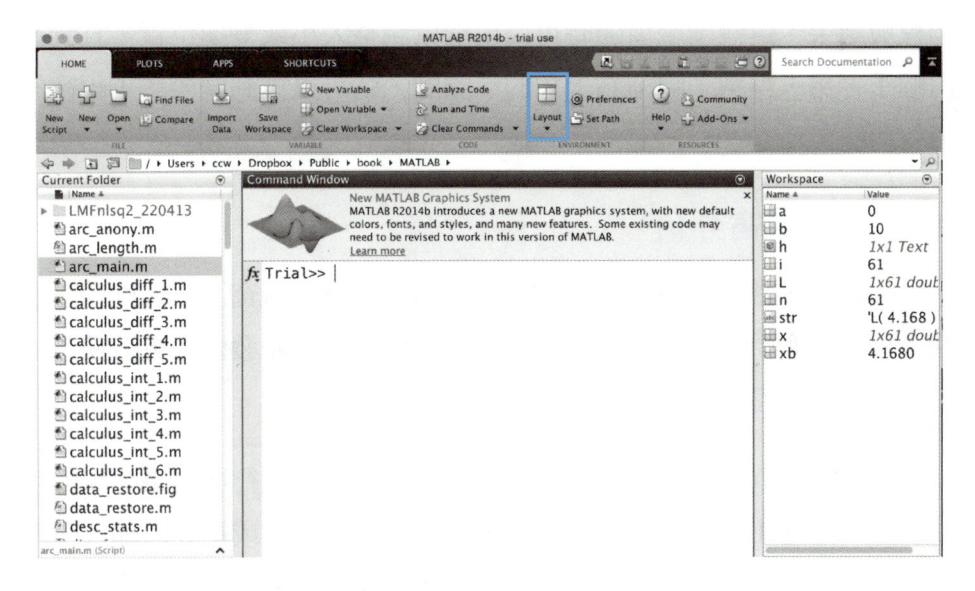

● 圖 1.1　MATLAB 的開發介面 (Desktop)

---

[2] 增減或調整視窗排列的功能在開發視窗上方工具列，如圖 1.1 的方框所指。

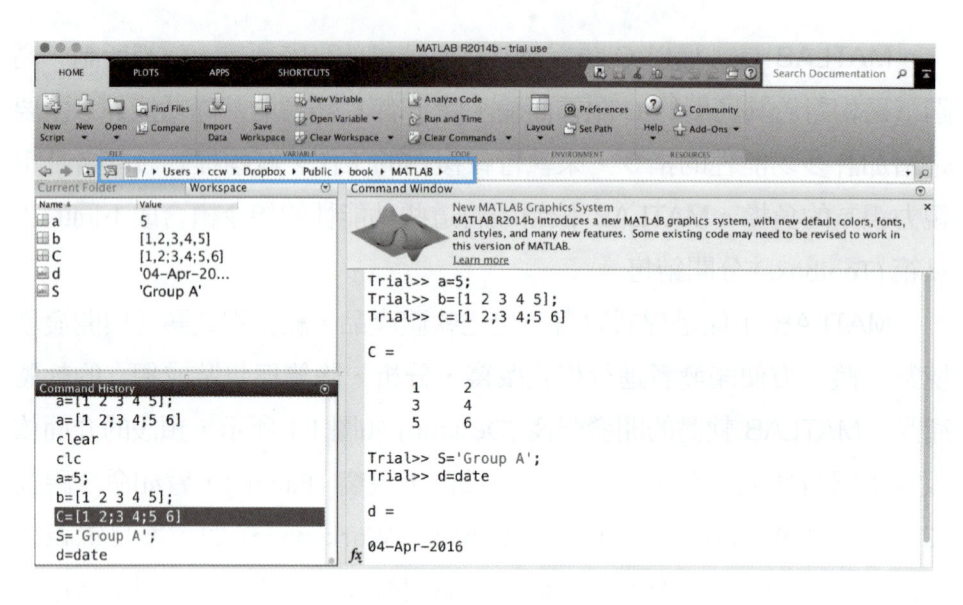

# Coding Math：寫 MATLAB 程式解數學

● 圖 1.2　MATLAB 的開發介面重新排列

曳到左上角與「檔案目錄視窗」並陳，變成摺疊式 (Folder) 視窗。這個擺設方式是將最常用的「命令視窗」調整到最大，方便觀察程式執行的過程與結果。這些子視窗隨時可以用滑鼠調整大小或變換位置，直到使用順手。另，點選子視窗右上角的小圈圈，就可以找到關於該子視窗的所有功能。

## 1.2.1　子視窗介紹

　　MATLAB 將數個功能不同的視窗整合在一個主視窗下，能同時呈現許多程式開發中的訊息，不需切換視窗，這讓程式開發變得更方便。以下簡單介紹幾個常用的子視窗：[3]

- 命令視窗 (Command Window)：是指令或程式執行與結果呈現的地方，如圖 1.2 右邊較大的視窗，裡面呈現了程式或指令的輸入、執行與結果。更多關於命令視窗的操作將在第 1.3 節與後續的篇章介紹。

---

[3] 整合在 MATLAB 主視窗 (Desktop) 裡的所有視窗，在本書通稱為子視窗 (Panels)。

- 工作區資料視窗 (Workspace)：呈現命令視窗執行過指令或程式後，留下來的資料變數。如圖 1.2 左上角呈現曾在命令視窗出現的變數及其內容。這些變數與其內容除非被清除，否則將一直存在。視窗中可以清楚地看到每個變數的型態 (第 1.3 節介紹) 與大小，方便程式設計者掌握程式執行的狀況，並能及早發現錯誤。

- 檔案目錄視窗 (Current Folder)：呈現目前工作區所在路徑的檔案目錄，方便程式設計者查看並直接雙擊打開該檔案進行程式編輯。程式設計者通常會設定工作區的路徑在程式所在的目錄，這樣可以輕易找到所有相關程式，並可以直接在「命令視窗」執行。圖 1.2 的方框指出更動工作路徑的位置。也可以在「命令視窗」下指令 pwd 查看目前的路徑所在。

- 指令歷史紀錄視窗 (Command History)：記錄曾經在命令視窗執行過的命令，方便觀察或重複執行某個指令 (雙擊滑鼠)，不需要再手動輸入一次。筆者經常在命令視窗測試一些不熟悉的指令與語法，待測試成功後，便會從指令歷史紀錄裡複製這些測試成功的指令再貼到程式裡。另，這是一個存放歷史指令的紀錄區，可以透過搜尋的方式找到特定的指令。方式是點選右上角彈出功能選單，選擇搜尋功能，或直接在命令視窗輸入欲搜尋指令的前幾個字，再敲擊鍵盤的「↑」鍵，便會出現符合關鍵字的指令，且依出現的時間順序呈現 (越接近的指令越早出現)。

- 編輯視窗 (Editor)：編輯程式 (Scripts) 的子視窗，具備程式效能分析、語法偵測與除錯功能，是 MATLAB 最重要的視窗。筆者偏好將編輯視窗與命令視窗放在同個位置 (變成可以切換的摺疊視窗)，佔據最大的面積，方便寫程式時有較大的視野，能看到最多行程式碼。編輯視窗的功能很多，將在後續適當的章節介紹。

- 圖形視窗 (Figures)：當繪圖指令或程式執行繪圖時，圖形呈現在彈出的圖形視窗，這個圖形視窗同時提供後製功能，即便不知道編輯圖形的指令，也能讓圖形的表現一樣精彩。同樣地，圖形視窗也可

以被收編進主視窗中，方便再次繪製時，不需要一直切換視窗。[4] 關於圖形視窗的後製功能，請參考第 2 章。

- 變數視窗 (Variables)：當雙擊「工作區資料視窗」中的任一變數，會彈出一個新視窗，呈現該變數的所有內容，其下拉式的表單呈現，方便瀏覽所有資料與協助程式除錯。如果需要將這些資料輸出到其他地方，譬如 EXCEL，除了下輸出指令外，迅速的做法是直接反白欲輸出的資料並複製，再到輸出的地方貼上。另一方面，這個變數視窗也允許直接更動資料 (包括新增、修改與刪除)。

### 1.2.2　主畫面工具列

除了幾個子視窗外，MATLAB 的視窗環境還有幾個工具列，提供寫程式的小工具和寫作環境的調整。較常用的如前面提到的「Layout」用來調整子視窗、「Preferences」可以設定環境功能。圖 1.3 展示「Preferences」設定的視窗環境，其中較常變更的是各子視窗的字型大小顏色與命令視窗的輸出格式。其他能設定的項目很多，只是一般使用者還用不著，本書不多做討論。有興趣的讀者等熟悉 MATLAB 的環境與程式設計後，再慢慢研究也不遲。主視窗的工具列上還有許多其他功能，可以從旁邊的英文字了解意思，多試幾次通常都能掌握，值得進一步說明的功能會留待往後的章節用到時再來敘述。

## 1.3　MATLAB 的實驗對象：資料與函數

MATLAB 是矩陣實驗室，介紹 MATLAB 就是說明如何做數學實驗，而實驗對象是資料與函數。前一節介紹了實驗環境，本節概述在這個實驗室「被實驗」的主角：資料與函數。就程式語言來說，談到資料，最需關心的是資料型態 (Data Type)。

---

[4] 將子視窗從整合視窗中獨立出來，稱為「Undock」；反之，收編回去稱為「Dock」，可以從視窗右上角的小圖示選取。

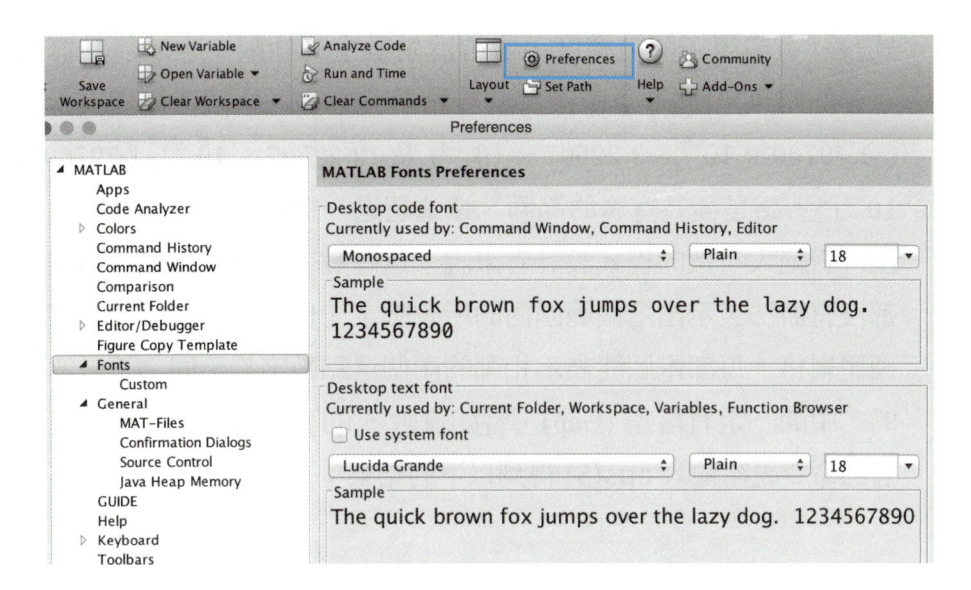

● 圖 1.3　MATLAB 主畫面的工具列裡的「Preferences」環境設定功能視窗

## 1.3.1　關於資料型態

「矩陣實驗室」以矩陣作為實驗的對象，運用了基本的線性代數的概念。所有的實驗資料都被視為 $m \times n$ 的矩陣處理，其中 $m, n \geq 1$，這包含了一般的數字為特例，即 $m = n = 1$。[5] 與一般程式語言相同的，MATLAB 以變數來裝載資料，作為程式運作的基礎。以下簡介 MATLAB 使用的資料型態，[6] 實際的矩陣計算與操作方式自下一章開始介紹。

MATLAB 以矩陣來包裝與處理資料，而資料依不同應用的需求有下列幾種常見類型：

- 數字 (Numeric Types)：分為整數與浮點數 (Floating-Point Numbers，含實數與虛數)。[7] 程式語言牽涉到數字計算，便有精準度 (Precision) 的設定問題，MATLAB 的預設為雙精準度 (Double-Precision)。程

---

[5] MATLAB 甚至可以定義 $n \times m \times k$ 的矩陣，或多維度的資料結構。本書並沒有討論超過二維的矩陣，有興趣的讀者可以從線上使用手冊中找到使用方法。

[6] 詳細的資料型態介紹請參考 MATLAB 官網：http://www.mathworks.com/help/matlab/data-types_data-types.html。

[7] 本書涉獵的範圍不包含虛數的計算。

式設計者必須了解精準度，才會清楚數字的極限，也才能計算出正確的結果。MATLAB 對於其雙精準度數字的極限值範圍表示為 $(-1.79769 \times 10^{308}, -2.22507 \times 10^{-308})$ 及 $(2.22507 \times 10^{-308}, 1.79769 \times 10^{308})$，[8] 這是極為寬廣的範圍，遠遠超過一般數學或工程計算的範圍。對絕大多數的程式設計者來說，這些數字意義不大，任何電腦都沒有辦法表示出這個範圍內的所有數字。也就是，受限於電腦的硬體規格，每部電腦能表示相鄰的兩個浮點數字都不同，不是連續的，中間一定有落差 (Gap)，譬如實數 5 的下個數字是什麼？從筆者的命令視窗輸入 eps(5) 得到以下的結果：

```
esp(5)
ans =
      8.881784197001252e-16
```

這個結果呈現「雙精準度的準確度」(Double-Precision Accuracy)，也就是實數 5 的下一個實數是 5+eps(5)。這個事實會有什麼影響呢？譬如在數學上 $(a+b-a)/b$ 的答案是 1，但是在電腦對數字的計算上不一定如此，圖 1.4 展示電腦精準度造成計算上的落差。圖中舉出 3 組 $a, b$ 的組合，其中 $a$ 不變，$b$ 由大變小。不管 $b = 0.1$ 或是最小的 $b = 10^{-16}$（輸入 1e-16），$(a+b-a)/b$ 的結果都不是 1，甚至還出現 0 的答案。[9] 這個情形若出現在複雜的計算式時，很難被發現，直覺會認定是其他的錯誤，其實什麼也沒錯。程式設計者必須了解電腦的精準度，才能判斷計算上可能的誤差。

---

[8] 數字來源詳見 MATLAB 官網：http://www.mathworks.com/help/matlab/matlab_prog/floating-point-numbers.html。在 MATLAB 命令視窗輸入指令 realmax 與 realmin 可以得到兩個極端值，呈現值為 1.79977e+308 與 2.2251e-308，其中 e 代表 10 的冪次方。

[9] 其中 $b = 1e-16$ 的意思是 $b = 10^{-16}$。

```
Trial>> a=5;
Trial>> b=0.1;
Trial>> (a+b-a)/b

ans =

    0.999999999999996

Trial>> b=1e-14;
Trial>> (a+b-a)/b

ans =

    0.976996261670138

Trial>> b=1e-16;
Trial>> (a+b-a)/b

ans =

     0
```

◉ 圖 1.4　因為精準度的關係造成出乎預期的計算結果

讀者可以試著調整 $b$ 值的大小來觀察這個現象，也可以依照自己對這個問題的理解，設計簡單的數學式來呈現這個計算上不可避免的誤差。這個練習有助讀者真正理解這個問題，將來設計程式時自然會留意。當然也不禁要問：「如何解決這個問題呢？」MATLAB 在 Symbolic Toolbox 這個工具箱提供一個利用符號運算的方式 (指令 vpa) 展延數字精準度的位數，不過代價是速度的犧牲，僅提供有興趣的讀者參考。沒有這個工具箱的讀者最好的解決方式就是重新審視計算式，譬如透過變數轉換的方式調整變數間位數的差異。

## Tips

　　一個稱職、快樂的程式設計者總是能想到解決辦法，要懷抱著不解決問題不罷手的心態挑戰每個困難的問題。就算短時間不能解決好或不能完美處理，也要記在腦子裡，總有一天克服它。設計程式一定有時間限制的壓力，因此有些困難的問題先暫時處理為要，不能為追求完美而耽擱，這樣很可能最後兩頭落空，必要時要啟動 Plan B。程式設計的時程因素很重要，一定要擺在前面。

Coding Math：寫 MATLAB 程式解數學

- 字元/字串 (Characters/Strings)：數學計算的主題是數字與函數，但程式處理的問題也牽涉到字元/字串的儲存、辨識與呈現。字元指一個單一的文字符號，而多個字元串在一起稱為字串，也可以說是字元向量 (Character Array)。表示方式如下指令所示：

```
group='A';                                          % 單一字元
name ='John';                                       % 字串
timer =['The starting time is', datestr(now)];      % 字串的串聯
Brand={'Dior', 'Loewe', 'Armani', 'Paul Smith'}     % cell 矩陣
```

上述第一個指令用變數 group 儲存 (代表) 一個文字 'A'，第二個變數 name 代表字串，第三個變數 timer 是另一種常見的字串形式，用矩陣的方框將兩個 (也可以多個) 字串串連成一個較長字串。其中第二個字串比較特別，是來自執行兩個指令 (now 與 datestr) 的結果，圖 1.5 展示了這個串連的內容。這個字串的內容是筆者經常使用在程式的開頭，顯示在命令視窗上，提醒程式開始執行的時間。通常用在程式需要執行一段時間 (幾十分鐘或幾個小時，甚至幾天)，

```
Trial>> timer=['The starting time is ', datestr(now)]
timer =
The starting time is 07-May-2016 15:33:08
Trial>> Brand={'Dior', 'Loewe', 'Armani', 'Paul Smith'}
Brand =
    'Dior'    'Loewe'    'Armani'    'Paul Smith'
Trial>> Brand{2}
ans =
Loewe
```

▶ 圖 1.5　字元向量與 cell 矩陣

過程中也會利用類似的字串串連技巧，輸出一些提醒的文字，以便隨時觀察程式的進度與中間的結果。

第四個指令的變數 Brand 代表一個 $1 \times 4$ 的字串矩陣，存放四個字串，表示方式與前述的字元矩陣不同 (括號不同)，在 MATLAB 稱蜂巢 (cell) 矩陣 (稍後介紹)。取用裡面字串的方式如一般矩陣，譬如取用第二個字串的指令為 Brand{2}，[10] 結果如圖 1.5 下半部所示。

關於字串資料的處理方式、指令與程式技巧，將在後續的章節介紹。

- 日期/時間 (Dates and Times)：有時程式需要計算時間相關的資料，譬如計算某一段程式碼執行的時間、查詢現在時間或計算距離某個日期的天數等。MATLAB 有一組與時間相關的指令，能計算時間與日期，譬如指令 now 與 clock 都能得到現在使用的電腦的日期與時刻，差別只是結果的表達方式不同，使用者視需要選用。其中 now 用一個數字表示現在的日期/時間，而 clock 使用一個向量將每個時間單位分開，如圖 1.6 所示。其他更多關於時間的指令請查看使用手冊的說明與範例。

```
Trial>> t=now

t =

    7.3646e+05

Trial>> t=clock

t =

   1.0e+03 *

    2.0160    0.0050    0.0070    0.0140    0.0150    0.0011

Trial>> [datestr(now),' == ',datestr(clock)]

ans =

07-May-2016 14:15:05 == 07-May-2016 14:15:05
```

● 圖 1.6　呈現目前日期與時間的兩個指令 now 與 clock

---

[10] 將 Brand{2} 換成 Brand(2) 也可以得到同樣的內容，不過卻還是保留蜂巢資料型態，不是字串。請讀者自行試試並比較其差異。

> **Tips**
>
> 　　對程式設計者而言，不需要在學習階段對所有指令都熟悉，畢竟這太耗費時間也不實際。通常在開始接觸時，先大致瀏覽相關的指令，知道大概有哪些功能、有多大的本事，心裡有個概念，以後需要用到時，再來仔細研究使用。只要曾經使用過一次，這個使用方式將被記錄在自己的程式庫裡，隨時可以取用。
>
> 　　有效率的程式設計者絕對不是每支程式都是從無到有一行行敲寫下來的，而是有成千上萬支曾經寫過的程式在背後支援。曾經寫過的程式都是付出時間與耐心磨出來的，有些更具巧思的程式也不是短時間就可以寫成。如果每次遇到同樣的問題，都重新思考從頭寫起，這樣程式設計者大概應付不了排山倒海的業務。何況，曾經犯的錯也許會重蹈覆轍，但是過去成功的案例卻可以安心使用，不必浪費生命再除錯一次。當程式設計者有千軍萬馬的後援部隊時，總是非常勇敢地面對與承接問題，自然會是業界的一把好手。

- 表格 (Tables)：表格資料是一種像 EXCEL 工作表的矩陣型態，有別於數字矩陣，表格資料有兩個特色：(1) 以「行」為導向 (也就是每行代表一個變數的資料)，(2) 每行的資料型態可以不同。這個型態的設計明顯是為了符合一般資料儲存的方式，方便直接讀取或儲存成外部的文字資料檔或 EXCEL 檔，不需要像過去程式設計者經常要面對的前處理 (Pre-Processing) 動作，省去很多功夫。同時 MATLAB 也提供針對表格資料的指令，讓 MATLAB 逐漸趨向統計計算的專用工具。MATLAB 的表格資料變數來源有二：(1) 直接讀入外部檔案，譬如像圖 1.7 的 EXCEL 檔，(2) 從不同的變數整合而來。圖 1.7 的 EXCEL 檔也可以用指令 xlsread 或 importdata 讀取，

| | 1<br>Age | 2<br>Gender | 3<br>Height | 4<br>Weight | 5<br>SelfAssessedHealthStatus | 6<br>Location |
|---|---|---|---|---|---|---|
| 1 Smith | 38 | 'Male' | 71 | 176 | 'Excellent' | 'County General Hospital' |
| 2 Johnson | 43 | 'Male' | 69 | 163 | 'Fair' | 'VA Hospital' |
| 3 Williams | 38 | 'Female' | 64 | 131 | 'Good' | 'St. Mary"s Medical Center' |
| 4 Jones | 40 | 'Female' | 67 | 133 | 'Fair' | 'VA Hospital' |
| 5 Brown | 49 | 'Female' | 64 | 119 | 'Good' | 'County General Hospital' |
| 6 Davis | 46 | 'Female' | 68 | 142 | 'Good' | 'St. Mary"s Medical Center' |
| 7 Miller | 33 | 'Female' | 64 | 142 | 'Good' | 'VA Hospital' |
| 8 Wilson | 40 | 'Male' | 68 | 180 | 'Good' | 'VA Hospital' |
| 9 Moore | 28 | 'Male' | 68 | 183 | 'Excellent' | 'St. Mary"s Medical Center' |
| 10 Taylor | 31 | 'Female' | 66 | 132 | 'Excellent' | 'County General Hospital' |
| 11 Anderson | 45 | 'Female' | 68 | 128 | 'Excellent' | 'County General Hospital' |
| 12 Thomas | 42 | 'Female' | 66 | 137 | 'Poor' | 'St. Mary"s Medical Center' |
| 13 Jackson | 25 | 'Male' | 71 | 174 | 'Poor' | 'VA Hospital' |
| 14 White | 39 | 'Male' | 72 | 202 | 'Excellent' | 'VA Hospital' |
| 15 Harris | 36 | 'Female' | 65 | 129 | 'Good' | 'St. Mary"s Medical Center' |
| 16 Martin | 48 | 'Male' | 71 | 181 | 'Good' | 'VA Hospital' |

● 圖 1.7　典型統計資料的表格型態，含數字與文字的類別資料
（「Gender」與「SelfAssessedHealthStatus」）

但都不如以處理表格資料專用的指令 readtable 方便，[11] 如圖 1.8 展示的。

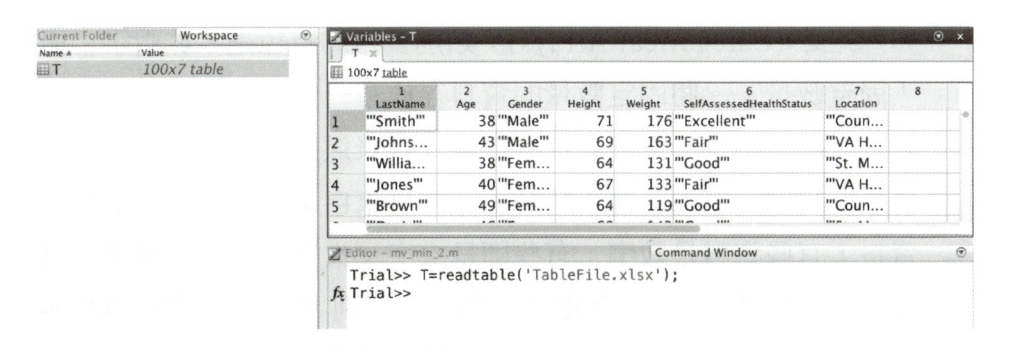

● 圖 1.8　用指令 readtable 讀取 EXCEL 檔的資料後的表格變數 T

---

[11] 利用指令 xlsread 或 importdata 讀取 EXCEL 檔會自動將文字與數字分別存放在不同的變數，指令 readtable 做了整合，將檔案內的文字與數字都放在同一個表格矩陣裡。關於外部資料的讀取，請參考第 3 章。

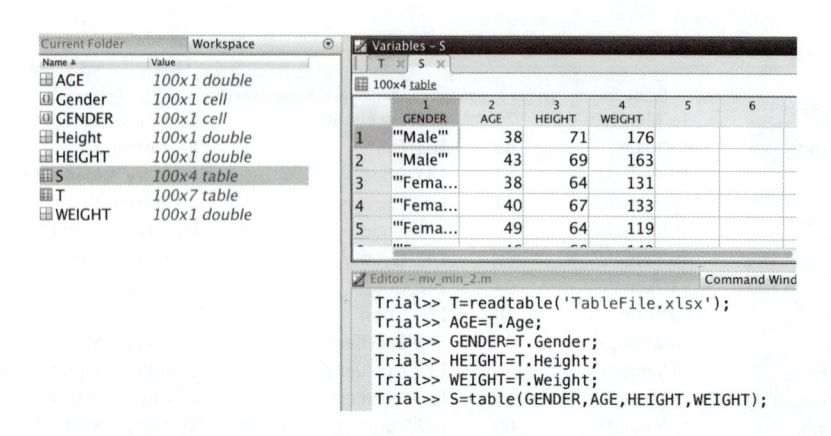

● 圖 1.9　從不同資料類型的變數組合成單一表格資料變數 S

表格資料變數也可以來自其他不同的變數，包含數字與文字，如圖 1.9 展示從外部 EXCEL 檔讀取的表格資料中，將幾個欄位獨立出來，有數字也有文字。然後再以指令 table 將這些欄位組合成另一個表格資料。圖 1.8 與圖 1.9 呈現了 MATLAB 的表格資料型態，如果配合其他表格資料的指令，更凸顯處理這類型資料的效率，減少前置處理與後續處理的程式碼。[12]

- 類別矩陣 (Categorical Arrays)：類別資料的特色是「非數字」與「固定數量」。將固定數量的資料存放在一個矩陣，稱「類別矩陣」。用「類別」來形容這些資料，代表這些資料的用途在區別屬性或組別。譬如在醫學統計上，常見來自不同病人的各項健康資料，有些資料是數字，有些則是文字。文字的部分有些是來自幾個固定數量的種類，如圖 1.7 顯示的性別 (Gender) 與健康狀態 (SelfAssessedHealthStatus) 都是類別資料的典型來源。

從圖 1.7 清楚地看出這一類資料的內容是有限的，而且通常數量遠小於其他數字資料。譬如可能有 1000 個病人的健康資料，但性別分類只有兩個，健康狀態也只分成四類。由於在分析與計算上，必須能處理這些非數字資料，才能對數字資料做分析計算，計算的結果

---

[12] 這就是高階語言的特色：利用基本指令將常見的需求模組化，再堆疊基本指令與模組指令來滿足另一個更大、更複雜的需求。

也常要結合類別資料呈現出來。關於類別資料的處理，MATLAB 提供一些精巧的指令，從眾多重複的類別資料中篩選出類別。譬如從圖 1.7 的 SelfAssessedHealthStatus 資料欄中，自動找出所有可能的類別資料 (即四個類別：Excellent, Good, Fair, Poor)。

```
T = readtable('patients.xls');
HealthStatus = categorical(T.SelfAssessedHealthStatus);
                                    % 轉換成類別資料
HealthCat = categories(HealthStatus) % 歸納出類別
```

其中指令 categorical 將表格資料的一欄 (SelfAssessedHealthStatus) 從蜂巢資料轉換成類別資料，再透過指令 categories 歸納出四個分類後再轉回蜂巢資料型態，方便後續處理。以下再舉一個小例子，方便讀者立即試做：

```
grade={'A', 'A', 'C', 'D', 'C', 'B', 'C', 'B', 'A'};
tmp = categorical(grade); % 轉換成類別資料
grade_cat=categories(tmp);
              % 歸納出 A, B, C, D 四類，再轉回蜂巢資料
```

這個技巧與指令的運用非常適合資料量大而無法目視判斷的場合，只能利用程式從資料去搜尋與歸類。

- **結構矩陣** (Structure Arrays)：結構矩陣是一種特殊的資料型態，將各種不同型態 (甚至不同長度) 的資料放在一個變數名稱下。結構矩陣變數的創設著實讓程式設計者鬆了一口氣，它將許多相關的變數結合在一個變數名稱下，統合了變數的代表意義，同時簡化了程式，讓程式更具可讀性，降低程式寫作的錯誤。這些優勢都必須親自寫作程式後才會凸顯出來，沒有程式寫作經驗的讀者，可以透過

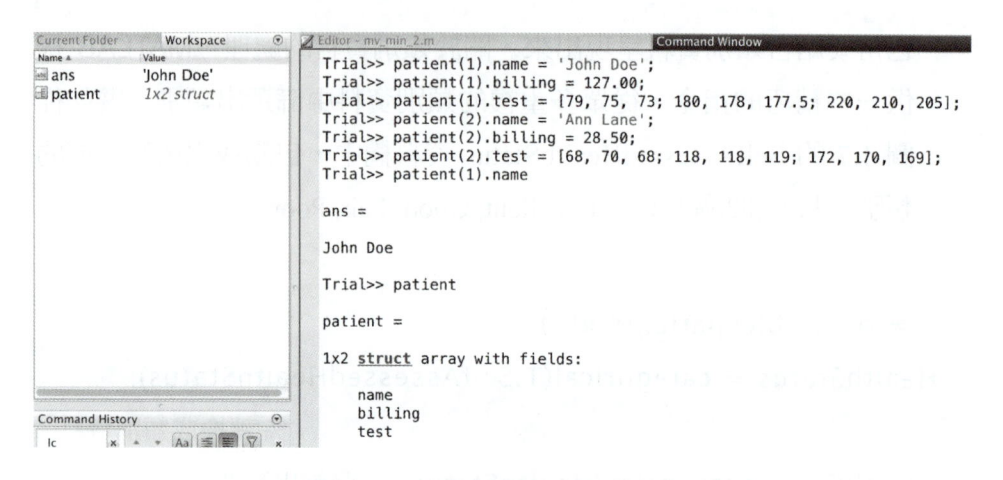

▲ 圖 1.10　結構矩陣資料的建立與取用

圖 1.10 的範例初窺究竟。[13] 其中變數 patient 是個 1 x 2 的向量矩陣，裡面每個元素 (patient(1)，patient(2)) 都是結構矩陣，內含三個子變數 (原文稱 field)：name、billing 及 test。這個變數以矩陣的方式儲存多個病人的資料，其中每個病人包含多種型態資料，包括文字 (name)、單一數字 (billing) 及一個 3 x 3 的矩陣 (test)。在程式寫作上的優點是以一個變數概括多筆複合資料，非常簡潔便利，不容易出錯。前述圖 1.9 的表格變數也是類似的結構矩陣 (但是每一行的長度一樣)。

結構矩陣可以變化出更複雜的結構，目的當然是為處理複雜的資料型態，求其簡潔。不過太過於追求完美而製造出一個難懂的大怪物也不是好事情，程式設計也要顧及程式本身的可讀性。本書對結構矩陣的使用將止於最單純的用法。

- 蜂巢矩陣 (Cell Arrays)：有別於一般的數字或文字矩陣，蜂巢矩陣指矩陣裡的各個元素可以是不同的資料型態，如圖 1.11 的矩陣 models 所示，共含四個元素、兩個文字型態資料、一個數字及一個 1 x 3 的向量。複合不同資料型態的資料於一個矩陣，目的

---

[13] 這是 MATLAB 官網使用手冊上的範例，請參考 http://www.mathworks.com/help/matlab/matlab_prog/create-a-structure-array.html。

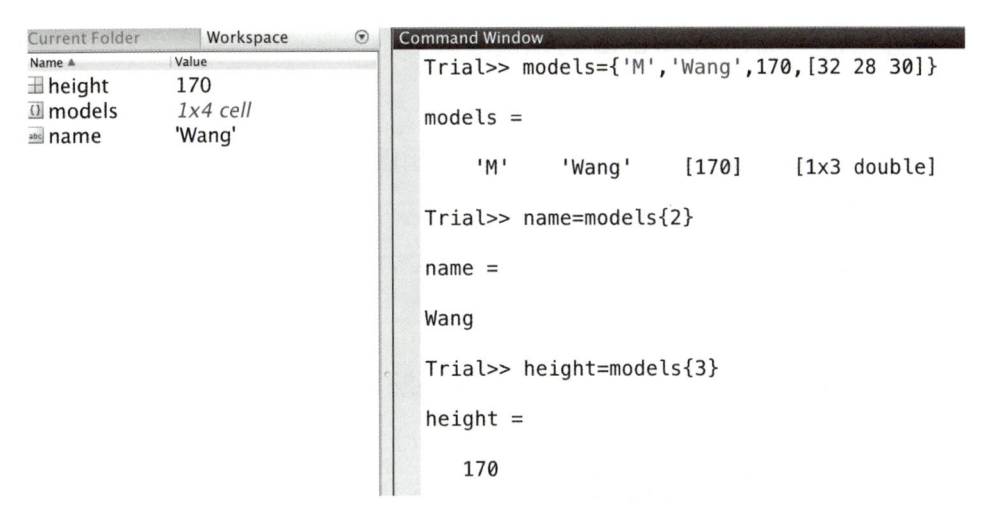

```
Current Folder    Workspace
Name ▲    Value
height    170
models    1x4 cell
name      'Wang'
```

```
Command Window
Trial>> models={'M','Wang',170,[32 28 30]}

models =

    'M'    'Wang'    [170]    [1x3 double]

Trial>> name=models{2}

name =

Wang

Trial>> height=models{3}

height =

   170
```

▶ 圖 1.11　蜂巢矩陣的建立與引用

與前述的結構矩陣類似；將相同用途或範圍的資料集結在一起，方便程式管理。另一個常見的蜂巢矩陣是文字矩陣，如圖 1.5 的 Brand 變數與圖 1.9 裡從 EXCEL 檔讀取的表格變數 (T.Gender)。蜂巢矩陣內容的引用不同於一般矩陣，採用 {·}，請見圖 1.11 的示範。如果採一般矩陣的引用方式，仍可以得到結果，不過其資料型態仍是蜂巢矩陣。讀者可以試著輸入 models(2) 看看會得到什麼結果。

- 函數憑證 (Function Handles)：Function Handles 是一種資料型態，本書譯為「函數憑證」是採其意義，也就是藉由這個資料型態關聯到一個已經定義好的函數，或是間接地呼叫一個事先定義的函數。這使得 MATLAB 的數學程式寫作更貼近傳統的紙筆作業型態。舉例說明比較清楚，譬如想計算函數 $f(x) = e^{-x^2}$ 在 $x = 2$ 的切線斜率，假設利用近似公式

$$f'(2) = \frac{f(2+h) - f(2)}{h} \tag{1.1}$$

且令 $h = 0.01$。MATLAB 可以這樣做：

```
f=@(x) exp(-x^2); % 定義函數並傳回函數憑證給變數 f
x=2; h=0.01;
fp=(f(x+h)-f(x))/h; % 計算函數 f(x) = e^{-x^2} 在 x = 2 的近似導數值
```

第 1 行指令的變數 f 就是函數憑證，憑 f 便能指到所設定的函數，且指令計算函數值的方式如手寫的 $f(x)$，非常簡潔、可讀性高。關於函數憑證，後面的章節將有更詳盡的介紹與使用方式。

- 邏輯資料 (Logical Data)：邏輯資料用來表明「對」(TRUE) 或「錯」(FALSE) 的二元資料，一般用在程式裡作為選擇適當處理方式的判斷依據。邏輯資料也是數字資料，不過在程式中扮演是非對錯的角色時，其值只有 1 與 0，分別代表 TRUE 與 FALSE。其中 1 與 TRUE (0 與 FALSE) 可以混用，但儲存在變數時，一律為數字。請讀者逐一執行下列指令並觀察結果，便能立即掌握邏輯資料的樣貌。更多關於邏輯資料的使用散見於後續的章節中。

```
a = true
b = false
c = (a==b)
c == false
```

有別於等號 (=) 將右邊的值交付給左邊變數的意思，上述指令的第 3 行與第 4 行分別用了一個特別的操作元 ==，這是一個邏輯判斷式，其結果不是「對」(TRUE) 就是「錯」(FALSE)。關於更多操作元的使用與意義請參考後續章節的介紹。

除上述的幾種資料型態外，MATLAB 另有專門提供地圖資訊使用的地圖資料型態，及依時間順序紀錄的時間序列的資料，但不在本書討論範圍。

## 1.3.2 資料型態轉換

MATLAB 賦予不同目的資料不同的型態，譬如數字、文字、蜂巢矩陣與表格矩陣等。不同的資料型態常不能混用，必須經過適當的轉換。譬如，數字 2 不能與文字 '3' 相加，圖 1.12 展示可能的謬誤與正確的做法。圖 1.12 中的變數 x 代表數字 2，而變數 y 代表一個文字元 '3'。當程式設計者不知道 MATLAB 的規矩，直接將 x 與 y 相加，MATLAB 的執行結果為 53，不是預期的 5，這種錯誤很不容易被發現。從圖 1.12 的結果發現 MATLAB 將字元 '3' 當作 51，這其實是電腦儲存字元的數字代碼。所以當數字與文字元相加時，MATLAB 會自動將字元換成數字代碼，其結果並不是使用者想要的。

正確的處理方式是先進行資料型態的轉換，也就是圖 1.12 的第二個結果。其中指令 str2num 將字元數字轉換為真正的數字，指令中的 str 代表 string，中間的 2 代表 to，最後的 num 就是 number 的簡寫。這個規則也被許多程式語言採用。

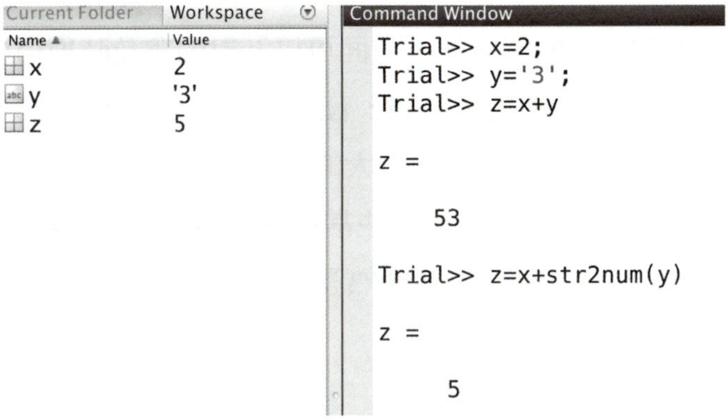

● 圖 1.12　資料轉換之必要：將文字元轉為數字

```
Command Window
Trial>> t=clock;
Trial>> h=t(4); m=t(5);
Trial>> report=['The program starts at ' num2str(h) ':' num2str(m)]

report =

The program starts at 15:17
```

▶ 圖 1.13　資料轉換之必要：將數字轉為文字字串

相反地，文字字串也不能與數字直接串接。如圖 1.13 的示範。[14] 其中變數 h 與 m 分別是當時時刻的「時」與「分」，資料型態是數字。當配合其他字元字串成為一個有意義的句子時，這兩個數字必須先轉換為文字字元，指令為 num2str，也就是 number to string。

## 1.4　觀察與延伸

1. 本章介紹 MATLAB 矩陣實驗室的實驗環境與實驗對象，至於如何做實驗、如何表達實驗結果，將是後續章節的重點。

2. 本書以問題導向 (Subject-Oriented) 的表達方式呈現 MATLAB 作為程式語言解決這些問題的手段。讀者將從不同的主題學習到部分相關的指令、操作方式與邏輯特性。透過多個不同的主題，讓讀者逐步擴大對 MATLAB 的了解，一方面可以針對問題及時獲得協助；另一方面也能加強學習的實用體驗，有臨場感，邊學邊用。

3. MATLAB 已經發展成為一個巨大的軟體程式庫，並非任何一本書可以涵蓋全部。本書希望透過一些常見的問題，帶出 MATLAB 解決這些問題的角度，引導讀者逐漸熟悉這個程式寫作環境與程式語言的特性與強項。

---

[14] 這是筆者常用的技巧，在程式執行之初，將日期/時間列印在命令視窗，方便觀察程式執行的動態。

## 1.5 習題

1. 設計一個數學計算式與數值，呈現如圖 1.4 的計算誤差。
2. 模仿圖 1.10 建立一個結構型變數 stud 儲存 3 個學生的資料，每個學生含「姓名」(name)、「學號」(no)、「國文、英文、數學、物理、化學」五科成績 (grade，如 [70 80 60 50 90])、出席次數 (presence)。
3. 嘗試幾個如圖 1.12 的文字元與數字的轉換計算。
4. 寫幾個結合數字的文字串，如圖 1.13。

**Coding Math**：寫 MATLAB 程式解數學

# Chapter 2

# 從繪製函數圖切入 MATLAB

　　能夠在電腦畫面上看到數學函數的圖形，可以拉近與數學間的疏離感；如果能夠親自動手操作並畫出在書本上曾經看過的函數圖形，那會是一件令人興奮的事。本章從了解電腦繪製函數圖形的原理，帶領讀者切入 MATLAB 這個強大的數學與工程軟體，特別是它的矩陣表示法、計算方式與基本的繪圖技巧。

## 本章學習目標

　　變數的觀念與設定、MATLAB 的四則運算、變數矩陣的索引、函數的計算與繪圖的觀念。特別在 MATLAB 的繪圖功能、指令與操作上有一些基礎的介紹，方便初學者儘早掌握 MATLAB 所提供的優勢。

## 關於 MATLAB 的指令與語法

操作元 (Operators)：＋ − * / . ^ : ;

指令：axis, cos, diag, eye, exp, ezplot, grid, gtext, legend, length, linspace, magic, nthroot, ones, pi, plot, polyder, polyval, set, sin, size, sqrt, text, title, whos, xlabel, xlim, ylabel, ylim, zeros

語法：矩陣的建立、匿名函數 (Anonymous Function) 的設定、指令的使用原則

## 2.1　基本練習

　　MATLAB 以描點法來繪圖，對二維圖形而言，必須先產生函數上對應的 $(x, y)$ 點，然後將這些點以符號或連線的方式顯示在一定範圍的座標軸上。以下的範例將協助讀者成功地使用 MATLAB 畫出一張簡單的圖。

**範例 2.1**

先練習如何在 MATLAB 的命令視窗下 (Command Window) 建立矩陣；含數字 (Scalar)、向量 (Vector) 及矩陣 (Matrix)。分別建立定義如下的 $A, B, C, D, E, F, G, H, I, J, K$ 等 11 個矩陣，並觀察結果。輸入方式：
$A = [1\ 2;3\ 4], B = [1\ 2\ 3], C = [5\ 6\ 7\ 8]', D = 1,$
$E = C(1:2), F = C(3), G = A(1, 2), H = A(:, 1), I = A(2, :),$
$J = 0:5, K = -5:0.5:5$

**注意：**

1. 在 MATLAB 的語法中，上述代表矩陣的 $A, B, ..., K$ 稱為**變數**，其內容 (值) 可以透過等號 (=) 右邊的資料賦予，且隨時可以被改變。請注意等號右邊的資料可以是數值、向量或矩陣資料 (也可以一律視為矩陣，因不管是數值或向量都是矩陣的特殊型態)。

2. 當**變數**被賦予內容後，在命令視窗下輸入變數名稱，將可顯示出其內容值。

3. 每個指令的最後若加上分號 (;)，則運算的結果將不會顯示在命令視窗上。當結果很多、很長時，顯示在命令視窗並不切實際。

4. 請留意等號 (=) 右邊賦予矩陣資料時使用的三個符號 ( , : ; )，從執行的結果去了解其代表的意涵，並記錄下來。這裡沒有詳述這三個符號的意義，是希望讀者能透過嘗試操作來活學活用 MATLAB，很多技巧語法本來就無師自通的。

5. **變數** $E, F, G, H, I$ 是取其他**變數**的部分內容，請特別留意矩陣的索引方式及結果，對於往後 MATLAB 的使用非常關鍵。MATLAB 的矩陣索引與理論上一致，指令 $A(i,j)$ 代表第 $i$ (橫) 列，第 $j$ (直) 行的元素。圖 2.1 的 $A$ 代表一個 5×5 的矩陣，[1] 指令 $A(2,3)$ 代表第 2 列第 3 行的值，也就是 7。MATLAB 除提供與理論上相同的索引方式，另可採一維的索引法，圖中每個位置右下角的編號，代表該矩陣一維的索引值。譬如，指令 $A(12)$ 與 $A(2,3)$ 會得到相同的結果。此外，MATLAB 提供更多的索引方式，方便擷取更多的資料。圖 2.1 也顯示擷取第 5 行的 5 種方式，其中保留字 'end' 代表該行或該列的最後一個索引位置，方便下指令時不需預先知道矩陣的大小。圖 2.1 中也展示如何擷取一個子矩陣，不管是從矩陣中擷取一個值、一個向量或是一個子矩陣。初次接觸的使用者，不妨實際在命令視窗上逐一輸入，並觀察結果，對照指令，相信一定可以心領神會，比起在此說得九彎十八拐要來得有用。練習時，可以輸入指令

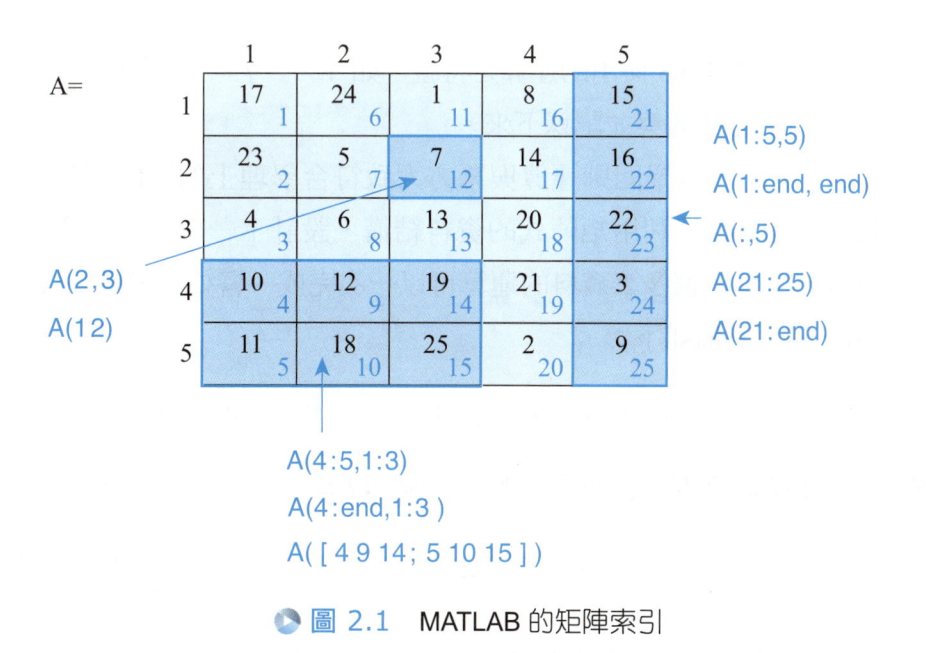

● 圖 2.1　MATLAB 的矩陣索引

---

[1] 這個矩陣叫做 Magic Matrix，每行或每列的和都是 65。MATLAB 提供指令 magic(5) 產生這個矩陣。

A=magic(5) 來產生圖中的矩陣。
6. 利用 MATLAB 的指令 whos 觀察每個矩陣的大小，或直接觀察 Workspace 子視窗。
7. MATLAB 也提供一些指令可以更迅速的產生特殊的矩陣，試試看這些指令：zeros, ones, eye, diag。使用前可以利用 help 的指令查看簡易版的使用方式，譬如 help zeros，或 doc zeros 查看完整版的線上使用手冊視窗。

### 範例 2.2

建立下列矩陣資料 $A = [1\ 2;3\ 4]$, $B = [5\ 6;7\ 8]$, $c = 3$，在命令視窗下，逐一執行以下的運算練習並觀察結果。

$A+B$, $A-B$, $A+c$, $A*B$, $A/B$, $A\wedge c$, $c*A$, $A/c$,
$A.*B$, $A./B$, $A.\wedge c$, $A'$, $B'$, $(A*B)'$, $B'*A'$

請留意 MATLAB 使用的運算元符號，如 + − * / ^ . ' 等所代表的意思。從執行的結果觀察並記錄下來。

MATLAB 的數學四則運算與冪方大致符合學理上的矩陣運算，但 MATLAB 也巧妙地利用矩陣式的資料結構，設計了一個特殊的運算元 (operator) "."，讓多筆資料的運算可以一次完成。譬如，變數 $x, y$ 各有 5 個樣本，其值如下：

$$x = \begin{bmatrix} x_1 & x_2 & x_3 & x_4 & x_5 \end{bmatrix}, y = \begin{bmatrix} y_1 & y_2 & y_3 & y_4 & y_5 \end{bmatrix}$$

要計算兩變數的乘積 $xy$ 的 5 樣本值，MATLAB 的指令為 $x.*y$，即

$$\underbrace{\begin{pmatrix} x_1 & x_2 & x_3 & x_4 & x_5 \end{pmatrix}}_{\text{x}} .* \underbrace{\begin{pmatrix} y_1 & y_2 & y_3 & y_4 & y_5 \end{pmatrix}}_{\text{y}} = \underbrace{\begin{pmatrix} x_1 y_1 & x_2 y_2 & x_3 y_3 & x_4 y_4 & x_5 y_5 \end{pmatrix}}_{\text{x.*y}}$$

這有別於一般學理上的向量乘積，利用一個運算元同時計算兩個向量 (或矩陣) 所有對應資料，唯需注意前後向量的大小必須相同才能相乘。MATLAB 這種元素對元素的乘法 (Element by Element)，提供大量

資料運算時的方便。再舉矩陣的運算為例來區分 * 與 .* 的差別：

$$\underbrace{\begin{pmatrix} a_{11} & a_{12} \\ a_{21} & a_{22} \end{pmatrix}}_{A} * \underbrace{\begin{pmatrix} b_{11} & b_{12} \\ b_{21} & b_{22} \end{pmatrix}}_{B} = \underbrace{\begin{pmatrix} a_{11}b_{11}+a_{12}b_{21} & a_{11}b_{12}+a_{12}b_{22} \\ a_{21}b_{11}+a_{22}b_{21} & a_{21}b_{12}+a_{22}b_{22} \end{pmatrix}}_{A*B}$$

$$\underbrace{\begin{pmatrix} a_{11} & a_{12} \\ a_{21} & a_{22} \end{pmatrix}}_{A} .* \underbrace{\begin{pmatrix} b_{11} & b_{12} \\ b_{21} & b_{22} \end{pmatrix}}_{B} = \underbrace{\begin{pmatrix} a_{11}b_{11} & a_{12}b_{12} \\ a_{21}b_{21} & a_{22}b_{22} \end{pmatrix}}_{A.*B}$$

除乘法外，除法 (\) 與乘冪 (^) 都可以這樣使用，不管是向量或矩陣，只要使用的時機恰當，都可以達到很好的效果。以下的內容及單元將陸續透過實際的問題介紹這個特殊運算元的好處。

### 範例 2.3

函數 $y = f(x) = 2x + 1$

1. 當 $x = 0, 1, 2, ..., 10$，分別計算其相對的函數值 $y$。
2. 從上述計算的結果，利用指令 **plot** 繪製函數圖。[2]

利用簡單的四則運算，函數值很容易計算出來，如圖 2.2。

```
Command Window
Trial>> x=0;
Trial>> y=2*x+1

y =

     1
```

● 圖 2.2　函數運算

---

[2] 另一個繪製直線的指令是 line，用法與 plot 類似。

當重複執行這兩個指令並改變 $x$ 值時，[3] 便可以輕鬆地計算出所有的函數值。不過每次只算一個函數值絕不是強力軟體的作為，MATLAB 利用前述範例的矩陣運算方式，快速計算所有 $x$ 值所對應的 $y$ 值，如圖 2.3 所示。

從圖 2.3 中，$x, y$ 向量很清楚地呈現出其間的函數關係，這些向量的對應數值形成繪圖時的座標點，以下說明繪製函數圖形的步驟：

1. 先依繪圖範圍產生 $x$ 方向的所有點，譬如 $x = 0:10$。
2. 根據函數的關係計算所有相對應 $y$ 方向的座標值，譬如 $y = 2*x+1$。
3. 最後利用指令 plot 繪製不同型態的圖形，譬如 plot(x, y) 將所有的座標點以直線連接，[4] 如圖 2.4。請特別注意 plot 提供的各種繪圖的

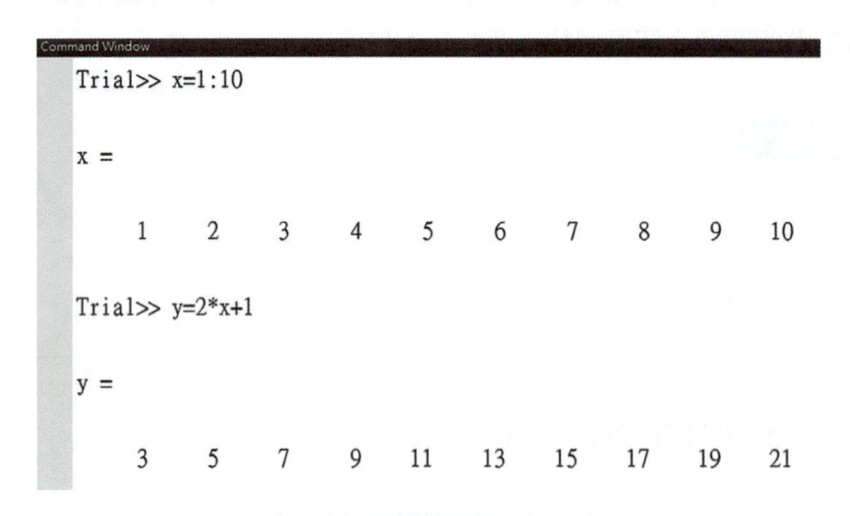

```
Command Window
Trial>> x=1:10

x =

     1     2     3     4     5     6     7     8     9    10

Trial>> y=2*x+1

y =

     3     5     7     9    11    13    15    17    19    21
```

▶ 圖 2.3　以矩陣運算計算多個函數值

---

[3] 小技巧：由於必須不斷地帶入不同的 $x$ 值，相同的指令必須不斷地被執行，如果要重複的輸入指令，將影響實驗的興致。所幸在 MATLAB 的命令視窗中可以利用鍵盤中的↑鍵，不斷地將之前執行過的指令秀出來，方便實驗的進行。譬如要重複圖 2.2 的指令，可以按兩次↑鍵回到 $x = 0$，將 0 修改為 1，按「Enter」執行該指令，隨後再按兩次↑鍵回到 $y = 2*x+1$，直接按「Enter」執行便可以得到答案。另外，也可以先輸入欲執行指令的前幾個字，再按↑，即可快速找到該指令。

[4] 本範例的函數為一直線，其實只需要頭尾兩個點即可。

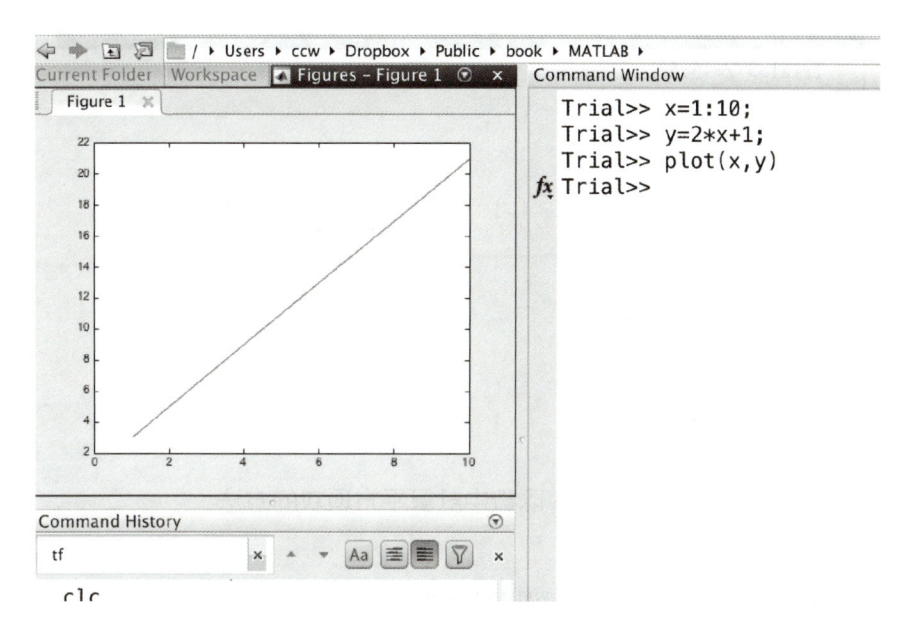

## Chapter 2 從繪製函數圖切入 MATLAB

◎ 圖 2.4 範例 2.3 的直線函數圖

選項 (利用 help plot 或 doc plot 查詢)，試著去改變描繪座標點的方式、點的符號、顏色等選項。下一節「觀察與延伸」會提出最新版 MATLAB 關於美化圖形的指令。

### 範例 2.4

繪製函數

1. $y = f(x) = x^2 + 3x + 5$　　$-5 \leq x \leq 5$
2. $y = f(x) = x^3 - 10x^2 + 29x - 20$　　$0 \leq x \leq 7$

　　前一個範例說明繪製函數圖形的三個步驟，缺一不可，但也有些「訣竅」，否則不是畫錯就是畫得不好看，展現不出「一張圖值千字」的價值。對初學者而言，應先學會利用 MATLAB 的特點來計算函數值，特別是 MATLAB 特殊的運算元 "."。譬如計算第一個函數值時，可以先試試 $x^2$ 的計算方式，待結果正確再加入其他較簡單的項次 ($3x+5$)，圖 2.5 展示平方項的計算。

# Coding Math：寫 MATLAB 程式解數學

```
Command Window
Trial>> x=-5:5

x =

    -5   -4   -3   -2   -1    0    1    2    3    4    5

Trial>> x.^2

ans =

    25   16    9    4    1    0    1    4    9   16   25
```

▶ 圖 2.5　函數中計算平方項次的方法

繪圖的方式同前一題，不過須注意：

1. 描繪的座標「點數」。前一個範例的函數是一條直線，當 plot 指令將座標點與點間以直線連接時，看起來毫無問題；但是當函數為曲線圖形時，座標點的距離如果不夠近，相鄰兩點間的直線連接將會造成圖形的鋸齒狀，不符合函數的特質，因此需要利用更密集的座標點來產生平滑的視覺效果。這需要從 $x$ 軸資料的產生做起，譬如 $x = 0:0.1:7$，從 0 到 7 每隔 0.1 產生一個點，而點與點間 0.1 的間距是否可以造成平滑的曲線端視視覺感受而定，過小並無意義，徒增資料量與計算時間。圖 2.6 展示不同間距的視覺效果。

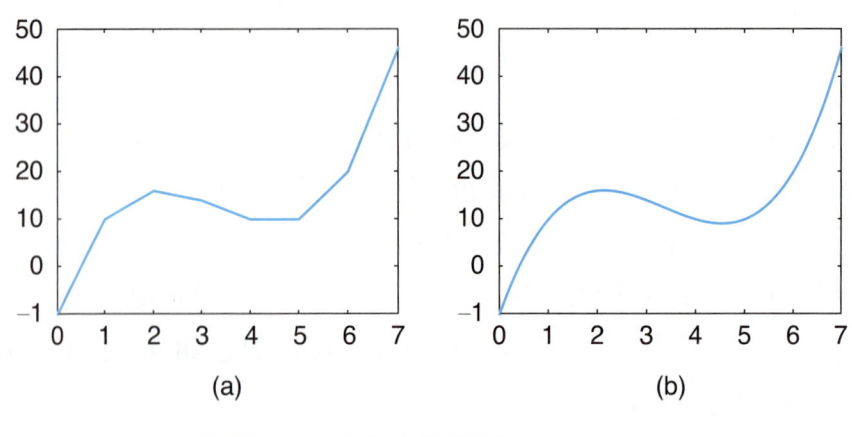

        (a)                               (b)

▶ 圖 2.6　座標點的間距：(a) 1，(b) 0.1

2. 指令 plot(x, y) 中，變數 $x$ 與 $y$ 分別代表函數的 X, Y 座標點，產生的方式不同。變數 $x$ 的內容依據繪圖的範圍與座標點的間距設定一組向量，如前述的 $x=0:0.1:7$，而變數 y 的內容則依函數的關係從變數 x 的值計算得來。本題的函數具平方與立方項，可以利用前一個範例陳述的運算元 "." 來做乘冪，計算所有 $x$ 座標的對應函數值 $y$。譬如指令：y＝x.^2＋3*x ＋5，在此 x.^2 的意義請參考前述範例的矩陣運算。如果只是單純地使用 x^2，MATLAB 將出現錯誤的訊息，如圖 2.7。表示只有數值與方陣才能做平方，一般向量的平方是不合法的。錯誤的訊息隨版本也略有不同，讀者宜稍加注意。

```
Trial>> x^2
Error using ^
Inputs must be a scalar and a square matrix.
To compute elementwise POWER, use POWER (.^) instead.
```

▶ 圖 2.7　MATLAB 指令執行的錯誤訊息

3. 當函數是多項式時，MATLAB 提供一個簡便的指令 polyval，方便計算多項式的函數值，下列指令可以取代之前的函數計算：

```
x = -5:0.1:5;
p = [ 1 3 5 ];                    % 多項式函數的係數
y = polyval(p,x);
```

關於更多 polyval 的使用方式，請參考線上使用手冊的說明 (doc polyval)。[5]

---

[5] MATLAB 的指令大多有簡單到複雜的多種用法，初學時只要夠用即可，爾後再找時間深究。

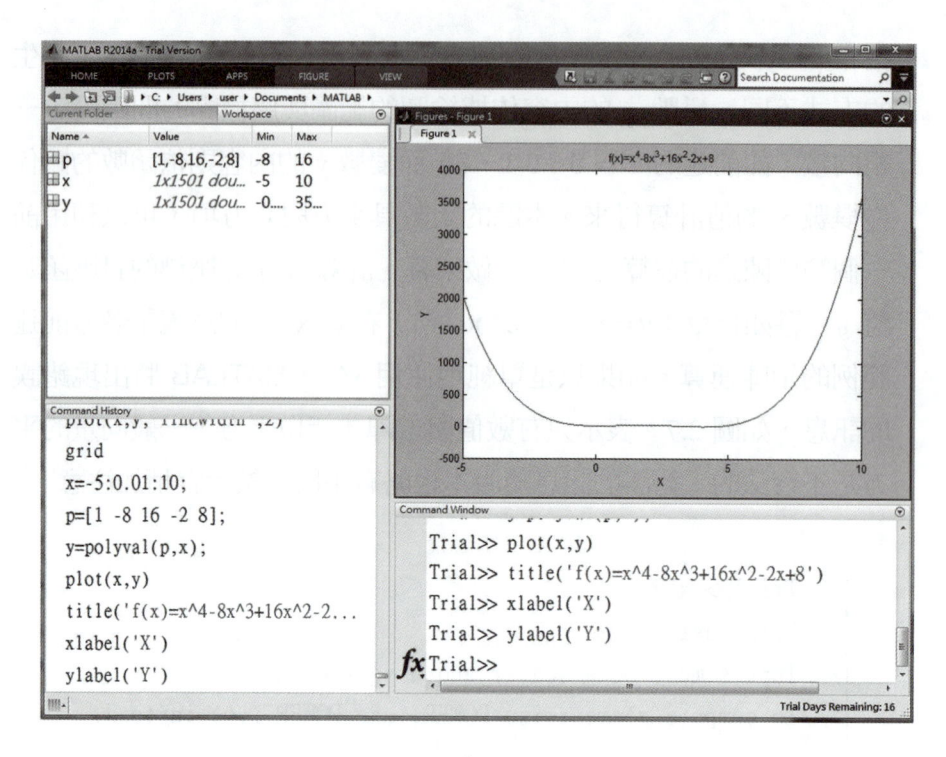

**Coding Math：寫 MATLAB 程式解數學**

● 圖 2.8　MATLAB 整合視窗

　　為了方便指令的下達與圖形變動的觀察，MATLAB 在 7.x 版以後可以將圖形視窗也整合進來，如圖 2.8 所示。圖中的視窗切分成四個子視窗，每個視窗都可以點選其右上角箭頭指示的位置，選擇脫離成為獨立的視窗或合併進來。子視窗的位置與配置也可以透過滑鼠「拖曳」互相交換或整併。讀者可以試著將所有子視窗擺到自己最習慣觀察的位置。另外，子視窗也可以含多個不同功能的視窗，譬如左上角的子視窗含「Current Directory」與「Workspace」兩個功能視窗。透過滑鼠點選標頭即可選取。

### 範例 2.5

繪製函數
$$y = f(x) = x^4 - 8x^3 + 16x^2 - 2x + 8$$
請選擇適當的範圍，務必看到比較完整的圖。

繪製函數圖時，X 軸範圍的選取非常重要，太寬、太窄、偏左或偏右都可能看不到該函數的全貌或特質。譬如畫出像圖 2.9 的函數圖，便因為範圍取得太寬，以致於看不到該函數「最有價值」的最小值部分。因此繪圖時必須不斷地調整範圍，以凸顯出函數最值得觀察的部分。請試著調整 X 軸的範圍，務必看到中間平坦的部分其實是凹凸有致的。[6]

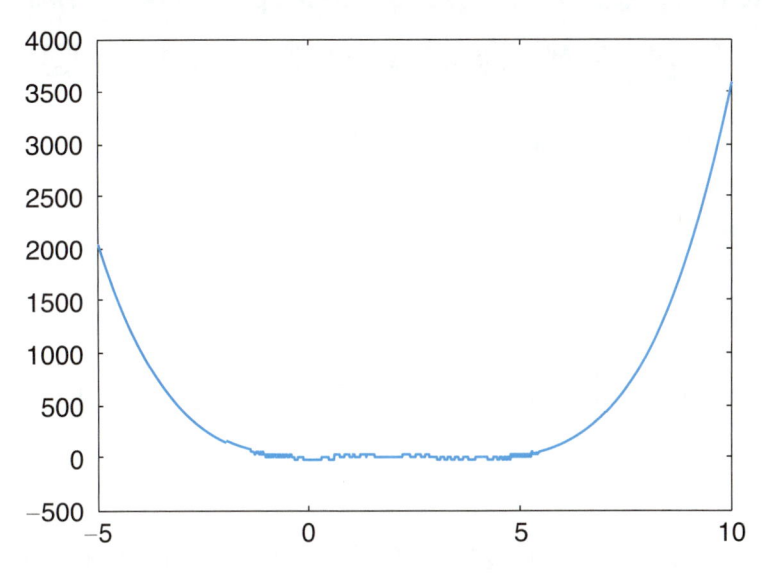

● 圖 2.9　不恰當的觀察範圍看不到函數圖的起伏變化

### 範例 2.6

依下列範圍繪製函數
$$f(x) = x + \sin x$$
(1) $1 \le x \le 1000$，(2) $1 \le x \le 500$，(3) $1 \le x \le 100$，(4) $1 \le x \le 10$。

這裡初次使用三角函數 sin x，MATLAB 的指令寫成 sin(.)。透過 doc sin 查閱使用方式，也可以找到或猜測到其他三角函數的指令。

---

[6] 調整 $x$ 的範圍在 -1 到 5 之間，可以觀察到比較完整的函數長相。另，可以使用圖形工具中的放大鏡 (如圖 2.10) 放大 x = 4 的附近，將觀察到函數是否與 $y = 0$ 相交，也就是 $f(x) = 0$ 是否有實數根。

另,這個範例也是說明範圍選擇的重要,透過不斷地縮小範圍,才能看出函數的特性。當然,圖形視窗上的「Zoom In」、「Zoom Out」縮放功能 (如圖 2.10) 也可以探索小範圍的變化。使用方式是用滑鼠先選擇放大或縮小工具,再移至圖形區點選,即可發現圖形的變化。

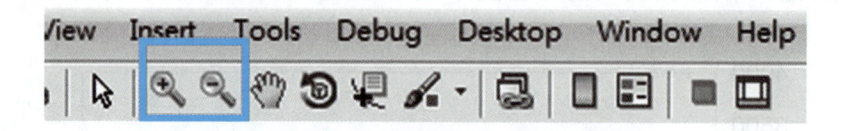

● 圖 2.10　圖形視窗的縮放工具

範例 2.7

繪製函數

$$f(x) = \frac{4}{\pi}\left(\sin x + \frac{\sin 3x}{3} + \frac{\sin 5x}{5} + \frac{\sin 7x}{7} + \cdots\right)$$

這是一個無限級數的函數,計算時當然只能採前面有限的項次,當選取的項目越多,越接近原函數,如圖 2.11 只採計前三項。試著慢慢增

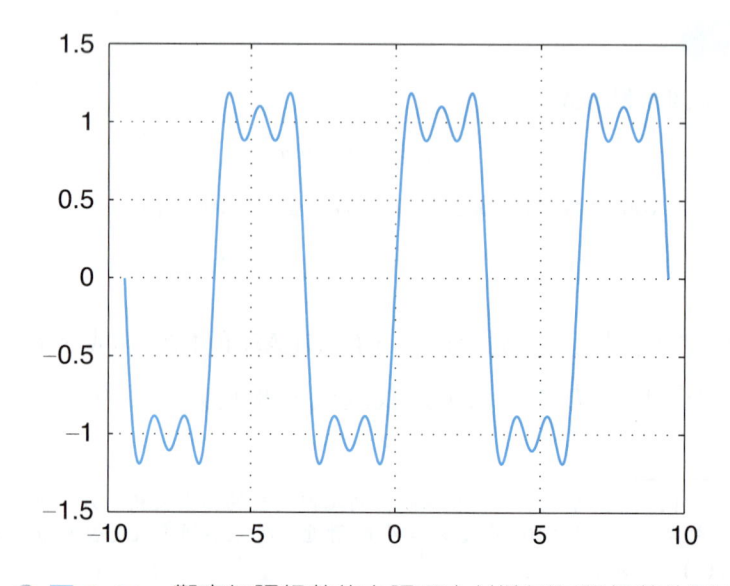

● 圖 2.11　觀察無限級數的有限項次並猜測無限級數的原型

加項次,猜猜原函數是什麼?在程式寫作上有一個「迴圈」的基本的技巧,適當利用迴圈技術可以輕鬆地增加項次,畫出更接近原函數的圖。函數中的 $\pi$ 在 MATLAB 以變數 pi 代表。關於迴圈技術可以參考後續的章節。

本範例函數是週期函數,必須特別注意其週期性的表現,所以 $x$ 軸範圍的選擇需要多做嘗試。以下程式可供參考:

```
n=1000;
x=linspace(-3*pi, 3*pi, n);    % 在 -3π 與 3π 間產生等距的 n 個點
y=4/pi*(sin(x)+isn(3*x)/3+sin(5*x)/5);
plot(x,y);
grid
```

有別於前述產生 $x$ 的值時,其間隔自訂,如 x=-3*pi:0.1:3*pi。到底產生多少個值必須經過計算得知,譬如 n=length(x),而上述的方法剛好相反,先決定數量 (n=1000),再利用 linspace 指令產生 n 個 $x$ 值。其結果一樣,只是應用時機不同。另外,圖 2.11 涵蓋 3 個週期,是否恰當?程式設計者必須做適當地調整與觀察,再做決定,譬如圖 2.12 採較大的範圍,並刻意擴大 X, Y 軸的視野範圍,有點「Zoom Out」的味道,也許更容易看出函數的趨勢。調整座標範圍的指令如:

```
xlim([ xmin xmax ])                  % 譬如 xlim([-20 20])
ylim([ ymin ymax ])                  % 譬如 ylim([-3 3])
```

● 圖 2.12　從不同的範圍觀察函數

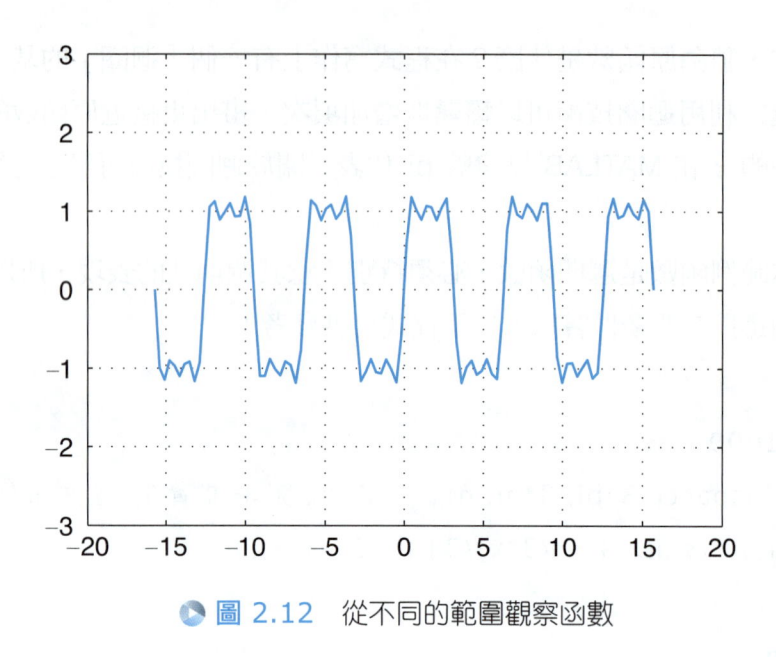

## 2.2　觀察與延伸

1. 前述範例僅提及如何將資料放入一個變數中，或是如何從一個變數中選取部分範圍。在某些應用上卻需要剔除變數的部分內容，譬如，剔除一向量的某一項或某幾項資料，或是剔除一矩陣的某一行(或列) 資料，示範如下：

```
a=[1 2 3 4 5];                  % 設定一個簡單的範例
a(3)=[ ]                        % 結果為 a=[1 2 4 5];
a([1 3])=[ ]                    % 結果為 a=[2 5];
**************************
A=[ 1 2 3 ; 4 5 6 ; 7 8 9 ];
A(2 , : )=[ ];                  % 從命令視窗觀察結果
```

最後一行的指令解讀為將矩陣 A 的第 2 列全部 (第 2 個參數代表

行，而冒號表示全部，即全部的行) 以缺值 ([ ]) 取代，也就是刪除第 2 列。
2. 電腦繪圖係以描點的方式畫上去，因此點與點間的距離越近，所呈現出來的圖形越平滑。請觀察在一定的範圍內，點的數量多與少的效果，也就是調整變數 $x$ 的等差間距。
3. 利用 MATLAB 指令計算所畫上去的點數 (即觀察向量變數 $x$ 的長度)。譬如 length, size 等指令。
4. 利用 plot 指令的彈性參數，讓畫上去的圖做不同的表現，譬如線的型態 (Line Style)、線的寬度 (Line Width)、點的形狀 (Marker) 及點的大小 (Marker Size)。有些圖稱之為散佈圖、折線圖、點線圖等專有名詞，plot 的彈性參數分符號與文字兩種表達方式，以下先舉例說明以符號表達的圖 (假設 x, y 分別代表繪圖區的 X 軸與 Y 軸的資料)：

```
plot(x,y,'--')      % 兩個減號代表虛線 (dash line)
plot(x,y,':')       % 冒號代表點線 (dot line)
plot(x,y,'-.')      % 一個減號一個句號代表虛點線 (dash-dot line)
plot(x,y,'*')       % * 號代表點的符號
plot(x,y,'r')       % r 代表線或點的顏色 (紅色)
```

上述前三行代表線的 3 個種類。第 4 行關於點的形狀，代表的符號有多達 13 種之多，整理如下：'o', '+', '*', '.', 'x', 's', 'd', '^', 'v', '>', '<', 'p', 'h'。讀者可以參考線上使用手冊的說明，也可以直接嘗試使用，便知其代表的形狀。第 5 行表示顏色的選項，也有 8 種代碼可用，整理如 'y', 'm', 'c', 'r', 'g', 'b', 'w', 'k'，這是八種顏色的英文字第一個字母，一般稱為簡碼 (完整碼則是顏色的英文字)。同樣地，不需查詢線上使用手冊，讀者可以猜猜試試，很快就知道代表的顏色了。另外，上述的功能也可以文字方式表達，譬如：

```
plot(x,y,'Color','red')                        % 大/小寫都可以
plot(x,y,'Color',[1 0 0]')                     % RGB 色碼向量
plot(x,y,'Color','red', 'LineWidth',2)
plot(x,y,'Marker','s')
plot(x,y,'MarkerSize',3.75)
```

上述顏色的表達可以是簡寫版 (如 r 代表紅色) 或完整版 (如 red)，也可以是 RGB 版 (如 [1 0 0])。第 3 行則是串接兩個特性。

在 plot 指令的參數中，除資料變數通常成對出現外，後面附加用以表現圖形的彈性參數通常也是成對，這在 MATLAB 的所有指令中很常見。成對的參數中，第一個是名稱 (Name)，第二個是內容 (Value)，譬如 LineWidth 是名稱，[7] 後面緊跟著內容的值 2，意思是線的粗細號碼。至於 2 號線多粗？程式設計者只需多試幾次，很快便能從螢幕或列印的結果觀察出來。若讀者有時間請查閱參考線上使用手冊 doc plot 的指令介紹與範例，看看有哪些繪圖的技巧可以使用。更多的繪圖技巧請參考本章附錄。

5. 繪圖區的圖形也常在程式中因應某些情況而變，也許原來是紅色，之後改成藍色。像 MATLAB 這種仍在進化中的語言，隨著版本的進程也有不同的方式，以下舉兩種較新版本的做法：

```
H=plot(x,y,'Color','red')                      % H 是結構型變數
H.Color                                        % 取得目前圖形的顏色
H.Color='blue'                                 % 改變圖形的顏色
set(H,'Color','blue')                          % 這樣也可以改顏色
```

---

[7] MATLAB 指令裡所採用的名稱選項，通常不分大小寫，讀者可以試試 linewidth。一般為方便辨認與除錯，習慣在英文複合字的首字大寫。

這裡不去交代哪些做法出現在哪個版本以後，讀者只要試試看，便知道自己使用的版本是否可行。這是 plot 指令的進化，除了畫圖之外，還記錄了整張圖的特性 (Properties)，包括顏色、大小、線形、符號等幾十種，[8] 以結構型變數的方式存在變數 H 裡，方便後面的取用與更動。一般程式語言喜歡將這個 H 當作一個物件 (內含一些特性)。讀者只要稍加留意，便能掌握不同語言對物件的控制。早期版本多使用 set 指令來設定特性。

6. X 軸的範圍取捨非常重要，除了給定的範圍外，請試試看其他範圍，寬一點或窄一點，以便觀察函數的變化。特別是函數是否有最大或最小值 (全域或區域)、函數是否通過 $y = 0$ (也就是 $f(x) = 0$ 有沒有根？)、函數往右與往左的趨勢如何？這些細微的觀察必須透過範圍的調整才能一窺究竟。

7. 為這些圖加上一些裝飾，如 X, Y 軸的文字、標題或是格線，指令分別是 xlabel, ylabel, title, grid。譬如，我們可以為圖 2.9 正上方加上 title，X 軸底下與 Y 軸左邊加上說明文字，其指令如下：

```
title('f(x)=x^4-8x^3+16x^2-2x+8')
xlabel('X 軸')
ylabel('Y 軸')
grid on
```

請注意，title 所顯示的是文字而非函數的計算，因此與 MATLAB 的運算元無關，純粹是文字的編輯，譬如符號 ^ 代表文字的上標。前三個指令的用法都是以單引號包括要呈現的文字。而 grid on 顧名思義，則是為圖區加上格線，要取消則是 grid off。

8. 指令 plot 也可以在同一個繪圖區畫出多個函數圖，如圖 2.13，

---

[8] 在命令視窗執行第 1 行指令並秀出結果，便可以看到幾個主要的特性，進一步也可以點選看到全部的特性。

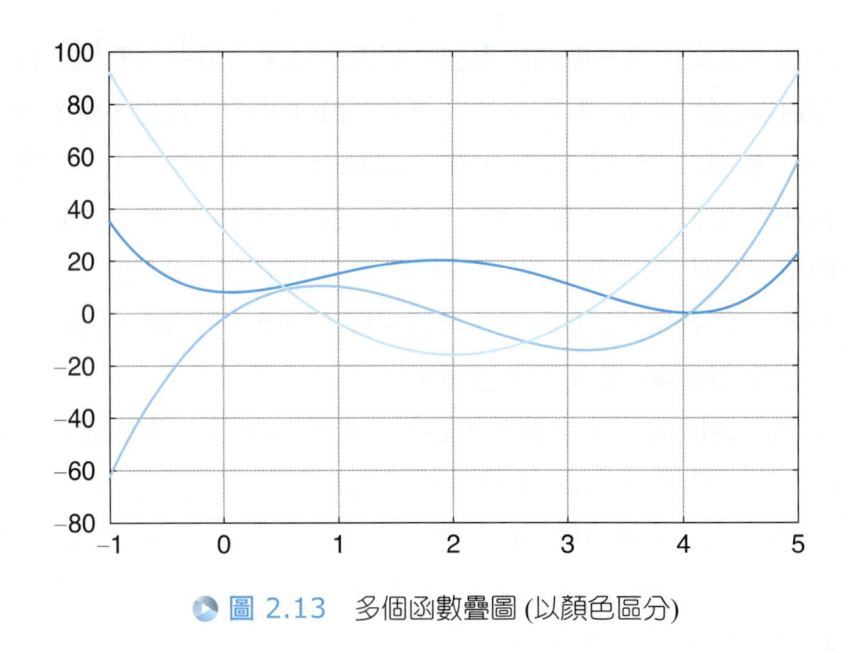

**Coding Math**：寫 MATLAB 程式解數學

● 圖 2.13　多個函數疊圖 (以顏色區分)

MATLAB 預設以顏色區分不同函數曲線，如 $f(x), f'(x), f''(x)$，其中 $f(x) = x^4 - 8x^3 + 16x^2 - 2x + 8$。做法如：

```
x=linspace(-1,5,1000);
p1=[1 -8 16 -2 8]; p2=polyder(p1); p3=polyder(p2);
y1=polyval(p1,x); y2=polyval(p2,x); y3=polyval(p3,x);
plot(x, [y1;y2;y3], 'LineWidth', 2)
```

介紹 plot 指令如何繪製多個函數之前，先來看一個好用的指令 polyder，用來取得多項式一次微分後的係數，於是 p1, p2, p3 分別代表三個多項式函數的係數，接著計算對應的三個函數向量，y1, y2, y3。這裡將三個指令串接在一行以節省空間。plot 的第一個參數 x 仍是向量，第二個參數則是由三個函數向量組合的矩陣。

MATLAB 預設以顏色來區隔多個疊加的函數圖形，但在黑白列印下的紙本卻不容易分辨。傳統做法則是以線的樣式區隔，上述 plot 的用法必須修改為：

```
eplot(x, y1, '-', x, y2, '- -', x, y3, '-.', 'LineWidth', 2)
legend('f(x)', 'f''(x)', 'f''''(x)')
```

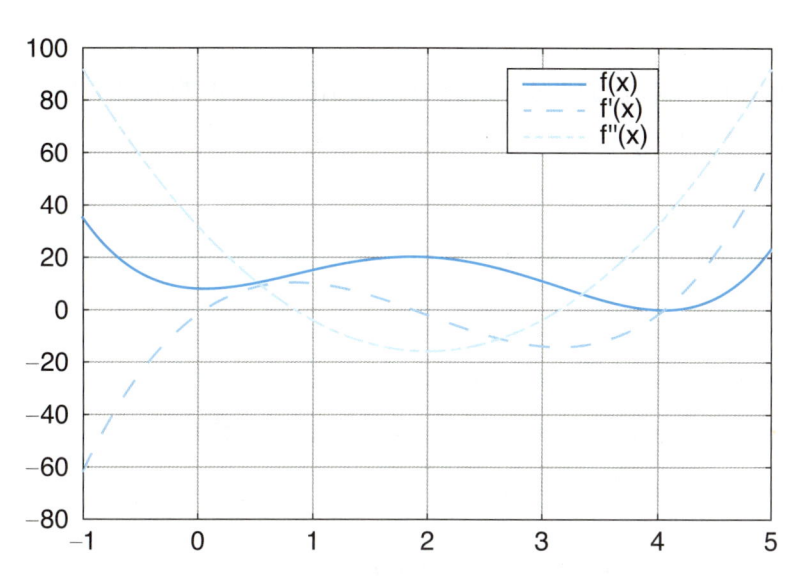

● 圖 2.14 一個 plot 指令畫出多個函數疊圖 (以線條樣式區分)

結果如圖 2.14，另加上 legend 指令以文字呈現線條代表的意義。[9]

9. 對一個陌生的函數繪圖，常要花很長的時間才摸索到適當的範圍，這時可以使用 MATLAB 指令 ezplot (取 easy plot 之意)，迅速地得到圖形。做法如下：

```
ezplot('x^4-8*x^3+16*x^2-2*x+8')
```

請注意，引號內的函數輸入方式不同於前面的陳述，不需要將 x 當作向量看待。另，上述 ezplot 的用法會自動決定 X 軸的範圍，有時候還是會看不到函數的細節 (這是電腦永遠無法取代的)，此時可

---

[9] 第 2 行指令 legend 表達一次微分的一撇單引號時，必須在前面帶上一個單引號。於是表達兩個單引號時，必須用四個單引號。

以加入自訂的範圍在第二個參數,如:

```
ezplot('x^4-8*x^3+16*x^2-2*x+8',[-1 5])
```

ezplot 內放置函數的方式也可以採用內建函數的方式,譬如上述的指令可以改為

```
ezplot('polyval([1 -8 16 -2 8], x)')
```

MATLAB 提供許多常用函數 (如各種機率密度函數) 的指令,用 ezplot 來繪製相當方便。另,ezplot 也適合繪製方程式或隱函數 (Implicit Function),譬如繪製

$$x^2 - y^2 = 1 \text{ 或 } f(x, y) = x^2 - y^2 - 1$$

```
ezplot('x^2-y^2-1')        % 或 ezplot('x^2-y^2=1')
```

10. 當經常使用某個函數做計算或繪圖時,可以使用匿名函數 (Anonymous Function) 的做法:

```
f=@(x) x^4-8*x^3+16*x^2-2*x+8
ezplot(f)
```

或是

```
f=@(x) x.^4-8*x.^3+16*x.^2-2*x+8
x=-1:0.01:5;
plot(x,f(x))
```

匿名函數的使用接近手寫函數的方式 (如上述的 f(x))，讓紙筆的推導可以直接變成指令，相當好用。其中 @(x) 的 x 稱為虛擬變數 (Dummy Variable)，只需對應後面函數的變數 x 即可，與外界無關。[10] 變數 f 稱為函數憑證 (Function Handle)，是資料型態的一種。請注意，這裡給 ezplot 與 plot 的匿名函數略有不同，ezplot 採用變數名稱 f，而 plot 內使用的匿名函數必須將變數 x 資料帶入計算出函數值。

MATLAB 的匿名函數允許多個虛擬變數，擴大了使用的彈性。譬如，繪製圖 2.13 的程式可以採兩個虛擬變數的匿名函數改寫如下：

```
f=@(x, p) polyval(p, x);
x=linspace(-1,5,1000);
p1=[1 -8 16 -2 8]; p2=polyder(p1); p3=polyder(p2);
plot(x, [f(x, p1); f(x, p2); f(x, p3)], 'LineWidth', 2)
```

11. MATLAB 產生的圖，經常要貼到 WORD 或其他文書編輯工具 (如 Latex) 裡，常用方式有兩種：(1) 利用 File/Export (7.0 版以前) 或 Save As (7.0 版以後) 的方式將圖形以檔案的方式儲存下來。圖檔型態很多種，其中以 jpg 或 png 檔最為普遍。但是以解析度而言，eps 檔最為清晰，是一種完全沒有損失的圖檔格式，可以直接為 Latex 使用，(2) 利用 Edit/Copy Figure 的方式將圖形 copy 下來，再到 WORD 或其他類似的軟體，直接以 paste 的方式貼回。

---

[10] 換句話說，上述指令的匿名函數也可以寫成 f=@(z) z.^4-8*z.^3+16*z.^2-2*z+8。

**Coding Math：寫 MATLAB 程式解數學**

## ⏱ 2.3　習題

畫出下列函數，X 軸範圍自訂，盡量畫出比較完整的函數圖，並加上必要的裝飾文字。未曾使用過的指令，請自行利用 help 或 doc 該指令的方式察看其使用說明。

1. $y = f(x) = \sin(x) + \cos(x)$，代表 sin, cos 的指令分別是 sin(.), cos(.)。

2. $y = f(x) = \dfrac{1 - e^{-2x}}{1 + e^{-2x}}$，代表指數的指令 exp(.)。

3. $y = f(x) = \sqrt[3]{\dfrac{4 - x^3}{1 + x^2}}$

註：開根號的方式有兩種，譬如計算 $\sqrt{9}$ 的指令可以是：(1) 以冪方的方式 9^0.5，(2) 採開平方根的指令 sqrt(9)，(3) 採開實數根的指令 nthroot(9, 2)。[11]

第 1 個與第 3 個方式均適用於本題函數，當使用冪方時須特別注意 MATLAB 冪方指令的下達方式，譬如指令 –8^(1/3) 及 (8)^(1/3) 在較舊的版本裡會產生不同的結果，何者才是正確的，從結果很容易辨識，但卻與一般常理的認知相左。因此，建議除平方根外，還是採 nthroot 指令比較安全，否則一旦錯誤將很難發現。

4. $y = f(x) = \dfrac{1}{x - 1}$

註：試著畫出這個函數逼近漸進線的情況。

5. $y = f(x) = \dfrac{1}{2\sqrt{2\pi}} e^{-\frac{(x-1)^2}{8}}$

註：$\pi$ 的指令為 pi。

6. $y = f(x) = x^{2/3} = \sqrt[3]{x^2}$

7. $y = f(x) = 2x^3 - x^4$

---

[11] 這個指令在 7.x 版之後才有，第二個參數代表要開的次方數。

8. $y = f(x) = x\sqrt{4-x^2}$

9. $y = f(x) = \dfrac{\ln x}{x^3}$

   註：ln 指令為 log。

10. $y = f(x) = 3,\ 1 \leq x \leq 5$

11. $x^2 + y^2 = 1$

    註：這是方程式，不是函數。繪圖的方式以 ezplot 最為方便。另，MATLAB 預設的座標系統並非等比例，即 X 軸與 Y 軸比例不同，所以理論上雖然是一個圓方程式，看起來卻是扁的。此時可以利用 axis equal 或 axis square 指令調校回來。

12. 畫出如圖 2.15 的正方形。

    註：對初學者而言，畫個正方形 (或多邊形) 正可考驗對 MATLAB 繪圖原理的了解。慢慢想，別著急，回顧第一個繪圖範例中關於電腦畫函數線條的原理。

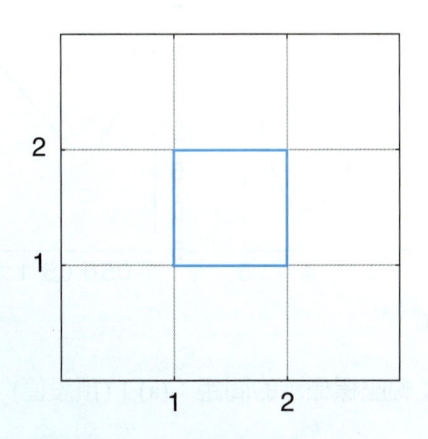

● 圖 2.15　如何畫一個正方形？

## 2.4　本章附錄

下面的指令可以改善圖形呈現的品質：

```
set(gca,'xtick',-1:0.5:5)
```

MATLAB 會為每張圖的座標軸決定適當的標示間距 (如圖 2.16(a))，但有時不符需求。此時透過 set 指令調整 xtick 的特性選項可以改變預設的刻度，譬如上述指令將 X 軸刻度間隔改為 0.5，如圖 2.16(b) 所示。有時候若只想標示幾個位置，只需第三個參數設為適當的向量，譬如 [0 1 2 4]。當然將 xtick 改為 ytick 就可以針對 Y 做變化。[12]

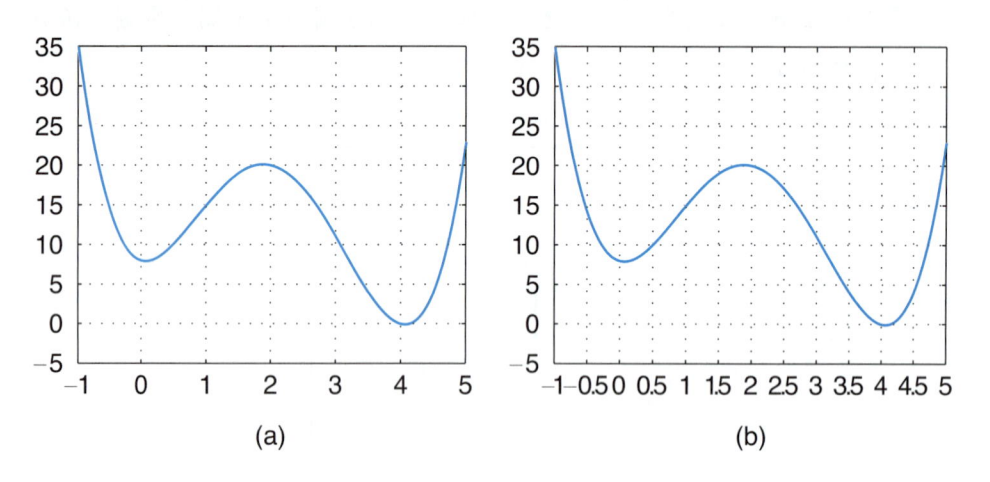

● 圖 2.16　X 軸座標標示的間距：(a) 1 (預設值)，(b) 自設為 0.5

MATLAB 的繪圖指令非常豐富，變化很多，可以從線上使用手冊查詢到。不過對初學者而言，實在無須在這方面浪費過多時間，看到一個學一個，夠用就好，不急於一時。隨著時間的累積，繪圖指令的使用量

---

[12] 補充說明：第一個參數 gca 是 Get Current Axis 的簡寫，意思是「取得目前的繪圖區代碼」，也就是指令 set 要設定的對象。

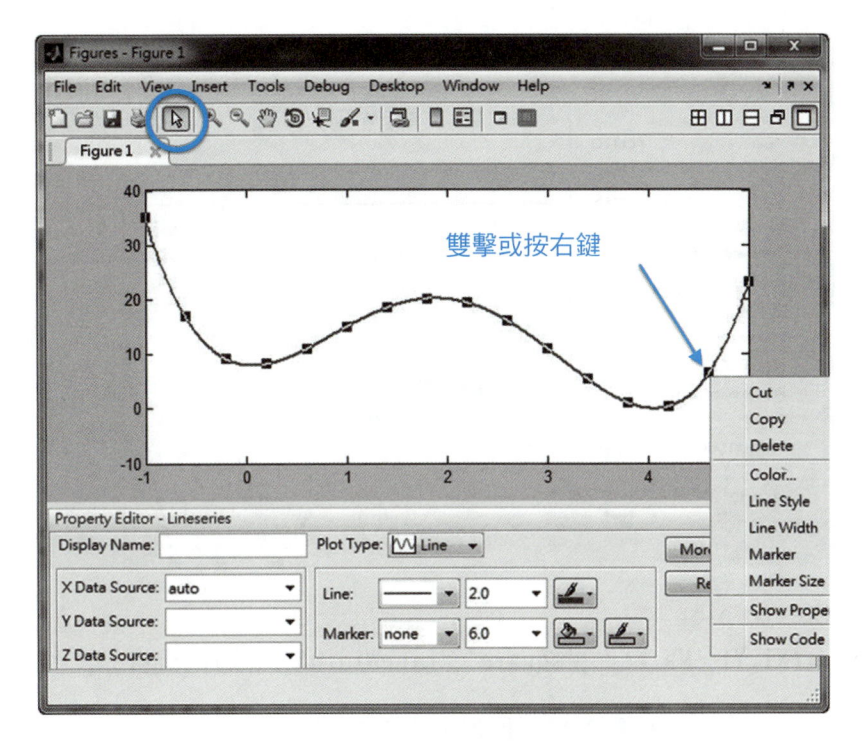

## Chapter 2 從繪製函數圖切入 MATLAB

● 圖 2.17　圖形編輯器

將會非常可觀。另一個簡便的「修圖」方式是直接在繪圖區作圖形的編輯，如圖 2.17，步驟如下：

1. 點選功能選單「Tools → Edit Plot」或直接以滑鼠選取左上方的「箭頭」工具圖示。
2. 選取欲編輯的物件 (線條、符號，或是內外區域)，按滑鼠右鍵顯示快速功能選項或雙擊左鍵拉出下方的編輯盤。
3. 選取編輯項目，進行修改。

利用圖形編輯器的好處是，不需要知道指令，憑著編輯盤的選項即可隨意改變圖形。但缺點是動作多，速度慢，僅適合一次或不常用的編輯需求。有一個折衷的辦法既可以符合編輯上的需求，也可以趕上指令編輯的速度。在圖形視窗的選單上找到「File → Generate Code」(如

47

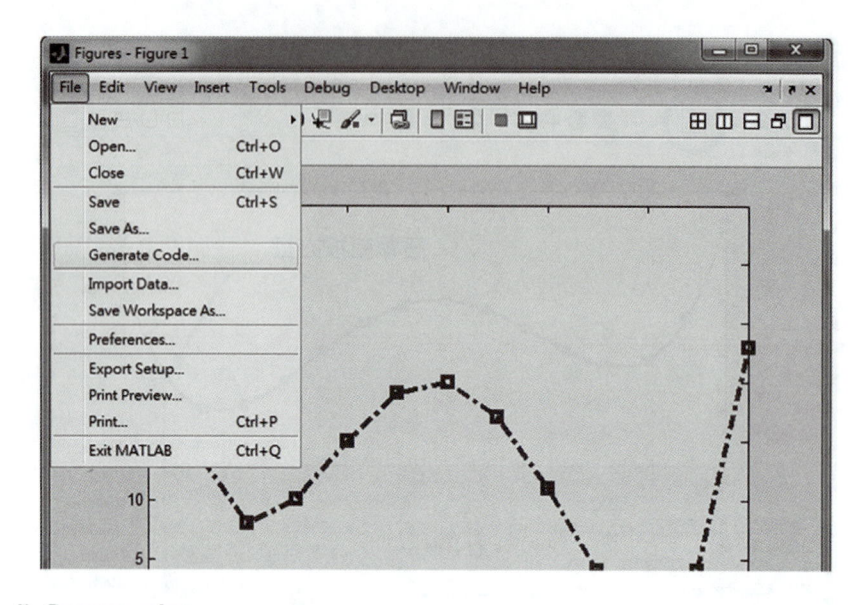

```
% Create plot
plot(X1,Y1,'Marker','square','LineWidth',3,'LineStyle','-.');
```

▶ 圖 2.18　圖形編輯器產生指令的功能

圖 2.18)，[13] 要求 MATLAB 將目前的圖形轉換成指令。圖 2.18 下方的 plot 指令便是畫出圖中線條的指令，複製這個指令後面的特性設定便可產生相同的線條。程式設計者往往透過這種方式學習程式技巧或指令的運用。

另外，如果想在 MATLAB 的圖面空白處寫出比較複雜的數學式，可以在指令 text 或 gtext 裡套用 LaTeX 的指令，[14] 譬如圖 2.19 所示 (結果如圖 2.20)。圖 2.19 的 text 指令每行後面的「…」用在指令太長時作為斷行使用，兩個「$」號中間放入一般 LaTeX 的數式指令。另外一個比較輕便的做法如下，其中「…」的部分填入 LaTeX 的數式指令。

---

[13] 較舊版本稱為「File → Generate M-File」。

[14] text 與 gtext 的差別在座標位置的指定與否。gtext 不需指定位置，執行後由滑鼠點擊來決定位置；而 text 指定座標位置的方式也可以放在前兩個參數，如 text(2, 0.35, '…',…)。

# Chapter 2 從繪製函數圖切入 MATLAB

gtext(' ... ','interpreter','latex')

```
Command Window
Trial>> text('interpreter','latex',...
            'String','$\frac{1}{\sqrt{2\pi}}e^{\frac{-x^2}{2}}$',...
            'Position',[2 0.35],...
            'FontSize',18)
```

● 圖 2.19　LaTeX 指令的連結

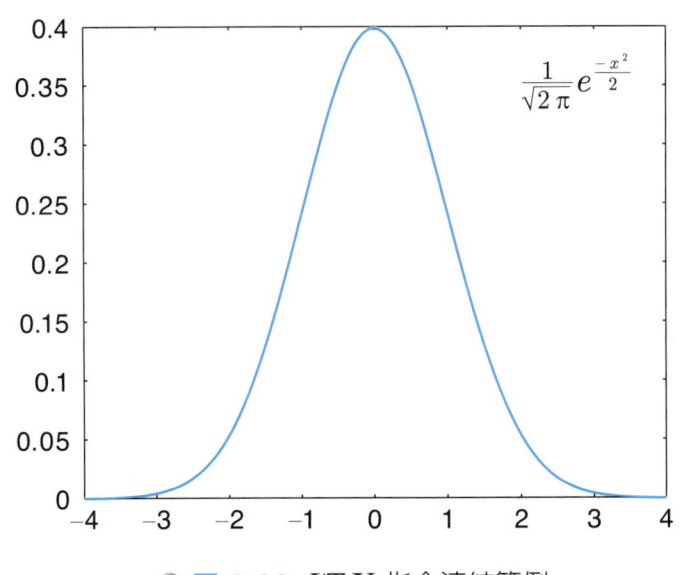

● 圖 2.20　LaTeX 指令連結範例

Chapter

# 3

# MATLAB 的數學運算與程式

**解**決數學問題常需直接面對數學公式，基礎的訓練是以紙筆解題。本章作為以電腦解題的開端，了解 MATLAB 語言處理數學公式計算的原理，並藉此進一步熟練 MATLAB 的矩陣計算方式與技巧，最終能利用電腦語言計算複雜，甚至困難的數學公式。透過學習與探索電腦語言，進而發現解決問題的方法及其差異性。另一方面，稍複雜的數學計算往往非單一指令能完成，如何運用 MATLAB 的編輯器將多個指令編輯為程式檔案、如何執行與管理，也是本章重點。

### 本章學習目標

變數的運用、MATLAB 計算公式的技巧與變化、編輯器的使用、程式執行與管理及外部檔案的讀取與儲存。

### 關於 MATLAB 的指令與語法

指令：audioread, axis, clock, corr, corrcoef, fclose, fopen, fprintf, hasFrame, importdata, imread, length, load, mean, movie, readFrame, save, scatter, sum, std, struct, var, videoread, zscore, xlim, xlsread, xlswrite, ylim

語法：資料檔的讀取與儲存；檔案格式 csv, mat, txt, xls, xlsx, jpg, mp3, mp4

## 3.1 練習

學習程式寫作不需太多廢話，直接推上戰場面對問題，解決問題。隨著本章範例問題與示範程式的介紹，讀者將逐漸摸熟寫作環境，學會程式語言的語法。了解一些指令的功能與使用方式，雖僅佔 MATLAB 程式語言的一小部分，但已足以引領讀者進入 MATLAB 的國度。直接面對問題，看看 MATLAB 如何解決。

### 問題描述

假設量測自變數 $X$ 與應變數 $Y$ 所得的資料為

| X | 6 | 3 | 5 | 8 | 7 |
|---|---|---|---|---|---|
| Y | 2 | 4 | 3 | 7 | 6 |

依第 3 章建立矩陣資料的方式，在 MATLAB 的命令視窗裡將這些數值建立成 x, y 矩陣 (向量)，如：[1]

x=[ 6 3 5 8 7 ]
y=[ 2 4 3 7 6 ]

以下範例將使用這組資料練習 MATLAB 基本的計算技巧。

---

[1] 請注意，程式設計不可輕忽變數的命名，最好能賦予有意義且相關的名稱，才有利程式的可讀性，未來在除錯或維護上也都會很方便，無形中節省許多不必要的時間浪費。在此以小寫的 x 代表變數 $X$ 的樣本資料，以符合小寫字母代表向量或常數，大寫代表矩陣的慣用語法。當然習慣因人而異，只要保持一致即可。

### 範例 3.1

計算變數 $X$ 的樣本平均數 (Sample Mean)，公式如下：

$$\mu_x = \frac{1}{N}\sum_{k=1}^{N} x_k，其中 N = 5$$

以下的 MATLAB 指令都可以計算出 $\mu_x$，由繁到簡表示為

```
mux=(x(1)+x(2)+x(3)+x(4)+x(5))/5
mux=sum(x)/5
mux=mean(x)
```

一般應用當然會以最簡的指令為優先，這裡純粹是教學目的，讓讀者了解最簡的指令到底做了哪些事？有無替代方案？尤其初學者對矩陣 (向量) 值的讀取方式不熟，親自執行這個範例可以多體驗。其中 sum, mean 為 MATLAB 提供的指令，其功能如其名，使用前不妨先利用 help sum 或 doc sum 快速了解其使用方式。請注意，前兩個指令裡的分母 5 代表樣本數 N，但以一般程式設計的基本技巧而言，會預先設定一變數，譬如 N=5，代表樣本數，之後的指令便以 N 取代固定的常數 5，方便未來樣本數更動時不必再一一修改。當樣本數很大時，則可以利用 length 指令直接計算向量的長度，完整指令如下：

```
x=[ 6 3 5 8 7 ];
N=length(x);
mux=sum(x)/N
```

當然，第 2 行與第 3 行的意思就是最簡指令 mean(x) 的意思，這個例子只是示範性質。

> **範例 3.2**
>
> 計算變數 $X$ 的樣本變異數 (Sample Variance)，公式如下：
>
> $$S_x^2 = \frac{1}{N-1} \sum_{k=1}^{N} (x_k - \mu_x)^2$$

以下的 MATLAB 指令都可以計算出 $S_x^2$，由繁到簡表示為

1. varx=((x(1)-mux)^2+(x(2)-mux)^2+(x(3)-mux)^2+ ... (x(4)-mux)^2+(x(5)-mux)^2)/(N−1);
   這個繁瑣的指令直接執行公式裡一項一項相加的意思，請耐心的完成。其中 $\mu_x$ 與 N 直接利用前範例的結果，即以變數 mux 代表 $\mu_x$ 的值。指令因過長超過命令視窗的可視範圍，可以利用三個點 "..." 斷行，得到比較好的觀賞視野。

2. varx=sum((x−mux).*(x−mux))/(N−1) 或
   varx=sum((x−mux).^2)/(N−1)
   這是以 向量的運算 概念取代逐項表達的繁瑣，當兩個向量做乘法或次方時，MATLAB 特殊的「點」運算元便在此時派上用場。初學者最好盡快掌握這個別緻的運算元，在往後的計算中容易享受這種矩陣語言的優勢。為了方便掌握辨認使用時機，可以用數學式與 MATLAB 指令對照來看：

$$\sum_{k=1}^{N} x_k^2 \sim \text{sum(x.*x)}$$

當然這裡的變數 x 代表包含所有 $x$ 值 ($x_1, x_2, ..., x_N$) 的向量。

3. varx=x*x'
   這個方式連 sum 指令都省了，直接利用矩陣運算中「列向量」乘上「行向量」的技巧，巧妙地將平方與累加合併計算，即

$$\sum_{k=1}^{N} x_k^2 \sim \text{sum(x.*x)} = \text{x*x'}$$

4. varx=var(x)

   利用 MATLAB 的指令 var 是最精簡的做法。特別像變異數這類普遍性的統計量，讀者可以猜測必然有相對應的指令可以取用。這是程式設計者必須要逐漸具備的敏感度，尤其針對更複雜的知名函數，自己寫指令計算需要花不少功夫，還不一定寫對，至少先查詢一下是否有相關指令，再來寫也不遲。

上述不同的過程應該得到相同的結果，只是繁瑣與精簡之差別。程式設計當然力求精簡，除便利可讀性外，往往效率也會比較高。本練習的目的在讓初學者體驗 MATLAB 矩陣運算的效率與技巧，當數學式本身非常繁雜時會需要這些技巧。初學者應耐心、細心地輸入與比較，才能漸得 MATLAB 程式設計之精髓。

### 範例 3.3

計算每一個 x 值的 *Z-Score*，公式如下：

$$z = \frac{x - \mu_x}{S_x}$$

Z-Score 經常用來取代原始資料作為一種標準化的分數，讓不同來源的資料有比較的基礎。這是一個簡單的公式，一條指令可以同時計算 N 個 Z-Score。參考指令如：

z=(x-mux)/sqrt(varx)

其中 x, mux 及 varx 都已經利用前面的指令計算過。[2] MATLAB 當然也提供計算 Z-Score 的指令：zscore(x)。

> **範例 3.4**
>
> 計算
> $$S_{xy} = \sum_{k=1}^{N} (x_k - \mu_x)(y_k - \mu_y)$$
>
> MATLAB 並沒有計算這個公式的指令，請試著用不同的方法 (繁瑣複雜或簡單俐落) 來計算這個值。

遇到 Σ 的加法，先想到列向量與行向量的乘法，很容易一個指令便能解決。其中假設 x, y, mux, muy 都已經事先設定及計算過。參考指令

> Sxy=(x-mux)*(y-muy)'

請注意相乘的兩個向量的方向與轉置。[3]

> **範例 3.5**
>
> 計算
> $$K = \sum_{k=1}^{N} \frac{(x_k - y_k)^2}{y_k}$$

Σ 後面經常跟著很複雜的計算式，但是再怎麼複雜都可以小心地拆解成幾個簡單的模式，如上題與本題的樣子。本題的寫法也很多種，可以這樣寫：

---

[2] sqrt(varx)=std(x)，即標準差。

[3] 初學者要特別留意相乘的兩個向量都來自向量與數字相減。從線性代數的規範來看，向量不能與數字加減，但 MATLAB 緩和了這個規矩，並定義為向量的每一個元素加減這個數字。

# Chapter 3
## MATLAB 的數學運算與程式

$$K=\text{sum}((x-y).\wedge 2./y)$$

這行指令也可以改寫成不使用 sum 指令。用與不用的考量有時候是程式的可讀性，也就是越接近書寫的樣子。這個計算有個值得一提的地方，就是當一個計算式牽涉到 +, -, *, /, ^ 與括號 ( ) 時，其優先順序與其他程式語言大致相同，先後順序如：( ) > ^ > *, / > +, -。以上述指令為例，先執行 x-y，然後將結果平方，之後除以 y，最後 sum 起來，剛好由左至右，若換個寫法不一定如此。

### 範例 3.6

畫出 x, y 兩變數資料的散佈圖，並盡量調整到最佳的觀賞「視野」(View Angle)。

散佈圖可以用 plot 指令指定符號種類或直接以散佈圖指令 scatter 來畫，結果如圖 3.1 所示。不管使用 plot 或 scatter 指令，預設的座標範圍 (由 MATLAB 決定) 通常不是最佳的觀賞視野 (如圖 3.1(a))，需要適度的調整才能觀測出資料間的相關趨勢 (如圖 3.1(b))。

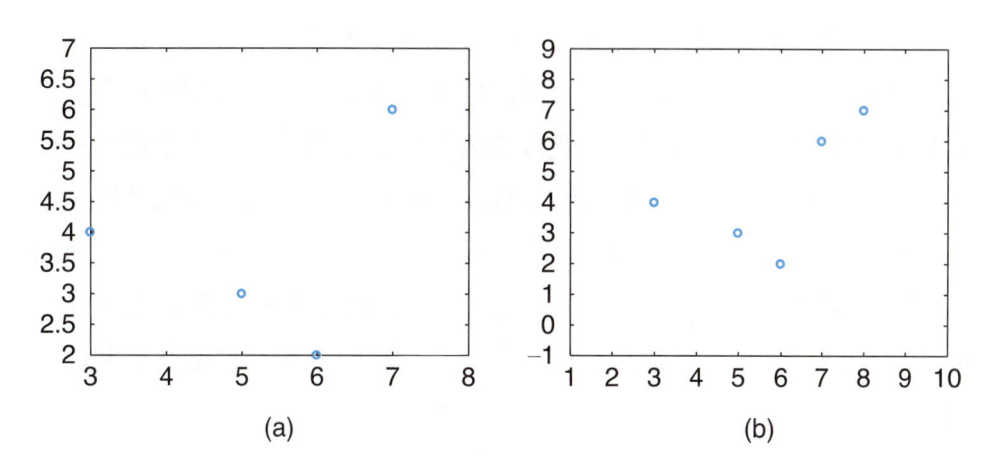

● 圖 3.1　散佈圖的繪製。(a) 預設圖，(b) 調整觀察範圍 (Zoom Out)

**Coding Math**：寫 MATLAB 程式解數學

圖 3.1 使用 plot 繪圖的指令如下：

```
plot(x, y, 'o', 'linewidth',3)          % 選擇符號樣式與線條粗細
axis([1 10 -1 9])                       % 調整 X, Y 座標的範圍
```

其中指令 axis 用一個向量調整 X, Y 軸的範圍，[4] 其值依序為 X 軸範圍的最小值、最大值、Y 軸範圍的最小值、最大值 (簡寫為 [xmin xmax ymin ymax])。若使用 scatter 指令：

```
scatter(x, y, 140, 'd', 'fill')         % 選擇符號的大小與樣式
axis([1 10 -1 9])                       % 調整 X, Y 座標的範圍
```

指令 scatter 的散佈圖表現如何？上述指令的參數造成什麼變化？尚待讀者親自驗收。其中第三個參數 140 代表符號的大小，第四個參數 'd' 表示符號形狀，最後的 'fill' 是填滿顏色的意思。

## 3.2 程式與程式的管理

上一節的範例中，不論是計算平均數、變異數還是 Z-Score，都不是一個指令可以單獨完成。從資料的輸入與計算，甚至繪圖，經常需要幾個指令共同完成。當資料變更或加入其他計算時，這些指令還要被使用一次。如果這些事情都只能在工作區一個指令、一個指令的執行，這就不是大家認識的電腦該有的作為，反倒比較像手持的計算器了。所謂「程式」就是將這些指令集結在一起 (一般是儲存在一個檔案裡)，執行時由第一個指令順序到最後一個指令，新增或修改指令也是在這個檔案裡。

---

[4] 若只是調整 X 或 Y 軸範圍，可以用 xlim 與 ylim。

# Chapter 3
## MATLAB 的數學運算與程式

MATLAB 的程式稱為 scripts，執行時才由解讀器 (Interpreter) 翻譯成電腦懂的語言。有別於一些語言如 C, C++, Java 等，寫好的程式檔需要先經過編譯器 (Compiler) 編譯成二進位執行檔 (Binary Executable Codes)，才能執行。兩者主要的差別在於：(1) scripts 程式 (像 MATLAB) 在執行時才檢查語法，所以執行效率較差，(2) scripts 程式有利產品的開發與過程的偵錯。[5]

MATLAB 利用「編輯子視窗」管理程式，包括撰寫、語法輔助與偵錯。圖 3.2 是編輯視窗的工具列，除了提供基本的檔案新增異動功能之外，[6] 主要是程式的編輯、除錯與執行功能。其中方框圈起來的部分較常用，包含程式中的註解行 (Comment) 與反註解行 (Uncomment)。圖 3.3 的編輯視窗呈現一支檔名為「operation_1.m」的程式，[7] 行頭加註 % 的那一行稱為註解行，一般用來註記說明文字或暫時停用某些指令。[8] 使用時可以單行註解或多行一起註解。

「編輯子視窗」會對編輯中的程式指令進行初步的語法檢查，譬如圖 3.3 中箭頭指示電腦螢幕上一橘色警示線，代表某一行指令有些「不妥」，當滑鼠游標移到橘色線上時，將出現警告訊息並建議如何修正，甚至可以代為修正。如果指令出現錯誤，如括號、引號的不對稱，則出現紅色警示線。[9]

● 圖 3.2　編輯子視窗的工具列

---

[5] MATLAB 用另一個的產品 Compiler，將 scripts 程式轉換成執行效率較佳的二進位執行檔。

[6] 新增或開啟舊程式也可以在「命令視窗」的工具列下，同樣都在最左邊。

[7] MATLAB 程式附檔名內定為 m。

[8] 寫程式常會嘗試不同的指令或做法，過程中並不需要刪除正在測試的指令，只需在行頭加 % 符號成註解行即可，以利隨時可以恢復。

[9] 錯誤的警示並不包括指令的錯用、誤用或邏輯的錯誤，只能勘誤表面上看得到的錯誤。

**Coding Math：寫 MATLAB 程式解數學**

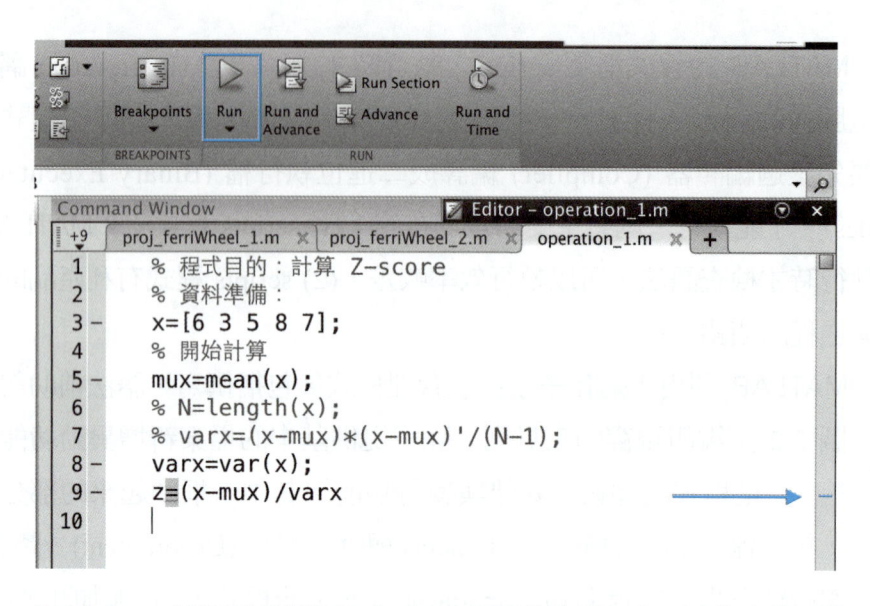

● 圖 3.3　編輯子視窗的程式 (含 % 行頭的註解行與語法警告警示線)

　　寫程式並非完整寫完才能執行 (Run)，好的程式寫作習慣是以小段落為基準，寫幾行指令成一個段落便執行看看，確定沒有語法錯誤或邏輯的疏失再繼續。再說幾行程式有錯誤也比較容易檢查。執行時只需按圖 3.3 上排工具列的「Run」鍵即可，或是在命令視窗輸入程式名稱。[10] 如果程式中有輸出指令，如 fprintf，或互動式指令，如 input, menu，其輸出內容都將呈現在命令視窗。這也是許多程式設計者喜歡直接在命令視窗以程式名稱執行程式的原因。

　　編輯子視窗有個鮮為人知的小功能，允許多個「小」程式同時存在一個檔案裡並能個別執行的功能，[11] 如圖 3.4 展示兩個獨立的小程式同在一個檔案裡。這個功能方便設計者記錄一些有用的程式片段，或是將相關的程式片段蒐集在一起，不需要為了幾行指令另立新檔案。區段程式的區隔以行頭兩個 % 代表，當滑鼠游標落在該區段時，整個區段會以

---

[10] 在編輯視窗按「Run」鍵與在命令視窗輸入程式名稱都是執行程式，因此檔名不能有混淆命令視窗的名稱，譬如純數字 (無法與數字分辨)、檔名中間有空白或有減號 (-) 等。

[11] 這裡特別提示「小」程式，代表不適合用在指令過多的程式。請注意，是「不適用」，不是「不能用」。

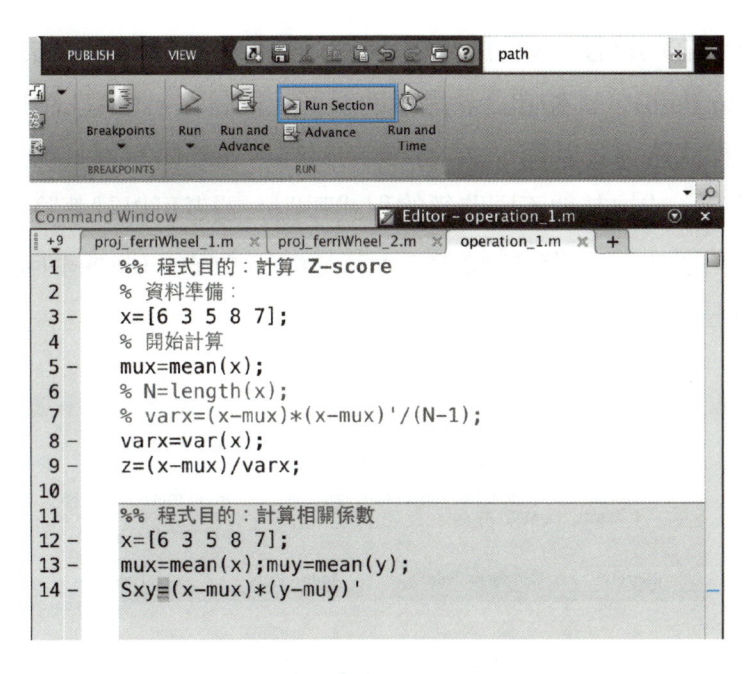

## Chapter 3
### MATLAB 的數學運算與程式

● 圖 3.4　編輯子視窗的多區段程式 (Section)

不同的底色呈現 (如圖 3.4 所示)，方便辨認與執行區段程式。執行區段程式時按圖 3.4 上方框所示的「Run Section」工具按鈕即可。而左邊的「Run and Advance」則是提供多個區段程式執行時，執行完一個後，自動前進到下一個區段程式。[12]

新編輯的程式若以區段方式執行 (即按「Run Section」鈕)，會立即執行該區段。若選擇在命令視窗 (或按「Run」工具按鈕) 執行，則編輯子視窗會要求先存檔。[13] 程式設計者通常會依該程式的屬性，選擇適當的路徑並給予適當的檔名。當程式所在的路徑與命令視窗不同時，MATLAB 會跳出警告視窗告知 (如圖 3.5)，並詢問是否更改命令視窗路

---

[12] 不同時期的 MATLAB 版本執行區段程式的工具按鈕不同，較早的版本有兩個小圖示在編輯子視窗的左上角。讀者依不同版本搜尋畫面找找看。

[13] 「Run」是執行程式，而「Run Section」是執行程式區段。MATLAB 對待程式與程式區段不同。簡單地說，程式區段就像是在命令視窗連續執行區段內的幾個指令，其路徑與命令視窗同，較大的差別是不能使用內建的除錯工具 (將在後續章節說明)。

徑到程式所在的路徑，或將程式所在的路徑加入 MATLAB 的路徑管轄表 (Add to Path)，[14] 如圖 3.6 顯示的畫面。簡言之，MATLAB 的「Set Path」是程式路徑表管理，納入表單的路徑所在的所有程式都可以在命令視窗執行，或被其他不同路徑的程式呼叫。讀者可以試著將自己的程式所在的路徑加入「路徑管轄表」，並且從命令視窗 (路徑不同) 輸入檔名執行看看。

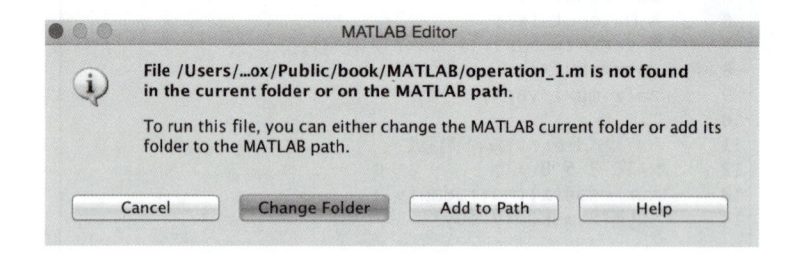

▶ 圖 3.5　程式所在路徑與命令視窗設定的路徑不同時的警告訊息

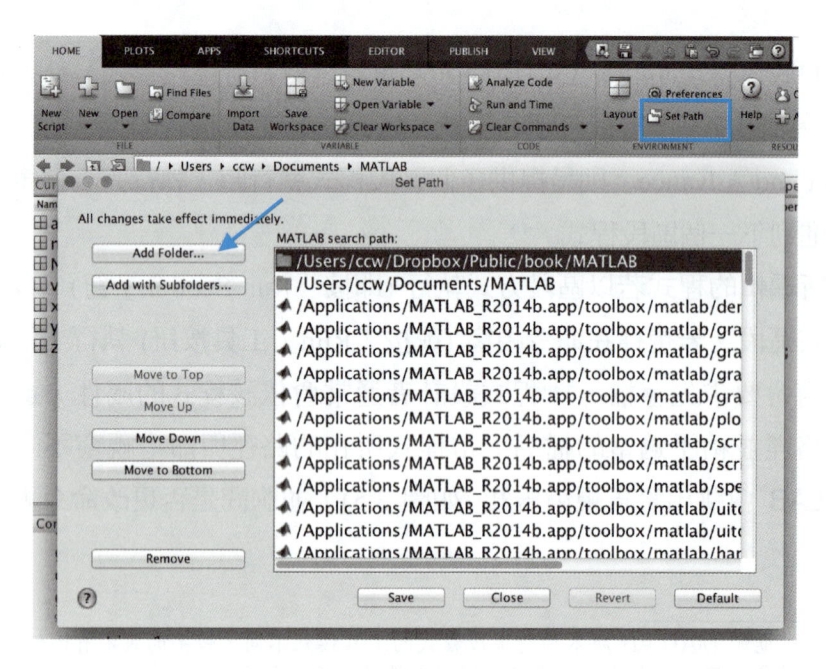

▶ 圖 3.6　MATLAB 檔案路徑設定與管理 (Set Path)

---

[14] MATLAB 安裝時已經在 Set Path 預設了 MATLAB 所有內建程式所在的路徑，方便隨時可以呼叫 (執行) 分散在不同路徑的程式。

## 3.3 外部檔案讀取與儲存

寫程式經常需要處理資料，來源不外乎有二：由程式自製 (亂數產生器) 或外部檔案。MATLAB 提供產生亂數的指令與用法將在後續章節介紹，在此僅示範如何從程式讀取外部檔案、如何處理讀進來的資料 (文字與數字分流) 與如何存檔。從 MATLAB 讀取外部資料檔時，必須留意資料檔案所在的位置與工作目錄是否相同 (即命令視窗的路徑)。如果不同，處理方式有：(1) 更改檔案位置或命令視窗路徑使其一致，(2) 到「Set Path」新增檔案所在路徑，(3) 使用檔案的絕對路徑 (含路徑與檔名)。

MATLAB 主要以矩陣運算來解決數學相關的問題，所以目標資料以數字為主。不過許多儲存數字資料的檔案難免夾雜文字資料，譬如 EXCEL 檔的文字標題列，文字的處理也是必要的。另外，統計相關的資料也常含非數字資料，必須一併處理。MATLAB 能開啟並儲存不同類型的檔案，較常見的檔案類型如，MATLAB 專用檔 (MAT)、一般文件檔 (TXT)、EXCEL 檔 (XLS, XLSX, CSV) 及一般媒體檔 (圖片、影音等)，以下分別介紹。

### 3.3.1 存取 MATLAB 專用檔 (MAT)

MATLAB 自創檔案格式：MAT。使用 MAT 檔案的優點是存取檔案最方便、迅速；缺點是只限於 MATLAB 使用，不能與外界交換。MATLAB 儲存 MAT 檔的方式舉例如下：

```
save MyData A T
```

指令 save 將變數 A 與 T 的內容儲存在檔案 MyData.mat。圖 3.7 展示工作區的變數 (左) 與 save 指令的用法。指令 save 後的第一個參數為檔名，接續以空白隔開的是所有要儲存的變數名稱。將來取出使用時，

```
◀ rent Folder   Workspace ⊙   ◀ Figt ▶     Command Window
Name ▲          Value                      Trial>> save MyData A T
⊞ A             1x1 struct                 Trial>>
{} ans          2x1 cell
⊞ T             22050
```

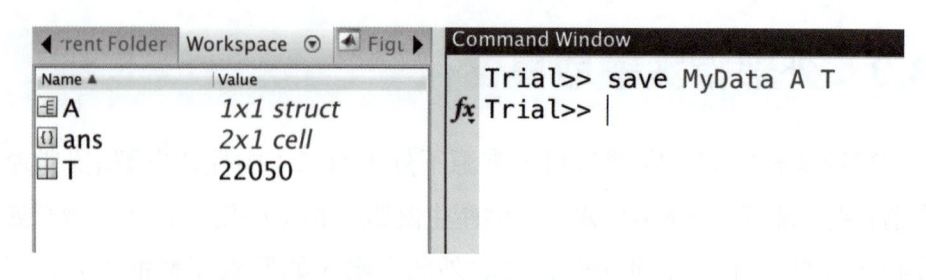

● 圖 3.7　指令 save 儲存變數內容成 MAT 檔

會完整重現變數名稱與其內容。讀取 MAT 檔的指令為

```
clear
load MyData
```

第一個指令特地先清除所有在工作區的變數，呈現指令 load 的真正表現。透過 save 與 load 可以儲存並還原完整的變數名稱與內容，提供許多應用場合便利的處理資料。加上存取的速度都很迅速，在急需速度的場合更顯優勢。

### 🛈 Tips

指令 save 後面若只跟著檔名，沒有指定任何變數，代表儲存所有工作區的變數。這個舉動看似草率浪費空間，但筆者常用在「跑程式」的過程中儲存中間結果。特別是當程式執行需要好幾天，若過程中想知道執行狀況，又不想中途暫停，可以從其他電腦（遠距）讀取過程中儲存下來的檔案，監看所有的變數內容。另一方面也可以當作備份資料，萬一中途停電或任何意外造成程式終止時，還可以留下當時的資料。下次重新啟動時，可以省去已經完成的部分。

## 3.3.2 存取一般文件檔 (TXT)

在 MATLAB 中讀取 TXT 檔案常用的方式如：[15]

```
D=load('data1.txt');
```

原始文字檔 data1.txt 與變數 D 的比較如圖 3.8 所示。文字檔 data1.txt 需以類似 EXCEL 的行列方式編輯，讀入後將被視為矩陣的行列。比較 D 與原始檔案 data1.txt 的內容，將發現第 1 行代表變數 x，第 2 行代表變數 y。如圖 3.8 所示，其中左圖的 data1.txt 檔的前兩列以 % 符號開頭，用來註解資料代表的意義，不會被 MATLAB 讀入變數裡。

通常資料讀入後，會依實際情況將內容指定給特定變數，方便後續的運算，譬如：

```
x=D(:,1);
y=D(:,2);
```

MATLAB 也可以將變數資料儲存成 TXT 檔案，假設將矩陣 A 的內容存成 MyData.txt，指令如：

```
A=normrnd(0,1,10, 2);
save 'MyData.txt' A -ascii
或
save( 'MyData.txt', 'A', '-ascii')
```

---

[15] 另外的做法如 load 'data1.txt，但是資料的變數名稱內設為與檔名相同的 data1，常不符程式的需求。

Coding Math：寫 MATLAB 程式解數學

```
                              Command Window
                              Trial>> D=load('data1.txt')

                              D =
  %第一欄：x
  %第二欄：y                     15.5000    21.1000
  15.5    21.1                 15.4000    20.0000
  15.4    20                   15.1000    20.2000
  15.1    20.2                 14.3000    18.9000
  14.3    18.9                 14.8000    20.1000
  14.8    20.1                 15.2000    18.5000
  15.2    18.5                 15.4000    20.8000
  15.4    20.8                 16.3000    20.1000
  16.3    20.1                 15.5000    19.6000
  15.5    19.6

       (a)                          (b)
```

▶ 圖 3.8　(a) 原始文字檔，(b) 讀入後放置於變數 D

上述指令中的參數 –ascii 指定存成可閱讀的文字。[16] 檢視 MATLAB 儲存的 TXT 檔，會發現每個數字都以指數型態呈現。如果這個檔案將來只會被 MATLAB 讀取 (load)，指數的模樣還能被接受，否則並不易閱讀。[17]

### 3.3.3　存取 EXCEL 檔 (XLS, XLSX, CSV)

為方便示範，請先找到或製作一個 EXCEL 檔，類似圖 3.9(a) 所示的樣子 (含一個標題列與至少兩行數字)，並放置到命令視窗的工作目錄，方便後續操作。假設此 EXCEL 檔名為 MyExcel.xls，讀取該檔案內容指令如下：[18]

---

[16] 約定成俗的 TXT 檔案代表可閱讀檔，用一般的文字檢視器都能解讀。關於 ASCII 的意思，讀者上網便查詢得到。

[17] 此時，通常會以 EXCEL 檔案取代，方便保存與交換。如果非要以 TXT 檔的方式不可，只好寫一段小程式用開檔/寫檔的方式儲存。詳細做法請續看下一節。

[18] MATLAB 在 Mac 版本的指令 xlsread 不能啟動一般常用的 XLS 與 XLSX 檔，僅能讀取與儲存 CSV 檔。欲讀取 XLS 與 XLSX 檔，一般採用下一節介紹的指令 importdata 或 readtable。

(a)　　　　　　　　　　　　　　(b)

● 圖 3.9　(a) EXCEL 檔，(b) 讀入後數字置於變數 D，文字置於變數 T

```
D=xlsread('MyExcel');              % 僅取得數字資料 D
或
[D, T]=xlsread('MyExcel');         % 同時取得標題資料放入變數 T
Title_1=T{1};                      % 取得第一行的標題文字
```

這是指令 xlsread 最常見的用法，兩個指令的差別在輸出。第二個指令同時輸出檔案裡的標題列 (如圖 3.9(a) 第 1 列)，[19] 而第一個指令僅輸出數字資料。如同其他 MATLAB 指令，xlsread 也提供更多輸入與輸出的選項，譬如：

```
[ D, T, ALL ]=xlsread('MyExcel.xls', ' 工作表 1', 'A1:B6');
```

---

[19] 標題列文字以 cell 的資料型態輸出，取出時採 T{1}, T{2} 的方式取得文字資料。

第二個和第三個輸入分別代表「工作表」與「範圍」，而輸出的第三項是前兩個輸出的結合。讀者可以試試不同的工作表與範圍，並查看第三個輸出的內容。更多的輸入與輸出選項提供對輸出資料的篩選，請讀者自行 doc xlsread 並查閱 MATLAB 提供的例子，便能一目了然。

MATLAB 當然也能將程式的運算結果寫入 EXCEL 檔，包括新增檔案與寫入舊檔案兩種。譬如，將上述的變數 D 的內容存入 EXCEL 檔。

```
title={'Data X'  'Data Y'};    % 將所有標題文字轉為蜂巢矩陣
xlswrite('test.xlsx', title, 'sheet1', 'A1'); % 從 A1 位置寫入抬頭列
xlswrite('test.xlsx', D, 'sheet1', 'A2');    % 從 A2 位置寫入資料
```

寫入 EXCEL 檔的指令 xlswrite 前面四個參數很容易辨識，其中第三與第四個參數使指定工作表與寫入的起始位置。第一個參數是檔名，使用了固定名稱 'test.xlsx' 當作檔名，不過一般程式常會設定變動式檔名，用來避免檔案資料被不斷覆蓋；另一方面應用在需要產生多個檔案的情境，此時喜歡用時間或流水號來建構檔名。譬如：

```
t=clock;                                      % 取得現在時間
fname=strcat('test_',num2str(t(2)),num2str(t(3)), ...
num2str(t(4)),num2str(t(5)));
xlswrite(fname, D, 'sheet1', 'A2');
```

其中變數 t 共 6 個參數，分別代表年/月/日/時/分/秒，這裡取後面 5 個，為檔名注入時間訊息，方便未來查詢比對。以上是關於 MATLAB 存取 EXCEL 檔的常見用法，其他不同的用法可以在 HELP 裡找到。

另外，雖然在 Mac 版本的指令 xlsread 只能讀取 CSV 檔，但下一節介紹的指令 importdata 卻可以讀取 XLS 與 XLSX 檔。

## 3.3.4 存取一般媒體檔 (圖片、影音)

MATLAB 有專屬指令開啟涵蓋文字 (ASCII)、非文字、多媒體等多種不同型態的檔案，譬如上一節讀取 EXCEL 檔案的指令 xlsread 及文字與資料檔案的 (ASCII) 的指令 load。其他如讀取圖片檔的 imread、讀取聲音檔的 audioread (或舊版本 auread) 與讀取影片檔的 videoreader。[20] 讀者可以輕易地從 HELP 裡找到範例並順利地讀出內容。進一步的影音資料處理，不是本書的範圍。下列幾個指令可以快速地看到結果 (圖片影音檔取自 MATLAB，聲音檔自備)：

```
% 讀取與呈現圖片檔 (取自 MATLAB 示範指令)
X = imread('ngc6543a.jpg'); % 讀取
image(X); % 呈現
axis off; % 拿掉軸線，只呈現圖形
% 讀取聲音檔與播放 (取自 MATLAB 示範指令)
[y,Fs] = audioread('sample.mp3'); % 讀取
sound(y,Fs) % 播放
% 讀取影音檔與播放 (取自 MATLAB 示範指令)
xyloObj = VideoReader('xylophone.mp4');
vidWidth = xyloObj.Width;
vidHeight = xyloObj.Height;
mov = struct('cdata',zeros(vidHeight,vidWidth,3,'uint8'),...
    'colormap',[ ]);
k = 1;
while hasFrame(xyloObj)
    mov(k).cdata = readFrame(xyloObj);
k=k+1;
```

---

[20] 有 read 便有 write，如 imwrite、audiowrite 及 videowriter。

```
end
hf = figure;
set(hf, 'position', [150 150 vidWidth vidHeight]);
movie(hf, mov,1, xyloObj.FrameRate);
```

以上是幾種常用媒體檔案的開啟與呈現方式，MATLAB 還提供其他更多檔案讀取指令，有需要的讀者可自行查詢。除了應用專用的指令讀取特殊檔外，MATLAB 另有指令 importdata 讀取各式檔案。譬如，讀取上一節的 EXCEL 檔：

```
D=importdata('test.xls');
x=D.data(:,1); y=D.data(:,2)
ColName_1=D.textdata{1}; ColName_2=D.textdata{2};
```

圖 3.10 展示執行的結果。對大部分檔案格式而言，MATLAB 會以一個結構矩陣存放資料及附加的訊息。[21]

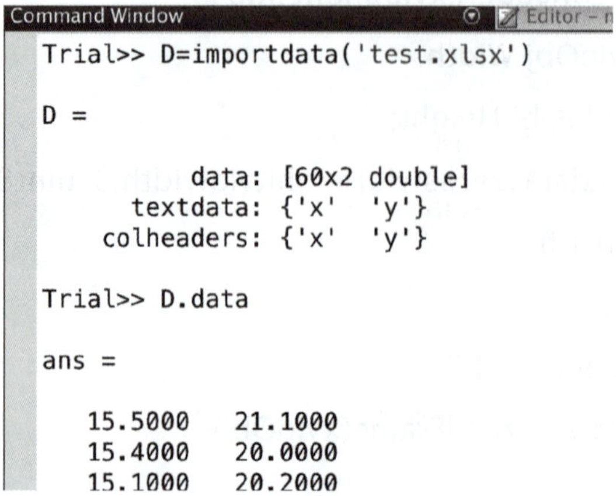
```
Command Window                                    Editor - r
Trial>> D=importdata('test.xlsx')

D =

         data: [60x2 double]
     textdata: {'x'   'y'}
   colheaders: {'x'   'y'}

Trial>> D.data

ans =

   15.5000   21.1000
   15.4000   20.0000
   15.1000   20.2000
```

圖 3.10 指令 importdata 的用法與輸出資料

[21] 關於結構矩陣的介紹詳見第 1 章。

其他檔案格式的讀取舉例如下：[22]

```
D=importdata('data1.txt');
X=importdata('ngc6543a.jpg');
[y,Fs] = importdata('sample.mp3')
xyloObj = importdata('xylophone.mp4');
```

### 3.3.5 低階檔案存取

MATLAB 採用指令 save 將資料儲存為可讀的文字檔 (TXT)，但寫入檔案的數字資料採科學記號的格式 (如圖 3.11(a)) 不易閱讀。雖然不影響以 load 讀出後的數字型態，卻不利與他人交換。甚至有些場合必須輸出一定格式的數字資料，如圖 3.11(b) 小數點四位的格式，只能採用較低階的做法。

圖 3.11 的格式化 TXT 檔做法參考如下：

| 1.7694682e-01 | -6.1686593e-01 | -7.9892839e-02 | -1.1406811e+00 | 0.1769 | -0.6169 | -0.0799 | -1.1407 |
| -3.0750347e-01 | 2.7483679e-01 | 8.9847599e-01 | -1.0933435e+00 | -0.3075 | 0.2748 | 0.8985 | -1.0933 |
| -1.3182035e-01 | 6.0110203e-01 | 1.8370342e-01 | -4.3360930e-01 | -0.1318 | 0.6011 | 0.1837 | -0.4336 |
| 5.9535767e-01 | 9.2307951e-01 | 2.9079013e-01 | -1.6846988e-01 | 0.5954 | 0.0923 | 0.2908 | -0.1685 |
| 1.0468328e+00 | 1.7298414e+00 | 1.1294472e-01 | -2.1853356e-01 | 1.0468 | 1.7298 | 0.1129 | -0.2185 |
| -1.9795863e-01 | -6.0855744e-01 | 4.3995219e-01 | 5.4133444e-01 | -0.1980 | -0.6086 | 0.4400 | 0.5413 |
| 3.2767816e-01 | -7.3705977e-01 | 1.0166244e-01 | 3.8926620e-01 | 0.3277 | -0.7371 | 0.1017 | 0.3893 |
| -2.3830150e-01 | -1.7498793e+00 | 2.7873352e+00 | 7.5122898e-01 | -0.2383 | -1.7499 | 2.7873 | 0.7512 |
| 2.2959689e-01 | 9.1048258e-01 | -1.1666650e+00 | 1.7782559e+00 | 0.2296 | 0.9105 | -1.1667 | 1.7783 |
| 4.3999790e-01 | 8.6708255e-01 | -1.8542991e+00 | 1.2230626e+00 | 0.4400 | 0.8671 | -1.8543 | 1.2231 |

(a)　　　　　　　　　　　　　　(b)

● 圖 3.11　(a) 指令 save 的 TXT 檔格式，(b) 低階存檔方式的約定格式

---

[22] 從範例可看出指令 importdata 的使用方式一致，即不論檔案格式，只要給出檔名即可。輸出部分因檔案之需要，有時必須輸出到兩個變數。指令 importdata 仍有些細膩的處理方式，譬如辨識檔案的分隔符號。

```
A=normrnd(0,1,10,4);   % 生成即將存檔的矩陣資料
fID=fopen('new.txt', 'w');   % 開啟新檔
fprintf(fID,'%7.4f\t%7.4f\t%7.4f\t%7.4f\n',A');
fclose(fID);   % 關閉檔案
```

所謂低階的方式就是接近 C 語言的處理方式，從開新檔、寫入 (或讀出)、結束檔案等，每一步都有對應的指令，像 fopen, fwrite, fread, fclose。熟悉 C 語言或其他語言的讀者想必都不陌生。MATLAB 除了提供方便好用的高階指令外，也保留了 C 語言低階指令的彈性。

上述程式從開新檔開始 (fopen)，基本的用法就是指定檔名與寫入權限 ('w')。緊接著寫入矩陣資料 A 時，透過 fprintf 指定格式；%7.4f 代表小數點四位的浮點數字 (含整數與小數點共 7 位)，數字間以 tab (\t) 隔開，每四個數字斷行一次 (\n)。[23] fprintf 處理矩陣資料的順序是逐行列印，因此必須將矩陣 A 轉置，才是我們要的樣子。最後關閉檔案的指令 fclose，是寫完檔案不再使用後的標準動作。

以上三個開檔、寫檔與關檔指令，能順利地將數字資料以既定的格式轉出到可讀的 TXT 檔，應該足夠應付大部分場合。有不夠用之處，讀者可以再深研 fprintf 的各種變化。

## 3.4　觀察與延伸

1. 讀者宜觀察數學式中有加法 Σ 的計算式 (如範例 3.2、範例 3.4) 如何用 MATLAB 的矩陣 (向量) 變數計算，而不是傳統的迴圈加法。想像當資料量龐大時，利用 MATLAB 的矩陣計算有哪些好處。

2. 變數的命名必須非常謹慎小心，不可與 MATLAB 內建的指令相同，否則將混淆原指令的功能，使之失效。譬如範例 3.2 的樣本變異

---

[23] 關於指令 fprintf 的詳細說明，請參考第 4 章的「觀察與延伸」。

數，一般命名可能取用 var 當作變數名稱，這與 MATLAB 內建的指令相同，會使隨後使用 MATLAB 的 var 指令失效。如果不確定變數名稱是否與內建指令相符，可以在命令視窗尋求 HELP 的協助，譬如 help var。如果這是 MATLAB 指令，會出現簡單版本的使用說明。

3. MATLAB 因版本更迭，編輯視窗的工具列位置會略有變動，讀者可以根據本章的說明，再從自己使用的版本畫面去推測，應該不難掌握。這也是程式設計者養成必經的過程，方能迅速掌握新產品的新語言。

## 3.5 習題

根據網頁上提供的三組資料 (data1.txt, data2.txt, data3.txt)，[24] 繪製散佈圖，觀察兩變數間的相關性，並計算相關係數。

1. 先畫出 x, y 兩變數資料的散佈圖，並以目視約略判斷 x, y 的相關性。請適當調整 X, Y 軸範圍，讓散佈圖有較佳的觀賞視野。

2. 計算變數 x, y 兩組樣本資料的相關係數 (Coefficient of Correlation)，公式如下：

$$r = \frac{S_{xy}}{\sqrt{S_{xx}S_{yy}}}$$

其中 $S_{xx}$ 及 $S_{yy}$ 分別是變數 x 與 y 的變異，與之前練習所計算的變異數關係為 $S_{xx} = (N-1)S_x^2, S_{yy} = (N-1)S_y^2$，而 $S_{xy}$ 如範例 3.4 的定義。觀察這個 $r$ 值與散佈圖呈現的樣子是否吻合。

3. MATLAB 也提供了計算相關係數的指令，譬如 corr, corrcoef，這兩個指令的功能都是計算多個變量間的相關係數。請試著執行下列指令，並比對上述公式計算的 $r$ 值。

---

[24] https://ntpuccw.wordpress.com/supplements/matlab-in-statistical-computing/。

**Coding Math**：寫 MATLAB 程式解數學

```
r1=corr(x',y')                    % 先轉成行向量
r2=corrcoef(x,y)
```

詳細的功能與使用方式，請讀者自行猜測，之後再到命令視窗 doc corr, doc corrcoef 或等到需要計算更多變數間的相關係數時，再來詳查。

> **Tips**
>
> 學習一個新的電腦語言或一個新的指令，先求能解決當下的問題，不必急於花太多時間窮研，除非還不符需求。但記得 MATLAB 這樣的程式語言提供的指令有多重功能，未來需要時再來深究。

4. 利用指令 text 或 gtext 將 r 值寫在散佈圖上 (如圖 3.12)。
5. 同上，但使用資料 2。觀察這個 r 值與散佈圖呈現的樣子是否吻合。
6. 同上，但使用資料 3。觀察這個 r 值與散佈圖呈現的樣子是否吻合。

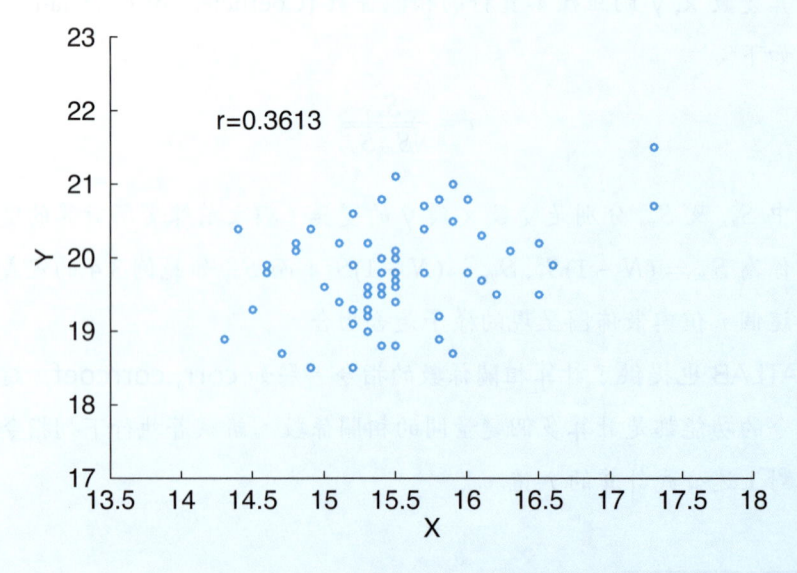

圖 3.12　散佈圖與相關係數的計算

Chapter 4

# 迴圈技巧與應用

迴圈是程式語言的生命，有了它程式才顯出價值。電腦之用貴在能大量且快速地執行相同的計算指令，而迴圈便是這項功能的靈魂。MATLAB 程式的迴圈技巧與其他語言類似 (甚至相同)，具備其他語言基礎便可以很快地進入狀況。另，本章開始進入程式的寫作，不再只是單一指令的介紹。

## 本章學習目標

MATLAB 的迴圈技巧 (for loop)、程式結構、程式的邏輯概念與程式檔案的管理。

### 關於 MATLAB 的指令與語法

指令：alpha, bar, chi2pdf, ecdf, figure, factorial, figure, for, fprintf, hist, histfit, hold, max, mean, min, normcdf, normrnd, num2str, pause, strcat, std, subplot, unifrnd, var

語法：for 迴圈的建立與技巧

## 4.1 背景介紹

一個指令做一件事,而所謂「程式」指由一個以上的指令組成的檔案,執行時是「一根腸子通到底」,由上而下逐步執行每個指令。程式的需求來自想完成一件事情 (計算) 時,沒有任何單一指令能做到,必須集結一個以上的指令合作完成。譬如第 2 章的繪圖,往往需要幾個指令才能畫出一張圖。而需要複雜的計算時,有限的指令是行不通的。譬如,計算泰勒展開式

$$f(x) = f(a) + f'(a)(x-a) + \frac{f''(a)}{2!}(x-a)^2 + \cdots + \frac{f^{(n)}(a)}{n!}(x-a)^n + \cdots$$

當展開的項次 $n$ 很大或不確定大小時,固定指令的寫法並不可行。但從上式累加的項目中發現,這些項目具規則性的結構,程式語言中的迴圈技巧 (for loop) 正可以輕巧地解決這個問題。

另,學習機率分配函數時,常被複雜的分配函數嚇得退避三舍。學生往往學完了還不知道每個知名分配的長相,以至於在往後應用時毫無感覺而用不出來。每個分配函數受一個或兩個參數的支配,當參數值改變時,函數形狀也跟著變。若能透過繪圖輕易地掌握,對機率與統計的學習與應用有莫大的幫助。譬如,圖 4.1 是卡方分配的參數 (自由度) 與其分配形狀的關係,這也是透過迴圈技巧的幫忙繪製。以下列出一些簡單的範例,說明迴圈技巧的使用方式與時機,最後利用泰勒展開式與迴圈技巧計算無理函數 $e^x$。

## 4.2 練習

迴圈技巧在傳統的程式寫作上,經常用在計算有序的加法運算中,譬如以下前三個範例的示範。

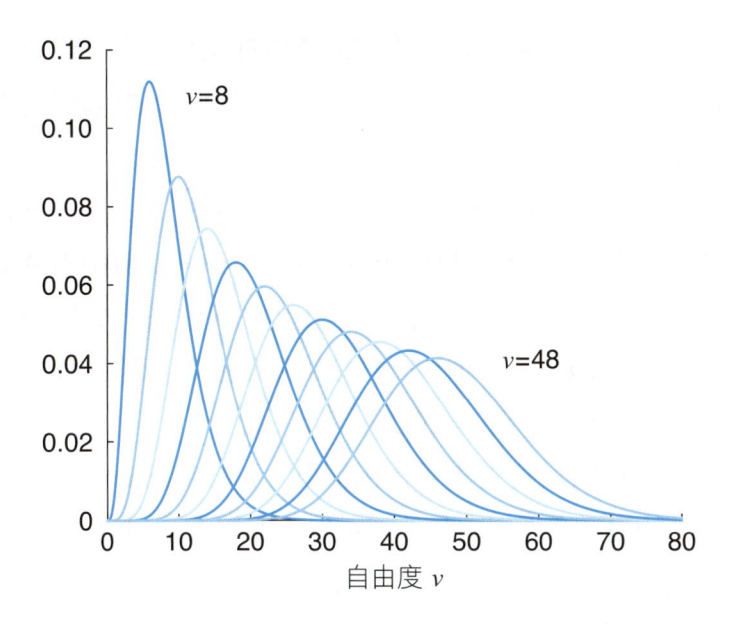

## Chapter 4 迴圈技巧與應用

圖 4.1 卡方分配的自由度參數與形狀 (以迴圈技巧繪製)

**範例 4.1**

寫一支程式計算 1 累加到 100，即計算 $\sum_{k=1}^{100} k$，並在程式執行時，列印出累加過程的每一個值。

這個需求是典型的迴圈技巧運用的地方。迴圈的指令為 for，請利用 doc for 找出迴圈的語法，下列程式碼示範使用方式：

```
clear              % 程式開始前，先清除命令視窗的所有變數
total=0;           % 必須先將「總和變數」total 的值預設為 0
for i=1:100        % 註：迴圈開始
    total=total+i; % 開始累加，變數 total 值每次都不同
    [ i total ]    % 在命令視窗印出迴圈數與累加值最簡便的方法
end                % 迴圈結束
```

上述程式第一行 clear 是一支好的 MATLAB 程式的開端，意即先將工作區的所有現存變數全數清除，避免殘留的變數影響程式的判斷。第 3 行 for i=1:100 代表迴圈的開始，第 6 行 end 表示迴圈結束。當程式開始執行時，由上 (第 1 行) 逐步往下，直到進入迴圈後，將重複執行迴圈內的所有指令 (即第 4 行與第 5 行) 若干次，次數由指令 for 的索引變數 i 被賦予的向量值決定。譬如 i=1:100，迴圈內的指令將被執行 100 次，每次索引變數 i 代表向量中的第 i 個數值。以上述程式為例，索引變數 i 從 1 開始，順序到 i=100。

這裡的索引變數名稱為 i 是援用慣例，i 代表 index 之意。若依語法，任何合法的變數名稱與向量值都可以，譬如 for idx=1:0.5:10。而且，既然稱為「索引」變數，通常後面賦予的向量以從 1 開始的整數為主，主要作為索引值之目的。只是恰巧在這個範例裡，剛好也利用 i 值做計算。後面的範例將看到索引變數的原始意涵。

第 4 行運用了常用的累加技巧，這裡的等號並非數學裡的相等之意，而是將右邊所計算的結果指定給左邊的變數。於是變數 total 的值在迴圈重複的過程中每次都不同，因而產生累加的效果。第 2 行是初學程式設計者容易忽略的初始值設定。若沒有初始值，第一次累加前的 total 值將會是什麼呢？也許程式語言會內定為 0，但這是設計者不能掌握的，所以必須自行設定。讀者可以試著刪除第 2 行，再看看執行結果有何差別？將某一行程式暫時拿掉的方式，是將其變為註解行，即在最前面加上百分比符號 %。[1] 另外，寫迴圈程式有一個慣例；在迴圈開始的第一行與最後一行間的程式碼做適當的縮排，除了方便除錯外，也能增加程式的可讀性。

---

[1] 註解指令較快速的方式是先將滑鼠游標指到該行，再按「Ctrl+r」即可；復原時再按「Ctrl+t」，且不管單行或多行都可以。不同的作業系統也可能有不同的快速鍵，讀者宜參考編輯器選單內的快速鍵設定。

> **Tips**
>
> 學習程式寫作最好的方法是參考正確的示範程式。在徹底了解語意後，多模仿，久之，便能得心應手。在模仿上述程式片段前，初學者最好先找出迴圈指令 for 的正確語法，再逐行解讀示範程式，完全了解後，最後執行示範程式並觀察結果 (最好逐行觀察每個指令執行的結果)。

累加技巧屬於基本動作，應多做練習，以下練習一個稍微複雜的問題。

### 範例 4.2

利用累加技巧計算樣本變異數 $\hat{\sigma}^2 = \sum_{i=1}^{N}(x_i - \hat{\mu}_x)^2/(N-1)$，其中的樣本 $x_i$ 以亂數產生器 normrnd(0,1,1,N) 產生，樣本數 $N$ 設為 30，而樣本平均數 $\hat{\mu}_x = \sum_{i=1}^{N} x_i/N$。

讀者宜模仿前一個範例的示範程式，依樣畫葫蘆。最後再參考以下的程式碼：

```
clear
N=30;                         % 設定亂數個數
x=normrnd(0,1,1,N);           % 產生標準常態的亂數 N 個
mux=mean(x);                  % 迴圈裡要用到的定值，這裡先計算好
v=0;                          % v 代表 variance
for i=1:N
    v=v + (x(i)-mux)^2/(N-1); % 初學者應注意 N-1 要加括號
end
[v var(x)]                    % 與使用 var 指令的結果比對
```

樣本變異數的計算有很多方式，在前面的單元也介紹過，MATLAB 也提供計算樣本變異數的指令 var，這裡純粹是為了練習迴圈的累加技巧，刻意利用這個簡單的問題。問題雖然簡單，但是模式是固定，將來遇到複雜的問題可以根據本題的模式推展。這個程式有兩個技巧值得一提：第一，欲產生亂數 30 個，在程式裡以 N=30 來設定，而後面的亂數生成器 x=normrnd(0,1,1,N) 以 N 來表示個數，不是直接以數字 x=normrnd(0,1,1,30) 產生。這是程式設計極為重要且需要養成習慣的技巧。請注意，在迴圈中也使用了 N，也就是當兩個 (或以上的) 地方使用同一個數字，最好在前面定義一個常數變數，如 N=30，才不會在 N 值改變時，漏掉任何一個 (這將很難被發現)。

第二，迴圈中使用了一個經過計算的定值 mux。初學者容易將 mux 的計算放在迴圈中，雖然最後結果一樣，但是這個在迴圈中的定值不需要跟著計算那麼多次，如果這個計算很耗時，豈不冤枉。同理，在範例 4.2 的數學式中，除以 N-1 也最好拉到迴圈執行後再做除法。[2]

### 範例 4.3

前面章節曾繪製下列無限級數的前幾項：

$$f(x) = \frac{4}{\pi}\left(\sin x + \frac{\sin 3x}{3} + \frac{\sin 5x}{5} + \frac{\sin 7x}{7} + \cdots\right)$$

迴圈技巧正適合計算無限級數的函數值。試著製作一個迴圈累加到前 N 項，其中 N 值自訂 (譬如 20)。

同樣地，請讀者面對一個新問題時，自己先試著用盡一切方法慢慢地解決，譬如將上式改寫為：

$$f(x) = \frac{4}{\pi}\sum_{i=1}^{N}\frac{\sin(2i-1)x}{(2i-1)}$$

---

[2] 也就是迴圈中的 v=v+(x(i)-mux)^2/(N-1) 改為 v=v+(x(i)-mux)^2;。在 end 後面加入 v=v/(N-1)，也就是這個除法運算只做一次，不是原來的 N 次。

是不是看起來比較像前面的範例？試著模仿前面示範的程式，直到「山窮水盡」仍不可得時，再來參考下列程式：

```
clear
N=30;                           % 設定相加的項次個數
x=linspace(-3*pi,3*pi,1000);
f=0;
for i=1:N
    c=2*i-1;                    % 設定每一項裡面有規律的係數
    f=f+sin(c*x)/c;             % 注意，f 是向量
end
f=f*4/pi;
plot(x,f); ylim([-3 3])
```

上述程式利用無限級數裡每一項的奇數規律製作迴圈，做法當然不只一種。另一種常見做法是，先在迴圈外準備好所有的係數，避免在迴圈做太多事。譬如，向量 c=1:2:(2*N-1)，是前 N 項的奇數，剛好是無限級數前 N 項的規律數字。於是，迴圈改為：

```
c=1:2:(2*N-1)                   % 事先準備好所有的係數
for i=1:N
    f=f+sin(c(i)*x)/c(i);       % 逐一取用事先準備好的係數
end
```

圖 4.2 則展現取不同項次的差異。當取用項次越多，函數越接近方形。這是寫電腦程式做數學實驗最迷人之處，可以一直擴張人力不可及的計算能力，看到原本無法想像與理解的結果。這個範例證實了方波可由無限個正弦函數組成，而且親眼目睹。

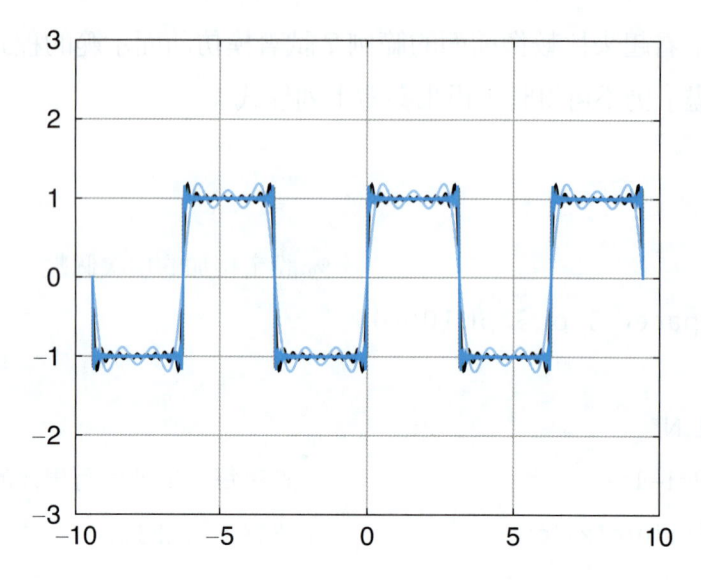

● 圖 4.2　無限級數函數的三種項次差異 (分別取 3、10、100 項)

> **範例 4.4**
>
> 在一張圖上畫出斜率不同的直線函數 $y = mx$，斜率 $m = 1, 2, ..., 50$，如圖 4.3。

要將 50 條斜率不同的直線畫在同一張圖上，當然不能將 50 個計算函數 y=m*x 與繪圖的 plot 指令一條條線地往後加，此時迴圈技巧是必須的選擇。譬如：

```matlab
clear
figure, hold on           % 兩個指令 (建立空白圖與允許疊圖)
                          % 放在同一行，方便閱讀
x=[-5 5];                 % 畫一條直線只需頭尾兩個點
m=50;
for i=1:m
    y=i*x;
```

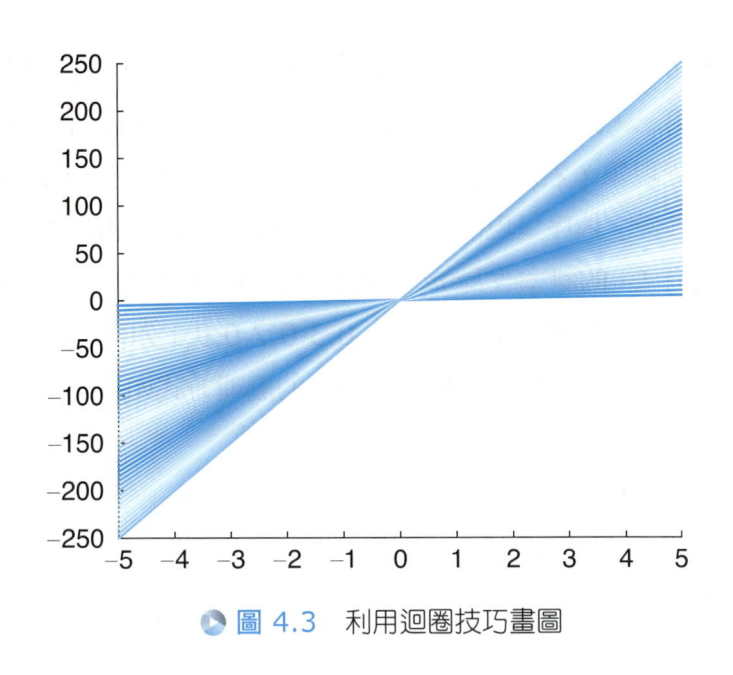

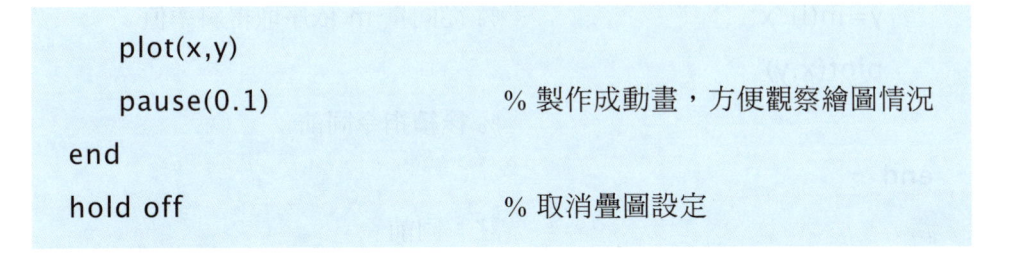

## Chapter 4
### 迴圈技巧與應用

● 圖 4.3　利用迴圈技巧畫圖

```
    plot(x,y)
    pause(0.1)                    % 製作成動畫，方便觀察繪圖情況
end
hold off                          % 取消疊圖設定
```

上面的程式藉由迴圈中索引變數 i 的改變，執行迴圈中的 3 行指令共 m 次，索引變數 i 的值從 1 到 m。雖然執行的指令不變，但是透過 i 的改變，變數 y 的值 (向量) 也變了，當然作圖時也會產生變化，於是斜率不同的直線便一一產生。

這裡有幾個寫程式的基本概念。第一，畫直線只要頭、尾兩個點即可連成一線，所以 x 直接設定為 x=[-5 5] 即可。雖然也可以設為 x=-5:0.01:5，只是凸顯自己對 MATLAB 繪圖掌控不佳，同時浪費計算資源與空間。第二，第 2 行為節省空間方便閱讀，將兩個指令 figure, hold on 放在一起，一樣可以正確執行。但 MATLAB 建議在迴圈中最好不要這樣做，因為會影響程式執行的速度。其中指令 figure 用來生成一

空白圖形，而 hold on 代表之後所繪製的圖將疊在一起，直到 hold off 解除為止。第三，指令 pause(0.1) 將使程式執行暫停 0.1 秒，造成繪圖過程中的視覺現象，看起來像動畫，一來增加程式樂趣，再則將迴圈執行的過程「慢慢」依序呈現出來，可用來觀察程式的邏輯是否錯誤。

假設範例 4.4 的斜率改為 $m = 0.1, 0.3, 0.7, 0.9, 1, 2, ..., 20$，迴圈內的索引變數 i 固然可以設為 i=[0.1 0.3 0.7 0.9 1:20]，但這並非好習慣，非整數的設定有些時候會出錯。較好的處理方式如下：

```
...                              % 前述指令同前
m=[0.1 0.3 0.7 0.9 1:20];        % 預設所有的斜率值在一向量裡
n=length(m);                     % 計算斜率總個數，作為索引個數
for i=1:n
    y=m(i)*x;                    % 從向量 m 依序取得斜率值
    plot(x,y)
    ...                          % 後續指令同前
end
...                              註：同前
```

這裡的迴圈索引變數 i 才是名符其實的索引值，[3] 從預設向量 m 中逐一挑出預設的斜率 m(i)，共有 n 個。這個技巧非常好用，請好好收藏，記得常回來複習。

> **Tips**
>
> 好的程式設計者並不是寫每個程式都從第 1 行寫起，寫的過程前前後後，塗塗改改，不斷執行、測試、發現問題、修改問題。很多好的程式片

---

[3] 傳統的索引值是從 1 開始的正整數，逐一索取。

## Chapter 4 迴圈技巧與應用

段於是被創造出來，值得收藏，隨時取用。因為已經經過多次調校，其正確性幾乎不用質疑。當與其他程式碼並用時，一旦發生錯誤，幾乎可以歸責於新的程式碼。所以有經驗的程式設計者通常背後有個好的程式庫 (Scripts Library) 待命，甚至軟體公司也是這樣將所有好的程式碼組合成好用的程式庫，作為公司的資產與競爭的本錢。有些好用的程式碼甚至在若干時間可以集結成一個可以銷售的軟體。

### 範例 4.5

如果想看到機率密度函數的「長相」與其參數間的關係，可以利用迴圈的技巧來改變參數值，再利用疊圖方式畫上函數圖，如圖 4.1 所示。瞬間便可以看許多密度函數的「形狀」隨參數的改變而變，甚至利用時間的暫停慢慢欣賞變化的情況。試著利用迴圈技巧畫出卡方分配的機率密度函數隨自由度改變，譬如自由度 $v = 8:4:48$ 的密度函數圖。

計算卡方密度函數的指令：chi2pdf(x, v)，其中 v 代表自由度的參數值。[4]

MATLAB 在命令視窗或編輯子視窗提供輔助指令輸入的功能。當使用者輸入指令的過程中，暫停在參數輸入位置時，畫面會以快顯視窗的方式在旁邊提示參數輸入的語法，如圖 4.4 所示。在輸入左括號後，約停留一秒，下方就會跳出提示語法的快顯視窗。

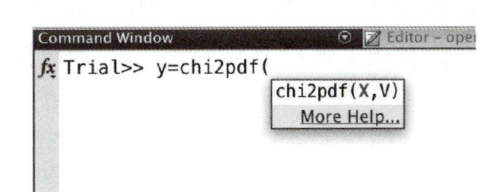

圖 4.4　MATLAB 的指令輸入輔助視窗

---

[4] 更多關於機率密度函數與分配的指令，請查閱第 11 章。

密度函數是一個複雜的數學函數，MATLAB 以指令的方式代為計算，程式設計者省去輸入公式的麻煩，直接給定 x 值與參數值即可。示範程式如下：

```
clear
figure, hold on              % 為後面疊圖做準備
f=@(x,v) chi2pdf(x,v);       % 設定含參數的匿名函數
nu=8:4:48;                   % 先預先準備好所有變動的參數值
x=linspace(0,80,1000);       % 預設適當的 X 軸範圍
n=length(nu);                % 計算所需迴圈數
for i=1:n
    y=f(x,nu(i));
    plot(x,y)
    pause(0.1)               % 以時間暫留呈現動畫表現
end
xlabel(' 自由度\nu')
hold off
```

上述程式有一個新技巧，在第 3 行的匿名函數中加入一個變數 v，以擴大匿名函數的方便性。

另外，如果希望在時間暫留的動態呈現下，也可以將自由度參數值送上畫面，將更有利密度函數參數改變的觀察。這牽涉到將不同文字動態呈現出來的技巧，試著在上述程式繪圖後加入兩行指令：

```
...
for i=1:n
    ...
    plot(x,y)
    str=strcat('\nu=',num2str(nu(i)));
```

```
    title(str);
    pause(0.1)
end
...
```

其中指令 strcat 常用來將不同來源的文字串連起來，裡面的逗號可以一直加下去，串連多組文字。這裡串連了兩組文字：一組是固定文字 '\nu='；另一組是動態文字，由迴圈的索引值取得自由度的值 nu(i)，再經過指令 num2str 將數字 (number) 轉為文字 (string)。nu(i) 是數字，按 MATLAB 的語法，不得與文字串連，所以需經過數字 (num) 到文字 (str) 的轉化 (2 音同 to)。因為 i 的改變，造成串連出來的字串每次都不同，適合做動態的呈現。這裡將這組動態的文字當作 title 展示出來。另外，字串的連接也可以用文字向量來表達，譬如 str=['\nu=',num2str(nu(i))]。

### 範例 4.6　利用迴圈技巧觀察抽樣分配

假設隨機變數 $X$ 服從均等分配 Unif(0,1)，隨機產生 n 個樣本，$x_1, x_2, ..., x_n$，並計算其樣本平均數 $\bar{x} = \frac{1}{n}\sum_{i=1}^{n} x_i$。如果想知道 $\bar{x}$ 的抽樣分配長什麼樣子，可以利用迴圈技巧進行 N 次的隨機抽樣，每次同前取 n 個樣本並計算樣本平均數，共得 N 個樣本平均數，$\bar{x}_1, \bar{x}_2, ..., \bar{x}_N$，最後畫出這 N 個平均數的直方圖。本題請先設定 n=30, N=500。

迴圈技巧用來處理 N 次的實驗，有別於前面的範例，過程中每一次迴圈所產生的結果 $\bar{x}_k$ 必須被保留，才能在迴圈結束後，將所有計算所得的結果拿來畫直方圖。保留迴圈過程所產生的結果也是迴圈技巧的基本動作，下列程式可供參考。而執行結果如圖 4.5 所示。

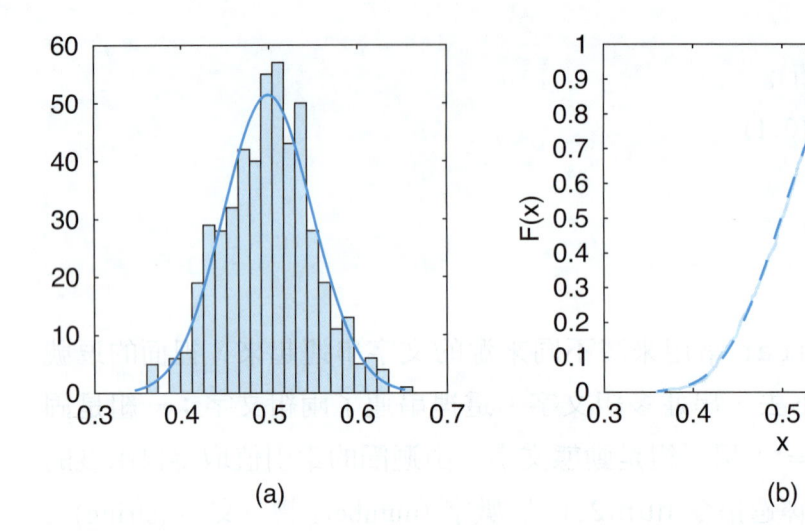

● 圖 4.5 抽樣分配的實驗。(a) 直方圖，(b) 樣本平均數的經驗累積分配圖

```
clear
n=30;N=500;                    % 設定參數值，可以並列
x_bar=zeros(1,N);              % 準備零向量以置入 N 個平均數
for i=1:N
    x=unifrnd(0,1,1,n);        % 產生樣本
    x_bar(i)=mean(x);
                               % 計算樣本平均並依序置入 x_bar 向量空間
end
subplot(121), hist(x_bar), alpha(0.3)           % 直方圖
subplot(122), ecdf(x_bar)          % 繪製經驗累積機率分配圖
x=linspace(min(x_bar),max(x_bar),1000);
                               % 準備繪製常態累積機率分配圖
y=normcdf(x, mean(x_bar), std(x_bar));
hold on, plot(x, y, 'r-', 'LineWidth', 2)
hold off
```

程式第 6 行將樣本平均數依序置入預先設定的零向量，等迴圈跑完，所有平均數將全數存入向量 x_bar 中，不會消失。在迴圈中執行向量置入的動作前，最好先將這個向量準備好，即第 3 行所為。就程式執行面而言，是先向記憶體要一個固定的區塊，將來置入數值時，速度會比較快。如果省略這個預設的動作，程式仍會執行，但是會慢很多，[5]尤其是迴圈數多的時候更是明顯。

上述程式用了幾個簡單的技巧：如 alpha(0.3) 設定直方圖長條區域的顏色「透明度」為 0.3 (原來預設的顏色是深藍色)，這個方式凸顯了直方圖中直線，也讓畫面比較柔和。另，畫面切割的指令 subplot(nmk)，其中 n, m, k 分別代表原圖位置將切割成 n x m 個子畫面 (n 列 m 行)，而跟在後面的繪圖指令將繪製到第 k 個子畫面。[6]圖 4.6 示意畫面切割成兩列三行時的 subplot 使用方式。

圖 4.5(b) 是觀察抽樣分配時常見的「經驗累積分配函數圖」

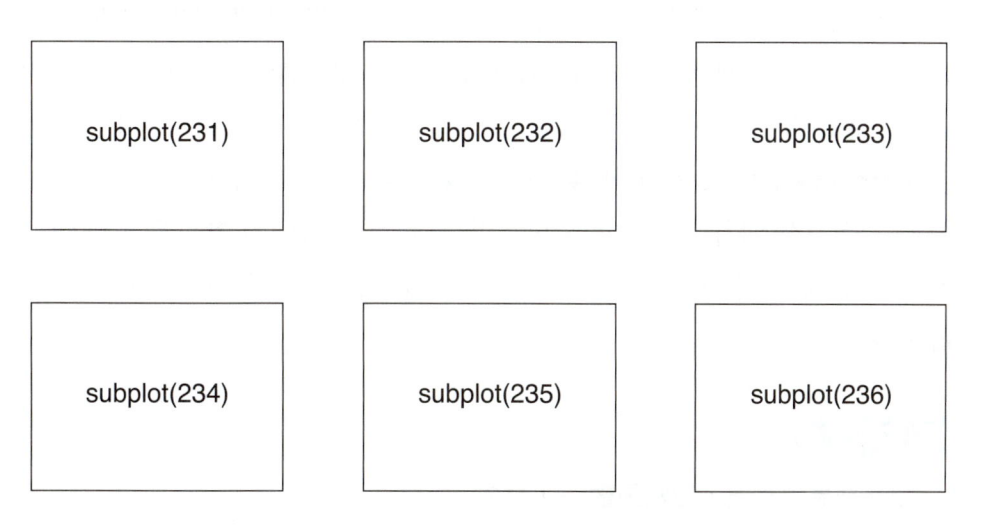

| subplot(231) | subplot(232) | subplot(233) |
| --- | --- | --- |
| subplot(234) | subplot(235) | subplot(236) |

◉ 圖 4.6　subplot 指令的位置與編號示意圖

---

[5] 沒有事先向記憶體預定空間，每次儲存時，x_bar 向量的大小會逐漸擴增，造成更多記憶體存取的動作 (更換位置)，程式執行上會感覺很明顯的變慢。所以，MATLAB 建議先設定好固定大小的空間。

[6] n x m 的切割方式共有 nm 個子畫面，其順序編號由左至右，由上而下。

(Empirical Cumulative Distribution Function, ECDF)，也是由 N 個樣本平均數估計而成，與左邊的直方圖恰似其理論的機率密度函數 (Probability Density Function, PDF) 與累積分配函數 (Cumulative Distribution Function, CDF) 的估計。[7]

其實從 MATLAB 程式設計的角度來解決這個問題，並不需要用到迴圈技巧，簡單的矩陣運算便可以解決。上述的程式碼可以修改為：

```
clear
n=30;N=500;                    % 設定參數值，可以並列
X=unifrnd(0,1,n,N);            % 一次產生所有的 n x N 樣本
x_bar=mean(X);                 % 產生 1 x N 個平均數
... 以下同上述指令
```

MATLAB 的優勢是矩陣運算，以空間 (記憶體) 換取時間 (迴圈執行時間)。這裡一次便產生 N 組計算平均數所需要的樣本 (每次 n 個)，再利用 mean 指令對矩陣進行平均數計算，得到 1 x N 的向量。當 mean 或 sum 這類的指令對矩陣運算時，按 MATLAB 的語法規矩，都是針對每「行」分別計算，並非矩陣的所有數字。若要針對每列，則使用 mean(X, 2)，也就是在第二個參數標示為 2。當然也可以將矩陣先轉置，效果一樣。

### 範例 4.7

以泰勒展開式表示指數函數 $e^x$，寫成

$$e^x = 1 + x + \frac{x^2}{2!} + \frac{x^3}{3!} + \cdots + \frac{x^n}{n!} + \cdots$$

寫一支迴圈程式計算 $e$。

---

[7] PDF、CDF 與 ECDF 是機率統計的專有名詞，第 11 章會有較深入的探討。

類似泰勒展開式的函數有兩個特點：(1) 無限項次 (越後面的項次其值越小)，(2) 有規律的項次。這個規律最好寫成下列式子較易寫入程式：

$$e^x = \sum_{k=1}^{N} \frac{x^{k-1}}{(k-1)!}$$

迴圈技巧正適合解決這樣的問題。下列程式可供參考：

```
clear
x=1;
N=20;                                    % 迴圈數 (累加項次)
fval=0;                                  % 累加函數值
for i=1 : N
    fval=fval + x^(i-1)/factorial( i-1 );   % 進行累加
end
fprintf('The exp(x) evaluated at x=%7.2f is %10.5f \n',...
    x, fval)                             % 結果呈現
```

指令 factorial(n) 用來計算階乘 $n!$，其中 factorial(0)=1。[8] 此外，上述程式設定迴圈數 N=20 的做法並不精確，不過以目前學習到的程式技巧，暫時可用。正確的做法是設定無限迴圈數，不斷地加入後面的項次直到預設的精確值到達為止。這牽涉到終止迴圈的技巧與語法，將於後面的章節介紹。關於上述程式的結果，可以比較 MATLAB 提供的指令 exp(x)。

上述程式最後一行利用列印指令 fprintf 將結果呈現出來，當指令太長時，如果不希望超出編輯子視窗設定的畫面寬度，可以強制斷行。只要在切斷處補上三個點「...」即可，後面的剩餘部分便可以移至下一行。至於指令 fprintf 的使用方式在下一節介紹。

---

[8] 關於階乘的計算要非常小心，因為可能牽涉到超過電腦精準度的數字，會出現不預期且不易察覺的計算誤差。譬如 factorial(19)+1-factorial(19) 的結果是 0。

## 4.3 觀察與延伸

1. 迴圈技巧並非萬靈丹，也不一定是解決問題的首選。有些情形簡單的矩陣運算便可以輕鬆解決，譬如計算 $\sum_{k=1}^{n} x_k y_k$，只需將 $x = [x_1\ x_2\ ...\ x_n]$ 向量乘上 $y = [y_1\ y_2\ ...\ y_n]$，即 $xy'$，不必一看到 $\sum$ 只會想到迴圈。MATLAB 是矩陣運算的高手，寫 MATLAB 程式盡量從矩陣運算的角度來看會比較順手。

2. 指令 fprintf 通常用來列印計算結果到命令視窗，方便在程式執行中或執行後觀察某些計算結果。特別當程式執行需要花一段時間時，適度地在過程中列印出某些訊息，方便觀察程式執行情形與掌握進度。常用的指令語法：

> fprintf (formatSpec, A1,A2,...);

第一個參數 formatSpec 是個文字列，內含想列出的文字與輸出數據的格式，以上述範例說明，formatSpec='The exp(x) evaluated at x=%7.2f is %10.5f\n'，其中百分比 %7.2f 與 %10.5f 的位置將依序填入第二個與第三個參數所指定的變數值 (也就是 x 與 fval 的值)。先來看看這個指令執行的結果，如圖 4.7 所示。

百分比 %7.2f 與 %10.5f 決定輸出的格式，百分比符號 % 後跟隨著輸出的精準度與格式，譬如 7.2 代表呈現出小數點後 2 位，含小數 (算 1 位) 總共 7 位 (即整數有 4 位)。最後面的 f 代表浮點數字

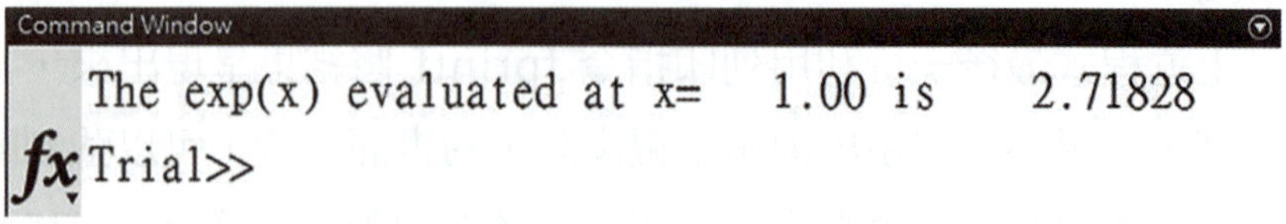

▶ 圖 4.7　fprintf 的執行結果

(Floating Point Number) 裡的固定位元符號 (Fixed-Point)，簡單地說，適用在呈現有小數的數字。讀者可以試試其他的精準度與格式，譬如 %10.5e、%5d，看看會呈現出什麼樣子。多嘗試幾個不同的精準度與格式，便能逐漸掌握並發展出自己喜歡的樣式。其他格式的表示法可以在 doc fprintf 裡查詢到，如圖 4.8 所示。[9]

| Value Type | | Conversion |
|---|---|---|
| Integer, signed | 整數 (含正負號) | %d or %i |
| Integer, unsigned | | %u |
| | | %o |
| | | %x |
| | | %X |
| Floating-point number | 浮點數字 | %f |
| | | %e |
| | | %E |
| | | %g |
| | | %G |
| | | %bx or %bX<br>%bo<br>%bu |
| | | %tx or %tX<br>%to<br>%tu |
| Characters | 文字 | %c |
| | | %s |

● 圖 4.8　fprintf 的其他格式。方框處為較常用的幾個格式

---

[9] 其實類似 %7.2f 這樣的格式通常是為了符合某一種輸出的規格，一般情況只要 %f 即可。

最後的反斜線 \n 是畫面控制元，主使「換行」的命令 (n: New line)。[10] 讀者如果不太清楚「換行」的意思，可以嘗試拿掉這個控制命令，再執行一次，看看輸出的結果有何不同，便立刻知曉分明，省去查找線上使用手冊的必要性。但是關於其他控制元的使用，還是得參考線上使用手冊。

## 4.4 習題

1. 利用迴圈技巧繪製下列系列函數圖 (疊圖)：

   (a) $y = ke^x, -5 \leq k \leq 5$

   (b) $y = \sin(k\theta), 1 \leq k \leq 5$

   (c) $y = k(x-3)^2 + 2, -10 \leq k \leq 10$

   (d) $y = k^x, 1 \leq k \leq 5$

   其中 $k$ 皆為整數。

   註：畫函數圖不只是畫出圖而已，還要講究美觀與最佳的觀賞視野。繪圖時宜多留意座標軸的範圍，方能得到賞心悅目的函數圖。

2. 模仿範例 4.5，畫出 T 分配的密度函數與自由度的變化圖。建議的自由度如 $\nu = 0.1, 0.2, ..., 0.9, 1, 2, ..., 30$ 為展現 T 分配與標準常態的關係，可以先畫一條標準常態的密度函數圖 (以紅色粗線表示)，再觀察當 T 分配的自由度增加時，與標準常態接近的情形。

   註：計算 T 分配的機率密度函數的指令為 tpdf(x, nu)，其中 nu 代表自由度。計算標準常態的機率密度函數的指令是 normpdf(x, 0, 1)。

3. 範例 4.4 利用動畫方式逐一呈現 50 條直線。請延伸這個技巧，在畫完所有直線後，以相反方向逐一「回收」這些直線，直到畫面恢復空白為止，呈現像廣告霓虹燈的閃爍效果。

   提示：用白色線以相反方向畫回來。

---

[10] 另，\r 代表 Carriage Return 也是換行的意思。

4. 改寫範例 4.7 的程式，儲存每個迴圈的累加結果在一個向量變數裡，最後列出該向量的所有內容，藉此可以協助判斷累加項次 N=20 是否合適。另，試著將每個迴圈的執行結果，以 fprintf 指令輸出 (文字與輸出變數自訂)。

5. 改寫範例 4.7 的程式，不使用階乘指令 factorial，改以其他方式代替。

**Coding Math**：寫 MATLAB 程式解數學

# Chapter 5

# 微分與積分

微分與積分的計算經常出現在數學 (統計) 與工程的問題裡，MATLAB 針對微積分的計算，提供「符號」與「數值」兩種不同的運算方式與指令。[1] 本章介紹這兩種方式的能耐與差異，使用者必須先了解才能正確、有效地使用。另，本章也藉由處理與微分、積分計算相關的問題，帶出一些程式設計的觀念與技巧，作為未來解決更複雜問題的基礎。

### 本章學習目標

除微分、積分的計算方式與指令外，也對 MATLAB 的程式結構、程式的邏輯概念與程式檔案的管理做進一步的說明。

> **關於 MATLAB 的指令與語法**
>
> 操作元 (Operators)：.^ ./
> 指令：area, alpha, diff, factorial, format long, fprintf, gtext, inline, input, integral, log, patch, pause, polyder, polyint, polyval, quad, quadgk, semilogx, subs, syms, tic, toc, trapz, unifrnd, vpa
> 語法：符號運算的表達

---

[1] 符號運算需要使用到 Symbolic Math Toolbox 工具箱。

## 5.1 背景介紹

### 5.1.1 微分與積分的符號運算

MATLAB 的 Symbolic Math Toolbox 包含微分與積分的功能，能進行符號式的微分與積分運算，方式如圖 5.1 展示微分的符號運算，左右圖分別針對函數 $f(x) = x^2 + 3x + 1$ 及 $f(x) = \sqrt{x^3 + 1}$ 求一次微分。

MATLAB 針對符號運算的語法單純；第一，先宣告欲作為符號的變數為 syms 的變數型態，如圖 5.1(a) 第 1 行的 x 變數。如此才能讓 MATLAB 正確地對待 x。之後由變數 x 所建構的任何變數也會被當作符號變數，如第 2 行的 f。微分的指令 diff 可針對符號變數與一般數值變數，端視變數的型態而定。此處為符號變數，一次微分後的導函數表達成圖 5.1 中 fp 所示的樣子。圖 5.1(b) 是另一個函數做符號微分運算的結果，看起來有些「不順眼」。

接下來如果要利用這個導函數計算導數值，必須為符號變數 x 代入數值，如圖 5.2 的 subs 指令將 x=1 代入圖 5.1(b) 的導函數，[2] 其中圖 5.1(a) 仍維持輸出 k 為符號變數 (其值以分數表示)，圖 5.1(b) 則透過指令 double 轉為實數，供後續之用。

```
Command Window
Trial>> syms x
Trial>> f=x^2+3*x+1;
Trial>> fp=diff(f)

fp =

2*x + 3
```

(a)

```
Trial>> f=sqrt(x^3+1);
Trial>> fp=diff(f)

fp =

(3*x^2)/(2*(x^3 + 1)^(1/2))
```

(b)

▶ 圖 5.1 微分的符號運算

---

[2] subs 代表英文 Substitute (取代) 的意思。

```
Trial>> k=subs(fp,1)

k =

(3*2^(1/2))/4
```
(a)

```
Trial>> r=double(subs(fp,1))

r =

    1.0607
```
(b)

▶ 圖 5.2　符號函數的數值計算

指令 diff 也可以做更高階的微分與偏微分，而 subs 則可以針對多個符號變數給予數值，請讀者逐一執行下列指令便能明白。

```
syms x y
f=x^2*y              % 雙變量函數
fx=diff(f)           % 針對預設變數 x 做偏微分
fy=diff(f, y)        % 指定變數 y 做偏微分
fxx=diff(f,2)        % 針對預設變數 x 做兩次偏微分
r=subs(fx, y, 2)     % 將 y=2 代入函數 fx
```

積分與微分的做法類似，指令為 int。圖 5.3 展示兩個範例。另，指令 int 也可以執行定積分，如圖 5.4 所示，其中圖 5.4(a) 的 F 仍維持符號變數，圖 5.4(b) 的 F 則轉為實數。

```
Trial>> syms x
Trial>> f=x*exp(x);
Trial>> F=int(f)

F =

exp(x)*(x - 1)
```
(a)

```
Trial>> syms x
Trial>> f=1/(1+x^2);
Trial>> F=int(f)

F =

atan(x)
```
(b)

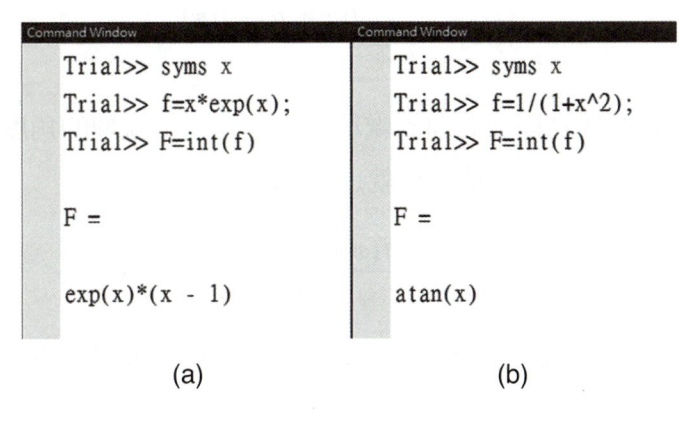

▶ 圖 5.3　不定積分的符號運算

```
Trial>> F=int(f,2,3)

F =

2*exp(3) - exp(2)
```
(a)

```
Trial>> F=double(int(f,2,3))

F =

    32.7820
```
(b)

▶ 圖 5.4　定積分的符號運算

符號積分指令 int 還有其他使用方式，譬如對多變量的某個變數積分：

```
syms x y
f=x^2*y                              % 雙變量函數
Fx = int(f)                          % 針對預設變數 x 積分
Fy = int(f, y)                       % 指定變數 y 積分
```

## 5.1.2　微分的數值運算

上一節利用符號運算的方式計算導函數 $f'(x)$，但是在講究運算速度與效率的場合，符號運算還是慢了些，此時傳統的數值運算還是比較好的選擇。通常我們會從導函數的定義著手

$$f'(x) = \lim_{h \to 0} \frac{f(x+h) - f(x)}{h} \tag{5.1}$$

導函數的定義牽涉到極限問題的處理，從程式語言處理的角度，是以極小的 $h$ 值取代趨近的極限值，也就是

$$f'(x) \approx \frac{f(x+h) - f(x)}{h} \tag{5.2}$$

但是多小的 $h$ 才合適？這是一個沒有定論的問題，而且沒有固定值，端

賴程式設計者的經驗與面對的函數而論。以下的範例提供計算的方式與對 $h$ 的試驗。

### 範例 5.1

想測試式 (5.2) 中合適的 $h$ 值；令函數 $f(x) = xe^x$，利用式 (5.2) 計算 $f'(2)$，其中 $h$ 分別假設為 $10^{-1}, 10^{-2}, ..., 10^{-16}$。將每個 $h$ 代入後所得的結果用指令 fprintf 列印在命令視窗，並與符號運算的真實值相比。

下列程式碼產生如圖 5.5 的輸出結果。

```
clear,clc                                % clc 清除命令視窗畫面
m=-1:-1:-16;
h=10.^(m);                               % 預設做比較的 h 值
f = @(x) x.*exp(x);
x = 2;
fp=(f(x+h)-f(x))./h;                     % 近似的數值導函數
fprintf('f"(x)= : %20.16f at h=%3.0e\n', [fp; h]);
────────────────────────────────────────────────────
syms z
fs=z*exp(z);
fsp=diff(fs);                            % 理論導函數
r=double(subs(fsp,x));
fprintf('The exact answer: %20.16f\n',r);
```

這個程式碼順便練習 fprintf 的表現方式，尤其第一個 fprintf 將所有的估計值與相對應的 $h$ 值一次列印到命令視窗。關於 fprintf 有幾個小地方值得關注：

```
Command Window
f'(x)=   23.7084461853076430 at h=1e-01
f'(x)=   22.3155670250275050 at h=1e-02
f'(x)=   22.1819525683830680 at h=1e-03
f'(x)=   22.1686461696357640 at h=1e-04
f'(x)=   22.1673160785584890 at h=1e-05
f'(x)=   22.1671830775704850 at h=1e-06
f'(x)=   22.1671697353542640 at h=1e-07
f'(x)=   22.1671683675594980 at h=1e-08
f'(x)=   22.1671694333736010 at h=1e-09
f'(x)=   22.1671747624441200 at h=1e-10
f'(x)=   22.1671569988757220 at h=1e-11
f'(x)=   22.1689333557151260 at h=1e-12
f'(x)=   22.1511697873211230 at h=1e-13
f'(x)=   22.5597318603831810 at h=1e-14
f'(x)=   19.5399252334027550 at h=1e-15
f'(x)=    0.0000000000000000 at h=1e-16
The exact answer:  22.1671682967919490
```

▶ 圖 5.5 測試近似式 (5.2) 中的 $h$ 值

1. 在列印的文字中出現如 f'(x) 的 '，必須使用兩個 '。
2. 在 fprintf 裡使用科學記號的數字格式為 %3.0e，結果如圖 5.5 所示。讀者可以試著換換前面的數字，譬如 %3.1e，藉此多了解各種變化，而非依樣畫葫蘆便了事，這樣是學不會程式設計的。
3. 要同時列印兩個向量的數值，做法是將所有向量依列 (Row) 的方式排成一個矩陣，如 [fp; h]。讀者想要徹底掌握這個規則，最好先在命令視窗列出這個矩陣，看看內容；然後改成依行 (Column) 排列成矩陣，看看結果如何。總之，學習程式技巧的過程是不斷嘗試改變一個新學的指令，去探索它的功能與極限。

從圖 5.5 的結果發現，並非越小的 $h$ 值產生最好的近似結果。當 $h$ 值小到 $10^{-16}$ 時，結果卻是 0。大約在 $10^{-8}$ 得到的結果最接近正確值 (以符號運算得到的導數值)，之後開始變差。受限於硬體，這是電腦計算上不可避免的問題 (詳如第 1 章所述)。另外，當除法的分母很小時，計算

也會呈現不穩定的結果。這些都是程式設計者在寫計算程式時必須先具備的觀念，才能掌握計算結果的品質。

圖 5.5 的結果並非代表式 (5.2) 的 $h$ 值從此被定調。這個極小的 $h$ 值與函數 f(x) 及 x 的位置有關，不是固定的 (第 5.3 節習題 1 的練習可以看出這個現象)。

有些特殊情形必須計算到更高的小數位數時，只好訴諸符號運算，也就是用文字的方式取代一般的浮點運算。Symbolic Math Toolbox 提供 vpa 指令，將數值計算轉為符號運算。圖 5.6 展示數值與符號運算的差異。

```
Command Window
Trial>> 2+1e-16

ans =

     2
```

(a)

```
Command Window
Trial>> vpa(2)+1e-16

ans =

2.0000000000000001
```

(b)

圖 5.6　符號運算的可以提高計算位數。(a) 為數值計算，(b) 為符號運算

### 5.1.3　積分的數值運算

積分的數值運算指的是定積分的計算。函數的定積分 $\int_a^b f(x)\,dx$ 可以解釋為函數圖形在直線 $x = a$ 及 $x = b$ 之間與 X 軸所圍的面積，[3] 如圖 5.7 所示的陰影面積。

[3] 將面積當作定積分的幾何意義時，通常假設函數在範圍內為正數，即 $f(x) >= 0,\ x \in [a, b]$，保持面積在 X 軸上方。

**Coding Math**：寫 MATLAB 程式解數學

面積 $= \int_2^4 x^2+3x+5 \, dx$

▶ 圖 5.7　積分的幾何意義

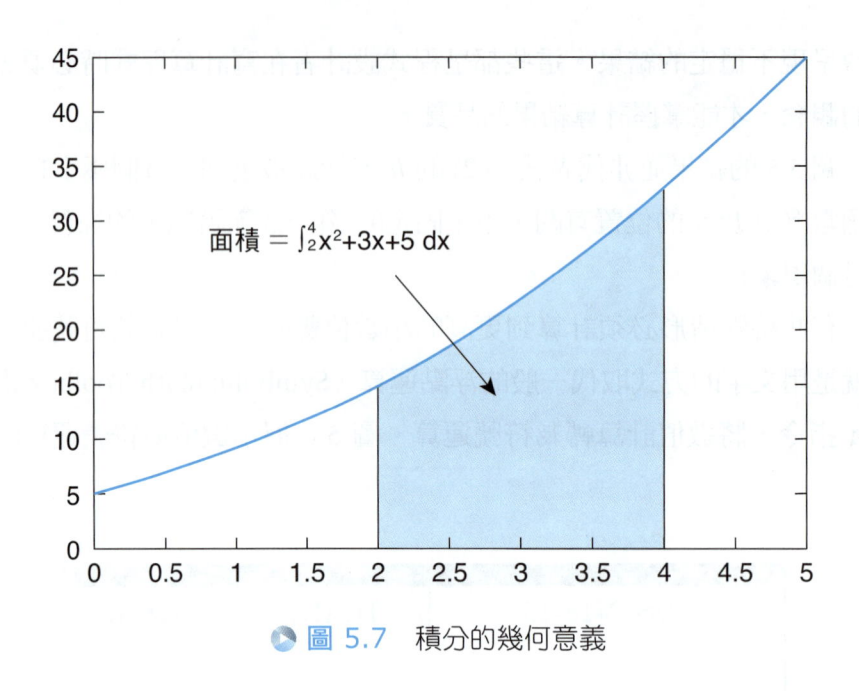

這個不規則形的面積也可以用黎曼積分 (Riemann Integral) 來定義，適用於數值積分的計算：

> **黎曼積分的定義**
>
> 將一個閉區間 $[a, b]$ 任意分割成 $n$ 個小區間，其分割點為 $a < x_1 < x_2 < \ldots < x_{n-1} < b$，這些小區間的寬度表示為 $\triangle x_1, \triangle x_2, \ldots, \triangle x_n$。這個數值
>
> $$\sum_{k=1}^{n} f(x_k) \triangle x_k$$
>
> 稱為函數 $f(x)$ 在這些區間的黎曼和 (Riemann Sum)。當區間寬度 $\triangle x_k \to 0$ 時
>
> $$\lim_{n \to \infty} \sum_{k=1}^{n} f(x_k) \triangle x_k$$
>
> 稱為函數 $f(x)$ 在區間 $[a, b]$ 的黎曼積分。

一般定積分的數值計算都是應用黎曼積分的觀念，本章的探討以此為基礎。為了方便說明，以下均假設所有小區間的寬度 $\triangle x_k$ 一致，即

$$h = \triangle x_k = \frac{b-a}{n}$$

黎曼和寫成

$$\sum_{k=1}^{n} f(x_k) h = \sum_{k=1}^{n} f(a + kh) h \tag{5.3}$$

代表 $n$ 個長方形的面積和。圖 5.8 是這黎曼和的示意圖。當 $h$ 越小時 ($n$ 越大)，陰影部分的長方形越窄，也因此上緣越貼近函數的曲線。當 $h$ 趨近於 0 時 ($n \to \infty$)，這無限多個長方形的面積和即為黎曼積分。

MATLAB 提供兩個定積分計算的指令 integral 及 trapz，[4] 分別採用辛普森法 (一般稱為 Adaptive Simpson Quadrature 或其改良型) 與梯形法 (Trapezoidal Method) 計算面積。

以下利用幾個範例示範這兩個指令的用法，並與黎曼和的概念結合。

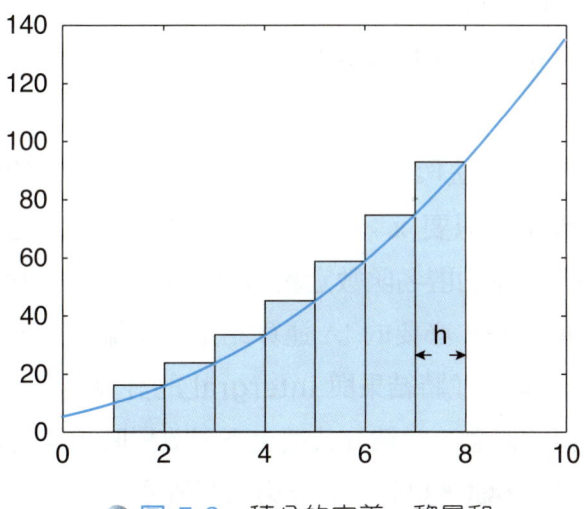

圖 5.8　積分的定義：黎曼和

---

[4] 舊版 MATLAB 的定積分指令為 quad。另有其他改良型指令如 quadgk, quadl 等。

### 範例 5.2

利用數值積分指令 integral 及 trapz 計算下列定積分：

1. $\int_0^1 \sin t^2 \, dt$
2. $\int_{-2}^6 \sqrt{x^2+4x+12} \, dx$

先看看這兩個積分式與積分要計算的面積，初學者要多看看函數的樣子，並常存面積的概念，有助於對計算出來的積分結果的信心。[5] 關於面積圖的繪製詳見範例 5.4。計算程式如下：

```
clear, clc
f=@(x) sin(x.^2);
a=0; b=1;                          % 積分的上下限以變數呈現
t=linspace( a, b, 100 );
A_trapz= trapz( t, f(t) );
A_integral=integral( f, a, b );
```

上述 trapz 的用法像是畫圖指令 plot，採計所有的函數值計算梯形面積，所以理論上只要 x 給的越稠密，積分結果將越準確。而指令 integral 只需要正確的匿名函數定義即可。請注意，這裡的匿名函數需將變數當作向量看待，必要的 '.' 運算元還是要擺上。讀者不妨試試更改第 4 行 x 的數量，並將結果與 intergral 的計算結果比較。上述程式片段用了一點程式概念，當積分式與上下限改變時，僅需更動第 2 行與第 3 行即可。請讀者試著更動來計算第二個積分。

---

[5] 初學者要能掌握自己所使用的語言與指令，必須常對這些指令產生的結果心存質疑。畢竟這些指令是另一批程式設計者寫的，也有可能出錯。初學者往往會盲目地接受指令產生的結果，沒有一點判斷力。

## Chapter 5 微分與積分

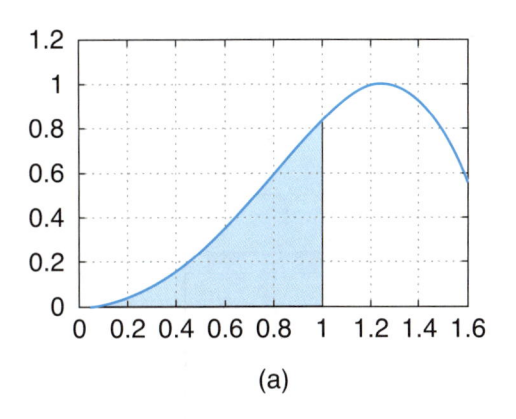

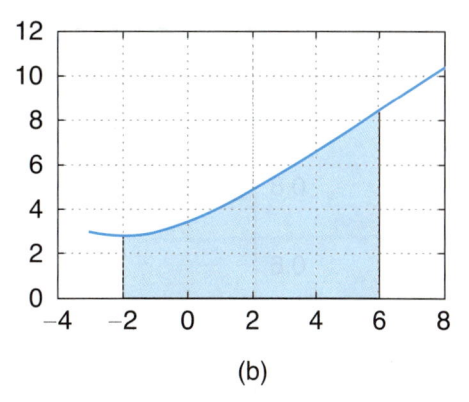

● 圖 5.9　定積分的面積概念。(a) $\int_0^1 \sin t^2 \, dt$，(b) $\int_{-2}^{6} \sqrt{x^2+4x+12} \, dx$

### 範例 5.3

計算下列標準常態分配的累積密度函數 (CDF)

$$P(x) = \int_{-\infty}^{x} \frac{1}{\sqrt{2\pi}} e^{-\frac{z^2}{2}} dz$$

並在 $x \in [-5\ 5]$ 的範圍繪製 $P(x)$ 的階梯圖 (Stairs Plot)。

$P(x)$ 是一個寫法比較「怪異」的函數，變數 $x$ 出現在一個積分式的上限。但只要是函數，能計算函數值便能畫圖。這個函數值來自一個定積分的計算，若要畫圖，必須計算很多函數值，因此要考慮迴圈技巧的幫忙。在迴圈過程中，必須儲存每個積分值，留待迴圈結束後畫圖。另一方面，每個積分式的下限是 $-\infty$，在 MATLAB 可以使用 -inf，或找一個夠小的替代值 (譬如 -100)。建議讀者先試著寫寫看，再參考下列程式。程式執行結果如圖 5.10 所示。本題的函數 $P(x)$ 其實就是指令 normcdf 所代表的函數。

```
clear, clc
f=@(x) 1/sqrt(2*pi) * exp(-x.^2/2);
                            % 或使用 normpdf(x, 0, 1)
```

● 圖 5.10　積分計算的應用

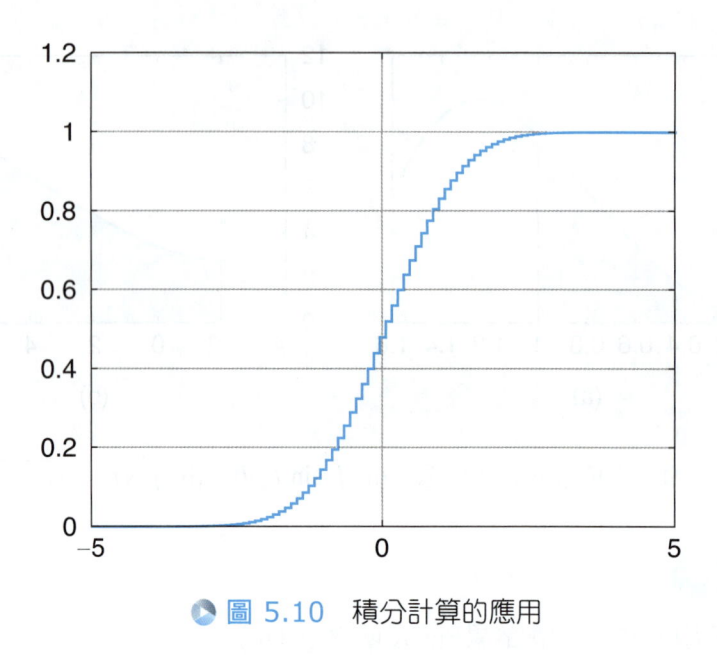

```
n=1000;
x=linspace( -5, 5,n );
P=zeros( 1,n );
for i=1：n
    P(i)=integral( f, -inf, x(i) );        % -inf 代表負無窮大
end
stairs( x, P )        % 也可以試著採用不同的圖形
                      % 如 plot ylim( [ 0 1.2 ] ), grid
```

### 範例 5.4

定積分的黎曼和定義適合用圖形來展現，如圖 5.8。試著寫程式畫出這些長方形並計算其面積和，其中定積分為

$$\int_1^8 x^2+3x+5\,dx$$

> **Tips**
>
> 當程式設計者看到這張圖並想依樣畫葫蘆時，必須想到自己的技術層面到哪裡？哪個部分沒做過？哪個部分最沒把握？先衡量清楚，再試做看看。而且最好先從最難的部分做起，一旦掌握了最困難、最沒把握的部分，完成時間便容易估算。否則容易錯估問題的難易度，將困難的留在後面，造成時間的壓力，導致最後寫不出來的窘境。譬如，沒有畫過面積圖，也就是塗上顏色的圖。此時可以先在線上使用手冊輸入關鍵字查找，或是直接使用 Google。在線上使用手冊搜尋相關指令，其關鍵字當然以英文為主，譬如 area，或是 patch。接著，先畫一小塊試試，一旦成功了，畫多少塊便不是問題。所以，「下筆」前要先想清楚，必要的紙筆作業有時也不可避免。

畫出圖 5.8 的指令如下：

```
clear,clc
p=[1 3 5];
f=@(x) polyval(p,x);
x=linspace(0,10,1000);
plot(x,f(x),'linewidth',2), hold on
a=1; b=8;                              % 積分的下界與上界
for i=a:b-1
    area([ i i+1 ],[ f(i+1) f(i+1) ],'FaceColor','green')
    alpha(0.3)
end
hold off
```

其中指令 area 畫出面積圖。area 可以解讀為與 plot 做法相同，[6]但會在函數線與 X 軸間塗上顏色 (內定顏色為藍色)。上述程式碼示範改變顏色的做法，並加上 alpha 指令讓顏色成透明狀。由於圖 5.8 的面積是長方形，作圖時思考的是用 plot 畫出最上面的水平直線。所以，這裡用了兩個點 (座標為 ( i, f(i+1) ), ( i+1, f(i+1) )) 來構成水平直線。讀者可以試著用 ( i, f(i) ), ( i+1, f(i+1) ) 畫出梯形面積。MATLAB 另提供一個畫多邊形(並可塗滿顏色) 的指令 patch，讀者若有興趣不妨參考。[7]

## 5.2 觀察與延伸

1. 對多項式函數而言，其微分與積分都有固定的形式可以形成公式，不難想像 MATLAB 也有配合的指令，如 polyder(p) 與 polyint(p)，其中向量 p 是多項式函數慣用的係數向量。讀者不妨嘗試幾個簡單的多項式函數，很快便能掌握。polyder(p) 甚至可以延伸到多項式相乘與相除 (有理函數 (rational function)) 的函數，請參考 doc polyder。

2. 範例 5.1 列印出不同 $h$ 值所計算的近似導數值，這些值也可以利用繪圖方式觀察趨勢，譬如 plot(h,fp)。讀者不妨畫畫看，便會立即發現 $h$ 太小與非等差級數的問題。一般會對 $h$ 先進行轉換再繪圖。請讀者試著用指令 semilogx(h, fp) 再畫一次。

3. 範例 5.1 的程式看起來還不夠好，如果需要測試在不同 x 值的導數，程式必須不斷修改與存檔，略顯麻煩。有個指令 input 提供程式執行時的互動模式，使用方式如下：

```
x=input('Enter x=');
```

---

[6] 可以先用 plot 作圖，成功之後，再換成 area。

[7] 程式設計者看到新的指令時，不一定馬上用得到，但是可以先瀏覽線上使用手冊的一些範例，了解所使用的與語言有哪些能耐，將來需要時自然會浮上心頭。

取代程式中 x=2 這一行。

4. 指令 area 為函數線與 X 軸間塗上顏色，因此當繪製非函數圖形時，通常選擇 patch 指令。譬如，圖 5.11 展示繪製 $x^2+y^2=1$ 的圓形面積時，使用 area (圖 5.11(a)) 與 patch (圖 5.11(b)) 的差異。簡單地說，area 並不適合畫這種圖形 (多了幾條線在中間)，特別當圓心不在原點時，結果會更誇張 (請見第 5.3 節習題 8 的圖 5.13)。而 patch 雖然是畫多邊形的面積，但是當多邊形的邊長極小 (邊極多) 時，看起來也很圓滑。

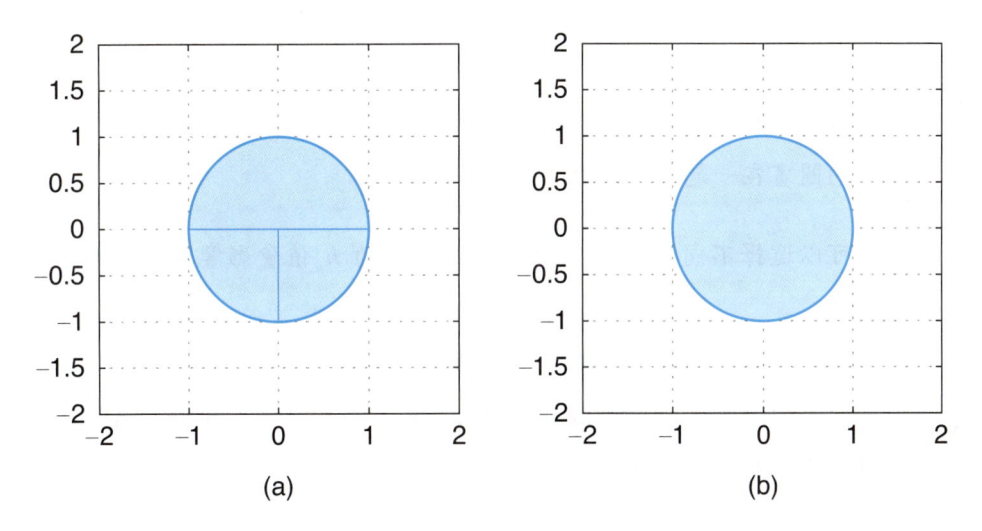

◉ 圖 5.11　使用適當的面積指令：(a) area，(b) patch

圖 5.11 的程式如 (第 3 行與第 4 行交替註解)：

```
t=linspace( -pi,pi,1000 );
x=sin( t ); y=cos( t );
area( x, y, 'FaceColor', 'red' )
% patch( x, y, 'red' )
alpha( 0.5 )
axis square, axis( [-2 2 -2 2] ), grid
```

## 5.3　習題

1. 畫一張圖比較函數 $f(x) = -x^3 + 6x^2$ 的數值導數與理論導數的差別。理論導數可以先自行對 $f(x)$ 微分得到 $f'(x)$ 或利用符號運算取得；而數值導數則是利用數值方法 (如範例 5.1) 以程式計算得到。換句話說，想比較下列兩個函數的差異：

$$f'(x) = -3x^2 + 12x$$

$$f'_{app}(x) = \frac{f(x+h) - f(x)}{h}$$

請自行選擇適當的 $h$ 值與 x 軸的間距範圍；將理論導函數的圖與數值計算的圖畫在一起。請注意：

- 你可以選擇不同的 $h$ 值，藉以凸顯不當 $h$ 值會影響數值導數的精確度。
- x 軸範圍的選擇頗為關鍵。範圍的大小與區域的選擇不當往往會造成視覺上的錯覺，導致錯估兩者間的差距。不妨多觀察幾個不同的區域與範圍，甚至可以計算誤差的大小。

2. 同上題，但是函數為：$f(x) = \dfrac{\ln x}{x^3}$，其導函數 $f'(x) = \dfrac{1 - 3\ln x}{x^4}$。選擇 $x > 0$ 的適當範圍。

3. 範例 5.1 根據已知函數 $f(x) = xe^x$ 計算在 x=2 導函數的近似公式中適當的 $h$ 值。請利用 $h = 10^{-8}$ 在 x=-5 到 2 之間計算正確值與近似值的誤差，並繪製誤差函數圖。也就是繪製下列函數：

$$e(x) = \left| f'(x) - \frac{f(x+h) - f(x)}{h} \right|, \quad -5 \leq x \leq 2$$

觀察在不同 x 值之間的誤差。

4. 利用上一節「觀察與延伸」建議的指令 input 及 fprintf，寫一支可以計算任何多項式函數導數的程式，執行時要求輸入多項式係數 (譬如輸入 [ 1 3 1] 代表多項式 $f(x) = x^2 + 3x + 1$) 及 x 值，程式執行後輸出 $f'(x)$ 的結果。下圖是執行的過程與結果：

```
Command Window
輸入多項式函數係數：[1 3 1]
輸入 x 值：3
多項式函數 f(x) 在 x= 3.0000 的導數值為       9.0000
```

▶ 圖 5.12　多項式函數的導數值計算

5. 寫一支程式利用 trapz 與 integral 指令計算下列積分。程式盡量具彈性，可以讓使用者自行輸入上、下限 (使用指令 input)，並同時將函數與面積圖畫出來。

- $\int_0^5 100 e^x dx$

- $\int_0^7 \dfrac{x^2}{2} e^{-x} dx$ 　(這是 Gamma(3,1))

- $\int_{-1.96}^{1.96} \dfrac{1}{\sqrt{2\pi}} e^{-\frac{x^2}{2}} dx$

6. 利用指令 trapz (梯形面積) 與 integral (或舊版本的 quad) 計算以下的積分：

$$E[\theta] = \dfrac{\int_0^1 (2+\theta)^{125}(1-\theta)^{38} \theta^{34} \theta d\theta}{\int_0^1 (2+\theta)^{125}(1-\theta)^{38} \theta^{34} d\theta}$$

如果得到不同的答案，請再嘗試指令 quad 另一種改良版本 quadgk 及利用符號預算的結果。

> **Tips**
>
> 　　如果得到不同的答案該相信哪一個呢？程式設計者必須有判斷的能力與方法，不是跑出結果就認定它是對的，要能判斷答案的對錯。這個過程讓程式設計者更能精準地掌握程式語言，因為程式語言的指令也是人寫的，也會出錯或是超出指令的適用範圍。

7. 試著利用指令 area 畫出如圖 5.7 的面積圖。

8. 畫出如圖 5.13 的圓形面積圖，圓心座標在 (1,1)，半徑為 1。請注意，指令 area 雖能畫出面積圖，但卻出現在函數線與 X 軸之間，也就是 area 也會塗滿圓形下方與 X 軸的面積。此時可以考慮用指令 patch。請參考上一節關於 patch 的用法。

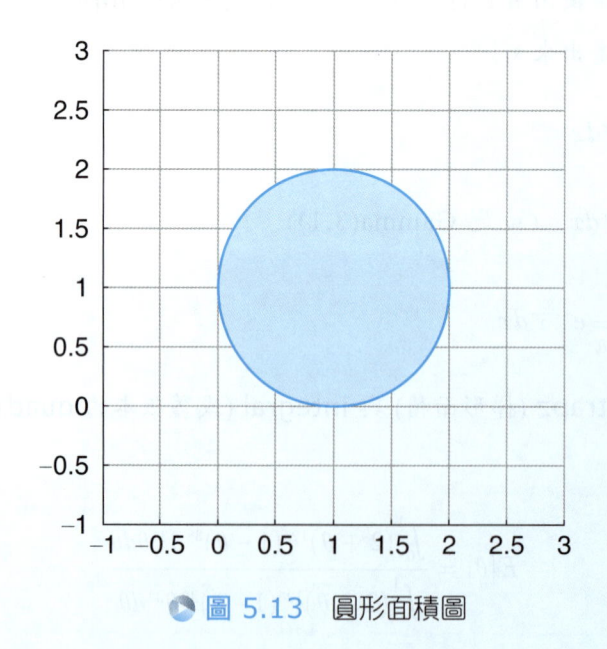

▶ 圖 5.13　圓形面積圖

9. 畫出如圖 5.14 兩函數間的面積圖。其中兩條線的函數分別為 $f(x) = 2x - x^2$ 及 $g(x) = x^2$。

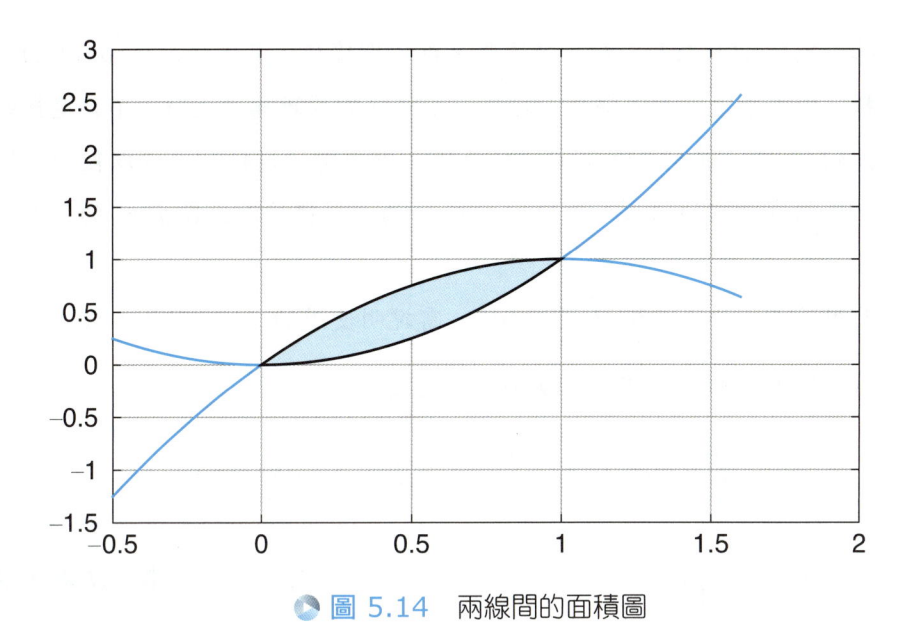

▶ 圖 5.14　兩線間的面積圖

> **Tips**
>
> 　　程式設計者面對一個陌生需要解決的問題時，通常有兩個反應：(1) 找 (問) 看看有沒有相關的指令，(2) 就自己會的部分去延伸。讀者可以試著去探索新指令，或思索可不可能有直接解決問題的指令。但在此可以先就目前探討的 area 或 patch 指令去琢磨看看。想要解決問題，必須對每個指令徹底理解它的原理，不能只是抄錄式的使用。

10. 計算積分還有一種方式叫做「Monte Carlo Integration」，其原理簡單敘述如後：

$$\int_D f(x)\,dx = \int_D \frac{f(x)}{p(x)}\,p(x)\,dx = E\left[\frac{f(x)}{p(x)}\right] \approx \frac{1}{N}\sum_{k=1}^{N}\frac{f(x_k)}{p(x_k)}$$

其中 $p(x)$ 被當作機率密度函數 (PDF)，而 $x_k$ 是從具 $p(x)$ 分配的母體中抽出的樣本值。積分的問題可以寫成函數的期望值。在決定 PDF 函數 $p(x)$ 後，可以利用抽樣的方式，取出相當數量的樣本，再以樣本計

算函數值 $f(x)/p(x)$ 及其平均數來近似期望值。其準確度與 $p(x)$ 的選擇、樣本數大小都有關係。當然，當樣本數趨近無限大時，不論選擇的 $p(x)$ 為何，總能逼近完美的積分值。但適當的選擇卻可以以較少的樣本得到最準確的結果。原則上，$p(x)$ 的選擇與接近函數 $f(x)$ 的外形為佳。

利用這個方法，重做 $\int_0^7 \frac{x^2}{2} e^{-x} dx$。需說明使用的 $p(x)$ 與樣本數，譬如選擇均等分配為其 PDF 函數時，問題變成

$$\int_0^7 f(x) dx = E\left[\frac{f(x)}{\frac{1}{7}}\right] = 7E[f(x)] \approx \frac{7}{N} \sum_{k=1}^{N} f(x_k)$$

其中 $f(x) = \frac{x^2}{2} e^{-x}$，$x_k$ 為從均等分配 Unif[0 7] 抽取的樣本，$N$ 為樣本數。[8]

---

[8] 從均等分配 Unif[0 7] 抽取的 $N$ 個樣本的指令為：unifrnd(0,7,1,N)。

Chapter 6

# MATLAB 的副程式

**副**程式 (Function) 的應用在一般程式語言裡非常普遍，幾乎是必備的技巧，只要稍具複雜度的程式多半會使用到副程式。副程式的使用時機是當程式出現重複多次的片段，或是某片段程式過長、佔據太大篇幅，影響程式的流暢與可讀性時，可以將該片段程式移出，另置他處 (在同一程式檔案或其他檔案)，一般稱為副程式或子程式 (Subroutine)。副程式除了可以減少主程式的程式碼，提高主程式的可讀性外，有時候也可以供其他程式呼叫，增加被使用率 (Re-usable)，提高程式寫作的效率與一致性。當這類提供特別功能的副程式累積到一定程度時，又被稱為程式庫 (Library)，專供其他程式呼叫使用，有點像外包的生產線。另外，MATLAB 在 7.0 版以後新增「匿名函數」(Anonymous Function) 功能 (請參考第 1 章的介紹與第 5 章的範例)，類似副程式的概念，但減輕副程式帶來的檔案管理問題，對於小型的副程式提供更簡潔的做法。本章探討 MATLAB 關於副程式的使用方式與用途。

### 本章學習目標

　　MATLAB 的副程式與匿名函數的結構、應用與管理。

> **關於 MATLAB 的指令與語法**
>
> 指令：function, fzero, menu, switch
> 語法：匿名函數 (Anonymous Function) 與副程式 (Function)

## 6.1　背景介紹

　　常見的副程式有兩種，其一是將原程式中重複多次的片段移出，以利管理與節省空間。譬如，有個程式片段共 10 行，在程式中重複了 10 次。當這個片段需要修正時，程式設計者必須記得修正這 10 個地方，一旦漏掉一個，可能變成很難發現的錯誤 (Bug)，後果不堪設想。副程式的概念來自只用一段程式碼供給程式裡所有需要用到的地方，甚至當這個副程式寫得夠完整時，還可以提供其他程式使用，利用價值更高。

　　主程式與副程式間的「溝通」靠參數 (Arguments) 的傳遞來聯繫。[1] 主程式將一些給定的參數值傳給副程式，作為程式執行所需；副程式執行完畢後，將結果以另一組參數傳回給主程式。副程式的角色相當於主程式的「協力廠商」，由主程式將部分工作外包 (Outsource) 給副程式做。而副程式扮演「協力廠商」的角色，通常只做一些單純的工作，因此可以設計成為更「通用」，為更多不同的「主程式」服務，甚至可以不知道 (不管) 主程式做些什麼。

## 6.2　副程式寫作

　　副程式的結構隨程式語言的不同而有些差異，請參考 MATLAB 對於副程式的定義，或從以下幾個簡單的範例，了解 MATLAB 副程式的結構與使用方式。

### 範例 6.1

假設某程式在好多個地方需要計算資料的平均數與變異數，也就是要對不同的資料執行 mean 與 var 指令很多次。此時可以寫一個副程式，

---

[1] 作為主、副程式聯絡的變數一般稱為參數，分為輸入參數 (主程式傳遞給副程式) 及輸出參數 (副程式傳遞給主程式)。實質上，這些參數在主、副程式裡面就是變數。

專門計算平均數與變異數，只要在需要計算這兩個統計量的地方呼叫此副程式便能取得。

這是一個極簡單的例子，一般而言不會用到副程式，[2] 在此只為舉例方便。當程式設計過程中，發現某段程式碼最好以副程式呈現時，必須先讓主程式與副程式間「談好」規格 (Specifications，簡稱 Spec)。也就是主程式要交付什麼變數內容給副程式？而副程式必須交還什麼結果給主程式使用？也就是前面說的輸出與輸入的參數。以本題為例，主程式交給副程式一組資料，副程式交還這組資料的平均數與變異數。範例程式如下：

```
副程式：stats.m
  function [mu, v]=stats(x)
    mu = mean(x);              % 計算平均值並且放入輸出變數 mu
    v = var(x);                % 計算標準差並且放入輸出變數 v
  end
```

```
主程式：main.m
  data=chi2rnd(2, 1, 100);   % 產生任意的資料
  [m, v]=stats(data);        % 呼叫副程式 stats，並且傳入資料
                             % 參數 data，副程式傳回結果放在
                             % m 及 v 的變數裡面供後續程式使用
  ⋮
```

---

[2] 呼叫副程式需要一行指令，而本範例原只需兩個指令，以一行換二行只能說小賺。但一個副程式仍是一個程式，是一個實質檔案，還是有維護上的成本。因此，一般值得寫成副程式的功能還是須有一定的規模。

MATLAB 副程式的函數名稱 (Function Name) 必須與檔名相同，本範例檔名與函數名皆為 stats。其中副程式的輸入參數為 x，輸出為 mu 與 v。也就是主程式會傳遞一個變數資料給 x，副程式利用變數 x 進行計算，將結果透過變數 mu 與 v 回傳給主程式。值得注意的是，副程式的執行過程與主程式完全不相干，變數名稱也可以不同 (如上述範例中的主、副程式所使用的參數名稱並不相同)，輸入與輸出變數依出現的次序為對應關係，並非依變數名稱。在副程式內的任何變數也是獨立的，與主程式無關，副程式執行完畢傳回輸出值後便煙消雲散，並不影響主程式的變數或命令視窗的變數。

一般而言，一個副程式檔案只有一個副程式，但必要的時候，也可以超過一個副程式，副程式之間彼此呼叫。此外，副程式與主程式間溝通的管道靠輸入與輸出變數，其個數視需求而定，可以超過一個，當然個數太多時，寫起來很冗長不方便，可以考慮採結構矩陣型變數，彈性也更大 (如範例 6.2)。關於結構矩陣型變數如何設定與使用，請參考第 1 章或 MATLAB 使用手冊。下一個範例也展示這個需求與實際做法。

### 範例 6.2

寫一支程式分別自「標準常態」(N(0,1))、「卡方 (自由度 2)」與「二項 (N=20, p=0.3)」分配的母體中抽取 100 樣本，並分別計算其「樣本平均數」、「標準差」、「中位數」、「最大值」及「最小值」。其中計算的部分以副程式執行 (將上述的副程式擴充即可，並以結構矩陣型變數傳回)。

副程式：desc_stats.m

```
function stat=desc_stats(x)
    stat.mu = mean(x);      % 以結構矩陣型變數 stat 儲存所有結果
    stat.sigma = std(x);
    stat.median = median(x);
```

```
    stat.max = max(x);
    stat.min = min(x);
  end

主程式：main.m
  clear, clc
  m=menu('Choose one: ' , 'Normal(0,1)', 'Chi2(2)', ...
  'Bino(20, 0.3)');
  n=100;                                              % 樣本數
  switch m
    case 1
      x= normrnd(0, 1, 1, n);
    case 2
      x= chi2rnd(2, 1, n);
    case 3
      x= binornd(20, 0.3, 1, n);
  end
  s= desc_stats(x);
  fprintf('The mean and median are %7.4f and %7.4f\n', ...
  s.mu, s.median)
```

上述的範例特別用了結構矩陣型變數，將副程式計算的結果包裝送回給主程式。結構矩陣型變數能節省輸出入的空間，提供數量增減的彈性，用在輸入或輸出變數都可以。上述程式刻意使用圖形介面指令 menu 產生一個小視窗，作為程式與使用者互動的介面，如圖 6.1 所示。使用者透過按鈕選擇後，menu 將傳回數字表示第幾個被選到。接著，通常使用指令 switch 來分項處理各種選項的處理工作。這個程式可以擴充，讓使用者自己決定每個所選擇分配的參數 (詳見第 6.4 節習題)。

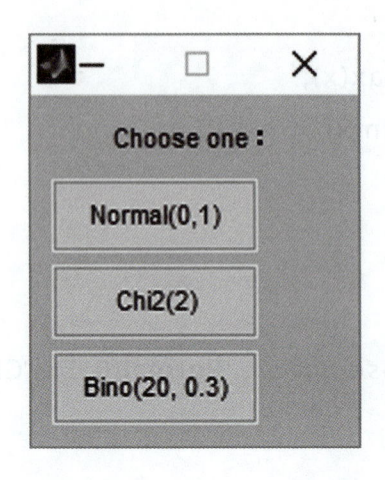

Coding Math：寫 MATLAB 程式解數學

● 圖 6.1　MATLAB 指令 menu 的互動式視窗

另一個使用副程式的時機在計算定積分、函數的根、多變量函數最小值等。MATLAB 的計算指令分別是 integral, fzero, fminsearch。這類型指令的第一個參數都是函數，通常以匿名函數的方式設定。但是當函數本身比較複雜，不方便用簡潔的匿名函數時，副程式成了最好的選擇。下列範例展示這個副程式的使用方式。

#### 範例 6.3

計算函數 $f(x) = x^2/2$ 從 $x = a$ 開始的曲線長度公式是

$$L(x) = \int_a^x \sqrt{1 + (f'(t))^2}\, dt$$

這裡 $L(x)$ 稱為 $f(x)$ 的曲線長度函數。當給定一個定數 $a$ 時，求解 $L(x) = 10$。

也就是當 $L(x) = 10$ 時，$x$ 等於多少？簡化後的 $L(x)$ 寫成

$$L(x) = \int_a^x \sqrt{1 + x^2}\, dt$$

當選擇用指令 **fzero** 來計算 $L(x) - 10$ 的根時，[3] 這個函數比一般的函數看起來「可怕」一點，不像一般函數的直白。但事實上，這還是一個相對簡單的函數，在此我們故意當作複雜函數來對待，並假設匿名函數無法設定 $L(x) - 10$，藉此展示副程式的妙用。以下介紹一支專門計算函數 $L(x)$ 的副程式。

```
副程式：arc_length.m
  function L=arc_length(x, a)
    f=@(t) sqrt(1+t.^2);
    L=integral(f, a, x);
  end
```

這個副程式輸入兩個參數：x 與 a，其中 x 當作函數的變數看待，而 a 當作常數。輸出設為函數值 L。這是副程式用來計算複雜函數的典型做法。主程式單純如下：

```
主程式：arc_main.m
  clear, clc
  a=0;                          % 計算 f(x) 曲線長度從 a 開始
  b=10;                         % 令 L(x)=b
  xb=fzero(@(x) arc_length(x, a)- b, 4);
```

上述程式利用指令 **fzero** 解 $L(x) - 10 = 0$ 的根，其中 **fzero** 的第一個函數參數呼叫了副程式 arc_length.m，並將 a=0 的值傳遞過去，函數的變數維持 x。為了表達答案與展示副程式的使用，下面的指令延伸了主程式，除了解出 $L(x) = 10$ 外，也繪製函數 $L(x)$ 與標示出答案，如圖 6.2 所示。

---

[3] 關於計算函數的根，請讀者參考第 7 章關於解函數根的程式，再回頭來看這個範例。

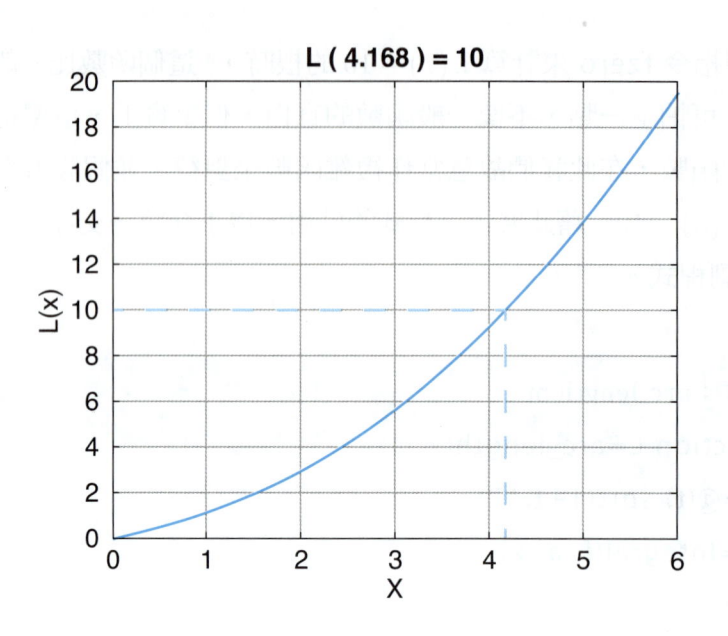

**Coding Math：寫 MATLAB 程式解數學**

L ( 4.168 ) = 10

▶ 圖 6.2　函數 $L(x)$ 與 $L(x) = 10$ 的解

```
n=100;
x=linspace(0, 6, n);
L=zeros(1, n);
for i=1:n
    L(i)=arc_length(x(i), 0);           % 透過副程式計算 L(x)
end
plot(x,L), grid
xlabel('X'), ylabel('L(x)')
line([a xb], [b b], 'LineStyle', '-')   % L(xb)=b
line([xb xb], [0 b], 'LineStyle', '-')
str=['L( ' num2str(xb) ' ) = ' num2str(b)];
title(str)
```

　　圖形的表達並非必要，但適度的繪圖能增加對問題的理解與解說，程式設計者平時應多嘗試繪圖，加強這方面指令的運用與表達能力。前

面提過,事實上這個函數並非複雜到非用副程式表達不可,僅作為示範之用。下面的程式直接以兩個匿名函數的結合解決這個問題,也是不錯的示範參考。

```
clear, clc
a=0; b=10;
f=@(x) sqrt(1+x.^2);
L=@(x) integral(f, a, x) –b;          % 內含匿名函數的匿名函數
xb=fzero(L, 4);
fprintf('The result for L(x)=%6.4f is ...
   x=%6.4f \n',b,xb);
```

## 6.3 觀察與延伸

1. 副程式的使用除了解決程式碼重複的問題外,也提供一個可重複使用 (Re-useable) 的程式,提供給其他程式呼叫。但副程式的本身也製造出管理的問題,太多的副程式往往讓程式設計者本身迷航了。所以什麼樣的程式碼適合編成獨立的副程式,必須認真思考,包括程式長度、可重複使用的頻率。如果不合乎這些法則,寧願還是以多行程式碼的方式存在原程式中。

2. MATLAB 自 6.5 版後加入「程式加速」的機制,在合乎某些條件下,即使使用多層的迴圈 (for loop),MATLAB 的加速機制依舊可以適當的轉換程式碼,加速程式的執行。不過副程式的呼叫卻違背這些條件,讓加速機制失效。因此,當程式的執行時間很關鍵,或是程式耗費太多時間,都要考慮限制副程式的使用。

3. 如前述,副程式是個獨立程式檔案,配合主程式完成工作。有些副程式的功能具普遍性,可以提供其他程式呼叫,有些則具單一性,只供某個 (或幾個) 程式呼叫,因此副程式的管理慢慢會變成一個

負擔。管理副程式牽涉三件事：(1) 命名，(2) 在程式內做完整的說明，(3) 儲存的位置。分述如下：

- 命名：副程式的命名必須符合兩個原則：其一，不能與 MATLAB 的指令名稱相同；其二，最好能名符其實，也就是名稱能盡量符合該副程式的目的。
- 說明：副程式一開始必須說明程式的用途及所有輸入與輸出參數。這些說明用來幫助使用者 (包括未來的自己) 在使用前充分了解使用方法，方能準確地給予輸入與準確的回收輸出值。最好也能給個簡單的使用示範，最後註明更新時日期，以便未來追蹤。譬如，圖 6.3 示範 MATLAB 的副程式說明。[4]
- 儲存：副程式必須與主程式放在相同的目錄，才能被主程式呼叫。但是當一支副程式同時提供給在不同目錄的程式呼叫時，最

```
function root=fzeros(f,range)
% Purpose: Find all zeros of f on [a b]
%
% Inputs ---
%    f: target function (an anonymous function)
%    range: [a b], an 1x2 vector
%
% Outputs ---
%    root: store n roots of f, a nx1 vector.
%
% Example ---
% f=@(x) x.^2-3*x+2;
% r=fzeros(f, [0 5]);
%
% Last updated 2016/03/21 by Wang
% --------------------------------------------
```

◉ 圖 6.3　副程式的說明示範

---

[4] 當副程式的功能具普遍性，甚至可以用來交換或供他人使用時，說明的內容更顯得重要。雖然並沒有公開的標準寫法，但一般都會展現類似圖 6.3 的說明方式。

好不要在每個目錄都放一個相同的副程式,這是很糟糕的做法,更是災難的開始。假設將來要修改這支副程式時,將面臨不知從何修起的困擾,且修改後還必須逐一更新放置於不同目錄的同一支副程式。所以,只要是共同的副程式,最好另開一目錄單獨存放,然後利用 MATLAB 的「路徑管理」(Set Path) 功能區加入該路徑,方式如圖 6.4 所示。[5] 一旦設定路徑,當呼叫該副程式時,MATLAB 會自動搜尋找到程式,千萬不要讓相同的程式出現兩個不同的地方,總有一天會付出慘痛的代價。

4. 副程式的輸入參數的內容及個數都由主程式決定,為了避免主程式搞錯規格而送錯參數,副程式的開端必須做必要的防護措施。譬如,範例 6.1 計算一組資料的平均數與變異數的副程式,為了避免輸入給變數 x 的資料太少 (小於 2),無法計算變異數。在一進入副程式後,立即查驗資料長度,發現問題並立即帶出錯誤訊息 (Error

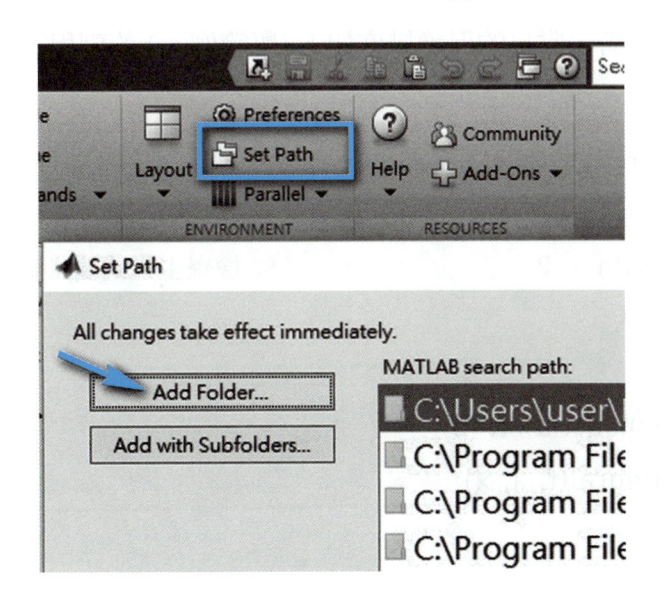

● 圖 6.4　設定公用副程式的路徑

---

[5] 關於「路徑管理」請參考第 3.2 節程式與程式的管理。

Message)，[6] 程式如下：

```
副程式：stats.m
  function [mu, v]=stats(x)
    if length(x) < 2                    % 查驗資料長度
      error('資料長度必須大於 1')
    end
    mu = mean(x);
    v = var(x);
  end
```

5. MATLAB 副程式允許主程式使用較少的輸入參數，後面未代入的參數通常以預設值 (Defaults) 因應，如果是必要的參數則帶出錯誤訊息提醒使用者。常見的保護措施如下 (舉範例 6.3 的副程式為例)：

```
副程式：arc_length.m
  function L=arc_length(x, a)
    if nargin < 2                        % 檢查主程式輸入參數的個數
      a=0;
    end
    f=@(t) sqrt(1+t.^2);
    L=integral(f, a, x);
  end
```

上述程式使用了一個內建的變數 nargin，其意為主程式輸入參數的個數，取英文名稱的字首而成 (number of arguments in)。如果小於 2，

---

[6] 一旦帶出錯誤訊息，程式將自動終止。

代表呼叫端的主程式只輸入一個參數,所以程式本身必須自行補足必要的參數 (如 a 值),通常稱為內建值 (Built-in Values) 或預設值 (Defaults)。在副程式添加這些麻煩事,是考量了這個副程式的使用特性,譬如一般都慣用 a=0。這個採用內建值的做法給使用者方便,不必每次都輸入 a。另一方面,增加一個輸入參數 a,算是擴大程式的功能與彈性。[7]

## 6.4 習題

1. 寫一個標準的副程式,專用來計算多項式的函數值 (模仿指令 polyval)。輸入參數設為多項式的係數,輸出定為函數值。

2. 延伸範例 6.2 的問題,在主程式加入新的功能,將三個分配的參數值由使用者決定。建議在分項處理 switch 下,針對不同的 case 提供參數輸入的機會。

3. 改寫第 4 章範例 4.7 的程式 (以有限的泰勒展開式計算 $e^x$),改為一支副程式,輸入參數設為 $x$ 值,也就是製作另一個 exp(x) 指令。請特別留意副程式的命名,避開 exp。

4. 同前面的副程式,但增加一個輸入參數,設定為泰勒展開式的項次,並做保護措施。當使用者僅輸入第一個參數時,自動以預設值填補第二個項次參數 (譬如預設 20 個項次相加)。

---

[7] MATLAB 自己的副程式大部分都可以接受多個輸入參數,也就大量使用了這些保護措施。這些保護作用的程式碼非關乎本來的功能,卻也常佔據不少篇幅及一點點的執行時間,算是不可避免的經常性支出 (Overhead)。

# Chapter 7

# 單變量函數的根與演算法初識

求解

$$f(x) = 0$$

計算單變量函數 $f(x) = 0$ 的解雖然是老問題了，但卻是一個頗不簡單的問題。多年來，各路英雄好漢提出各式各樣的方法，針對不同的函數，採用紙筆推導或電腦的數值方法。當電腦的速度逐漸提昇，許多紙筆很難推導或甚至解不出來的問題，在數值方法的演進中都得到解決。本章介紹 MATLAB 計算單變量函數根的指令與使用方法，如 roots 及 fzero。另外舉幾個著名的演算法，如牛頓法、勘根法及定點法，作為程式設計的練習。

### 本章學習目標

演算法的程式寫作、迴圈中斷的技巧及副程式與匿名函數的應用。

---

**關於 MATLAB 的指令與語法**

指令：abs, betapdf, break, double, fzero, if, input, integral, line, roots, round, solve, tabulate, text, unifrnd, while

語法：邏輯式 if ... end 與無限迴圈的寫法

## 7.1 背景

許多應用的領域經常遇到求解函數 $f(x) = 0$ 的實數解，譬如計算函數的極值時，需要計算 $f'(x) = 0$，甚至 $f''(x) = 0$。當函數簡單或具特殊形式時，可以透過數學的技巧推導出解析解 (Analytical Solution)，譬如簡單的多項式函數的根：

$$f(x) = x^2 - 3x + 2 = 0 \tag{7.1}$$

但多數的函數的根是寫不出完整的解。譬如，求解

$$f(x) = x - e^{-x/2} = 0 \tag{7.2}$$

這時候最迅速的做法便是畫函數圖，並觀察函數與 X 軸的交點 ($f(x) = 0$)。譬如圖 7.1，從左圖便大略可以看出該函數有實數根且大約在 $x = 0.7$ 附近 ($y = 0$ 相交點)。若要細看，可以利用 MATLAB 繪圖工具提供的放大鏡功能，在目標區附近不斷地點擊放大，便可以輕易地將目標的位置定位得更細，如圖 7.1(b) 所示。

繪圖法雖不能直接得到明確的解，但是可以很快的判斷有沒有解？大約是多少？當然繪製函數的能力也是得力於電腦軟硬體的進步，特別

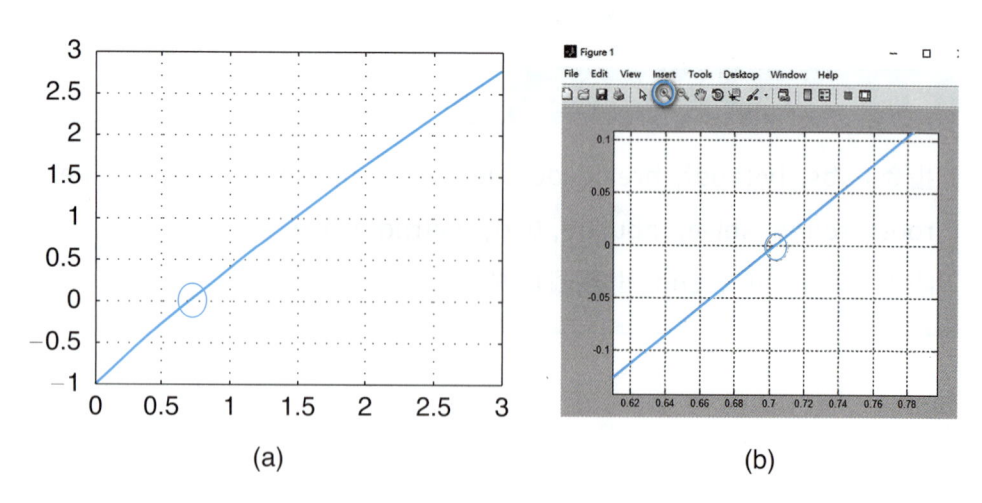

(a)　(b)

◉ 圖 7.1　繪製函數圖觀察式 (7.2) 的解。圖 (b) 為以圖形放大器放大

當變數擴展到一個以上的多變量函數時。MATLAB 有強大的繪圖與後製能力，讀者宜多鑽研並熟悉，可以在很多問題解決前得到初步的認識。

在過去非電腦時代，數學家以迭代法 (Iterated Method) 的觀念來逐步求解，譬如著名的牛頓法。不過，受限於人力所能演算的能力，往往只能解決一些相對簡單的方程式。一些較複雜或函數的計算比較難的問題，直到電腦運算能力提昇才得到解決。而電腦取代人手，只是以極快速度重複迭代的過程。但如何迭代？如何判斷是否為根？何時停止迭代？是否重根？如何找到所有的根？這些問題還是要回到紙筆的推導。不過不再是推導出完整的解，而是退而求其次的，去推導如何找到近似解的方法，一般稱為演算法 (Algorithm)。本章先從 MATLAB 提供的指令入手，看看 MATLAB 如何解決這棘手的問題。接著再來研究幾個著名的演算法的程式設計技巧。

## 7.2　MATLAB 求解函數的根

### 7.2.1　符號運算

MATLAB 提供解符號運算求函數根的指令是 solve，譬如求解函數式 (7.1) 與 (7.2) 的根，做法如下：

```
syms x f;
f=x^2-3*x+2;                               % 式 (7.1)
% f=x-exp(-x/2);                           % 式 (7.2)
r=double(solve(f));
```

上述程式將兩個函數寫在一起，並將其中一個以註解的方式關閉。這是練習指令的方式，將每個指令徹底地運用，並將嘗試過程的指令留下，但為避免造成程式執行的困擾，所以將暫時不用的部分註解起來，作為未來的參考。

### 7.2.2 數值運算

多項式的根一般而言相對地單純，MATLAB 提供指令 roots 可以直接計算多項式方程式所有的根，以式 (7.1) 為例，指令如下：

```
p=[ 1 -3 2 ];                          % 多項式的係數
r=roots(p);
```

指令 roots 直接計算出多項式函數的所有根 (包含虛根)，輸出將是一個 (n-1) x 1 的向量，n 代表多項式的最高項次。

MATLAB 除提供計算多項式函數根的指令 roots 外，對於其他函數的根採用指令 fzero。[1] 以計算式 (7.2) 的根為例，指令如下：

```
方法 1                                  % 適用 6.x 以上
fzero('x-exp(-x/2)', 1)      % 第 2 個參數代表計算在 2 附近的根
方法 2                                  % 適用 7.x 以上
fzero(@(x) x-exp(-x/2), 1 );


方法 3                                  % 適用 7.x 以上
f=@(x) x-exp(-x/2);                    % 使用匿名函數
fzero( f , 1 );
```

指令 fzero 的第一個參數是定義好的函數，第二個參數是個數字，代表找出在那個數字附近的根，在演算法裡也稱為初始值。其中方法 1 是比較舊版的做法，慢慢會在新版中消失。方法 2 與方法 3 是一樣的方式，也是 MATLAB 很多指令在處理函數時共同的做法。

---

[1] fzero 指令在 MATLAB 7.x 版有不同於 6.x 版的做法，更具彈性。本章以 7.x 版為主。

# Chapter 7
## 單變量函數的根與演算法初識

上述求解根的都是簡單函數，很容易用一個 fzero 指令便能處理。以下舉一些較複雜的範例，比較接近實務上會遇到的狀況。

**範例 7.1**

求下列方程式的解，即 $x = ?$

$$\int_{-\infty}^{x} \frac{1}{\sqrt{2\pi}} e^{-\theta^2/2} d\theta = 0.9$$

這個問題乍看不像計算函數的根，不過稍做整理後，也能寫成 $f(x) = 0$ 的樣子，其中

$$f(x) = \int_{-\infty}^{x} \frac{1}{\sqrt{2\pi}} e^{-\theta^2/2} d\theta = 0.9 \quad (7.3)$$

變數 $x$ 出現在一個積分的上限。既然是一個函數，對求解根還沒有任何頭緒前，可以先畫出函數圖，這是解決困難問題的第一步，卻是重要的一步。往往從畫圖的過程及看到畫出的圖形後，產生解決問題的想法。下列程式碼畫出函數式 (7.3)，圖 7.2 展示結果。[2]

```
clear, clc
f=@(x) 1/sqrt(2*pi)*exp(-x.^2/2);
n=1000;                    % 繪圖的點密度
x=linspace(-5,5,n);
y=zeros(1,n);              % 為每個積分結果事先準備儲存空間
for i=1:n
    y(i)=integral( f, -inf, x(i) ) -0.9;  % -inf 是 $-\infty$ 的代表符號
end
plot( x, y ), set(gca,'xtick',[0 1 2])
```

---
[2] 這個繪圖程式曾在第 5 章介紹「微分與積分」時出現過。

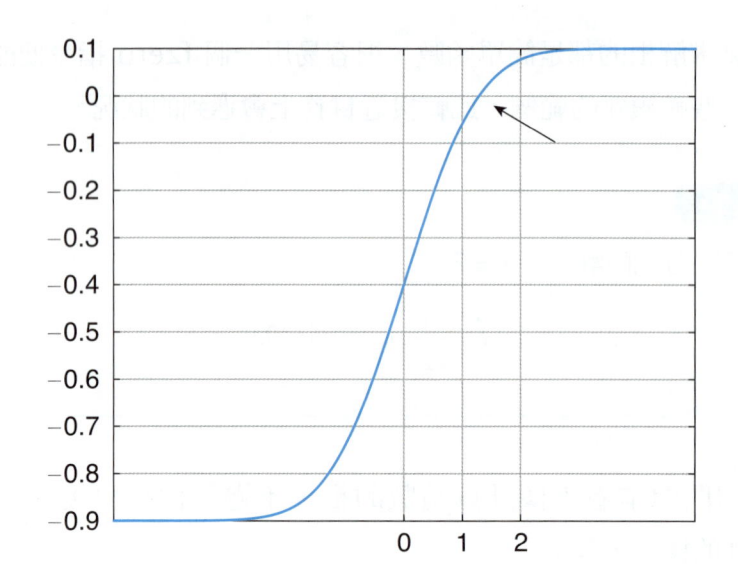

# Coding Math：寫 MATLAB 程式解數學

● 圖 7.2　函數式 (7.3) 的圖形。箭頭指 $f(x) = 0$ 的大概位置

　　這個繪圖的程式只是「行禮如儀」的依程序執行，迴圈裡是一個定積分的計算，而每個積分的結果代表一個 y 值，必須被儲存起來，於是事先準備好零向量，先向記憶體預借空間。程式中必須處理 $-\infty$ 這個數字，依 MATLAB 過去的版本和一般程式設計者遇到這個問題，通常會以一個適當的數字來取代，譬如 $-100$。新版的 MATLAB 提供 inf 代表 $\infty$。[3]

　　能畫出函數圖並看到根的粗略位置，距離解根已經不遠，剩下的交給指令 fzero 計算出準確的根。讀者宜試著從前面的範例了解指令 fzero 的使用方式，再根據函數式 (7.3) 寫出匿名函數即可。試著反覆思考與測試，從圖 7.2 中 $f(x) = 0$ 的位置就知道自己做對或做錯。最後再參考筆者的程式：

---

[3]　類似以 inf 代表 $\infty$，MATLAB 也提供其他符號來代表特別的數字，譬如 pi 代表 $\pi$，eps 代表 $\epsilon$ (很小的數值 2.2204e-16)。其他如 intmax, intmin, realmax, realmin 都可以從字義上猜到，讀者可以在命令視窗輸入這些指令，便能立即了解所代表的數字。

```
clear, clc
F=input('F(x)= ');
p=@(x) 1/sqrt(2*pi)*exp(-x.^2/2);
f=@(x) integral( p, -inf, x ) - F;   % f 才是 fzero 真正面對的函數
r=fzero( f, 1 );
fprintf( 'When F(x)=%7.5f, x=%7.5f \n', F, r);   % 表達結果
```

解讀這個程式要從 fzero 開始往前看。初學者學習一個功能強大的指令如 fzero，必須先知道這個指令的適用範圍與能力。不同於之前的範例，這個函數比較複雜，牽涉到積分的計算，而積分的計算也需要一個函數。這裡連續用了兩個匿名函數，就是 fzero 面對的函數 f 與 f 裡面積分需要的另一個函數 p。匿名函數的串接是否能正確地表達函數的意思？讀者可以多花點時間檢視，代入一些 x 值測試看看，藉此建立使用串接匿名函數的技巧與信心。

上述的程式加了一個與使用者互動的指令 input，並命變數名稱為 F，可以發現這個積分函數正是標準常態的累積分配函數 F(x)，其值介於 0 與 1 之間。上述的問題其實就是問，當 F(x)=0.9 時，積分的上限 x 等於多少？一般在統計領域裡叫做「查表」，也是標準常態的累積分配函數的反函數計算。MATLAB 也有對應的指令：norminv(0.9,0,1)，答案都是 1.2816。

以上幾個方式適用在函數比較單純，可以用一行匿名函數表達時。若函數複雜，最好還是以副程式 (函數) 的方式比較周延，譬如將上述程式改為呼叫副程式的方式寫成

```
clear, clc
F=input('F(x)= ');
f=@(x) fzero_myfun( x, F );
r=fzero( f, 1 );
```

與上述程式不同的是，原來用匿名函數定義的 f，改採副程式 (fzero_myfun) 的方式，其內容為

```
function f=fzero_myfun(x, F)
    p=@(x) 1/sqrt(2*pi)*exp(-x.^2/2);
    f = integral(p, -inf, x)- F;
end
```

使用副程式最大的優勢在能處理更複雜的函數，不僅限於一行的匿名函數。上述的副程式可以多行，最後計算出函數值即可 (即回傳值 = 函數值)，即最後一行的 f=...。讀者宜仔細分析比較兩種做法的不同，不是直接抄錄使用。

指令 fzero 是一個典型的演算法程式，每次執行從一個初始值開始，最後給出一個根，不像 roots 可以解出所有的根。以下的範例試著改編成能解出一個以上實數根的指令。

### 範例 7.2

寫一個副程式 (function) 改編指令 fzero，使其能找出一個函數的所有實數根。

完成這個範例的初衷來自「始終不滿足現狀」，督促程式設計者不斷改造或創新程式，於是程式世界持續往前推進。解出函數所有的根一定是很多應用上必需的，讀者不妨先想想要如何從一次只能找一個根的 fzero，去擴大功能使其能一次找出所有的實數根。最後變成一支副程式的產品，供他人使用。

譬如，執行 fzero 多次，每次給予不同的初始值。最後再整理所有的根，去除相同的，留下不同的。為了避免執行次數太多，初始值的選

擇必須盡量分散並覆蓋所有可能的範圍。可以預期最後的根多數相同，於是如何從一堆重複的數字裡整理出不同的數字，這也是程式設計的挑戰。通常程式設計者在「下筆」之前會先思考這個程式可能面臨的技術問題，有些寫過，有些很難。在衡量時間因素下，建議讀者要從困難的部分先下手。

譬如，從向量 a=[ 1 2 2 3 3 5 6 6] 找出不同的數字，即找出 [1 2 3 5 6]。固然程式設計幾乎無所不能，但是這種看起來常見的問題，讀者都該懷疑 MATLAB 應該有相關的指令才對。因此，遇見沒解決過的問題，也許第一個想法是找出指令。雖然有時候自己親自寫不見得比找指令還花時間，但商業軟體的指令畢竟經過測試，比較可靠。確實，MATLAB 提供一個計算出現頻率 (Frequency Table) 的指令：tabulate。如圖 7.3 所示。

指令 tabulate 針對一個向量做頻率表 (內容可以是數字或文字)，以一個矩陣呈現結果，其中第 1 行列出所有不同的內容，第 2 行與第 3 行分別是出現的次數與比例。但針對全整數的內容，tabulate 會自動補上空缺的整數，如圖 7.3 所示；對於有非整數的內容，tabulate 的表現將如預期，圖 7.4 展示這個狀況。

```
Trial>> a=[ 1 2 2 3 3 5 6 6];
Trial>> A=tabulate(a)

A =

    1.0000    1.0000   11.1111
    2.0000    2.0000   22.2222
    3.0000    3.0000   33.3333
    4.0000         0         0
    5.0000    1.0000   11.1111
    6.0000    2.0000   22.2222

fx Trial>> |
```

● 圖 7.3　指令 tabulate 的執行結果：向量內容全為整數

```
Trial>> a=[ 1 2.1 2.1 3.2 3.2 3.2 5 6 6];
Trial>> A=tabulate(a)

A =

    1.0000    1.0000   11.1111
    2.1000    2.0000   22.2222
    3.2000    3.0000   33.3333
    5.0000    1.0000   11.1111
    6.0000    2.0000   22.2222
```

● 圖 7.4　指令 tabulate 的結果：向量內容為不全為整數時

解決了從重複的數字中整理出其中不同的部分，接著思考如何給 fzero 適當的初始值及要給多少個？程式設計者解決問題不要一次到底的把自己推到死角，先做些緩和的假設，之後再慢慢想辦法讓功能完整。譬如，假設函數所有的根大約落在某個範圍 [a, b] 內，我們可以在這個範圍內等分的取出 N 個點作為 fzero 的初始值。以下的副程式取名為 fzeros 可以這樣寫：[4]

```
function root=fzeros(f, range)
    a=range(1); b=range(2);           % 初始值的範圍
    N=100;                             % 取 N 個初始值
    r=zeros(1,N);                      % 準備儲存 N 個根
    s=linspace(a,b,N);                 % 或 s=unifrnd(a,b,1,N);
    for i=1:N
        r(i)=fzero( f, s(i) );         % 以不同的初始值尋根
    end
    r=round(r*1e6)/1e6;                % 處理計算的誤差
    A=tabulate(r);
```

---

[4] 副程式的命名必須小心：(1) 不能與現有的指令相同，這會讓原來的指令失效，(2) 名稱必須符合功能，方便使用與管理。

# Chapter 7 單變量函數的根與演算法初識

```
    Idx= A(:,2)>0;                    % 捨去多出來的整數
    root=A(Idx,1);                    % 取根
end
```

副程式 fzeros 指定第二個輸入參數為向量,代表初始值的範圍 range,由呼叫的主程式視函數決定。這個方式可以緩和副程式太多的考量,讓程式一部分的不確定性由呼叫者決定。第 2 行自訂取 N=100 個初始值,這個數量的大小也是不確定。取太大,會執行太多次的 fzero,大部分時候肯定都會得到相同的結果;取太小,擔心可能錯過某些根。所以取大或小,只是一個平衡點,也可以挪為第三個參數,讓呼叫者來傷腦筋 (這部分當作作業,請讀者自己修改)。[5]

初始值可以是程式設定的等距的點,也可以是後面註解建議的以均等分配來產生均勻散佈的點,這尤其適合當初始值的數量少或範圍大時,服從均勻分佈的點被認為在機率上「公平」的關照到整個範圍。迴圈部分計算了 N 個根,想當然耳,大部分是重複的數字,要在迴圈結束後進行之前描述的「後處理」(Post-Processing)。指令 r=round(r*1e6)/1e6 算是突如其來的一筆,也值得一提。原因是在 fzero 找根的過程中,每個最後被認定為根的值,都是一個近似值,也就是一般演算法都結束在一個極微小的誤差範圍內。於是從命令視窗看起來相同的值,其真正的內容也許會相差一個極小的值,如 $10^{-12}$ 之類。這是寫程式前沒料到的,執行後才發現這些細微處。所以利用這個小技巧,將小數點第 7 位以後忽視 (視為相同)。另,最後面兩個指令處理 tabulate 會自動填補整數空檔的特性,刪除發生次數為 0 的整數。

接著從命令視窗來試試新指令 fzeros 的表現如何,圖 7.5(a) 展示 fzeros 找出函數式 (7.1) 的兩個根,而圖 7.5(b) 解出函數式 (7.4) 的根。

---

[5] 副程式預留太多參數給使用者決定,代表功能的延展性大,但有時候會給使用者太大的負擔,甚至造成不好用的因素 (簡單就是好用)。而平衡點往往是預留最多的參數,展現最大的功能,但留給使用者決定使用多少個參數的權利,沒有用到的參數以預設值代入。

```
Trial>> p=[1 -3 2];
Trial>> f=@(x) polyval(p,x);
Trial>> r=fzeros(f,[-2 3])

r =

     1
     2
```

(a)

```
Trial>> f=@(x) exp(-x/2)-x^4;
Trial>> r=fzeros(f,[-5 5])

r =

   -1.1554
    0.8942
```

(b)

▶ 圖 7.5　(a) $f(x) = x^2 - 3x + 2$，(b) $f(x) = e^{-x/2} - x^4$

$$f(x) = e^{-x/2} - x^4 = 0 \tag{7.4}$$

## 7.3　演算法的程式設計技巧

　　MATLAB 提供兩個有效的指令求解單變量函數的根，已經足夠程式設計者使用。這裡介紹以演算法求函數根，主要目的是藉這個主題介紹數值演算法的觀念與程式設計技巧。當遇到 MATLAB 指令不敷使用時，也許可以派得上用場。

　　數值演算法通常以遞迴迭代 (Iterative) 的方法求函數的根。假設從一個猜測的解 $x_0$ 開始，依某個規律更替到 $x_1, x_2, \ldots$ 逐步往更好的「位置」移動 (意即往函數的某個根移動)。求函數根的演算法很多，以牛頓法最為有名，其定義的「步伐」移動規律為：

$$x_1 = x_0 - \frac{f(x_0)}{f'(x_0)}$$

或者寫成：

$$x_{k+1} = x_k - \frac{f(x_k)}{f'(x_k)}, \ k = 0, 1, 2, \ldots \tag{7.5}$$

　　透過圖 7.6 可以清楚了解牛頓法的原理。從 $x_0$ 開始到 $x_1, x_2, \ldots$，跟著牛頓法的腳步，很清楚地發現移動的方向 $(-f(x_k)/f'(x_k))$ 一定是朝向

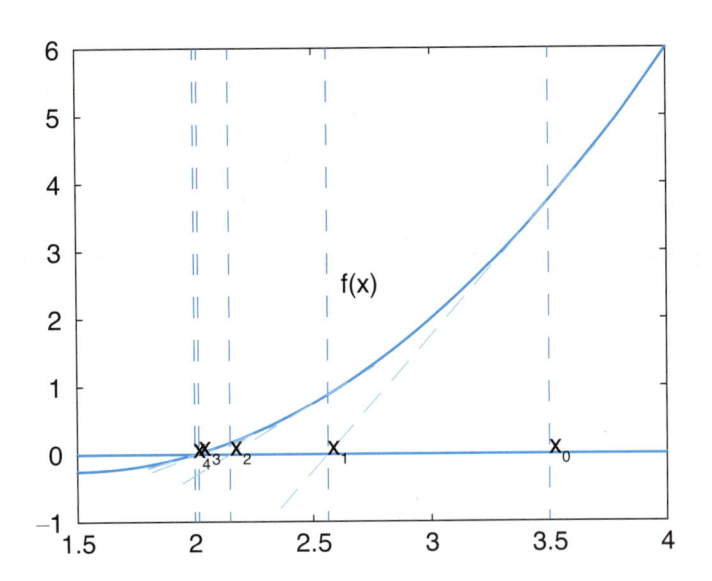

# Chapter 7
## 單變量函數的根與演算法初識

● 圖 7.6　以牛頓法求方程式的根。函數的根在 $x = 2$，而初始值從 $x_0 = 3.5$ 開始

函數的某一個根。至於要移動多少步才能到達「目的地」？在正確地執行程式後，不難發現與初始值的選擇及函數的「樣子」有關。以下的練習將協助初學者慢慢地探討這類演算法的過程。

### 範例 7.3

寫一支程式，按牛頓法的移動方式 (式 (7.5))，計算函數式 (7.1) 的根。
從初始值 $x_0 = 3.5$ 開始，計算到第三步 $x_3$，並逐步以指令 fprintf 在命令視窗列印出每一步的 $x$ 與 $f(x)$ 值。

　　觀察 $x_1, x_2, x_3$ 是否逐漸往其中的一個根逼近 (或說 $f(x)$ 是否越趨近 0)？本範例之初始值 $x_0 = 3.5$ 位在所有根的右方，當初始值改為 $-1$ (在所有根的左邊) 時，移動的方向是否改變了？是否也是朝著某個根呢？如果初始值選在兩個根的中間，下一步會朝哪個方向移動？不妨實際試試看。

# Coding Math：寫 MATLAB 程式解數學

> **Tips**
>
> 　　程式是一連串的指令 (動作) 按照某些邏輯組合而成，初學者往往不知從何開始。而 MATLAB 是學習程式寫作很好的工具，其動作邏輯與指令的表達方式非常接近數學式，因此初學者不妨依數學式的解題順序來寫作程式，再從觀摩他人的程式學習到進階的程式技巧。以本題為例，你如何用紙筆推導牛頓法到第三步，將過程直接轉換成相對的 MATLAB 指令即可。雖然過程瑣碎，但是完成目標才是首要任務。做出正確的結果後，再來慢慢修改程式，讓它更精簡、更有效率、更好維護。相信程式技巧一定會在多次的練習中逐漸進步。

| 數學推導 | MATLAB 程式 (指令的對應組合) |
| --- | --- |
| $f(x) = x^2 - 3x + 2$ | `f=@(x) polyval([1 -3 2], x);` |
| $f'(x) = 2x - 3$ | `fp=@(x) polyval([2 -3], x);` |
| 令 $x_0 = 3.5$ | `x0=3.5;` |
| $x_1 = x_0 - \dfrac{f(x_0)}{f'(x_0)}$ | `x1=x0 - f(x0)/fp(x0);` |
| $x_2 = x_1 - \dfrac{f(x_1)}{f'(x_1)}$ | `x2=x1 - f(x1)/fp(x1);` |
| $x_3 = x_2 - \dfrac{f(x_2)}{f'(x_2)}$ | `x3=x2 - f(x2)/fp(x2)'` |

　　由於牛頓法的每個「步伐」的計算方式是固定的，加上到達「目的地」的步數不同，程式的寫作上必須利用迴圈的方式，重複同樣的動作。改寫上述程式，以迴圈的方式讓 $x_k$ 從 $k = 0, 1, 2, \ldots$ 不斷地遞迴迭代。

　　程式中遞迴迭代的方式是典型的程式設計技巧。由於程式中不可能維護 $x_0, x_1, \ldots$ 這樣不知確定數量的變數，且後面的值由前一個產生，在程式設計上通常只用兩個變數配合迴圈來運作 (譬如下列程式中的 xk 與

Chapter 7 單變量函數的根與演算法初識

xk1)，下面的程式片段改寫 x0 之後的每個步驟：

```
N=10;                                % 預設執行的次數
xk=3.5;                              % 先給定初始值 (現值)
for i=1:N                            % 開始迭代迴圈
   xk1 = xk – f(xk)/fp(xk);          % 牛頓法計算新值
   fprintf('f(x)=%7.5f at x=%7.5f\n', f(xk1), xk1);
   xk = xk1;                         % 新值換成現值
end
```

請注意迴圈的最後一行 xk=xk1，藉由不斷地更新 xk 來得到新的下一個值。程式中的迴圈數先設定為 N=10，其實是寫程式之初的權宜之計。由於事先並不知道牛頓法何時收斂，暫時先執行幾步並觀察 xk1 的變化，確定程式無誤後再來考量收斂的問題 (下一節討論演算法程式的收斂技巧)。寫作程式一定要有輕重緩急之分，枝微末節之事留到最後再修飾。

### 範例 7.4

延續上一個範例，純粹練習程式技巧與表達能力，將上述求解的過程逐步畫出來，如圖 7.6 所示。不但將 $x_0, x_1, x_2, \ldots$ 一一畫出，連同過程中的切線 (切線方程式先以紙筆導出適當的公式，再放入程式中) 也要畫出來。每條線或每個文字畫完之後，可以利用 pause 的指令讓過程呈現暫停數秒的效果。否則以現在電腦的速度，眼睛還來不及反應的瞬間，圖上所有的內容都畫好了，看不出「過程」與收斂的情況。

在圖上將演算過程畫出來是一件令人興奮的事，可以清楚地觀察到演算法的演進，提高學習者對數學的興趣。不過，看起來容易做起來繁複。必須一步一步來，譬如圖 7.6 的垂直線、切線與 $x_0, x_1, x_2$ 的文字要

標上去。首先,必須先確定程式大致上沒問題,再往圖上標示出 $x_k$ 的演進過程,標示的指令如:

```
x_pos=strcat('x_', num2str( i ));        % 依迴圈數製作 x_k 的文字
text( xk, 0, x_pos );                    % 在座標 (xk, 0) 處畫上文字符號
```

指令 text 的前兩個參數分別是 X 與 Y 座標,這裡的 Y 座標取一個定數 0 是否恰當,還是得畫出來看才知道。如果不妥,讀者可以試著找找其他適當的參考值。當這兩行指令併入上面的程式時,該放哪裡?請讀者自己試試看。即便亂猜做錯,也能從錯誤的結果再修正,直到成功為止。太依賴他人的程式,反而學不到真功夫。第二是畫垂直線:

```
line( [ xk xk ], [ -1 6 ],'linestyle','- -')
```

一條直線由兩個端點即可組成,這構成指令 line 的前兩個參數,分別是兩個端點的 X 與 Y 座標。這裡兩個 Y 座標也是權宜地用了常數,讀者可以試著改用其他參考數值。同樣地,這行程式要擺哪裡,請讀者來嘗試。

圖 7.6 比較棘手的是畫切線 (函數在點 $(x_k, f(x_k))$ 的切線),可以考慮先將直線方程式推導出來,即

$$h(x) = f'(x_k)(x - x_k) + f(x_k)$$

程式設計者常常必須要先解決簡單的數學問題,才能讓程式跑得動。有了這條切線方程式,只要找到適當的兩個端點,一樣可利用指令 line 畫出來。譬如,加入下列兩行指令:

```
h=@(x) fp(xk)*(x - xk) + f(xk);
line([ xk1-0.2 xk+0.2 ], [ h(xk1-0.2) h(xk+0.2) ], ...
    'LineStyle', '- -','color','red')
```

同樣地，這行程式要擺哪裡，請讀者自己嘗試。以上幾個片段的指令是為了表達牛頓法的過程，適合做觀念的呈現，並不是真正拿來解根。請讀者將開始的演算法與後面的圖形表現合併，做出如圖 7.6 的樣子。當然走太多步之後，所有的文字、虛線與切線會擠在一起，並不妥當。

## 7.4　觀察與延伸

1. 在逐步迭代的演算法中，設定停止點或迴圈的中斷點是必要的，否則迭代的過程將無止盡地進行。什麼時候該停止迭代呢？換句話說，該如何決定已經到達目的地，找到根了呢？是在第 $k+1$ 步的函數值 $f(x_{k+1})$ 很接近 0，還是 $f(x_{k+1}) \approx f(x_k)$，或是 $x_{k+1} \approx x_k$？哪一個比較恰當？與方程式有關嗎？

   常見的演算法的停止條件有：

   - 新值 xk1 與上一步的舊值 xk 差異很小，也就是幾乎已經原地踏步不再移動，此時便可停止演算法。至於差異多小才合適，取決於函數本身與問題的需求，常見的條件如：

   $$|x_{k+1} - x_k| < \epsilon \quad \text{或} \quad \left|\frac{x_{k+1} - x_k}{x_k}\right| < \epsilon$$

   $\epsilon$ 代表一個極小的值，譬如 $10^{-6}$。

   - 本題是解函數的根，停止條件可以下在 $f(x)$，譬如：

   $$|f(x_{k+1})| < \epsilon$$

   雖然我們的目標是 $f(x) = 0$，但是程式的安排絕不可以訂定完美的標準，否則可能永遠達不到。

2. 決定好停止條件後，程式如何體現呢？也就是在迴圈持續的運轉中，當設定的停止條件滿足時，必須終止迴圈。常用的方式有兩種：(1) 將 for 迴圈數放得很大 (永遠達不到的大)，利用停止條件決定跳出迴圈與否，(2) 利用無限迴圈的指令 while，再根據停止條件跳出迴圈。譬如：

```
for i=1:10000                    % 建立很大的迭代迴圈
    :
    if 條件判斷式                 % 停止條件的判斷
        break;                   % 滿足停止條件，跳出迴圈
    end
    :                            % 繼續執行
end
```

上述指令的語法 if ... end 用來判斷迴圈是否停止，一般都是放在停止條件確定後立刻執行。另一種做法是採無限迴圈的指令 while，如：

```
while 條件判斷式                  % 建立附設條件判斷的無限迴圈
    :
end
```

指令 while 後面跟著停止條件的判斷式，當這個邏輯判斷式為真時 (TRUE 或為 1)，迴圈繼續進行；否則即刻停止，跳出迴圈繼續後面的指令。無限迴圈指令 while 看似比較乾淨俐落，不需給一個迴圈數，但也有缺點，譬如迴圈中沒有可以借用的索引變數 i。另，當程式開發之際，邏輯判斷式給錯時，會造成迴圈無法脫困的窘境，程式將繞不出來，成為幽靈程式，必須藉由在命令視窗下「Ctrl+C」方能截斷。一般而言，在程式開發之初，還是先以 for 迴圈為主，待開發完成、判斷式的使用也無誤時，再轉為比較俐落的 while 指令。指令 while 的條件判斷式可以這麼做：

```
while 1                          % 無條件進入迴圈
    ⋮
    if abs(f(xk1)) < 1e-6        % 在迴圈內設立停止條件
        break;                   % 跳出迴圈
    end
end
```

---

或另一種做法
```
while abs(f(xk)) < 1e-6
    ⋮
end
```

上述兩種無限迴圈的做法，因判斷式的位置不同，有些微不同。這裡是假設 xk1 的值是在迴圈中計算的，因此在進入迴圈之初並不存在，所以選擇用 xk 的函數絕對值小於 $10^{-6}$。

3. 演算法通常也面臨「初始值」的選擇問題。有時候初始值的選擇是有根據的，但有時候卻是盲目的。試試看不同初始值，是否會得到不同的答案(根)？[6]

4. 通常我們會從圖形去取得適當的初始值，不過實際的狀況可能連圖都畫不出來，無法先透過圖形的判斷取得適當的初始值。想想看有沒有一些簡單有效的方法，可以讓程式自動搜尋好的初始值？譬如勘根法(順便利用無限迴圈的技巧)：

---

[6] 其實單變量函數的初始值通常不是個問題，距離實數根的遠近不會對牛頓法產生多大的困擾，最多多走兩三步。但是對於多變量函數而言，當變數越多，初始值的選擇越是關鍵(請參考第 9 章)。

```
while 1                        % 開始無限迴圈
    ab=unifrnd(N_1,N_2,1, 2 )
                               % 在 (N_1, N_2) 的範圍內隨意找兩個值
    a=ab(1); b=ab(2);          % 一個放在變數 a 另一個放在 b
    fa=f(a);                   % 計算函數值
    fb=f(b);                   % 計算函數值
    if fa*fb<0                 % 判斷 a 與 b 之間是否存在一個根
        break;                 % 跳出迴圈
    end
end
xk=(a+b)/2;                    % 初始值
```

圖 7.7 展示這樣的概念。這個方式保證可以找到一個不太離譜的初始值 (最壞的情況就是 $a$ 與 $b$ 距離很遠，且其中一個離根很近)，但也有機會落在根的附近。這個方式如果能進一步改良，讓 $(a+b)/2$ 不會離根太遠，甚至還可以逐步「夾擊」進逼到根的位置，這就是勘根法。

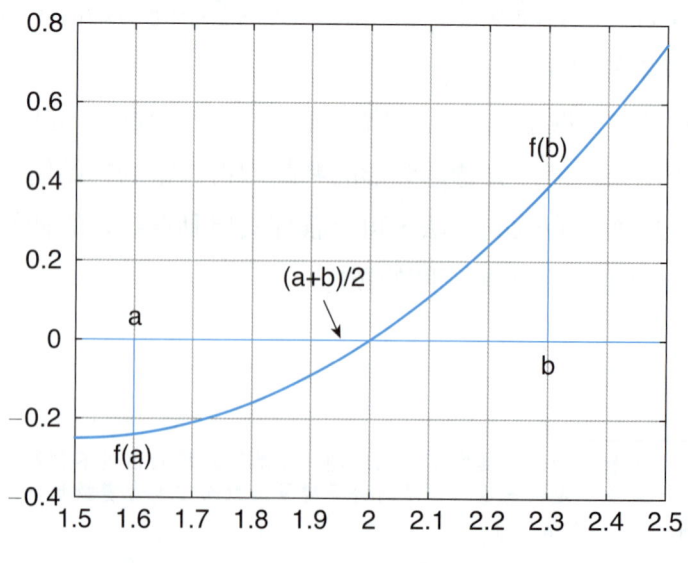

▶ 圖 7.7 以勘根法自動搜尋好的初始值

**5.** 求解函數根的方法很多,除了本章所介紹的,其他如「割線法」、「定點法」等,都值得研究,以增加自己程式寫作的能力。其中的「定點法」很有趣,將 $f(x) = 0$ 改寫成 $g(x) = x$,再用迴圈迭代的方式以 $g(x)$ 更替 $x$ 值,直到 $g(x)$ 與 $x$ 非常接近。當所近似的根 $x^*$ 符合 $|g'(x^*)| < 1$,則保證演算法收斂。而有趣的地方在於 $g(x) = x$ 可以有許多種寫法,有些滿足收斂條件,有些則否。適當的選擇往往可以讓很棘手的問題變得簡單,扮演「小兵立大功」的角色。

以解 $f(x) = x - e^{-x/2} = 0$ 為例,定點法將之改寫為

$$x = e^{-x/2} = g(x)$$

函數根的幾何意義如圖 7.8 的斜線 $y = x$ 與曲線 $y = g(x)$ 的交點。利用定點法的「定點意義」,以迭代的方式

$$x_{k+1} = g(x_k)$$

當 $|g'(x^*)| < 1$ 時,$x_{k+1}$ 將收斂到方程式根 $x^*$。圖 7.8 展示迭代的過程,確實逐步往交點逼近。

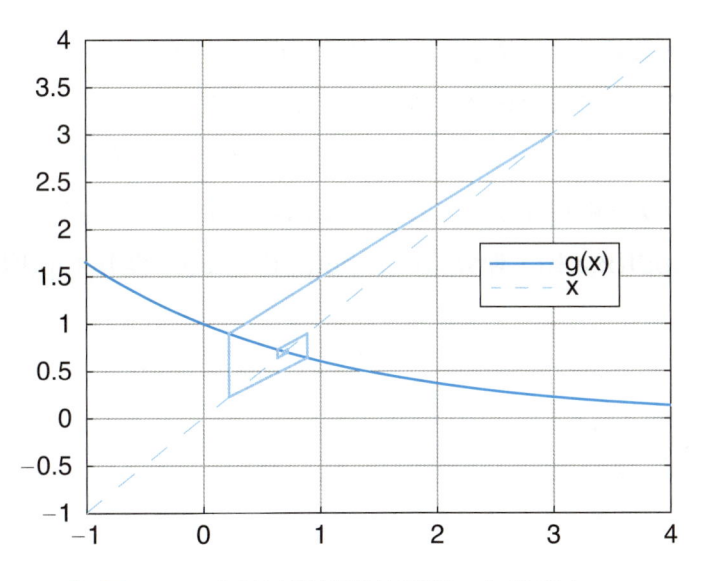

● 圖 7.8 定點法計算根的過程:起始點在 $x = 3$

6. 牛頓法 (式 (7.5)) 並不保證收斂，在某些情況下也會出狀況；譬如解 $f(x) = x^3 - 5x = 0$ 的根，若選擇初始值為 $x_0 = 1$，將發生震盪現象，不論迴圈進行多少遍，$x_k$ 值始終在 1 及 $-1$ 之間來回交替。不妨試試看，觀察這個有趣的現象。

## 7.5 習題

1. 繪製函數 $f(x) = 48x(1+x)^{60} - (1+x)^{60} + 1$ 使能清楚看到函數的根，再利用指令 **fzero** 計算出函數的根。
2. 利用符號運算的方式 (指令 **solve**) 計算上一題函數的根。
3. 從範例 7.4 的介紹，請完成如圖 7.6 的標示文字、垂直虛線與切線。
4. 求解函數的根

$$f(x) = -x + e^{-x/2} = 0 \tag{7.6}$$

   - 在適當的範圍內畫出函數圖形。
   - 應用牛頓法計算函數的根。
   - 將程式設計成可以秀出求解過程的演進 (即標示出 $x_0, x_1, x_2, \ldots$)。

5. 利用圖 7.7 勘根法的概念，寫程式求式 (7.6) 的解。
6. 利用定點法計算式 (7.6) 的解，並試著畫出如圖 7.8 逐漸逼近的直線。
7. 計算圖 7.9 中兩個 $\beta$ 分配，$\beta(2, 6)$ 與 $\beta(4, 2)$ 的交點。其中 $\beta$ 分配的指令為 betapdf(x,a,b)，即計算函數 betapdf(x,2,6) 與 betapdf(x,4,2) 的交點。

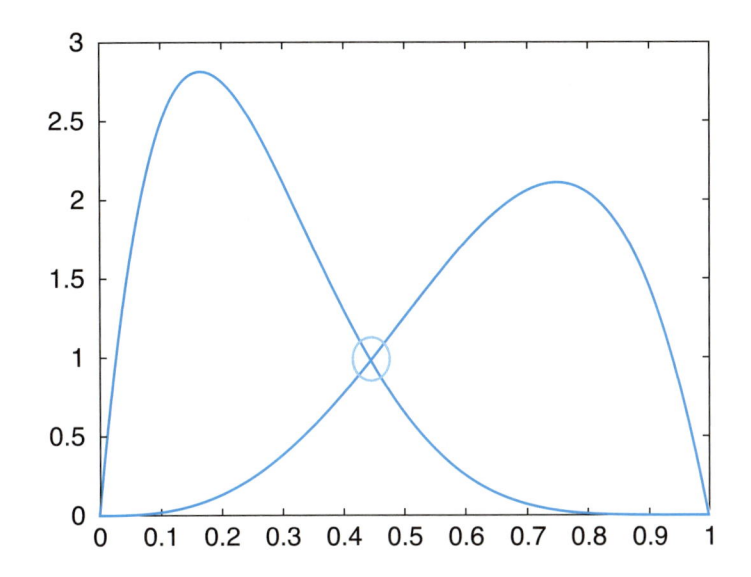

# Chapter 7
## 單變量函數的根與演算法初識

圖 7.9　兩個 $\beta$ 分配的機率密度函數圖：$\beta(2, 6)$ 與 $\beta(4, 2)$

Chapter

# 8

# 單變量函數的極值問題

計算函數的極值 (最大值或最小值) 一直是數學常見的問題，其應用範圍非常廣泛，幾乎涵蓋理工、商學的所有領域，在微積分的教材中也是典型的範例。統計學中最大概似估計法 (Maximum Likelihood Estimation, MLE) 的計算也是一例。理論上，極值的計算還是從函數的導數開始，求其一次導函數為零的根，不過當函數本身的微分很困難或甚至連函數本身都不可得時，數值演算法 (Numerical Methods) 就顯得重要。本章將討論 MATLAB 計算單變量函數極值的指令與相關程式技巧，並與函數圖形配合，了解數值計算的方法、精神與一些細節。

## 本章學習目標

演算法的程式寫作與除錯、迴圈中斷的技巧與匿名函數的應用。

### 關於 MATLAB 的指令與語法

指令：atan, fminbnd, inline, linspace, min, num2str, polyder, roots
語法：邏輯判斷語法 if ... else ... end

## 8.1 背景

假設函數為

$$f(x) = x^4 - 8x^3 + 16x^2 - 2x + 8 \tag{8.1}$$

如圖 8.1 所示，函數 $f(x)$ 有一個區域最大值 (Local Maximum) 及兩個區域最小值 (Local Minimum)，也就是圖形中波峰與波谷的位置。其中一個區域最小值是函數的最小值，稱為全域最小值 (Global Minimum)，是大部分實務應用上要找尋的位置。

區域極值 (含全域極值) 的位置經常發生在函數的一次導函數為 0 的地方，[1] 即 $f'(x) = 0$。當某個區域極值實為所有極值之最時，稱為全域極值。極值分最大 (波峰) 與最小 (波谷)，理論上可從二次導函數的正負來區別。

函數的極值如果可以透過紙筆演算得到答案，即所謂的解析解

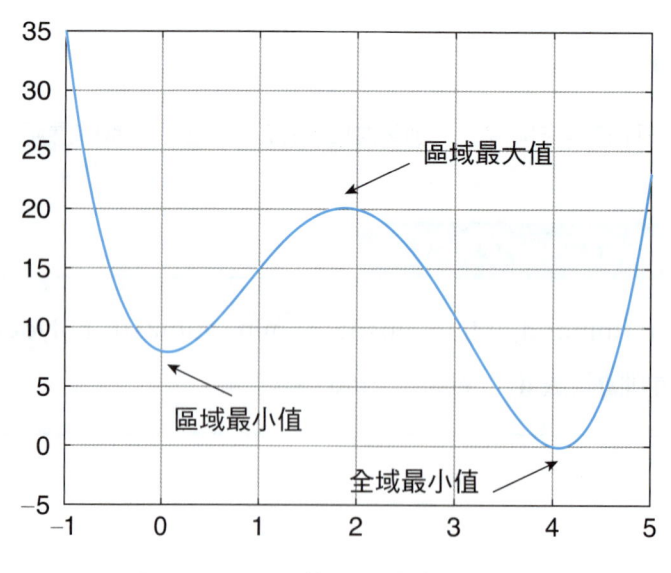

▶ 圖 8.1 函數的區域與全域極值

---

[1] 有時候發生在導函數不存在的地方，或邊界值。

(Analytical Solution) 或封閉解 (Closed-Form Solution)，自然不需以電腦的數值方法解決，所得到的答案當然是完美的。但是，當函數複雜或受限於數學演算能力不足，便需要藉助電腦以其快速的計算能力，配合事先定義好的演算法則，找到那些甚至連函數圖形都畫不出來的極值。雖然不可避免地必須犧牲完美精準的答案，但在可接受的範圍內，也算是不得已的良策。本章先介紹 MATLAB 計算函數極值的做法，再介紹數值分析理論尋找極值的演算法，作為程式設計的練習。

## 8.2　MATLAB 計算單變量函數的極值

尋找單變量函數的全域極值是一件相對簡單的事，至少能畫出圖形，能用眼睛目視得到。或者在函數的定義域 (Domain) 做地毯式的搜索，也能得到相當程度精準的答案。所謂「相對」，自然是相對於多變量函數，[2] 特別是變數在兩個以上、無法繪圖的函數。這類函數連地毯式的搜索都得耗費負擔不起的時間，所以不得不依靠演算法的幫助。先介紹 MATLAB 處理單變量函數極值的方式。

### 範例 8.1

利用 MATLAB 指令 fminbnd 計算函數式 (8.1) 的最小值 (全域最小值)。

MATLAB 提供指令 fminbnd 以演算法的方式在特定區域搜尋函數的最小值。指令名稱來自 function minimum bound 幾個英文字的組合。指令 fminbnd 的使用方式與 fzero、integral 相似，[3] 都是面對一個單變量函數，外加幾個特定的選項。程式如：

---

[2] 關於多變量函數的極值問題請參考第 10 章的探討。

[3] MATLAB 的指令 fminbnd 來自演算法：Golden section search and parabolic interpolation。

```
clear, clc
p=[ 1 -8 16 -2 8 ];
f=@(x) polyval( p,x );
[xsol, fval] = fminbnd(f,-1,5);
fprintf('The minimum of f is %7.4f at x=%7.4f\n', fval, xsol)
```

指令 fminbnd 的第一個參數是函數定義，[4] 第二個與第三個參數是指定搜尋範圍。fminbnd 還有第四個參數可以用，這個參數讓使用者可以介入演算法的一些條件設定，擴大這個指令的能力。[5] 指令 fminbnd 可以僅輸出一個值 (即最小值的落點) xsol，或連同函數值 (fval) 一起輸出，也就是 fval=f(xsol) 的意思。上述程式最後不忘做計算結果的輸出，順便練習指令 fprintf。

**範例 8.2**

利用 MATLAB 指令 fminbnd 計算

$$\min_{x \in (0,3)} \tan^{-1}\left(\frac{5}{x}\right) + \tan^{-1}\left(\frac{2}{3-x}\right) \tag{8.2}$$

這是典型的微積分問題。解析解的做法，需要對函數做一次微分，再解導函數的根。一般曾學過微積分的工程師在職場上再次遇到這個問題時，大概已經沒有能力推導了。不過，有寫程式的能力，加上 MATLAB 的繪圖與數學能力，就算忘了反三角函數的微分技巧，照樣可以完成任務。先來畫張圖看看這個函數的長相，順勢下個指令便能找到最小值。以下程式可供參考：

---

[4] 函數的定義可以是匿名函數或是副程式，端視函數的複雜程度。

[5] MATLAB 還有其他演算法的指令，都是利用輸入參數來調整演算法，這個做法留待介紹多變量函數的極值時才介紹。

## Chapter 8 單變量函數的極值問題

```
clear, clc
f=@(x) atan(5./x)+atan( 2./(3-x) );
ezplot( f, [0 3] ), grid
[xsol, fval] = fminbnd( f, 0, 3 );
text(xsol, fval, 'X')
```

上述程式中定義函數 f 時，將變數當作向量考量，這是希望函數在程式中可以被廣泛使用。但對於 ezplot 與 fminbnd 指令而言，匿名函數的變數不需考慮向量的可能，也就是可以忽略裡面的「.」的操作元。程式的最後一行用 X 記號在圖形上將最小值的位置標示出來，這些小動作可以增加寫程式的樂趣，也讓圖形的表達更豐富，如圖 8.2 所示。

新學一個功能強大的指令時，程式設計者宜多方嘗試，窮盡一切測試該指令的功能與限制，作為未來使用的參考。下列範例試著增加函數的複雜度，看看 fminbnd 的能耐。

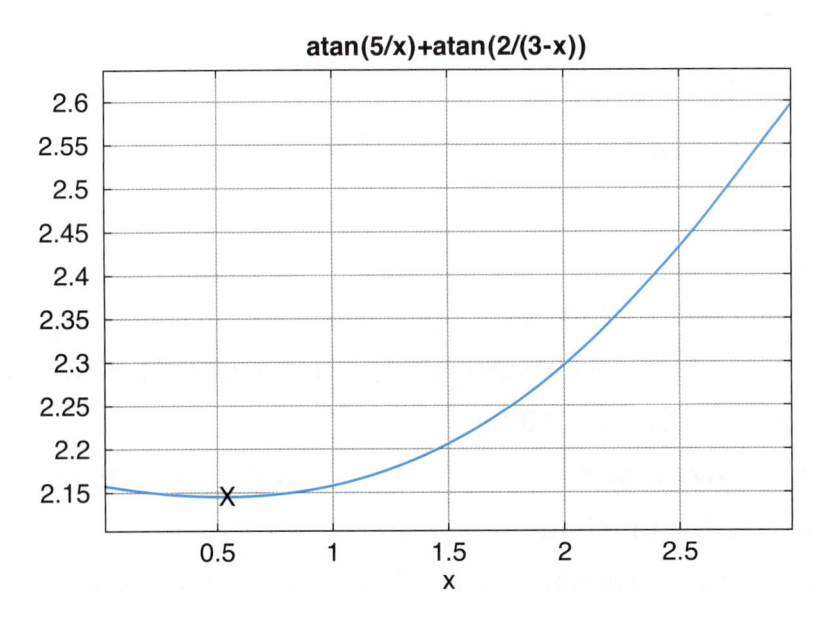

● 圖 8.2 函數式 (8.2) 的圖形與最小值的位置 (X 處)

# Coding Math：寫 MATLAB 程式解數學

**範例 8.3**

利用 MATLAB 指令 fminbnd 計算

$$\max_{0 \le \theta \le 3\pi} V(\theta) \qquad (8.3)$$

$$V(\theta) = \frac{1}{3}\pi \left(\frac{2\pi - 5\theta}{2\pi}\right)^2 \sqrt{25 - \left(\frac{10\pi - 5\theta}{2\pi}\right)^2}$$

這是找尋最大值的問題，但是 MATLAB 或幾乎所有其他語言都不提供最大值的指令，反要求程式設計者以求最小值的指令替代。這當然是很有道理的，實在沒有必要再多創造一個指令，因為

$$\max_x f(x) \equiv \min_x -f(x)$$

也就是只要將函數加個負號，最大值問題瞬間變成最小值，所以即使一般數學上的討論與演算法的研究，也都只針對最小值的問題。另，這個範例刻意保留 $V(\theta)$ 函數的複雜性，凸顯當程式設計者面對這類問題時，不必急著動手，應觀察問題是否能進一步簡化後，再寫程式，以避免不必要的錯誤或計算時間。至於本題函數如何化簡，請參考第 8.6 節習題 3 的說明。以下程式直接使用上述函數：

```
clear, clc
g=@(x) (5-2.5*x/pi).^2;
V=@(x) -1/3*pi*g(x).*sqrt( 25- g(x) ); % 採兩個匿名函數的組合
x=linspace( 0, 2*pi, 1000 );
plot( x,-V(x) ), grid                  % 加負號還原原函數
[xsol, fval] = fminbnd( V, 0, 2*pi );
fprintf('The maximum of V is %f at x=%f\n',-fval,xsol)
text( xsol, -fval, 'X', 'fontsize',16 )
```

# Chapter 8
## 單變量函數的極值問題

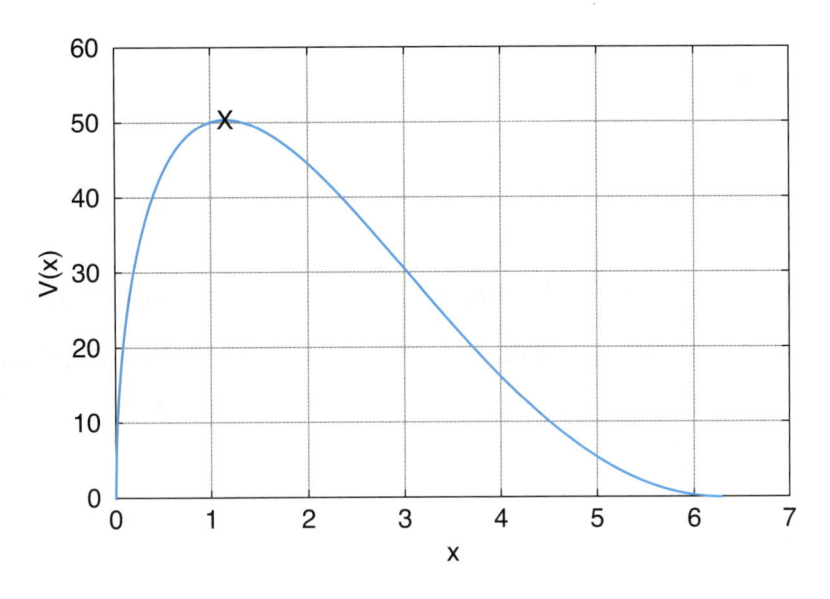

◎ 圖 8.3　計算函數最大值的示範

　　上述程式刻意將函數 $V$ 的設定加上負號，才能配合使用 fminbnd 指令。畫圖時才又轉回來畫出原函數 (如圖 8.3)。另，函數 $V$ 的設定採兩階段完成，避免使用太冗長的指令 (否則容易出錯也不好偵錯)。如果函數真的複雜到匿名函數裝不下，仍可使用副程式，如前章求函數根的做法，以下程式片段示範：

```
主程式：
clear, clc
x=linspace( 0, 2*pi, 1000 );
plot( x, fmin_fun(x) ), grid
f=@(x) -fmin_fun(x);
[xsol, fval] = fminbnd( f, 0, 2*pi );

⋮
```

```
副程式：fmin_fun.m
function V=fmin_fun(x)
```

161

```
    y= (5-2.5*x/pi).^2;
    V= 1/3*pi*y.*sqrt(25-y);
end
```

其實單變量函數的極值與解根的問題，都因為單變量的關係變得不難。譬如，只要能畫出函數圖，[6] 大概的位置便呼之欲出。特別當電腦的速度越來越快的現在，以鋪天蓋地方法全面搜尋也不礙事。以下範例舉最直接與單純的做法，尋找單變量函數的極值。

### 範例 8.4

求極值的方法很多，譬如 Direct Search (或稱 Grid Search) 是個直覺的可行方式。將變數在一定的範圍內分割成等距的格子點 (grids)，分別計算每個格子點對應的函數值，最後再從中挑選最小者當作是函數的最小值。試著利用這個方法估計函數式 (8.1) 的最小值。

所謂 Direct Search 就是鋪天蓋地的意思，將 X 軸的某個範圍切分成數量龐大的格子點，再分別計算其函數值，類似函數圖的描點繪製法；最後再以 MATLAB 指令 min 找出這些函數值的最小，做法如下：

```
p=[1 8 16 -2 8 ];
x=-1:0.00001:5;                 % 切割變數空間成格子點
y=polyval(p,x);                 % 計算所有格子點的函數值
```

---

[6] 這代表畫圖的技術很重要，並不是在手機的 app 或像 MATLAB 這樣的程式語言輸入函數，就能自動看到函數凹凸有致的玲瓏曲線。執行者對函數的概念也很關鍵，才能判斷看到的函數圖合不合理 (可能輸入錯誤)，或是從哪個範圍才能看到函數最精彩的部分。有關函數的繪製原理與觀念，請參考第 2 章。

```
[ Y, I ]=min( y );              % I 代表向量 y 裡面最小值的索引位置
global_min_ds=x( I )            % 最小值為 Y，發生在 x=x(I)
```

很明顯地，最小值的準確度與格子的「粗細」相關，間隔太細，計算量變大。但在電腦速度日益倍增的情況下，這個方法也不是不可行。請注意第 4 行 min 的用法，其中輸出結果 Y 代表向量 y 裡面所有元素的最小值，而 I 則代表最小值出現的位置。利用這個位置找到相對應的 x 值 (第 5 行)。

當要求的精準度 (Precision) 很高或是函數本身的計算比較費時，這種一網打盡的方式往往不被接受。另一種可行的方式是鎖定「可能的區域」，不做無謂的計算。所謂「可能的區域」指最小值可能出現的區域。其中最簡單的方式是先將變數空間切割成若干等分，各區域選一個點來計算函數值，取其最小者代表該區域最可能存在函數的最小值。接著便排除其他區域，在選定的區域裡面再等分成若干區域，依上述的方式再選定一個區域 (範圍越來越小)，以此類推，直到需求的精準度為止，下列程式寫出這個概念：

```
p=[1 -8 16 -2 8];
k=4;                            % 設定 k 個 grid search 的層次
a=-1; b=5; n=11;                % 變數 x 的範圍設定為 [a b] 並切割定 n-1 等分
for i=1:k
   x=linspace( a, b, n )                        % 格子點的位置
   y=polyval( p, (x(1:n-1)+x(2:n))/2 );         % 取每等分中點的函數值
   [ Y, I ]=min( y );
   a=x(I); b=x(I+1);            % 取最小值所在的等分作為下一個 x 的範圍
end
global_min_ds=(a+b)/2           % 經過 k 次縮小區域範圍後的估計值
```

# Coding Math：寫 MATLAB 程式解數學

　　圖 8.4 展示了這種多層次 Grid Search 前兩層的概念。程式第 2 行的變數 k 代表層次，k 越大表示精準度越高。第 5 行的指令 linspace 在 a 與 b 的範圍內均等產生 n 個點的向量 x。上述的程式將 [-1 5] 的範圍均等切分成 10 個等分，每個區域取中間點計算函數值 (第 6 行)。第 7 行與第 8 行取這些函數值最小者的區域作為下一個 Grid Search 的範圍。透過改變 a 與 b 值，逐步縮小 Grid Search 的範圍，達到最少的函數計算，並保有一定的精準程度。這個做法雖然減輕不少計算的負擔，但也有其風險，使用時必須非常小心，才能正確決定每次切割的區域數，避免遺漏最小值的可能。

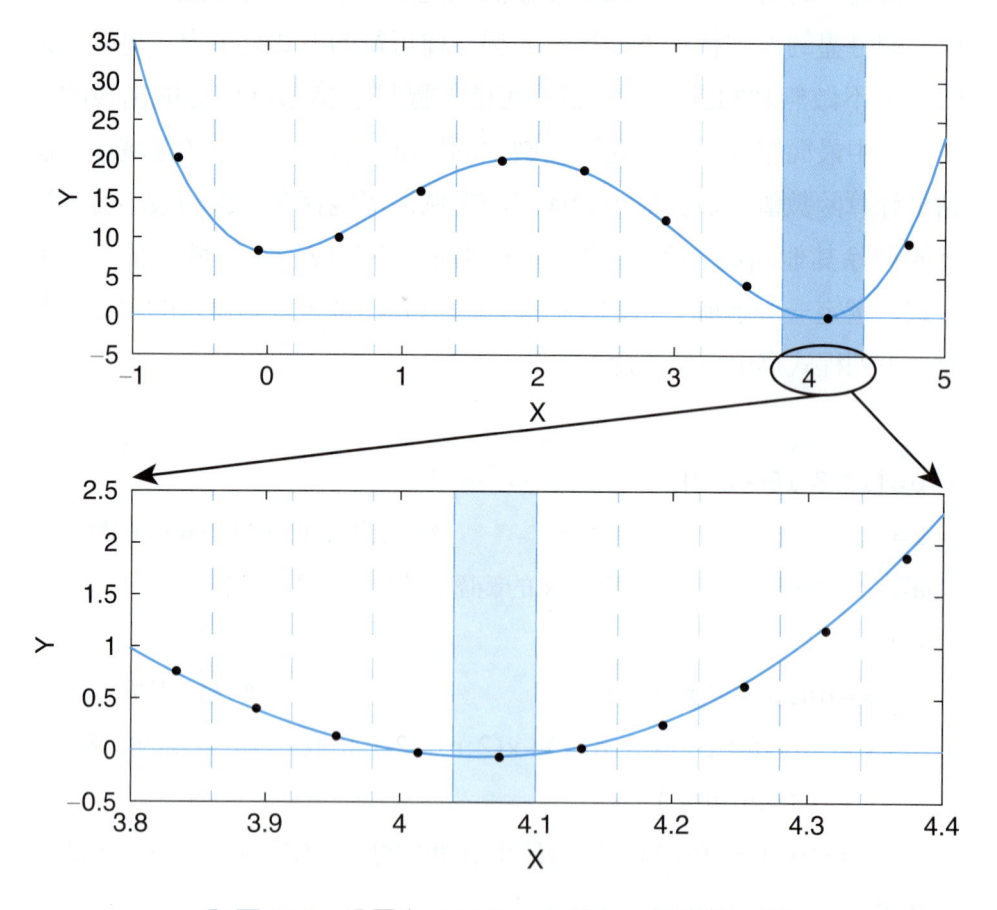

● 圖 8.4　多層次 Grid Search 的第一層與第二層

# Chapter 8
## 單變量函數的極值問題

### 範例 8.5

求極值的方法很多，可採計算一次導函數的根。做法是先將函數的一次導數寫出來，再套入先前章節討論的指令 fzero 即可。這個方法適用於一次導數，甚至二次導數已知的情況下。請利用指令 roots 計算函數式 (8.1) 的最小值。

做法如下：

```
p=[1 -8 16 -2 8];
pp=polyder(p);                    % f'(x) 的係數
x=roots(pp);                      % f'(x) = 0 的根
[Y,I]=min(polyval(p,x));          % 看看哪個根的函數值最小
global_min_roots=x(I)
```

其中 polyder 可以從多項式的係數產生其一次導數的係數。利用多項式一次導數的係數配合 roots 指令，找出多項式導數為零的位置 (最小值的候選人)，再利用 min 指令找出最小的函數值。

上述程式僅適用於多項式函數，因指令 roots 可以找出所有的根。至於計算一般函數根的指令 fzero，限於只能找出一個根，必須做一些調整。[7]

> **Tips**
>
> 在進行新的嘗試前，最好從簡單已知的問題開始。練習寫演算法程式前，若先知道答案會對程式的除錯與判斷有幫助。待程式可以解決這個已知的簡單問題時，再慢慢擴大到比較複雜且未知答案的問題上。千萬別急

---

[7] 第 7 章的範例程式改造 fzero 使能找到所有的根。

著一開始便挑戰複雜度高的問題,那無疑是自找麻煩,對於程式寫作能力的提昇也沒有幫助,卻是一般初學者常犯的毛病。本範例與程式提供一個好的開始。

## 8.3 計算單變量函數極值的演算法

對 MATLAB 使用者而言,計算單變量函數的極值問題,只要交給 fminbnd,幾乎就可以解決所遇到的問題,這是電腦軟體進步的地方。但用歸用,程式設計者若能多了解指令的來源,使用起來將更順手,更能使用到指令提供的所有功能。特別是當變數從單變量變為多變量時,情勢更為複雜。不管是求解函數的根或是函數的極值,都應用到演算法。本節特地介紹演算法的精神及舉例說明演算法的程式寫作技巧。

電腦畢竟不如人腦,可以拐彎抹角的思考。利用電腦解決複雜問題時,需要給予明確的步驟指示,讓電腦按部就班的執行。這些步驟一般稱為演算法 (Algorithm),定義電腦從何處開始、如何執行及何時結束。演算法也可以說是寫程式的前置步驟,程式的細節不在此表達,只是點出精神與方向。以下舉出典型的計算區域最小值的演算步驟:

1. 找 (猜) 一個初始值 $x_0$,並計算 $f(x_0)$。
2. 在第 $k$ 步 (已知 $x_k$),計算 $x_{k+1}$,使得 $f(x_{k+1}) < f(x_k)$,其中 $k = 0, 1, 2, \ldots$。
3. 重複步驟 2,直到 $|f(x_{k+1}) - f(x_k)| < \epsilon$。
其中 $\epsilon$ 為一預設的誤差值 (通常很小,譬如 $10^{-6}$)。其值的大小需依函數的不同調整,有時候也會使用相對的誤差值,即標準化的值,如

$$\frac{|f(x_{k+1}) - f(x_k)|}{|f(x_k)|} < \epsilon$$

上述演算法搜尋最小值的精神為：

從函數現在的位置 $f(x_k)$ 找尋下一個比它低的點 $f(x_{k+1})$，直到谷底。

看來簡單，其實變化很大，尤其在步驟 2 對於如何找尋「下一個低點」，衍生出許多知名的方法。上述的演算法只是提綱挈領，其細節則是變化萬千。簡單地說，如何在步驟 2 的 $x_k$ 位置，找到下一個點 $x_{k+1}$ 使得 $f(x_{k+1}) < f(x_k)$，即

$$x_{k+1} = x_k + d_k, \quad k = 0, 1, 2, \ldots$$

$d_k$ 代表從 $x_k$ 移動的方向，其「正負」與「大小」代表移動的「方向」與「距離」。譬如：

- $d_k = -f'(x_k)$
- $d_k = -\dfrac{f'(x_k)}{f''(x_k)}$

第一個 $d_k = -f'(x_k)$ 選擇了朝著「負斜率」的方向。從函數圖來看，那是一個「下坡」的方向，如圖 8.5 所示。這個選擇一般稱為「最陡坡法」(Steepest Descent)。當斜率為 0 代表到達了山谷 (最小值)，$x_k$ 便不再移動。第二個選擇則是加進二次導數的影響，稱為牛頓法。在理論上，其往最小值移動的速度比最陡坡法快，值得玩味的是，二次導數的正負還會影響移動的方向。[8]

---

[8] 請參考第 8.6 節習題的引導了解這兩個 $d_k$ 的來源。

▶ 圖 8.5　最陡坡法的移動方向

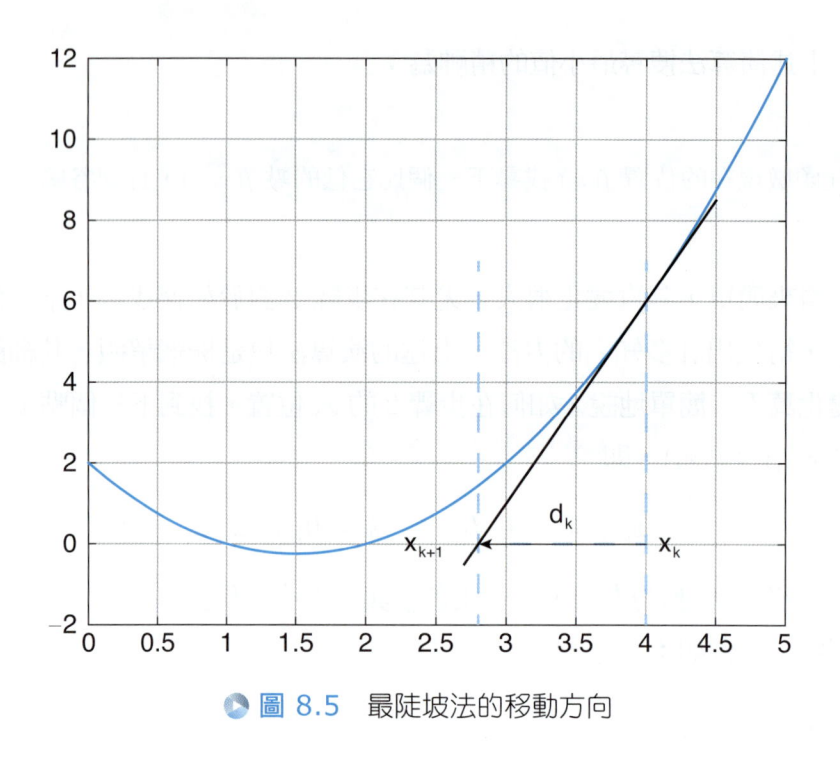

**範例 8.6**

應用上述的演算法，寫程式計算函數式 (8.1) 的一個區域最小值。先嘗試比較簡單的最陡坡法 $d_k = f'(x_k)$ 的選擇，看看是否朝著目標前進。成功了，再試著採用牛頓法的方向。能成功地找到一個極值之後，是否也能找到另一個？初始值的決定是否影響所找到的極值，都值得仔細觀察與一再試驗。

程式的寫作宜從簡而繁，由疏而精。在過程中，必須經常測試，最好列印出過程中的某個值或畫某個函數圖來檢視程式是否正確 (如圖 8.6)，然後才逐步修正往精簡路線調整。換句話說，先求正確，再求精美。如此一來，程式的執行出了狀況，才知道是程式寫錯，還是演算法搞錯，或是觀念還不清楚。如果都不清楚、不能掌握，就只能兩手一攤，無力回天。

# Chapter 8
## 單變量函數的極值問題

　　有時候我們看到一支寫好的複雜程式，常驚嘆其程式設計者的功力。其實，一支程式的完成需經歷反覆的修改，一開始的模樣與最後的作品很難聯想在一起，如同一幅油畫作品的創作，從鉛筆草圖到顏色的塗塗抹抹，一層又一層，所以建議程式設計者下手不必太拘泥，修修改改、塗塗抹抹才是王道。常見初學者望著螢幕久久不能敲下指令，往往是想太多，想一出手就是正確無誤。其實不然，寫程式的過程常常是從中段寫起，再補前、補後穿插缺漏的指令或修正錯誤的地方。有經驗者可能從最難的那一段寫起，只要沒把握的部分完成了，其他的只是時間的問題。而初學者可以從最簡單的地方寫起，先在空白的地方填起一行行指令，建立信心，再慢慢擴增指令「版圖」。

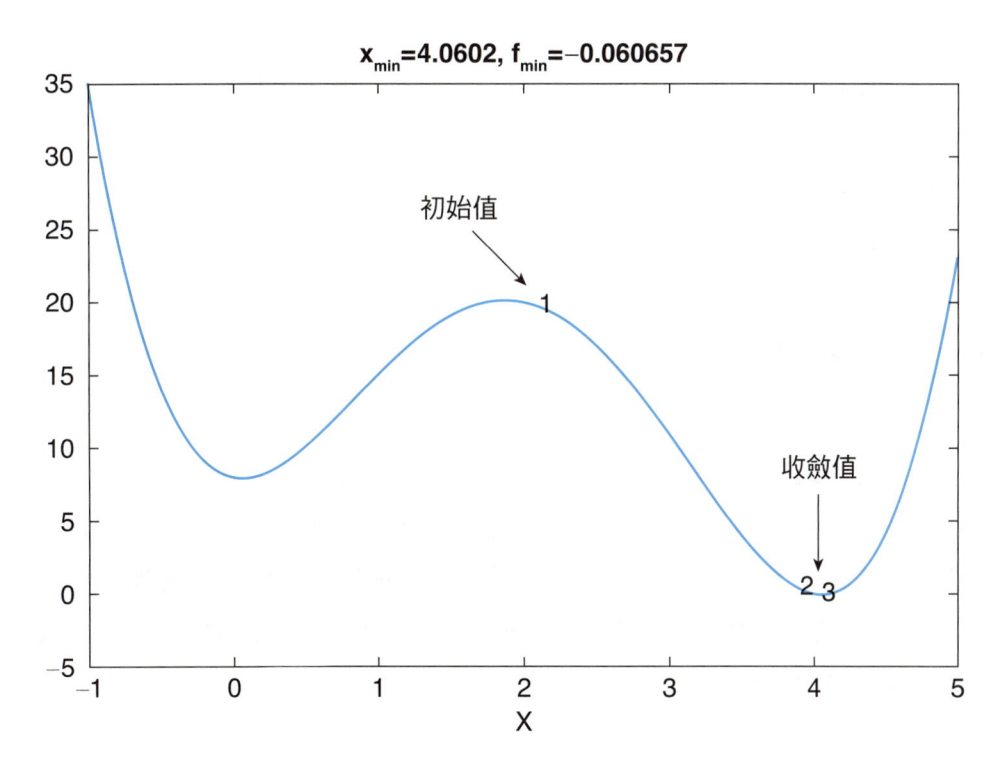

● 圖 8.6　演算法尋找區域最小值的過程：從初始值移動到收斂值 (標示 1, 2, 3)

# Coding Math：寫 MATLAB 程式解數學

> **Tips**
>
> 好程式具備幾項特點：效率、易讀、精簡。其中「易讀」與「精簡」兩項時有衝突，如何拿捏沒有一定的標準。筆者偏向程式的易讀性，認為程式常有機會與他人分享，只要效率不太差，還是盡量寫清楚，除了他人容易閱讀外，也方便自己除錯。而精簡的程式碼常是著眼於效率的不得不為，或玩弄一些巧妙的想法，自娛罷了。

從模仿演算法的數學式開始。以下的程式碼可作為一個開始：

```
p=[1 -8 16 -2 8];
f=@(x) polyval(p,x);                    % 定義函數 f(x)
pp=polyder(p);
fp=@(x) polyval(pp,x);                  % 定義函數 f'(x)
xk=4.5;                                 % 初始值
dk=-fp(xk);                             % 最陡坡法的移動方向
xk1=xk+dk;
```

上述程式執行的結果常令初學者感到不知所措，這個最陡坡法的移動方向，竟然得到一個很離譜的函數值 f(xk1)，比 f(xk) 大多了。難道是演算法錯了，還是程式寫錯？初學者常因經驗不足便困在這裡。仔細觀察 $d_k$ 的值為 −20.5，負號所代表的方向是對的，但是數值太大，導致落點的 xk1 的函數值比 xk 的函數值還高。程式沒錯，但演算法不夠完整，考慮不周詳。

當實際採用上述的 $d_k$ 進行最小值的逼近時，有時候無法收斂到區域的最小值，反而是發散出去，或發生在兩點間震盪，或甚至收斂到區域的最大值。最常見的情況是，移動方向對了，可是步伐卻太大。本該往低處移動的，卻「一飛沖天」反而去到高處。因此，為了調節 $d_k$，保證

# Chapter 8
## 單變量函數的極值問題

往低處移,在選擇下一個點時,採下列的「管制措施」:

$$x_{k+1} = x_k + \beta d_k$$

$\beta$ 有時被稱為「步伐調整器」。選擇適當的 $\beta$ 值 (通常 $0 < \beta < 1$),以確保 $f(x_{k+1}) < f(x_k)$,甚至當 $\beta > 1$ 時還可以加速收斂的速度。$\beta$ 值對於步伐的調整常扮演重要的角色。程式是否收斂或收斂的快慢與 $\beta$ 的選擇息息相關。關於 $\beta$ 的選擇非常多樣,最簡單是所謂的二分法 (Bi-Section)。也就是:

$$\beta = \left(\frac{1}{2}\right)^{\alpha} \qquad \alpha = 0, 1, 2, \ldots$$

即一開始 $\beta = 1$ (即 $\alpha = 0$) 代表走一個 $d_k$ 的距離,如果發現太大步導致 $f(x_{k+1}) > f(x_k)$,則改走 1/2 個 $d_k$ 的距離 (即 $\alpha = 1$),再檢查一次,如果還太大步,則改走 1/4 個 $d_k$ 的距離 (即 $\alpha = 2$),以此類推,逐步減半縮回,直到 $f(x_{k+1}) < f(x_k)$ 為止。

$\beta$ 的選擇讓每次都縮回原來的一半,因此稱為二分法。另外,也可以選擇一個奇妙的數字

$$\beta = \left(\frac{\sqrt{5}-1}{2}\right)^{\alpha} \qquad \alpha = 0, 1, 2, \ldots$$

$(\sqrt{5}-1)/2$ 稱為黃金比例 (Golden Ratio),這個選擇也許沒有太多的道理,既然縮回來可以按 1/2 的比例,為什麼不能是神奇的黃金比例?試試看,它是否展現神奇的效果。

步伐調整器 $\beta$ 的加入使得程式必須在原有的迴圈內再加上一個「內迴圈」。以下的程式片段可以作為參考:

```
N=10;                      % 設定最多步伐調整次數
beta=0.5.^(0:N-1);         % 設定 N 個步伐調整比例
while 1                    % 無限迴圈
    dk=-fp(xk)             % 計算移動方式
```

171

```
    for j=1:N                              % 內迴圈，負責步伐的調整
        xk1=xk +beta(j)*dk                 % 步伐調整 (逐次縮回)
        if f(xk1) < f(xk), break, end      % 步伐調整是否滿足設定條件
    end                                    % 如果滿足則跳出內迴圈
    if 停止條件                             % 停止條件：是否已達最小值
        break;                             % 如果滿足停止條件，退出外迴圈
    else
        xk=xk1                             % 否則接受新的點，進行下一次遞迴
    end
end
```

上述程式中，內迴圈的迴圈數 N 預設為 10，表示最多調整 10 次，對於某些函數而言並不恰當。適當的調整或乾脆放大一點都是實務上的做法。至於程式中的「停止條件」也是一大學問，在下一節有進一步的說明。這裡可以先用下列的方式：

```
if abs((f(xk1)-f(xk))/f(xk)) < 1e-6
```

上述程式利用 while 1 製造無限迴圈，讓找尋最小值持續進行，並利用 if ... else ... end 判斷是否已找到最小值，「是」則跳出迴圈，「不是」(else) 則新值變舊值，繼續下一輪的找尋。這裡刻意使用邏輯判斷式 if 的二選一語法，只是拿來介紹 if 常見的用法。實際上，這個地方不一定要動用 else 提供判斷的第二個選項，譬如這樣做，意思一樣：

```
if 停止條件
    break;
end
xk=xk1
```

## 8.4　MATLAB 的程式除錯工具

寫程式可能出錯，其錯不外乎：指令錯誤、語法錯誤、邏輯錯誤、想法錯誤。當用錯指令與語法，MATLAB 會在執行時於命令視窗出現紅色的錯誤訊息，說明錯誤的位置、指令與原因。另，在編輯視窗的右邊也會出現紅色的錯誤與橘色的警告標示 (詳見第 3 章關於編輯視窗的介紹)，但如果程式出現邏輯錯誤或原始想法 (數學) 錯誤，則只能從結果與預期不同來判斷。

程式寫作過程必須隨時檢測剛剛寫下的指令是否正確，包括語法、邏輯與自己設定的目標。當程式可以正確執行，但結果卻與預設的目標有出入時，表示語法正確，但或許是邏輯錯了，或是觀念搞錯。有可能只是數字打錯，或數學推導錯，這時便開始進入除錯 (Debug) 的階段，這才是初學者最大的考驗，過了這一關才稱得上「會寫程式」。以上述程式為例，程式執行不需一秒時間就呼嘯而過，如果結果錯了，又該如何檢測呢？

常見的除錯技巧是在程式中安排除錯的指令，譬如印出某些變數的執行結果，或利用程式軟體提供的除錯工具 (Debug Tool)。MATLAB 在編輯子視窗提供除錯工具列，如圖 8.7 所示，[9] 讓程式設計者能設定程式的執行中斷點 (Breakpoints)。當程式執行時停留在中斷點，方便觀察過程中的變化。圖 8.7 展示 MATLAB 設定中斷點的方式：點擊編輯子視窗最左邊的行號旁，出現紅點就是程式中斷點，執行程式時需按上方綠色三角形圖案的「Run」。

當程式進入除錯模式 (Debug Mode) 並停在第一個中斷點時，編輯視窗會出現如圖 8.8 所示的除錯工具列，此時設計者可以選擇其中的選項進行除錯，分別說明如下：

- 「Breakpoints」(中斷點)：中斷點的設定方式，一般以滑鼠點擊某行

---

[9] 圖 8.7 顯示的是新版 MATLAB 的編輯視窗，使用舊版的讀者應該不難對比出相同的工具按鈕。

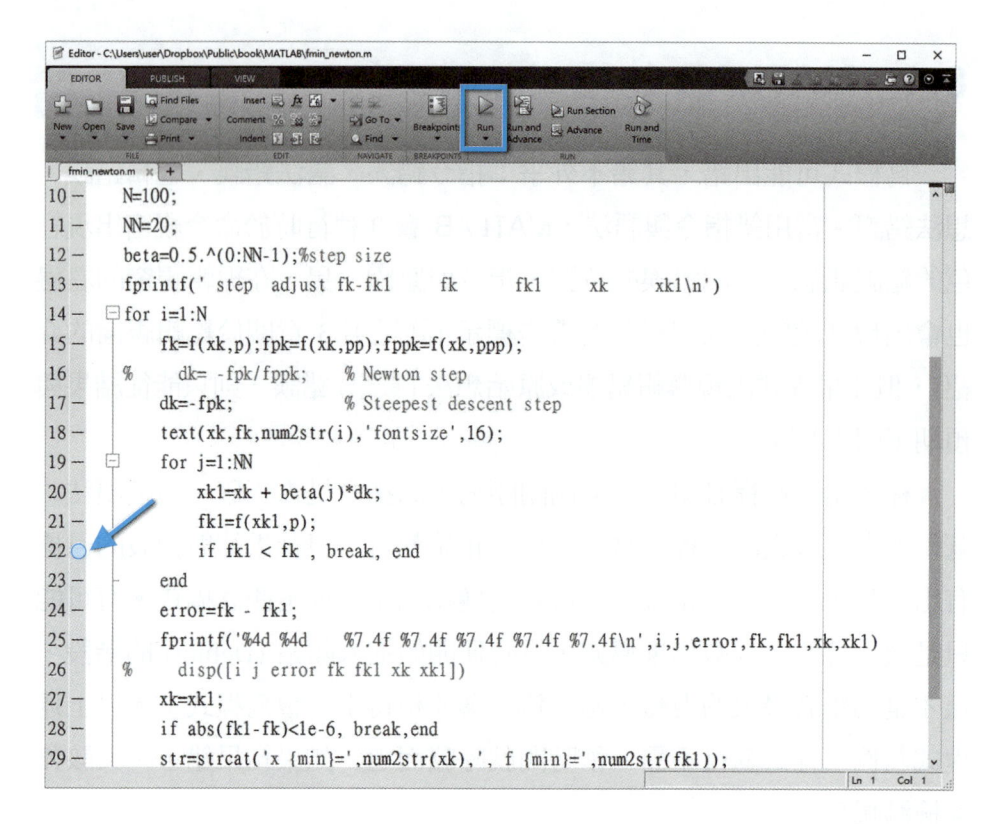

# Coding Math：寫 MATLAB 程式解數學

▶ 圖 8.7　MATLAB 編輯視窗的除錯方式

▶ 圖 8.8　MATLAB 編輯視窗的除錯工具列 (進入除錯模式後出現)

程式的左邊，令出現紅色圓點，取消也是點擊即可 (如前述)。而工具列上的「Breakpoints」按鈕也提供設定與清除中斷點，程式將執行至前一行並停留在這一行。當程式執行至中斷點時，會出現綠色指標 (如圖 8.9)，此時命令視窗也同時進入除圖 8.10 所示的「K>>」提示標示，在這裡可以輸入任何指令來察看任何想知道的結果，譬

```
19 -        for j=1:NN
20 -            xk1=xk + beta(j)*dk;
21 ●⇒           fk1=f(xk1,p);
22 -            if fk1 < fk , break, end
23 -        end
```

● 圖 8.9　MATLAB 進入除錯模式後,顯示的中斷點與目前執行的位置

如圖 8.10 所示的察看函數值 fk 及 fk1 的大小。Breakpoints 下仍可以拉出一排工具列,如圖 8.11。讀者點開後即能讀懂意思,或簡單試幾下也能明瞭,在此不再贅述。

- 「Continue」(繼續執行程式直到下一個中斷點):當停留在中斷點並盤查過一些程式內容後,按「Continue」,程式將繼續執行至下一個中斷點。
- 「Step」(執行下一個指令):在中斷點後,可以按「Step」執行下一個指令,此時綠色指標會跟著移動。這個動作用來一步步地執行程式,並逐步檢視每一個指令是否達到預期的結果。

```
Command Window
 Give an initial guess = 2.1
  step    adjust fk-fk1     fk        fk1
 22          if fk1 < fk , break, end
K>> fk

fk =

   19.7201

K>> fk1

fk1 =

   89.9316
```

● 圖 8.10　MATLAB 進入除錯模式後的命令視窗

- 「Step in」(進入下一個指令的內部)：按下這個按鈕會進入下一個指令的內部。MATLAB 的每個指令本身就是一個副程式，這個按鈕會進入這個副程式中。如果想學習 MATLAB 程式的精湛技巧，[10] 這倒是一個不錯方式。這個方式也用來進入自己所寫的副程式內部。
- 「Step out」(退出內部程式)：同前，但退出指令 (副程式) 內部。
- 「Run to Cursor」(執行至游標所在)：在除錯模式裡，令程式執行至游標 (Cursor) 的位置。
- 「Quit Debugging」(退出除錯模式)：退出除錯模式。但紅色的定位點仍未消除，使用者若要恢復正常的程式執行模式，必須手動清除紅點或按「Breakpoints」裡的「Clear All」，如圖 8.11 所示。

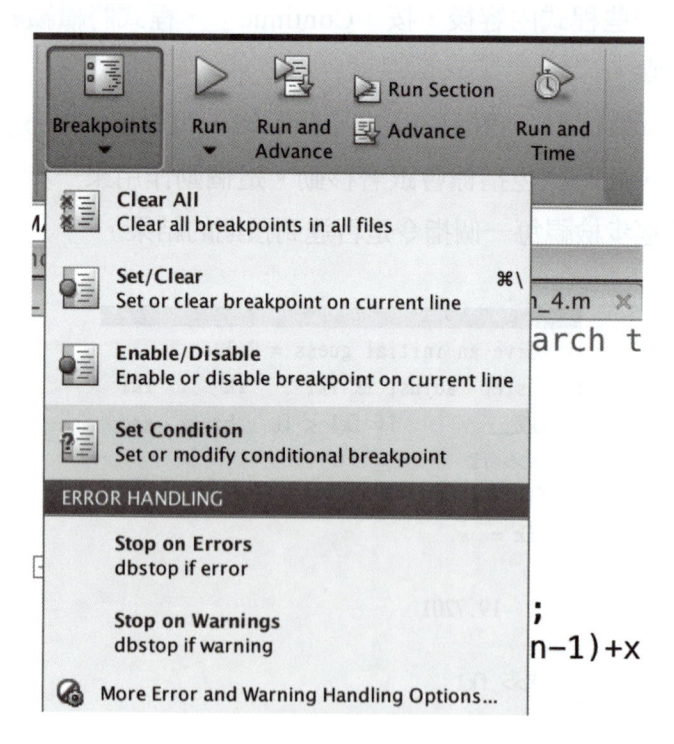

▶ 圖 8.11　設定或清除中斷點 (Breakpoints)

---

[10] MATLAB 是專業的商業軟體，在程式寫作上有一定的紀律與嚴格的控管機制。因此，欣賞 MATLAB 程式可以學到如何保護程式與如何因應使用者錯誤的使用。

Chapter 8
單變量函數的極值問題

　　除錯的技巧是一門學問，無法在此盡述。初學者多嘗試、多觀摩，應該可以從中獲得寫作程式的樂趣，並且可以大膽地說：只有寫不出來的程式，沒有寫不對的程式。

## 8.5　觀察與延伸

1. 一個函數的極值通常區分為兩種：區域性 (Local) 及全域性 (Global)。換句話說，函數圖形上的「波峰」與「波谷」都是極值所在。一般的應用通常是找所有峰頂的最高或所有谷底的最低，也就是全域極值。但目前對於全域極值計算的演算法還無法擺脫區域極值 (或說，無法保證找到是全域極值)。這是一個幾乎無解的題目，目前大部分的研究都還是很依賴從該問題的本身尋求其他線索。單純從數學的角度來看，對於函數本身較為「崎嶇」的問題而言，大概找不到萬無一失的解法。

2. 試試你寫好的程式，從不同的起始點出發，看看得到的答案是否不同。其實許多難解的問題最後都是依靠一個好的初始值才順利找到極值。初始值的選擇對某些函數而言並不重要，但對某些函數卻很「敏感」(特別對多變量函數而言)。特別是想找到全域極值的問題，一個好的初始值是成功的一半。通常初始值的選擇會從問題本身的特性去找尋。如何選擇好的初始值也是很重要的研究課題，特別當演算法本身已經無能為力時。

3. 不論是最陡坡法或是牛頓法的移動方向，都有其限制 (請見第 8.6 節習題)，並不能保證一定移往極值的方向。一些調整的手段是必要，特別當函數比較特殊或是變數增多時，更是常見。本章並不討論這些問題，有興趣的讀者可以很容易找到相關的研究議題。

4. 演算法中經常要設定迴圈的停止條件；譬如當找到「滿意」的最佳值時，或「步伐」調整到「可以接受」的情況，否則將無止盡的循一定的法則繼續演算下去。上述的練習建議停止條件設為：

$$\frac{|f(x_{k+1}) - f(x_k)|}{|f(x_k)|} < \epsilon$$

是當函數 $f(x)$ 隨著 $x$ 的改變已經呈現「穩定」的時候，則可以假設已到達「谷底」的最佳值。但某些函數在接近「谷底」時，呈現非常「平坦」的趨勢，函數值變化很微小，看似已接近谷底，其實還有一大段距離，如圖 8.12 所示。當搜尋方向從右邊 X 處開始往左邊的最小值移動時，函數值 $f(x)$ 的改變相對於 $x$ 值的變化非常小。若使用上述的停止條件，容易停在「半路」，誤以為已到谷底。遇到這樣的情況，停止條件可以做適當的調整，譬如改以 $x$ 值的變化作為是否到達谷底的依據，如：

$$\frac{|x_{k+1} - x_k|}{|x_k|} < \epsilon$$

總之，停止條件的設定是活的，不能執迷於某一種或不明所以的濫

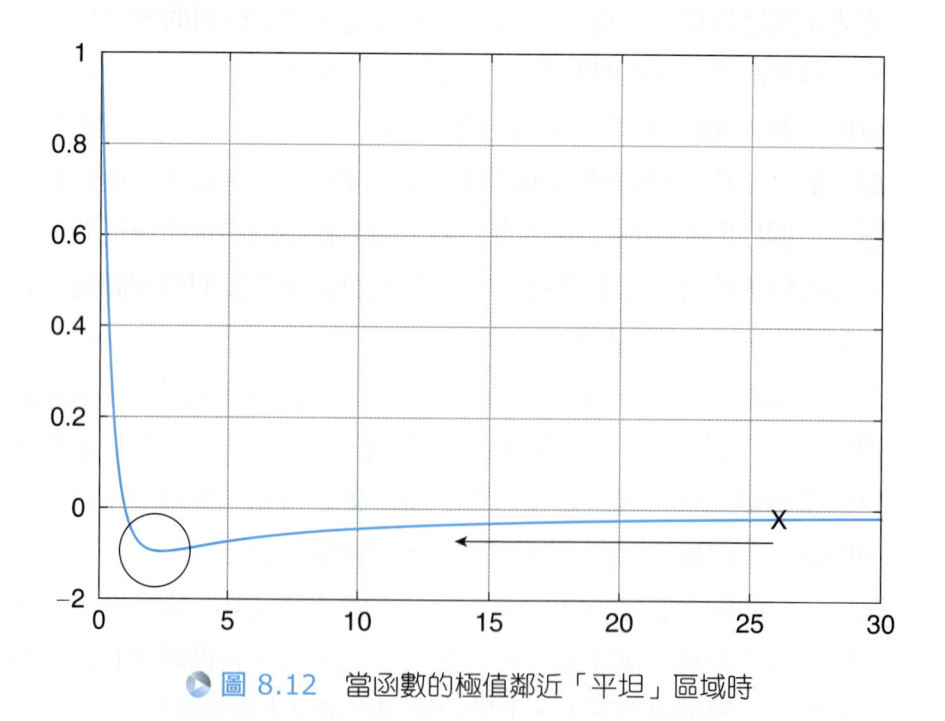

▶ 圖 8.12　當函數的極值鄰近「平坦」區域時

用、誤用。在 MATLAB 的所有演算法相關的指令，也都有停止條件設定的選項。代表這是使用者必須清楚理解的觀念，而且必須適時的介入。

## 8.6 習題

1. 令函數
$$f(x) = \sqrt{\frac{x^2+1}{x+1}}$$
畫出函數圖並計算最小值。註：請留意函數的定義域。

2. 令函數
$$f(x) = (x+1)^5 \sin(x-3)$$
   (a) 畫出函數在 [-4, 3]、[-6, 6] 及 [-50, 50] 範圍內的函數圖形。
   (b) 計算函數在 [-4, 3] 範圍內的最小值及在 [-6, 6] 的最大值。

3. 試著化簡範例 8.3 的函數，改寫範例程式中對函數 V 的定義，再修改程式。

   註：譬如，令 $x = \dfrac{10\pi - 5\theta}{2\pi}$，即做變數變換，從 $\theta$ 換成 $x$。最後呈現答案前記得換回來。

4. 將第 8.3 節介紹的演算法三個步驟更詳細地寫出來，包括把 $x_{k+1}$ 明確地表示出來 (以最陡坡法或牛頓法表示)，並加入步伐調整器 $\beta$ 的選擇及跳出迴圈的條件。

5. 寫一支程式求 $f(x) = x^4 - 8x^3 + 16x^2 - 2x + 8$ 的幾個區域極值。(注意初始值的選擇)。將過程的演進表達出來，譬如將數字 1, 2, 3, ... 寫在函數圖上 (如圖 8.6 利用 text 指令)，代表 $x_1, x_2, x_3, ...$ 的位置。執行中更可以利用指令 pause( ) (秒數) 來觀察程式走勢。方式如下：

```
text(xk, f(xk), num2str(i) );
pause(1)                                              % 暫停一秒
```

其中 text 的第三個參數利用 num2str 指令，將數字 i 轉為語法可以接受的字串型態。

6. 自行找一個非多項式的函數，利用 fzero, fminbnd 及本章介紹的最陡坡演算法，分別計算其最小值。

7. 關於 $d_k = -f'(x_k)$ 的選擇，可以從下列的泰勒展開式得到

$$f(x_{k+1}) = f(x_k + d_k) = f(x_k) + f'(x_k)d_k + O(\|d_k\|^2)$$

假設 $\|d_k\|$ 夠小，足以忽略 $\|d_k\|^2$ 以後的項目，請證明 $d_k = -f'(x_k)$ 的選擇可以保證 $f(x_{k+1})$ 比 $f(x_k)$ 低 (小)。

8. 同上的泰勒展開式，但多取一項 (忽略 $\|d_k\|^3$ 以後的項目)

$$f(x_{k+1}) = f(x_k + d_k) = f(x_k) + f'(x_k)d_k + \frac{f''(x_k)d_k^2}{2!} O(\|d_k\|^3)$$

證明

$$\min_{d_k} f(x_{k+1})$$

的解為

$$d_k = -\frac{f'(x_k)}{f''(x_k)}$$

9. **限制式極值** (Constraint Optimization)：計算下列函數的最小值

$$f(x) = 2e^{-x}\sin(2\pi x) - 0.5 \qquad -1 < x < 1$$

本章並未針對限制式極值做任何討論，在沒有參考任何書籍前，不妨自己試著想想看，嘗試一些直覺的方法。千萬別急著找參考資料，這會阻

斷自己思考的機會，無法進一步提昇解決問題的能力。[11]

10. Maximum Likelihood Estimation (MLE)：統計學上的最大概似估計法是計算函數的極值常見的應用，這類問題的目標函數通常不「單純」，有別於本章見到的函數，因此有必要讓讀者熟悉不同函數的極值計算。問題描述如下：

假設有 N 個樣本 $\{x_1, x_2, ..., x_N\}$，已知來自一指數分配 $f(x|\lambda)$，[12] 但參數 $\lambda$ 未知。

(a) 請寫出參數 $\lambda$ 的 MLE 估計問題，即

$$\hat{\lambda}_{MLE} = arg\max_{\lambda} \ln l(\mathbf{x}|\lambda)$$

其中 $l(\mathbf{x}|\lambda)$ 稱為概似函數或已知資料的聯合機率密度函數，請清楚地以機率密度函數 $f(x_i|\lambda)$ 寫出來。學過最大概似估計法的讀者請先想想，試著推導出需要 MATLAB 的 fminbnd 處理的函數。之後再參考題目後的註解。

(b) 上述的概似函數需要樣本才能計算其值，在此以模擬的方式產生資料，即先設定一個 $\lambda$ 值 (譬如 $\lambda = 2$) 藉此產生 N 個具指數分配的亂數作為樣本，[13] 其中的樣本數也需要事先設定，譬如 N=30。

(c) 利用本章介紹的幾種計算極值的方法，進行 $\lambda$ 的 MLE 估計。

(d) 觀察估計值與設定值間的差異是否與樣本數 N 有關，試著改變 N，記錄 N 與相對的估計值並繪圖或製表。

註：圖 8.13 是典型描述估計值與樣本數的關係圖。這張圖呈現了估計值隨著樣本增加而趨近真實質 ($\lambda = 2$) 的趨勢。請讀者先試著計算並畫出這張圖，再來參考這張圖的繪圖的技巧：(1) 一般預設的繪

---

[11] 其實指令 fminbnd 就是一種限制條件的最小值搜尋。所謂「限制」指的是變數 $x$ 的範圍。

[12] 指數分配的密度函數寫成 $f(x|\lambda) = \lambda e^{-\lambda x}, x \geq 0$，MATLAB 的指令 exppdf(x,mu) 代表的意涵是 $f(x|\mu) = \frac{1}{\mu} e^{-\frac{x}{\mu}}$，請讀者特別留意差異。

[13] 指令為 exprnd(0.5,1,N)。請注意，MATLAB 的指數分配參數與一般定義恰為倒數。

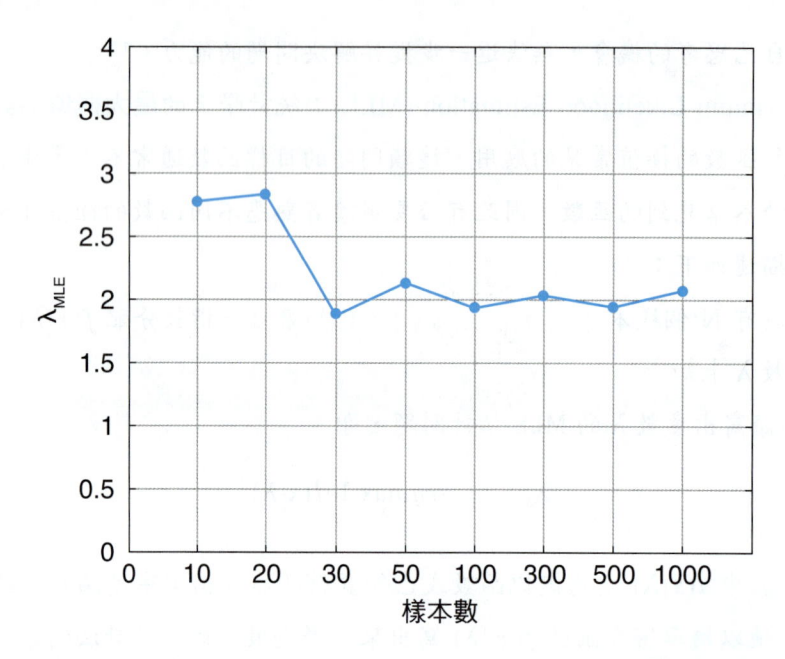

# Coding Math：寫 MATLAB 程式解數學

● 圖 8.13　指數分配參數 λ 的 MLE 估計與樣本數的關係

圖起始點在 Y 軸上，最末點緊貼在右邊垂直線上，如圖 8.14，(2) X 軸的刻度若按實際數值呈現，會出現不均、不易觀察的畫面，如圖 8.14(b)。

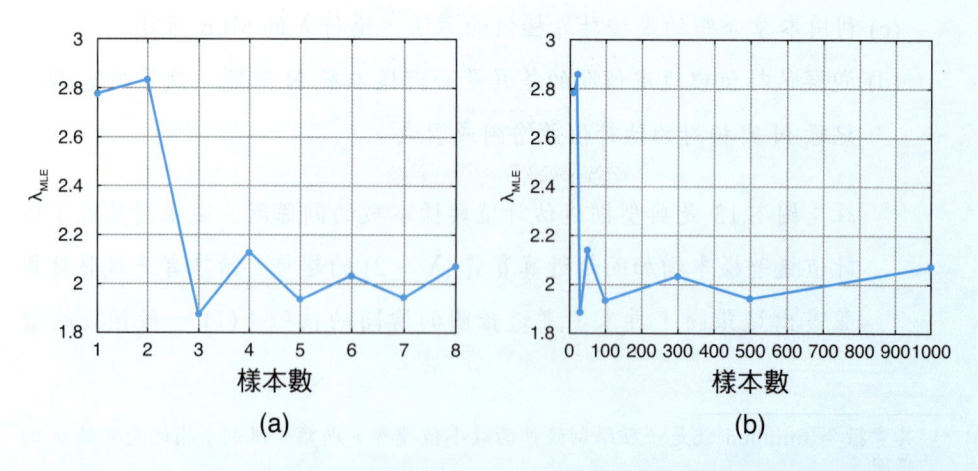

● 圖 8.14　圖 8.13 修改前的兩種樣子，差別在 X 軸刻度是否依實際樣本數

以下指令可供參考改善。

```
N=[10 20 30 50 100 300 500 1000];        % 預設不同的樣本數
n=length(N);
mu_MLE=[2.77 2.83 1.87 2.13 1.93 2.03 1.94 2.07];
                                         % MLE 估計值
plot(mu_MLE, '-d'), grid
xlim([0 n+1]), ylim([0 4])               % Zoom Out
set(gca, 'xtick', 1:n)                   % 設定等距的
set(gca, 'xticklabel', N)
```

上述指令模擬估計結果的繪圖，其中變數 N 代表模擬實驗將使用的樣本數，mu_MLE 則是根據不同的樣本數抽樣產生樣本後的 MLE 估計值。後續的繪圖指令呈現了比較適合觀察 (樣本數 vs. 估計值) 的視野與標示。

(e) 觀察估計值與設定值間的差異，是否與採用的演算法相關？是否與設定的母體參數 λ 相關？

---

### 註解：概似函數的推導

假設樣本 $x_1, x_2, ..., x_N$ 來自指數分配，密度函數為 $f(x|\lambda) = \lambda e^{-\lambda x}$，則概似函數寫成

$$l(\mathbf{x}|\lambda) = f(x_1|\lambda) f(x_2|\lambda) ... f(x_N|\lambda) \\ = \lambda^N e^{-\lambda \sum_{i=1}^{N} x_i} \quad (8.4)$$

取對數後，寫成

$$\ln l(\mathbf{x}|\lambda) = N \ln \lambda - \lambda \sum_{i=1}^{N} x_i \quad (8.5)$$

於是求解參數 λ 的最大概似估計，就是解下列的最大值問題：

$$\max_{\lambda} \ln l(\mathbf{x}|\lambda)$$

或改為最小值問題，以符合程式寫作之便

$$\min_{\lambda} - N \ln \lambda + \lambda \sum_{i=1}^{N} x_i$$

其實這個最小值問題很簡單，可以直接推導出解析解為

$$\lambda_{MLE} = \frac{N}{\sum_{i=1}^{N} x_i}$$

這個解析解可以拿來與指令 fminbnd 的解比對，作為練習程式設計的參考答案。

# Chapter 9

# 多變量函數極值問題

在工程、統計、財務等領域,經常要計算多變量函數的最大值,譬如最大概似函數的參數估計;或找尋多變量函數的最小值,譬如調整多個變項使目標誤差為最小,這些都稱為多變量函數的極值問題。前一章節介紹單一變數函數的極值計算,本章將之擴展到多個變數,看看 MATLAB 提供什麼指令或套件解決這些問題,並進一步了解這些高維度函數可能存在的計算問題,方能使用適當的指令與設定相關參數。

### 本章學習目標

MATLAB 計算多變量函數極值的指令使用、一般演算法的程式概念、模擬資料的產生、立體圖形的繪製技巧與 MATLAB 圖形工具的使用。

> **關於 MATLAB 的指令與語法**
>
> 指令:colorbar, contour, fminsearch, fminsearchcon, fprintf, mesh, meshgrid, optimset, surf
>
> 語法:指令 fminsearch 的停止條件設定、內外雙重迴圈技巧、多變量函數的匿名函數設定

## 9.1 背景介紹

如前一章的單變量函數的極值問題，多變量函數的極值仍以討論最小值為主。[1] 一般表示為：

$$\min_{\mathbf{x} \in \Omega} f(\mathbf{x}) \tag{9.1}$$

其中函數 $f(\mathbf{x}) : \mathbb{R}^n \to \mathbb{R}$ 假設為二次微分存在的連續函數，並為 $n$ 個多變量變數的非線性函數，而 $\Omega$ 是 $n$ 個變量的定義域 (Domain)。譬如圖 9.1 是兩個變量的函數圖，有一個最小值在底部的凹陷處。

多變量函數的極值問題分為「無限制式條件」(Unconstrained) 與「有限制式條件」(Constrained) 兩大類，分述如下。

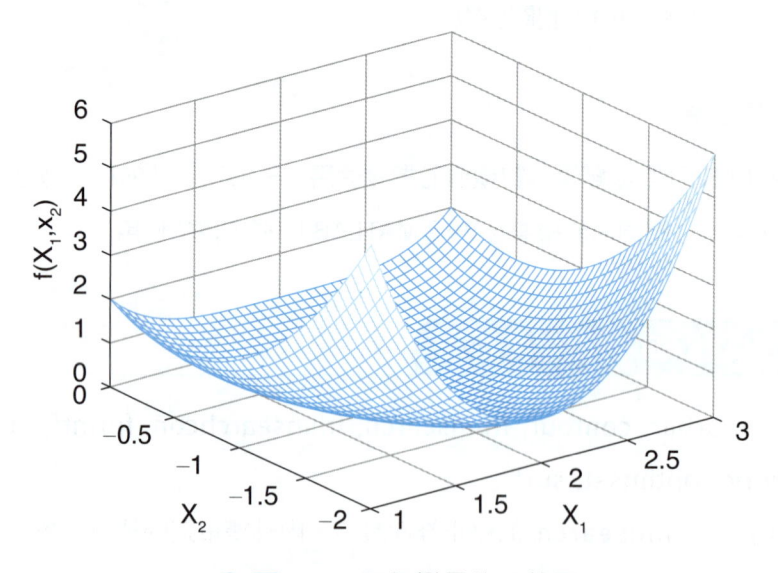

● 圖 9.1　兩個變量的函數圖

---

[1] 最大值問題僅需反轉函數的正負號即可。

## 9.2 無限制式條件下的多變量函數最小值

式 (9.1) 的多變量函數的定義域 $\Omega$ 若為 $\mathbb{R}^n$，代表所有的變量沒有任何限制，函數 $f(\mathbf{x})$ 涵蓋所有可能的實數界空間。此時計算 $f(\mathbf{x})$ 最小值的必要條件為

$$\nabla f(\mathbf{x}) = \begin{bmatrix} \dfrac{\partial f(\mathbf{x})}{\partial x_1} \\ \dfrac{\partial f(\mathbf{x})}{\partial x_2} \\ \vdots \\ \dfrac{\partial f(\mathbf{x})}{\partial x_n} \end{bmatrix} = \mathbf{0} \qquad (9.2)$$

即令梯度向量 $\nabla f(\mathbf{x})$ 為零向量。由於 $f(\mathbf{x})$ 的非線性關係，上式為一組非線性的聯立方程式，通常推導不出封閉解 (Closed-Form Solution)，必須藉助演算法的迭代方式逐步找到最小值。[2] 譬如：

$$\mathbf{x}_{k+1} = \mathbf{x}_k + \mathbf{d}_k \qquad k = 0, 1, 2, \ldots$$

在選擇一個適當的初始值 $\mathbf{x}_0$ 後，透過適當的「方向」($\mathbf{d}_k$) 調整，一步步的逼近函數的最小值。其中最負盛名的「方向」選擇為牛頓法 (Newton-Raphson Method) 與較簡單的最陡坡法 (Steepest Descent)。[3] 本書的重點不在如何運用演算法來寫程式計算多變量函數的極值，而是利用已經發展成熟的程式來解決問題，譬如 MATLAB 的指令 fminsearch 與最佳化套件 (Optimization Package)。[4] 至於演算法留待第 9.4 節再稍做討論。

---

[2] 第 10 章專門討論非線性多變量聯立方程式的解。

[3] 這兩個方法在第 8 章處理單變量函數最小值時也出現過。

[4] 因為近 20 年來，在電腦軟、硬體進步的帶動下，許多計算多變量函數極值的演算法與程式已經發展得相當成熟，其中包括傳統的最陡坡法與牛頓法這類需要用到多變量函數偏微分的演算法，或是像單純形法 (Simplex Method) 這類不需要動用函數微分的演算法。一般想解決問題的使用者已經不需要將時間精力用在演算法的本身或程式寫作上，而是學習如何有效地使用一個公認好的程式，譬如 MATLAB 的 fminsearch 指令。

在計算多變量函數最小值之前，如果能將函數圖形畫出來，藉由幾何的形象，可能對問題的了解有幫助。當然，繪圖的呈現僅限於三度空間，也就是雙變量的函數。以下舉幾個例子觀摩 MATLAB 繪製三維函數圖的本事。

> **範例 9.1**
>
> 繪製下列函數的立體圖與等高線圖
>
> $$f(x,y) = xe^{-x^2-y^2}$$

繪製立體函數圖形的觀念類似平面線圖的描點法，步驟如下：

1. 首先必須先訂出 X-Y 平面的範圍與格子 (Grids)，MATLAB 指令如下：

```
[X,Y]=meshgrid( xgv, ygv)
```

指令 meshgrid 的第一個參數 xgv (X Grid Vector) 與第二個參數 ygv (Y Grid Vector) 分別代表變數 x 與 y 的範圍與間隔 (描點) 的向量。輸出矩陣 X 與 Y 代表 X-Y 平面上由 xgv 與 ygv 建構成的格子狀上的 X 與 Y 座標。[5] 圖 9.2 是執行下列指令的結果：

```
[X,Y]=meshgrid( -2:2, -1:3 )
```

---

[5] 如果 X 與 Y 的座標範圍一樣，指令中只需輸入一組範圍即可。

```
X =                              Y =
    -2   -1    0    1    2          -1   -1   -1   -1   -1
    -2   -1    0    1    2           0    0    0    0    0
    -2   -1    0    1    2           1    1    1    1    1
    -2   -1    0    1    2           2    2    2    2    2
    -2   -1    0    1    2           3    3    3    3    3
```

● 圖 9.2　指令 meshgrid 的概念

矩陣 X 與 Y 將被用來計算函數 $f(x, y)$。而 meshgrid 就是在平面上建構許多條縱橫的平行線，取每個平行線的交錯點座標，準備後續計算函數值。矩陣 X 與 Y 代表這些交錯點的 X 與 Y 座標。

2. 利用矩陣 X 與 Y 計算函數在平面上每一個格子點上的函數值 Z。圖 9.3 展示以 meshgrid 的概念繪製函數 $z = f(x, y) = xe^{-x^2-y^2}$ 的立體圖。圖 9.3 中因為格子間隔較寬的原因，所以可以清楚地看出 X-Y 平面的格子點狀及其對應的 Z 值高度。指令如：

```
Z=X.*exp(-X.^2-Y.^2);          % 計算函數值 Z=f(x,y)
mesh(X, Y, Z)                   % 畫立體圖
```

3. 接著便試著從 meshgrid 指令調整格子的寬度，看看是否達到預期效果。如果採更密的格子點，如 [X,Y]=meshgrid (-2:0.1:2, -1:0.1:3)，將呈現如圖 9.4 細緻的立體圖。

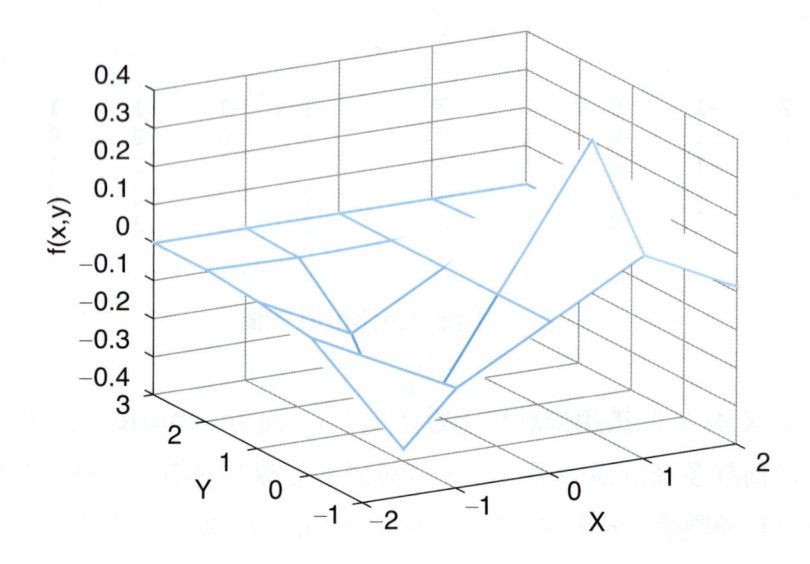

Coding Math：寫 MATLAB 程式解數學

● 圖 9.3　meshgrid 的概念與立體圖 (Mesh)

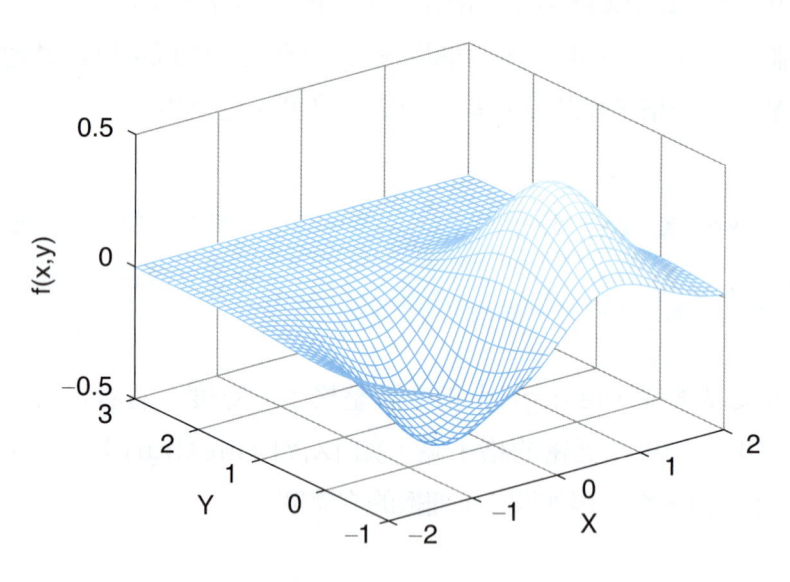

● 圖 9.4　更密的格子點繪出更細緻的立體圖

繪製立體函數圖的指令除上述的 mesh 外，還有很多，譬如 surf, contour (等高線圖)，及搭配立體圖與等高線圖的 meshc 與 surfc，其他如 meshz 與 waterfall 表現更多樣的立體圖。此外，立體圖的面相較多，可以利用 MATLAB 的圖形旋轉功能 (在圖形工具列選擇「Rotate

3D」),以滑鼠適度地旋轉圖形的角度,找出一個容易觀察極值的位置,並藉此調整繪圖的範圍。讀者宜多嘗試各種圖形的表現,讓腦袋刻畫印象,方便將來需要採用時有所依據。

立體圖 (Mesh) 通常中看不中用,反倒是平面的等高線圖 (Contour) 提供較多的訊息。[6] 圖 9.5(a) 展示圖 9.4 的等高線圖,這時比較容易發現 Y 變數的範圍不是很理想,經調整範圍並增加等高線的數量後的圖 9.5(b) 較能觀照函數的「精華」區域。指令如:

```
contour(X, Y, Z,100)      % 自訂等高線的數量設定為 100 條
colorbar                  % 圖右側出現的線條顏色與高度對照表
```

指令 contour 有很多變化,譬如可以省略 X 與 Y 矩陣,不過圖形將略去 X 與 Y 的標示,即 contour(Z, 100)。另外,第四個參數代表等高線數量,這裡設定 100 條,其中等高線的高度則由 MATLAB 決定。若略去數量選項,將由 MATLAB 自動設定數量,通常少於 10 條,而太少

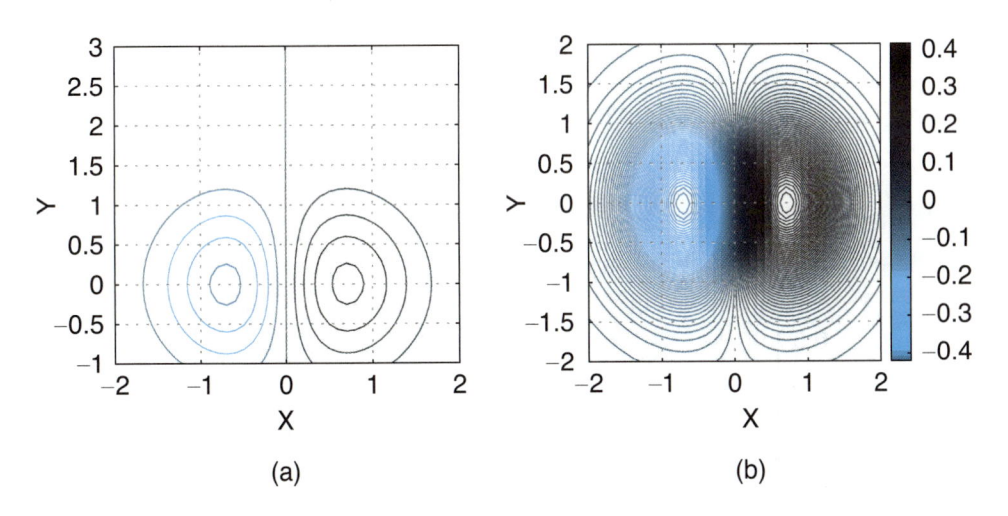

● 圖 9.5　等高線圖;(a) MATLAB 內建的等高線圖,(b) 調整 Y 軸範圍並自訂 100 條等高線及加上 colorbar

---

[6] 所謂「等高線圖」是從空中俯瞰立體圖時,在特定的高度描繪立體圖的外圍形成的線狀。MATLAB 為 contour 自動配置適當的高度與個數。

並不容易觀察函數的最大或最小值的位置。MATLAB 用不同顏色的線代表不同的高度，為清楚顏色代表的實際高低，通常會搭配 colorbar 指令，在圖的旁邊出現一條線條顏色與高度對照表。從圖 9.5 又可以清楚地看到這一個函數有兩個區域極值 (圈圈中心)；從顏色的區分發現右方為區域最大值，左邊區域最小值。指令 contour 也允許使用者自行決定高度，如圖 9.6，指令如下：

```
v=[-0.05 -0.2 0.1 0.4];              % 自訂想觀察的等高線高度
contour(X,Y,Z, v, 'showtext','on')    % 標示高度數字
```

第 4 個參數 v 是高度向量。最後一組參數標示了每條線的高度數字。另，有些情況只想標示某一個特定高度的線，譬如高度 0.5，必須設定為 v=[0.5 0.5]，不能只給一個數字。讀者不妨自己試試。

製作立體圖的概念是在 X-Y 平面上設定密集的 (x,y) 座標，在計算每個座標點對應的函數值 (Z 值) 後，交由繪圖指令描繪出立體圖或等高

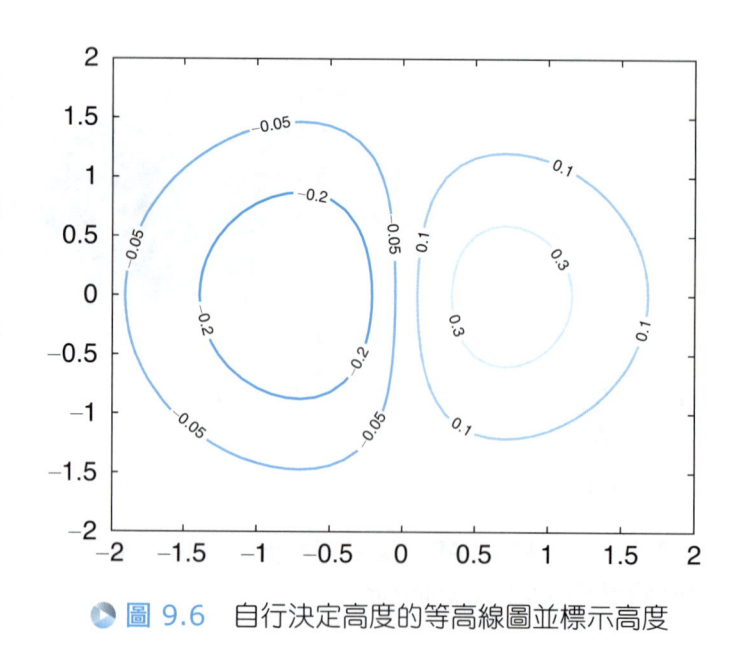

● 圖 9.6　自行決定高度的等高線圖並標示高度

線圖。上述的做法是以矩陣的方式一次完成所有平面座標點上的函數值計算，但是當函數非常複雜且不易用矩陣來計算所有函數值時，可以雙迴圈的方式逐點計算。以下程式碼可供參考：

```
f=@(x) x(1)*exp(-x(1)^2 - x(2)^2);
                    % 多變量函數的定義，x(1), x(2) 代表變數 x 與 y
x=-3:0.1:3; y=-4:0.1:4;
nx=length(x); ny=length(y);        % 預先設定儲存函數值的空間
Z=zeros(ny, nx);
for i=1:ny
    for j = 1:nx
        Z(i, j) = f([x(j) y(i)]);
    end
end
mesh(x, y, Z)
```

第 1 行是典型的多變量函數的設定方式，其中的 x 代表多個變量的向量，使用者必須自行決定向量順序代表的變數。譬如，x(1) 代表原函數的 x 變量，x(2) 代表 y 變量。第 7 行是函數值的計算，並將結果放入預先設定記憶體的 Z 矩陣中，其列向量代表 Y 的方向，行向量代表 X 的方向。請特別注意第 4 行的矩陣大小與第 7 行的函數計算。其實這段程式碼很經典，只要更動第 1 行的程式設定，與第 2 行和第 3 行的範圍設定，立刻畫出另一個函數圖。這表示程式的公用化程度比較高，可以立刻改寫成一支副程式，這也是寫程式要學習與遵循的好習慣。

請利用本範例的技巧，稍微改寫程式碼後，畫出範例 9.2 的圖形。

**範例 9.2**

繪製下列函數的圖形

$$f(x_1, x_2) = (x_1 - 2)^4 + (x_1 - 2)^2 x_2^2 + (x_2 + 1)^2 \qquad (9.3)$$

原圖形如圖 9.1 所示。讀者解讀立體圖時，可以利用 MATLAB 的圖形功能，譬如工具列上的圖形翻轉功能，盡量翻轉圖形找尋最佳觀察的角度。再配合等高線圖 contour 觀察函數的高低起伏，方便接續找出函數的極值。圖 9.7 展示式 (9.3) 的立體圖與等高線圖。這裡採用了高達 200 條的等高線，[7] 才能更精準地鎖定最小值的位置 (在最內圈圈裡面)。讀者可以試著用較少的等高線比較看看。

多變量函數的圖形僅限於兩個變量，因此能在實務上發揮的機會不多。不過計算多變量函數的極值，倒是不受限制。只是當變數越多時，所花的時間越長，也越容易陷入區域極值。以下先舉例說明 MATLAB 計算多變量函數極值的指令，本章最後再說明如何自己撰寫演算法。

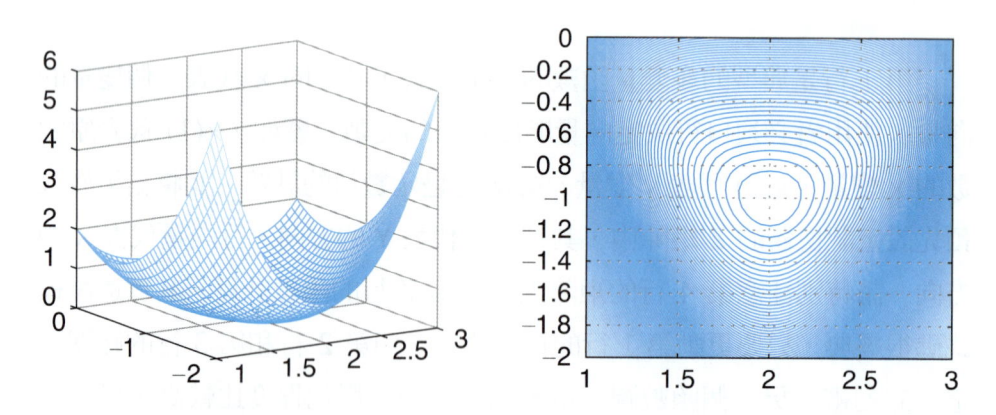

圖 9.7　雙變量函數式 (9.3) 的立體圖 (經過翻轉) 與等高線圖 (自訂 200 條)

---

[7] 越多條等高線需要更多的計算時間與記憶體空間，讀者設定等高線數量時，必須漸進增加，以免電腦計算過久而待在那兒 Busy 很久。

## Chapter 9
多變量函數極值問題

**範例 9.3**

利用 MATLAB 計算非限制式多變量函數的最小值的指令 fminsearch 計算

$$\min_{x_1,\, x_2} (x_1 - 2)^4 + (x_1 - 2)^2 x_2^2 + (x_2 + 1)^2$$

MATLAB 計算非限制式 (Unconstrained) 條件的極值問題最簡單的方式如下：

```
f=@(x) (x(1)-2)^4+(x(1)-2)^2*x(2)^2+(x(2)+1)^2;
                             % 多變量函數設定
x0=[0 0];                    % 自設的初始值
[x, fval] = fminsearch( f, x0);   % 函數最小值 fval 與位置 x
```

MATLAB 處理函數的計算大多使用匿名函數的方式，複雜些的函數甚至可以使用副程式。[8] 要使用任何關於計算多變量函數極值的指令，必須要有正確的演算法觀念，否則容易做出錯誤的判斷，得到令人啼笑皆非的答案。演算法的必要性來自計算的問題沒有解析解 (Analytical Solution)，必須藉助遞迴的方式從一個初始值開始，逐步往極值方向移動，直到滿足預先設定的停止條件，得到一個可以接受的近似解。以輔助程式碼 (Pseudo Codes) 的方式寫成三個步驟：[9]

1. 設定初始值 $\mathbf{x}_0$。
2. 逐步更新 $\mathbf{x}$ 值：$\mathbf{x}_{k+1} = \mathbf{x}_k + \mathbf{d}_k$, $k = 0, 1, 2, \ldots$，使得 $f(\mathbf{x}_{k+1}) < f(\mathbf{x}_k)$。
3. 當停止條件滿足時，停止演算，否則繼續步驟 2。

---

[8] 請參考第 8 章用副程式表達複雜函數的方式。

[9] 這個概念已經在第 8 章描述，這裡以輔助碼的方式呈現。

步驟 2 的移動方向 $\mathbf{d}_k$ 是演算法的靈魂，也是各種創意的展現，其目的是將初始值逐步帶往函數的最低點。有些移動方向採用了函數的變數分量的一次偏微分或甚至二次偏微分，有些採用比較直覺的想法 (Intuitive)。MATLAB 的指令 fminsearch 則採用一種非偏微分的方法，稱為 Nelder-Mead Simplex Method。本書並不想探討這個方法的細節，而是專注於如何正確、有效地使用這個指令。

上述的指令先設定函數，再給予一個初始值，隨即交由 fminsearch 計算，計算結果可以選擇只輸出最後停止的 x 向量值，或如上述指令的輸出還包括函數的最小值 fval。這個用法是 fminsearch 的基本款，至少需要指定一個初始值來開始演算法。以雙變量函數而言，初始值的選擇可以先觀察立體圖或等高線圖來決定。至於更多變數的函數，多半依賴一些已知的訊息或只能隨意猜猜。初始值是否影響最後的結果，端視函數的長相而定。舉圖 9.7 為例，圖形非常單純的只有一個「山谷」，給定任意的初始值都會引導演算法找到谷底的最小值，差別只是時間快慢而已。但對於長相比較崎嶇的函數，譬如圖 9.8，沒有一個演算法有把握找到全域的最小值，只能保證找到區域最小值。[10]

不管能不能事先畫出圖形，使用 fminsearch 計算任何多變量函數的最小值時，最好多嘗試不同的初始值，看看是否得到相同的結果。特別當變數越多時，不同初始值的設定更可能導致不同的答案與計算的時間長短。所以，使用者必須小心使用這個指令，面對新的函數時，每次都試著給不同的初始值，檢視結果，就知道這個函數是否容易對付。

依此，便可約略判斷函數的長相是否「可口」，如圖 9.7；或張牙舞爪，如圖 9.8。

---

[10] 如何找到如圖 9.8 的全域最小值，不在本書的範疇，不過讀者仍可以想一想並試試看，如何解決這類棘手的問題。

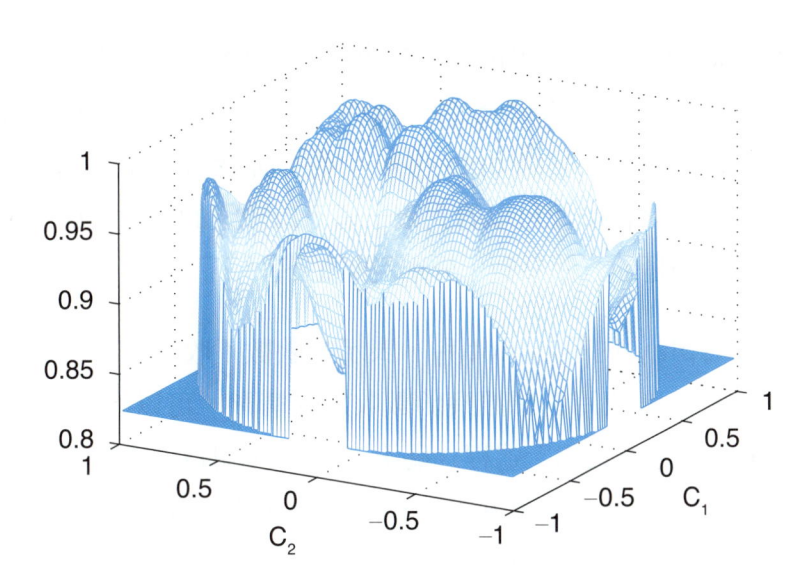

● 圖 9.8　長相崎嶇不平的雙變量函數

除了初始值的選擇可能影響結果外，設定 fminsearch 搜尋最小值的停止條件有時候也很關鍵。[11] 於是，知道 fminsearch 內訂的停止條件與更改停止條件的方式很重要。以下程式碼展示 MATLAB 提供使用者更改停止條件的方式 (放在指令 fminsearch 執行之前)。

```
opts=optimset('fminsearch');
opts.Display='iter';
opts.MaxFunEvals=8000;
opts.MaxIter=8000;
opts.TolFun=1e-6;
opts.TolX=1e-6;
```

---

[11] 演算法並非為了找到絕對的最小值，而是找到符合某些條件的近似最小值，這些條件一般稱為停止條件 (Stopping Criteria)。指令 fminsearch 停止在這些條件的**任何一個被滿足時**，那時候的 x 值被當作最小值的近似值，並非真正的函數最小值。這也是為什麼了解停止條件的設定非常重要，否則會誤以為最後輸出的答案就是最小值。

MATLAB 利用指令 optimset 給使用者一些自主的空間，依據函數的特性或工作需求，訂定演算法停止條件。MATLAB 內訂 (Default) 的停止條件可以借第 1 行的結果 opts 得知。變數 opts 是一個結構型變數，從命令視窗輸入 opts 便可以看到幾十個可以設定的參數，如圖 9.9 所示。比較關鍵的是前五個參數，分別說明如下：

1. 選項 Display 內訂為 notify，表示當函數不收斂時，會輸出不收斂的訊息。當使用者想觀察函數收斂的情形，可以將 Display 改為 iter (設定方式如上述程式碼第二行)，則可以在執行時看到每個迴圈的部分結果，如圖 9.10 所示。這提供使用者了解這個函數的特性，特別是接近極值時的平滑程度，藉以設定下面幾個參數。圖 9.10 中 Iteration 代演算法的遞迴圈數，而 Func-count 是累積目標函數被計算的次數，第三個 min f(x) 指函數目前的值，最後的 Procedure 則是 fminsearch 所使用的演算法的程序 (讀者可以略去其意義)。當選項 Display 設為 off 時，不會輸出任何訊息。

2. 選項 MaxFunEvals 代表在整個計算過程中，目標函數被計算的最大次數，內訂為 200*numberofvariables，也就是變數個數的 200

```
Trial>> opts=optimset('fminsearch')

opts =

              Display: 'notify'
          MaxFunEvals: '200*numberofvariables'
              MaxIter: '200*numberofvariables'
               TolFun: 1.0000e-04
                 TolX: 1.0000e-04
          FunValCheck: 'off'
            OutputFcn: []
             PlotFcns: []
```

▶ 圖 9.9　指令 fminsearch 內訂的停止條件

倍。這個數量不大，往往不夠用，導致還沒找到最小值時，指令已經因為符合這個停止條件而結束，這時候得到的結果當然不是最小值，所以在上述的程式碼將這個選項設為較大的數值 8000。[12] 不過，當函數非常龐雜，導致計算時間很長時，往往會顧及時間的忍受程度，必須限制計算次數，不管是否接近極值，都要喊停。使用者必須很清楚自己正面對的函數的複雜程度與問題屬性，不能盲目地亂用或濫用 fminsearch 這個指令。圖 9.10 中的 Func-count 可以看到函數計算的次數累積。

3. 選項 MaxIter 是用來設定演算過程的最大迴圈數，內訂為 200*number-ofvariables。看起來很多，其實對最小值處在平滑區域的函數而言，成千上萬次的迴圈也很常見。當我們不想因為迴圈數太少而停止計算時，最好將這個數字設定為一個不容易到達的數字，譬如上述程式碼中的 8000。圖 9.10 中的 Iteration 可以觀察迴圈數與函數值的關係，據此設定適當的迴圈數。

```
Iteration    Func-count     min f(x)         Procedure
    0            1             17
    1            3             16.992         initial simplex
    2            5             16.987         expand
    3            7             16.9685        expand
    4            9             16.9493        expand
    5           11             16.9029        expand
    6           13             16.8415        expand
    7           15             16.7187        expand
    8           17             16.5367        expand
    9           19             16.2067        expand
   10           21             15.6952        expand
   11           23             14.8295        expand
   12           25             13.5082        expand
```

● 圖 9.10　指令 fminsearch 的執行過程

---

[12] 這個數字夠大到幾乎不太可能達到，頗有排除這個停止條件的用意。

4. 選項 `TolFun` 是函數值變化量的容忍值 (Tolerence)，當函數值在演算的過程中幾乎不再改變時，代表已經走到函數的「谷底」，[13] 這是停止演算的時機點，MATLAB 預設這個變化量為 1e-4，即 $f(\mathbf{x}_k) - f(\mathbf{x}_{k+1}) < 10^{-4}$。[14] 上述程式碼下修至 1e-6，避免有些函數非常平滑或陷在某些高度，因此使用 `fminsearch` 時要不斷地調整測試這個停止條件，避免設太大 (停留在途中) 或太小 (花費無謂的時間在原地踏步)。選項 `TolFun` 是以函數值為停止條件，尚須與變數的變化量條件 `TolX` 同時滿足才會停止計算。

5. 選項 `TolX` 是變數 `x` 變化量的容忍值，當變數值幾乎不再改變時，代表演算法已經在「原地踏步」了，可以考慮停止演算法。MATLAB 預設這個變化量為 1e-4。同樣地，為顧慮在演算法的過程中，因某次迴圈的變數 `x` 改變量過小，導致還沒真正到達最低點就停止演算，所以在上述的程式碼將之下修到 1e-6。至於多小的值才是恰當的，必須經過反覆調整測試。

不當的設定或完全不理會 MATLAB 的預設值，有時會得到不正確的結果，通常是還沒到達極值便停止計算，使用者必須謹慎小心。MATLAB 在最佳化工具箱 (Optimization Toolbox) 裡提供了另一個指令 `fminunc`，同樣用來計算非限制式多變量函數的極值。這個指令用了不同的演算法，並允許使用者提供函數的偏微分函數，在演算法裡採用梯度向量。[15] 擁有這個工具箱並且有興趣的讀者請自行參考線上使用說明，用本章的範例操作看看，相信很快便能上手。

---

[13] 就理論而言，這個位置是函數個變量偏微分都為 0 的地方，也就是函數有最小值的必要條件。從幾何圖形來看，像是一個立體山谷的谷底。

[14] 在 MATLAB，1e-4 代表 $10^{-4}$。

[15] 一般而言，梯度向量具有快速抵達目標的特性，所以當目標函數能順利推導出梯度向量時，則優先採用。

## 9.3　限制式條件下的多變量函數最小值

限制式極值的問題也很常見。在 MATLAB 官網的 File Exchange 裡，可以下載到從指令 fminsearch 改編的指令 fminsearchcon，用來處理限制式最小值問題，表現非常出色。[16] 以下的範例說明它的使用。另一個在最佳化工具箱處理限制式多變量函數的極值的指令是 fmincon，使用方式大同小異，擁有這個工具箱並且有興趣的讀者請自行參考線上使用說明。

### 範例 9.4

請試著利用 John D'Errico 為指令 fminsearch 撰寫的延伸版 fminsearchcon，計算下列限制式多變量函數的最小值。

$$\min_{x_1,\, x_2 \in \Omega} (x_1 - 2)^4 + (x_1 - 2)^2 x_2^2 + (x_2 + 1)^2$$

其中 $\Omega$ 分別設定為

1. $\Omega = \{x_1, x_2 \in R \mid x_1 \geq 0,\, x_2 \geq 0\}$
2. $\Omega = \{x_1, x_2 \in R \mid x_1 \leq 1,\, x_2 \leq 2\}$
3. $\Omega = \{x_1, x_2 \in R \mid 0 \leq x_1 \leq 1,\, 0 \leq x_2 \leq 2\}$
4. $\Omega = \{x_1, x_2 \in R \mid 0 \leq x_1 \leq \infty,\, -\infty \leq x_2 \leq 2\}$
5. $\Omega = \{x_1, x_2 \in R \mid x_1 + x_2 \leq 0.9\}$
6. $\Omega = \{x_1, x_2 \in R \mid 1.5 \leq x_1 + x_2 \leq 2\}$
7. $\Omega = \{x_1, x_2 \in R \mid \sqrt{x_1^2 + x_2^2} \leq 1\}$
8. $\Omega = \{x_1, x_2 \in R \mid \sqrt{x_1^2 + x_2^2} \leq 1,\, x_1 x_2 \geq 0\}$
9. $\Omega = \{x_1, x_2 \in R \mid x_1 + x_2 = 0.9\}$

---

[16] 網址：http://www.mathworks.com/matlabcentral/fileexchange/8277-fminsearchbnd-fminsearchcon。

Coding Math：寫 MATLAB 程式解數學

這個最小值問題與前一個範例的差別在於對變數的限制，一般稱為限制式條件的最小值問題。在實際應用上經常碰到，譬如變數值必須為正，或是代表機率值的變數必須設限在 0 與 1 之間。這個範例蒐集了一些典型的限制式條件，是指令 fminsearchcon 能解決的。讀者自官網下載程式檔後，宜打開目錄裡的說明檔，好好研究如何在指令中置入這些限制式條件。本範例也完整呈現這個指令使用的典型。先介紹 fminsearchcon 的參數結構：

```
[x, fval]=fminsearchcon(f, x0, LB, UB, A, b, nonlcon, options);
```

其中 f、x0 及 options 同前述的目標函數、初始值及停止條件。向量 LB, UB 代表變數的下限 (Lower Bound) 與上限 (Upper Bound)，即 LB ≤ x ≤ UB，矩陣 A 與向量 b 代表變數的線性不等式，即 A x ≤ b。nonlcon (<u>Non</u>linear <u>Con</u>straints) 代表變數的非線性關係函數 $C(\mathbf{x}) \leq 0$，譬如 $\sqrt{x_1^2 + x_2^2} - 1 \leq 0$，MATLAB 程式碼寫成 @(x) norm(x)-1，或是先寫成 g=@(x) norm(x)-1，再以 g 代表 nonlcon。當非線性限制條件超過一個時，$C(\mathbf{x})$ 代表一個向量函數，如範例中的兩個非線性限制條件，寫成 g=@(x) [ norm(x)-1; -x(1)*x(2)]。以下的程式碼分別示範不同限制條件的參數設定：

```
限制條件 (1)：x₁ ≥ 0, x₂ ≥ 0
LB=[0 0]; UB=[inf inf]; A=[ ]; b=[ ]; nonlcon=[ ];
```

限制條件 (1) 僅限制兩個變數的下限 (LB) 分別為 0，所以上限 UB 設為無窮大 (inf)，其他參數給空值向量 (或是不設定)。[17]

---

[17] 雖然無關的參數可以不做空值的設定，不過好的程式寫作習慣仍是將所有的限制式參數明確地表達出來。一方面作為程式的提醒；另一方面也方便未來加入其他限制時使用。

限制條件 (2)：$x_1 \leq 1, x_2 \leq 2$
LB=[-inf -inf]; UB=[1 2]; A=[ ]; b=[ ]; nonlcon=[ ];

限制條件 (2) 示範有上限無下限的條件。設定時要小心對應變數與限制的順序，以免搞亂。

限制條件 (3)：$0 \leq x_1 \leq 1, 0 \leq x_2 \leq 2$
LB=[0 0]; UB=[1 2]; A=[ ]; b=[ ]; nonlcon=[ ];

限制條件 (3) 展示同時有上、下限的條件限制。

限制條件 (4)：$0 \leq x_1 \leq \infty, -\infty \leq x_2 \leq 2$
LB=[0 -inf]; UB=[inf 2]; A=[ ]; b=[ ]; nonlcon=[ ];

限制條件 (4) 示範兩個變數中第一個變數有下限，第二個有上限。

限制條件 (5)：$x_1 + x_2 \leq 0.9$
LB=[-inf -inf]; UB=[inf inf]; A=[1 1]; b=0.9; nonlcon=[ ];

限制條件 (5)：$x_1 + x_2 \leq 0.9$，是簡單的線性條件，表示成 $A\mathbf{x} \leq \mathbf{b}$ 的線性聯立不等式的模式，則矩陣 $A$ 與向量 $\mathbf{b}$ 寫成上述的特殊矩陣 (1 x 2) 與向量 (1 x 1)，即 $A\mathbf{x} \leq \mathbf{b}$ 表示為

$$\begin{bmatrix} 1 & 1 \end{bmatrix} \begin{bmatrix} x_2 \\ x_1 \end{bmatrix} \leq 0.9$$

> 限制條件 (6)：$1.5 \leq x_1 + x_2 \leq 2$
> LB=[-inf -inf]; UB=[inf inf]; A=[1 1; -1 -1]; b=[2 -1.5]';
> nonlcon=[ ];

　　限制條件 (6) 有兩個限制條件：(1) $x_1 + x_2 \leq 2$，(2) $1.5 \leq x_1 + x_2$，同屬於線性不等式條件，必須被合併在 $A\mathbf{x} \leq \mathbf{b}$ 的不等式聯立方程式。因此條件 (2) 的不等式需要更換方向成 $x_1 + x_2 \leq 1.5$ 才能併入。也就是條件 (1), (2) 表達為

$$\begin{bmatrix} 1 & 1 \\ -1 & -1 \end{bmatrix} \begin{bmatrix} x_1 \\ x_2 \end{bmatrix} \leq \begin{bmatrix} 2 \\ -1.5 \end{bmatrix}$$

向量 **b** 在數學上表達為行向量 (直式)，但是當作參數輸入時，行向量 (如上述的 b=[2 -1.5]) 或列向量 (b=[2 -1.5]) 都能被接受。[18]

> 限制條件 (7)：$\sqrt{x_1^2 + x_2^2} \leq 1$
> LB=[-inf -inf]; UB=[inf inf]; A=[ ]; b=[ ];
> nonlcon=@(x)norm(x)-1;

　　限制條件 (7) 的 $\sqrt{x_1^2 + x_2^2} \leq 1$ 是非線性函數，放在參數 nonlcon 設定，數量不拘，可以一個或多個。每個非線性條件以匿名函數的方式表示，如上述程式碼的 nonlcon=@(x) norm(x)-1。這裡輕巧地動用了一個指令 norm 代表向量的 $l_2$ norm，一般指向量的長度，其數學符號表示為 $\|\cdot\|$，意思是

$$\|\mathbf{x}\| = \sqrt{x_1^2 + x_2^2}$$

---

[18] 所謂「都能被接受」，指的是指令 fminsearchcon 裡面做了參數的「危機管理」，當使用者輸入的方式不對時，若能矯正則矯正，不能矯正者，則發生錯誤訊息。這裡純粹是向量的橫豎問題，程式很容易矯正，所以給使用者較大的容錯空間。這個細節對程式設計者非常重要，請讀者細細體會。

指令 fminsearchcon 要求非線性條件以 $C(\mathbf{x}) \leq 0$ 的方式呈現，因此將右邊的 1 挪到左邊，即改寫成 $\sqrt{x_1^2 + x_2^2} - 1 \leq 0$。將 ≤ 左邊的部分當成條件輸入。

限制條件 (8)：$\sqrt{x_1^2 + x_2^2} \leq 1, x_1 x_2 \geq 0$
LB=[-inf -inf]; UB=[inf inf]; A=[ ]; b=[ ];
nonlcon=@(x)[norm(x)-1; -x(1)*x(2)];

限制條件 (8) 刻意安排兩個非線性條件並示範如何組合成 $C(\mathbf{x})$。上述程式碼的匿名函數 nonlcon=@(x) [norm(x)-1; -x(1)*x(2)] 以向量方式組合兩個函數，其中第二個條件是 $x_1 x_2 \geq 0$，必須轉換為 $-x_1 x_2 \leq 0$。也就是匿名函數 $C(\mathbf{x})$ 裡的任何非線性條件都必須是 ≤ 0 的函數。

限制條件 (9) 不在指令 fminsearchcon 的參數項目裡，不過細看這個條件，發現等號式的條件可以看成變數的減量 (Dimension Reduction)，因為 $x_1 + x_2 = 0.9$ 可以看成 $x_2 = 0.9 - x_1$，代入原函數後成為一個單變量函數。這個問題當作習題請讀者試試看。

MATLAB 的最佳化工具箱提供相同功能的指令 fmincon，在參數的順序與設定上有點不同，讀者應參照使用說明的指示，並利用本範例計算看看與 fminsearchcon 有何不同。

下一個範例將 fminsearchcon 應用在實際的問題，面對的函數複雜許多，變數也比較多，很有挑戰性。

### 範例 9.5

給定 1000 筆資料，其直方圖如圖 9.11。已知這些資料來自兩個貝他 ($\beta$) 分配組合的未知母體，其機率密度函數為

$$f(x|\Omega) = \pi_1 \beta(x|a_1, b_1) + \pi_2 \beta(x|a_2, b_2) \tag{9.4}$$

其中 $\Omega = \{\pi_1, \pi_2, a_1, b_1, a_2, b_2 | \pi_1 + \pi_2 = 1\}$ 為未知參數。請試著採取最大概似估計法 (MLE) 估計未知參數 $\Omega$。

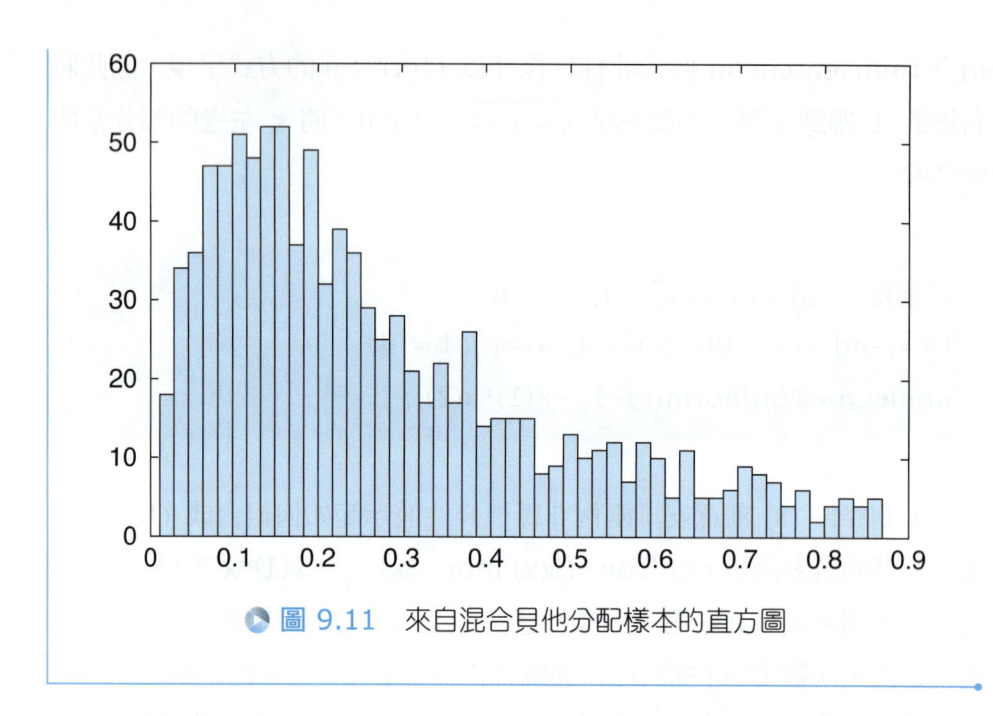

▶ 圖 9.11 來自混合貝他分配樣本的直方圖

利用程式解決數學問題前，通常最關鍵的是數學的推導，才能從原始的問題進入程式寫作的階段。盡量將數學推導的部分做到做不下去為止。當然，數學程度不同，進度也不同，盡量讓不確定的部分越少越好。譬如先寫出本題的概似函數 [19]

$$L(\Omega) = \sum_{i=1}^{1000} \ln(\pi_1 \beta(x_i | a_1, b_1) + \pi_2 \beta(x_i | a_2, b_2))$$

問題變成

$$\max_{\Omega = \{\pi_1, \pi_2, a_1, b_1, a_2, b_2 | \pi_1 + \pi_2 = 1, \pi_1, \pi_2, a_1, b_1, a_2, b_2 > 0\}} L(\Omega)$$

這是一個限制式函數的最大值問題，使用指令 fminsearchcon 之前，要記得將函數加上負號，改為最小值問題。限制條件是兩個參數 $\pi_1 + \pi_2 = 1$ 及所有參數皆大於 0。這個限制式可以被修改為 $0 < \pi_1 < 1$。其中 $\pi_2$ 直接以 $1 - \pi_1$ 取代，變數減為 5 個。程式片段如下 (假設樣本資料已經存放在變數 x，其生成方式隨後討論)：

---

[19] 對這類統計問題不熟悉的讀者，可以略去數學的部分，直接面對函數最大值的計算。

```
opts=optimset('fminsearch');
opts.Display='iter';
opts.MaxFunEvals=8000;
opts.MaxIter=8000;
opts.TolFun=1e-6;
opts.TolX=1e-6;
x0=[0.5 1 10 5 5];                              % 初始值
LB=[0 0 0 0 0];
UB=[1 inf inf inf inf];
L=@(p) -sum(log(p(1)*betapdf(x,p(2),p(3))+...
    (1-p(1))*betapdf(x,p(4),p(5))));            % 加負號
[mle, fval]=fminsearchcon(L, x0, LB, UB, [ ], [ ], [ ], opts);
```

程式執行結果如圖 9.12 所示。[20] 根據程式，最後的估計結果存在變數 mle 裡，從圖可以看出 5 個未知變數的估計值，依序為 $\pi_1 = 0.7282$, $a_1 = 2.1598$, $b_1 = 9.8216$, $a_2 = 3.7746$, $b_2 = 3.4663$。也就是根據 1000 個已知樣本，混合 $\beta$ 函數式 (9.4) 便能確定。讀者可以試著將直方圖與估

```
 283         468         -419.638      contract inside
 284         470         -419.638      contract inside
 285         471         -419.638      reflect
 286         473         -419.638      contract outside
 287         475         -419.638      contract inside

Optimization terminated:
 the current x satisfies the termination criteria using OPTIONS.TolX of 1.000000e-06
 and F(X) satisfies the convergence criteria using OPTIONS.TolFun of 1.000000e-06

Trial>> mle

mle =

    0.7282    2.1598    9.8216    3.7746    3.4663
```

● 圖 9.12　混合貝他分配參數的最大概似估計結果

---

[20] 圖 9.12 除了呈現最後的估計結果外，也說明程式停止的理由來自 TolX 與 TolFun 兩個停止條件滿足使用者設定的 1e-6。

計出來的函數圖畫在一起，看看估計的結果是否貼近資料的分佈。大略的圖形與詳細說明請見第 9.6 節習題。

上述程式與圖 9.12 的估計結果是否正確？如果這 1000 筆資料來自真實資料，答案正確與否只有天知道。但如果來自模擬資料，便可以與模擬的參數比對正確與否。通常一個演算法的優劣或數學的推演正確與否，都必須先經過模擬資料的測試，才能真正用在實務問題上，否則根本無從判斷任何結果的品質。於是這個範例也牽涉到一個實際的問題，就是模擬資料的產生。

由於假設資料來自機率密度函數式 (9.4)，便可依據這個假設生成樣本資料 (亂數)。MATLAB 的統計套件 (Statistics Toolbox) 提供典型貝他亂數生成的指令，但是對於混合貝他分配，則沒有對應的指令。使用者必須根據統計或數學的學理來製作這些亂數，畢竟任何軟體都不可能提供所有實務面不同型態的資料。不過服從混合式機率密度函數的亂數是「常客」，早已有很好的處理方式，以下程式碼可供參考：

```
pi1=0.7; a1=2; b1=9; a2=3; b2=3; % 參數設定
n=1000;                          % 樣本數
n1=binornd(n,pi1);   % 依 pi1 決定來自第一組分配的樣本數
n2=n-n1;                         % 來自第二組分配的樣本數
x=[betarnd(a1,b1,1,n1) betarnd(a2,b2,1,n2)];
                                 % 各別生成與結合
```

當亂數來自混合的機率密度函數時，其生成方式是依比例各別產生後再混合。當依比例換算成數量時，上述的指令採二項分配的亂數來決定該數量，而非 n*pi1 的固定數量。這是比較符合現狀的方式，混合的比例本身也是一種平均數的概念，非固定數。當然，直接令 n1=n*pi1 也是可以 (是其中的一種可能)，但如果要連續生成很多組這樣的資料

時，採用平均數為 n*pi1 的二項分配的亂數，會比較貼近真實現象。生成的資料可以透過直方圖觀察是否吻合參數的設定。

由於這組資料是依據設定好的參數模擬生成，因此可以評估參數估計值的優劣。譬如，圖 9.12 的估計結果與上述程式碼第一行的參數設定值做比較。[21]

## 9.4 計算極值的演算法

無限制式條件多變量函數的極值出現在其梯度向量為零向量的位置 (必要條件)，也就是滿足式 (9.2)。通常這是一個沒有解析解的非線性聯立方程式，必須依賴演算法才能找到極值。演算法的精神如：[22]

$$\mathbf{x}_{k+1} = \mathbf{x}_k + \mathbf{d}_k \qquad k = 0, 1, 2, \ldots$$

的遞迴式迭代過程，其中 $\mathbf{x}_k$ 代表在第 $k$ 次迴圈的現值，$\mathbf{d}_k$ 代表改變的方向與大小，使得新的位置 $\mathbf{x}_{k+1}$ 比較接近目標 (極值)，也就是 $f(\mathbf{x}_{k+1}) < f(\mathbf{x}_k)$ (如果極值是最小值)。於是找到一個可靠的方向向量 $\mathbf{d}_k$ 成為「兵家必爭」之地，其中最負盛名的選擇為牛頓法，其法則如下：

$$\mathbf{d}_k = -(\nabla^2 f(\mathbf{x}_k))^{-1} \nabla f(\mathbf{x}_k) \tag{9.5}$$

其中 $n \times 1$ 的向量 $\nabla f(\mathbf{x}_k)$ 稱為梯度向量 (Gradient Vector)，而 $\nabla^2 f(\mathbf{x})$ 為一 $n \times n$ 的對稱性矩陣，一般稱為 Hessian Matrix，在此並假設其反矩陣存在，其定義如下：

---

[21] 一組模擬樣本的估計值當然不足以比較優劣，必須執行多次模擬，得到較多組估計值，再與真實值比較。至於比較的方式則視問題而定，有些是個別參數比較，有些是所有參數一起比，有些只比較某幾個重要參數。這些牽涉不少細節，不在本書的範疇。

[22] 這個法則與尋找單變量函數極值相同 (請見第 8 章)。

$$\nabla^2 f(\mathbf{x}) = \begin{bmatrix} \dfrac{\partial^2 f(\mathbf{x})}{\partial x_1 \partial x_1} & \dfrac{\partial^2 f(\mathbf{x})}{\partial x_1 \partial x_2} & \cdots & \dfrac{\partial^2 f(\mathbf{x})}{\partial x_1 \partial x_n} \\ \dfrac{\partial^2 f(\mathbf{x})}{\partial x_2 \partial x_1} & \dfrac{\partial^2 f(\mathbf{x})}{\partial x_2 \partial x_2} & \cdots & \dfrac{\partial^2 f(\mathbf{x})}{\partial x_2 \partial x_n} \\ \vdots & \vdots & \ddots & \vdots \\ \dfrac{\partial^2 f(\mathbf{x})}{\partial x_n \partial x_1} & \dfrac{\partial^2 f(\mathbf{x})}{\partial x_n \partial x_2} & \cdots & \dfrac{\partial^2 f(\mathbf{x})}{\partial x_n \partial x_n} \end{bmatrix} \qquad (9.6)$$

由於 Hessian Matrix 牽涉到非線性函數的二次微分，在某些情況下並不容易推導或因反矩陣的計算上有困難 (或不存在)，因此出現了許多「改良」型的方式，試圖避開這些問題。其中最簡單，卻也非常有效的一個替代方案是選擇朝梯度向量的反方向前進，即

$$\mathbf{d}_k = -\nabla f(\mathbf{x}) \qquad (9.7)$$

一般稱為最陡坡法。[23] 由於比較簡單，通常也作為一開始嘗試的選擇。不過當函數的本身或最小值附近呈現較平滑的趨勢時，這個方式將出現收斂緩慢的情況。

運用演算法前，最好先將演算法的步驟寫下來，再利用紙筆推導函數的一次及二次導數，最後才進行程式的寫作。程式部分可以參考前一章關於計算單變量函數的極值，雖然是單一變數的程式，但其邏輯卻是一致的，可以直接套用，再來修改。圖 9.13 展示計算式 (9.3) 函數的最小值的演算法過程 (含牛頓法與最陡坡法)。當比較簡單的最陡坡法演算法成功後 (第 18 行)，牛頓法便可以直接套用 (第 19 行)，其差別只是加入 Hessian Matrix 的計算，程式以 fpp\fp 代替 inv(fpp)*fp 是比較有效率的計算方式。[24]

圖 9.13 的程式第 17 到 22 行的迴圈程式碼是一個步伐調整器，[25] 當 $\mathbf{d}_k$ 這個方向向量的步幅太大時，會造成下一個位置的函數反而變大，雖

---

[23] 觀念與方式同單變量函數 (請見第 8 章)。

[24] MATLAB 的編輯器常會提出警訊，提醒程式寫作上的瑕疵或較沒效率的做法。這是編輯器的加值效果，不是一般免費軟體的配備。A\b 代表 $A^{-1}b$ 最有效率的做法。

[25] 同第 8 章的步伐調整器。

# Chapter 9 多變量函數極值問題

```
1   clear,clc
2   [X1,X2]=meshgrid(1:0.05:3,-2:0.05:0);
3   Z=(X1-2).^4+((X1-2).^2).*(X2.^2)+(X2+1).^2;
4   contour(X1,X2,Z,50) % mesh(X1,X2,Z)
5   % step adaptor 步伐調整器 ------------------
6   NN=20;
7   beta=0.5.^(0:NN-1);
8   f=@(x)  (x(1)-2)^4+((x(1)-2)^2)*(x(2)^2)+(x(2)+1)^2;
9   %----------------------------------
10  xk=[1 -1]';
11  fk=f([xk(1) xk(2)]);
12  while 1
13      text(xk(1),xk(2),'X')
14      fp=[4*(xk(1)-2)^3+2*(xk(1)-2)*xk(2)^2 ; 2*(xk(1)-2)^2*xk(2)+2*(xk(2)+1)];
15      fpp=[12*(xk(1)-2)^2+2*xk(2)^2 4*(xk(1)-2)*xk(2);4*(xk(1)-2)*xk(2) 2*(xk(1)-2)^2+2];
16      % dk -----------------------
17      for j=1:NN
18  %         xk1=xk -beta(j)*fp; % steepest descent
19          xk1=xk -beta(j)*(fpp\fp); % Newton-Raphson
20          fk1=f([xk1(1) xk1(2)]);
21          if fk1 < fk; break;end
22      end
23  %     [i xk1' fk fk1 j]
24      if abs(fk1-fk) <1e-6,break,end
25      fk=fk1;   % 更新現值
26      xk=xk1;   % 更新現值
27  end
28  fprintf('The estimated parameters are x1=%7.4f  x2=%7.4f\n',xk1(1),xk1(2))
```

▶ 圖 9.13　演算法程式：牛頓法與最陡坡法

然方向對了，步伐需要縮小點。迴圈的作用便是一步步的縮小步幅直到滿意為止，而縮小的幅度在前面的第 7 行用一個漸減的向量 beta 設定。從向量的第一個元素 (0) 開始取用，直到滿足函數值變小 (fk1<fk) 為止。這是一般演算法慣用的配備。

圖 9.13 的程式第 13 行 text(xk(1), xk(2), 'X') 會在等高線圖上的座標點 (xk(1), xk(2)) 上寫一個 X，如果再配合指令 pause(1)，便動態的展現每個迴圈進度，如圖 9.14 所示。這個「插曲」適用在迴圈數較少的情況，僅作展示用途和觀察初始值的影響。當迴圈數多時，這個指令會嚴重影響速度，而且畫出一大堆擠在一起的 X 也沒有意義。

圖 9.13 的程式第 14 到 15 行分別計算梯度向量與 Hessian Matrix。這是在寫程式前的前期作業，必須小心推導，一旦弄錯，後來寫的程式當然跟著錯誤。MATLAB 雖然提供計算梯度向量的指令 gradient，但卻是採數值近似的方式，且使用上並不方便，建議使用正確的梯度向量還是首選。[26]

---

[26] 另一個做法是利用符號運算工具箱 (Symbolic Toolbox) 直接訴諸符號運算。

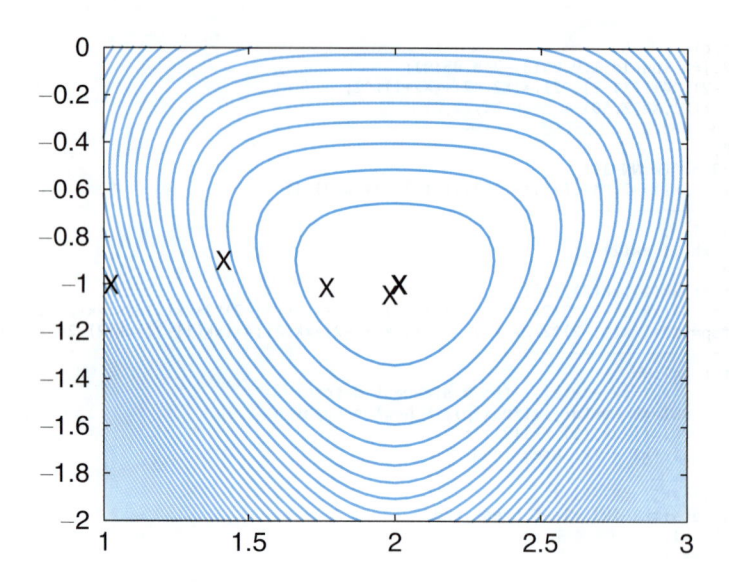

● 圖 9.14　演算法程式：牛頓法的 $x_k$ 移動過程 (符號 X 代表搜尋最小值的遞迴過程)

此外，第 25 到 26 行是初學者最容易疏忽的地方，將新的位置 (xk1) 與函數值 (fk1) 設定回舊的位置 (xk) 與函數值 (fk)，才能在遞迴演算法中正確執行，初學者不可不詳辨之。

## 9.5　觀察與延伸

1. 在實務的經驗裡，經常看到研究生誤用 fminsearch 與 fminsearch-con，往往太急著看到答案，不管跑出什麼結果都當作答案，也不管這是不是全域極值？是否收斂？收斂條件是什麼？結果合不合理？一問三不知。這兩個指令屬於「大指令」，也就是參數設定複雜，執行的結果需要相當程度的理論背景方能解讀。建議使用者保持耐心，好好鑽研這兩個指令，多利用課本的範例，從已知的典型例題做練習。每次得出結果，便要質疑是否為全域的極值？[27] 有幾個手段可以幫助釐清：

---

[27] 除雙變量函數可以畫出立體圖與等高線圖幫助判斷函數的長相外，更高空間的圖形已經畫不出來，因此判斷上比較困難。

- 如果目標函數是雙變量函數，務必畫出立體圖與等高線圖。
- 嘗試不同的停止條件，特別是 TolFun 與 TolX，調低一點、再低一點，直到從相同的起始點都得到一樣的答案。
- 多嘗試幾個不同的初始值。看看是否得到不同的結果？如果不是，便要懷疑這個函數可能有多個區域極值。
- 代入執行結果周邊的 x 值，看看函數值與執行結果的函數值的大小比較，甚至代入「標準答案」所得到的函數值與結果相比。[28]

2. 不論是式 (9.5) 的牛頓法或式 (9.7) 的最陡坡法的移動方向，都不能保證可以帶領函數值往下探底，因此所謂的「步伐調整器」

$$\mathbf{x}_{k+1} = \mathbf{x}_k + \beta \mathbf{d}_k$$

仍是必須的。請參考第 8.2 節計算單變量函數的極值關於「步伐調整器」$\beta$ 的選擇。

3. 仔細觀察不同的 $\mathbf{d}_k$ (式 (9.5) 與式 (9.7)) 在程式進行過程的收斂速度，甚至可以記錄過程中的函數值，再繪製函數值隨著方向迭代的次數逐漸下降的趨勢。這也是自行撰寫演算法程式的優點，可以在過程中介入觀察函數的變化、參數的演進等。參考文獻 [1] 提供兩者收斂速度的理論分析。

## 9.6 習題

1. 著名的 Rosenbrock's Banana 測試函數

$$f(x, y) = 100(y - x^2)^2 + (1 - x)^2$$

常被用來測試極值演算法，請試著繪製其立體圖 (Mesh) 與等高線圖

---

[28] 模擬的題目才可能這樣做，因為資料是根據預設的參數生成的。但因為資料是隨機產生，所以最佳的參數估計常常偏離原值，特別是樣本數少時。此時若想確定自己的程式有沒有錯，可以刻意放大樣本數。在大樣本的條件下，通常估計值與理論值會很接近。

(Contour)，再利用本單元介紹的指令 **fminsearch** 找到最小值。想想看，當 **fminsearch** 給出一個答案時，你如何確定這是你要的函數極值？[29]

2. 自行找一個雙變數的函數，繪製函數立體圖與等高線圖並計算最小值(或最大值)。註：這個問題看起來簡單，但不知什麼原因為難了很多讀者。自己找一個雙變量函數來繪圖，卻不知從何找起？這是偷懶？還是已經失去某些能力？閱讀本書的讀者相信都曾在不同的課程、課本裡接觸過雙變量的函數。仔細想想，再去找找，一定有所斬獲。

3. 計算下列最大概似估計法問題的參數 $\alpha, \beta$：[30]

$$\max_{\alpha, \beta > 0} \ln L(\alpha, \beta)$$

其中的概似函數為

$$L(\alpha, \beta) = \prod_{i=1}^{n} f_t(v_i|\alpha, \beta) F_T(u_i|\alpha, \beta)^{-1}$$

其中

$$f_t(v|\alpha, \beta) = \alpha \beta v^{\beta-1} exp(-\alpha \beta^\beta)$$
$$F_T(u|\alpha, \beta) = 1 - exp(-\alpha u^\beta)$$

變數 $u, v$ 的 $n$ 個樣本已知，建議步驟如下：

(a) 先下載資料檔 **UV.txt**，[31] 取出資料並觀察資料的樣子。

(b) 目標函數 $\ln L(\alpha, \beta)$ 需要進一步推導到比較適合的樣子，也就是將 $\prod$ 透過 ln 換成 $\Sigma$。並不是連乘的 $\prod$ 不能計算，非要換成連加的 $\Sigma$

---

[29] 這個函數的最小值很容易「看」出來，是在 $x = 1, y = 1$ 的位置。但這個函數特殊的長相讓很多知名的演算法碰壁。嘗試用不同的初始值，看看是否得到相同的結果。

[30] 最大概似估計問題是統計領域最典型的計算問題，而這個問題來自一個醫學統計方面關於生存 (Survival) 時間的研究。看起來有點嚇人，但經過耐心地抽絲剝繭，細心地推導演算，還是能順利得到答案。好題目值得花心思、花時間仔細推敲。

[31] 請至下列網址下載該樣本資料檔 **UV.txt**：https://ntpuccw.wordpress.com/supplements/matlab-in-statistical-computing/。

不可，而是當樣本數多時，連乘的計算比較不穩定，太大或太小的數值連乘可能超過硬體的極限。所以，典型的最大概似估計問題，往往會在原目標函數前加上對數 ln 轉換成連加模式。請盡量將式子推到最精簡。[32]

(c) 利用推導到精簡的目標函數，繪製立體圖與等高線圖。繪圖時，需要摸索參數的範圍，找到最佳的觀察位置。畫得好，隱約可以看出最大值的位置。

(d) 接著開始部署 fminsearchcon 的各項停止條件及計算。[33] 有了等高線圖的幫助，通常答案已經呼之欲出，計算的結果只是得到一組更明確的數據。

4. 匿名函數的使用可以非常簡單直接，也可能透過串接變得有點複雜，但如果能巧妙運用，往往可以解決看起來極困難的問題。譬如，以下的問題：

假設兩獨立變數 $X, Y$ 分別服從貝他分配，其機率密度函數為 $f_X(x) = \beta(x|a_1, b_1)$, $f_Y(x) = \beta(x|a_2, b_2)$。建立一新變數 $Z$

$$Z = XY$$

變數 $Z$ 並不服從貝他分配，其機率密度函數經過推演後寫成

$$f(z) = \int_z^1 f_Y(y) f_X(x/y) \frac{1}{y} \, dy \tag{9.8}$$

我們想以另一個貝他分配 $\beta(a, b)$ 來近似 $Z$ 的分配，[34] 做法是解決下列的多變量函數最小值問題：

---

[32] 讀者仍可以試試看直接以 $\ln\prod$ 或 $\prod$ 的函數模式直接計算，也許也會得到相同的答案。

[33] 這個問題的限制條件比較單純，有時候可以試著用比較簡單的非限制條件的 fminsearch 先算看看，如果最後的估計結果恰落在限制條件內，表示兩者並無差別。

[34] 這是實務面的考量，雖然變數 $Z$ 並不服從貝他分配，但若長得很像某個貝他分配，由貝他分配取代有利後續的分析與推展。

## Coding Math：寫 MATLAB 程式解數學

$$\min_{a,\,b>0} \int_0^1 (f(z) - \beta(z|a,b))^2 \, dz$$

假設 $X, Y$ 的貝他機率密度函數參數分別指定為 $a_1 = b_1 = a_2 = b_2 = 2$。請估計上述最小值問題的參數 $a, b$。

提示：

- 本題題意暗示 $Z$ 雖然不是貝他分配，但是接近某個貝他分配。所以不妨先繪製其機率密度函數 $f(z)$ 的長相，並找個貝他分配的機率密度函數疊上去比比看，如圖 9.15。提示：$f(z)$ 即式 (9.8)，變數 $z$ 的範圍在 0 與 1 之間。繪圖時宜仔細評估兩個端點值的計算，若使用指令 quad 積分，會產生 NaN 的無效值。
- 積分與最小值的指令分別為 integral（或舊版的 quad）及 fminsearch。
- 貝他機率密度函數則使用 betapdf(x,2,2)。
- 當匿名函數比較複雜時，可以搭配副程式將複雜的部分拉到副程式去做。

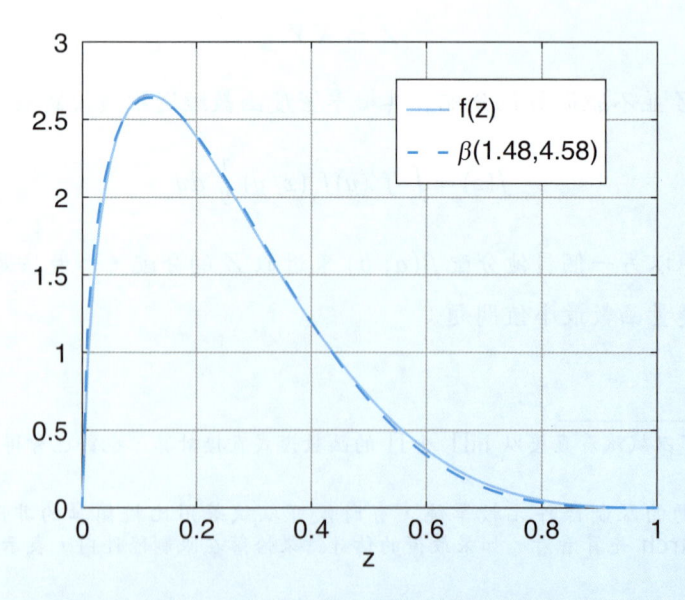

▲ 圖 9.15　$f(z)$ 與近似的貝他分配

5. 在範例 9.5 中，請利用估計好的參數畫出混合機率密度函數圖，並與資料繪製的直方圖比較，如圖 9.16 所示。請特別注意，直方圖與機率密度圖的大小比例不合，必須經過調整後才能放在一起。

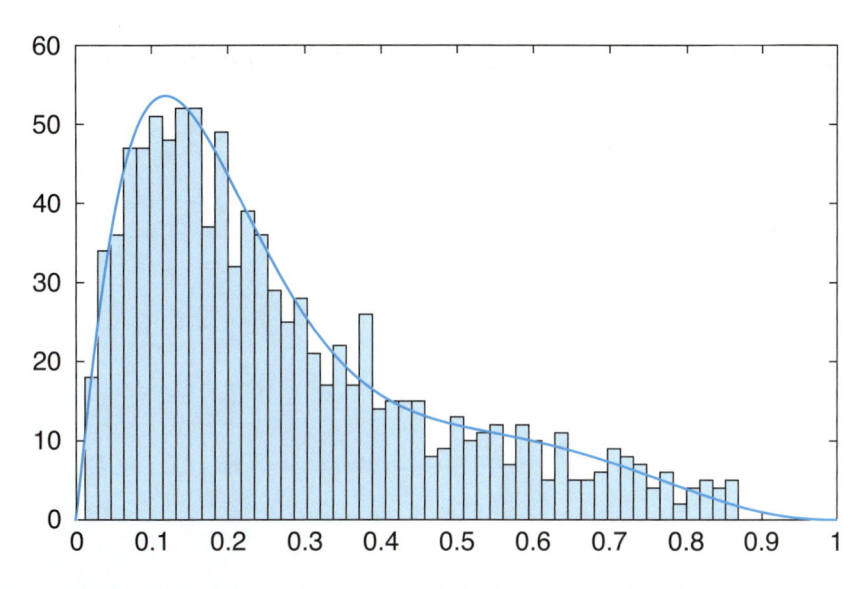

▶ 圖 9.16　資料的直方圖與參數估計結果帶入的混合函數比較圖

6. 範例 9.5 應用最大概似估計法估計混合貝他 ($\beta$) 分配的參數。另一個常見的問題是混合常態的參數估計。即

$$\max_{\Omega = \{\pi_1, \pi_2, \mu_1, \sigma_1^2, \mu_2, \sigma_2^2 | \pi_1+\pi_2=1, \pi_1, \pi_2, \sigma_1^2, \sigma_2^2 > 0\}} L(\Omega)$$

其中概似函數為

$$L(\Omega) = \sum_{i=1}^{N} \ln(\pi_1 f(x|\mu_1, \sigma_1^2) + \pi_2 f(x|\mu_1, \sigma_2^2))$$

$f(x|\mu, \sigma^2)$ 為常態分配的機率密度函數。請模仿範例 9.5 的介紹，自行產生適用的資料並運用 fminsearchcon 估計參數 $\Omega = \{\pi_1, \mu_1, \sigma_1^2, \mu_2, \sigma_2^2\}$。樣本數大小可以先設為 100，成功估計出參數後，再調整成 30, 50, 500, 1000，分別評估樣本數大小對估計值的影響。

7. 推導函數式 (9.3) 的梯度向量 $\nabla f(x)$ 及 Hessian Matrix $\nabla^2 f(x)$。

8. 分別利用最陡坡法式 (9.7) 及牛頓法式 (9.5) 寫演算法程式，計算函數習題 9.1 提到的 Rosenbrock's Banana 測試函數的最小值。

## 參考文獻

[1] J.E. Dennis, R.B. Schnabel, "Numerical Methods for Unconstrained Optimization," Prentice Hall.

# Chapter 10

# 非線性聯立方程式的解

非線性的聯立方程式 (System of Nonlinear Equations) 通常無法得到解析解 (Analytical Solution)，必須藉助演算法才能取得近似解。本章直接訴諸現成的 MATLAB 指令，只要妥善使用，都可以解決問題。

### 本章學習目標

- MATLAB 非官方 (Third-party) 指令的使用。[1]

> **關於 MATLAB 的指令與語法**
>
> 指令：fsolve (Optimization Toolbox), LMFsolve (MATLAB File-Exchange)

---

[1] 所謂非官方 (Third-party) 指令，指非 MATLAB 產品下的指令，而是由外界提供的自由軟體，通常也寫成接近產品的模式，供有興趣的程式設計者參考。Mathworks 公司也在網站上提供自由軟體交換的平台 MATLAB file-exchange，網址在：http://www.mathworks.com/matlabcentral/fileexchange/。輸入關鍵字 **LMFsolve** 即可找到本章使用的程式下載點。

## 10.1　背景介紹

非線性的聯立方程式表示如下：

$$F(\mathbf{x}) = \mathbf{0} \tag{10.1}$$

其中 $F(\mathbf{x})$ 代表函數向量，$\mathbf{0}$ 則是零向量。譬如以下的非線性聯立方程式，

$$x_1^2 + x_2^2 - 2 = 0$$
$$e^{x_1-1} + x_2^3 - 3 = 0$$

以式 (10.1) 的方式表達，則

$$F(\mathbf{x}) = \begin{bmatrix} x_1^2 + x_2^2 - 2 \\ e^{x_1-1} + x_2^3 - 3 \end{bmatrix}$$

本章將探討如何運用從 MATLAB file-exchange 平台下載的外界指令 LMFsolve 與 MATLAB 的最佳化工具箱提供的指令 fsolve 解決式 (10.1)。這也牽涉符號運算與數值計算兩種。

## 10.2　範例練習

本節舉幾個簡單的範例，示範指令 fsolve 與 LMFsolve 解非線性聯立方程式的使用方式。試舉四個範例：

1. $$F(\mathbf{x}) = \begin{bmatrix} 2(x_1 + x_2)^2 + (x_1 - x_2)^2 - 8 \\ 5x_1^2 + (x_2 - 3)^2 - 9 \end{bmatrix} \tag{10.2}$$

2. $$F(\mathbf{x}) = \begin{bmatrix} x_1^2 + x_2^2 - 2 \\ e^{x_1-1} + x_2^3 - 3 \end{bmatrix} \tag{10.3}$$

3. $$F(\mathbf{x}) = \begin{bmatrix} 4(x_1 - 2)^3 + 2(x_1 - 2)x_2^2 \\ 2(x_1 - 2)^2 x_2 + 2(x_2 + 1) \end{bmatrix} \tag{10.4}$$

4. 
$$F(\mathbf{x}) = \begin{bmatrix} -400x_1(x_2 - x_1^2) - 2(1 - x_1) \\ 200(x_2 - x_1^2) \end{bmatrix} \quad (10.5)$$

指令 fsolve 基本的輸出入參數 (In/Out Arguments) 為

```
[x, fval] = fsolve(fun, x0, options)
```

其中輸入部分：fun 指函數向量的設定，x0 是初始值設定，最後的 options 通常用來做停止條件與演算法的設定。輸出部分：x 指方程式解的估計值，fval 指函數向量在估計值 x 下的值 (即近似零向量)。以下為四個示範程式碼：

```
例 1
F=@(x) [2*(x(1)+x(2))^2+(x(1)-x(2))^2-8; 5*x(1)^2+(x(2)-3)^2-9];
x0=[2 2];
[x, fval] = fsolve(F, x0)
```

```
例 2
F=@(x)[ x(1)^2+x(2)^2-2 ; exp(x(1)-1)+x(2)^3-3];
x0=[2 2];
[x, fval] = fsolve(F, x0)
```

```
例 3
F=@(x)[4*(x(1)-2)^3+2*(x(1)-2)*x(2)^2; ...
    2*(x(1)-2)^2*x(2)+2*(x(2)+1)];
x0=[3 3];
[x, fval] = fsolve(F, x0)
```

例 4
```
F=@(x) [-400*x(1)*(x(2)-x(1)^2)-2*(1-x(1)); 200*(x(2)-x(1)^2)];
x0=[0 0];
[x, fval] = fsolve(F, x0)
```

第一次接觸到這個指令，最好多試幾個簡單的例子，看看答案 fval 是否接近 0 向量，如果離 0 向量有些距離，可以試試其他初始值或調整停止條件的設定。當調整初始值，卻發現答案不一樣時，可能是多組解的情況。[2] 譬如例 1，當初始值為 [ 2 2 ] 時，得到的解為 [ 1 1 ]，而當初始值為 [ -1 -1 ] 時，得到的解為 [ -1.1835 1.5868]。非線性聯立方程式很不容易看出有多組解，通常會鎖定某些特定區域內的解，才能給定鄰近值作為起始點。例 2 也有同樣的情形，讀者不妨試試不同的初始值。至於停止條件的設定依舊放在第三個參數 Options 裡，典型設定如下：

```
options=optimset('fsolve');
options.Display='iter';
options.TolFun=1e-8;
options.TolX=1e-8;
options.MaxFunEvals=8000;
options.Algorithm='levenberg-marquardt';
```

關於指令 fsolve 演算法裡可以介入的參數高達數十個，上述僅列出常用的幾個，除最後一個 options.Algorithm 外，其餘都曾在第 9 章描述的指令 fminsearch 中介紹過，讀者可以翻閱參考。上述參數最

---

[2] 每次得到的答案都要看看 fval 是否接近零向量，才能確認是否為聯立方程式的解。

後一個是演算法的選擇，fsolve 預設的演算法是 trust-region-dogleg。一般使用者並不認識這些演算法，當然也不知道優缺點，只能在執行後，對答案質疑時，除了換初始值外，也可以試著換換演算法，其中 Levenberg-Marquardt 也是有名的演算法。

指令 fsolve 來自最佳化工具箱 Optimization Toolbox，屬於付費指令。免費指令 (如 LMFsolve) 雖然比較簡單些，但表現也不錯，值得嘗試使用。這個指令能從 MATLAB 網站的檔案交換平台下載。LMFsolve 的使用方式大致如前述的 fsolve，其輸出入參數 (In/Out Arguments) 為[3]

```
[Xf, Ssq, CNT] = LMFsolve(FUN, Xo, Options)
```

輸入的變數名稱按照程式的原文，雖與 fsolve 略不同，但意義相同。其中 FUN 指函數向量的設定，Xo 是初始值設定，最後的 Options 通常用來做停止條件的設定。輸出部分略有不同，Xf 指方程式解的估計值，Ssq 指 Sum of Squares of Residuals，即 $||F(Xf)||^2$，[4] 第三個 CNT 是執行演算法的迴圈數。以下舉例 2 的程式碼與結果為例：

例 2
```
FUN=@(x)[ x(1)^2+x(2)^2-2 ; exp(x(1)-1)+x(2)^3-3];
Xo=[2 2];
options = LMFsolve('default');
options = LMFsolve(options ,...
            'XTol', 1e-6, ... % norm(x-xold,1)
            'FTol', 1e-12, ... % norm(FUN(x),1)
            'MaxIter', 100 ... % Maximum Iterations
```

---

[3] 本章使用 2009 年的 LMFsolve 版本。讀者下載後，宜先觀察是否與本書使用的方式不同。

[4] $||F(Xf)||^2$ 計算估計值 $Xf$ 代入所有函數後的平方和，其值越接近 0 越好。

```
              'ScaleD', [ ], ... % Scale control, [ ]=Identity matrix
              'Display',1 ... % Display result every iteration
              );
[Xf, Ssq, CNT] = LMFsolve(FUN, Xo, options)
```

讀者可以嘗試不同的初始值設定，看 LMFsolve 是否有不同的答案，並藉由觀察輸出值 Ssq 與輸出的迴圈過程，了解問題本身的複雜程度或困難度。上述指令也展示停止條件的設定方式。不像前述的 fsolve 有幾十項選擇，LMFsolve 只有五項。其中 XTol 與 FTol 指變數向量與函數向量的 1-norm，[5] 也就是向量裡每個元素的絕對值相加。MaxIter 與 Display 從字義便能說明，至於 ScaleD 是演算法裡一個可變動的選項，一般使用者並不了解複雜的演算法，對於這個選項多半採預設值 [ ]。圖 10.1 與圖 10.2 顯示過程中每個迴圈的部分資料與輸出結果。

```
***********************************************************************
 itr   nfJ    SUM(r^2)      x             dx            l             lc
***********************************************************************
  1     3     7.2000e+02    2.0000e+00    3.8818e-01    0.0000e+00    7.5000e-01
                            2.0000e+00    5.3106e-01
  2     5     1.6118e+02    1.6118e+00    4.7258e-01    0.0000e+00    7.5000e-01
                            1.4689e+00    4.1902e-01
  3     7     4.2068e+00    1.1392e+00    1.3047e-01    0.0000e+00    7.5000e-01
                            1.0499e+00    4.9778e-02
  4     9     1.2783e-02    1.0088e+00    8.7383e-03    0.0000e+00    7.5000e-01
                            1.0001e+00    1.3984e-04
  5    11     1.9942e-07    1.0000e+00    3.5542e-05    0.0000e+00    7.5000e-01
                            9.9999e-01   -6.5955e-06
  6    13     5.3052e-17    1.0000e+00    5.8135e-10    0.0000e+00    7.5000e-01
                            1.0000e+00   -1.4723e-10

  6    15     3.1554e-30    1.0000e+00    5.8135e-10    0.0000e+00    7.5000e-01
                            1.0000e+00   -1.4723e-10
```

▶ 圖 10.1　LMFsolve 能顯示每個迴圈的部分資料

---

[5] 指令 fsolve 也有這兩項限制條件，不過並沒有說明是採取什麼方式計算，1-norm 或是 2-norm？

```
Xf =
    1.0000
    1.0000

Ssq =
    3.1554e-30

CNT =
    6
```

● 圖 10.2　LMFsolve 的輸出結果

## 10.3　觀察與延伸

1. 類似 LMFsolve 的交換程式還有 LMFnslq，這是較複雜版的 LMFsolve，讀者可以上 MATLAB 的程式交換網站搜尋下載。該程式本身的說明與附加的測試程式，足以說明程式的用法。
2. fsolve 也是符號運算的指令，只不過用符號的方式來解非線性聯立方程式的結果往往是一大串符號，並不好看也不好用。訴諸本章的數值方式常是首選。

## 10.4　習題

1. 利用指令 LMFsolve 完成第 10.2 節例題的四個題目（式 (10.2) 到式 (10.5)），並與 fsolve 比較答案。
2. 試著自己找問題來練習，譬如有三個變數及三個方程式以上的較大型問題，試試兩個指令 fsolve 與 LMFsolve 的能力。
3. 計算 $f(x) = 100(x_2 - x_1^2)^2 + (1 - x_1)^2$ 的最小值。提示：這個問題就是第 9 章介紹的多變量函數的最小值。除了使用指令 fminsearch 直接求解外，也可以透過間接解非線性多變量聯立方程式的解，即對函數的各變量做偏微分並令其為零，其解可能是多變量函數的最小值解、最大值的解，或什麼都不是。

Chapter 11

# 機率分配的面貌

機率的觀念在統計學門不僅是基礎的理論,更是應用上不可或缺的工具。對多數初學機率的學生而言,機率是抽象的、需要帶點想像的,學習的障礙不小。不過,有了電腦工具 (如 MATLAB) 的輔助,那些想像與抽象的部分會變得比較具體。本章介紹 MATLAB 處理機率問題的指令及其應用,包括知名分配函數的繪圖與樣本 (亂數) 的產生及從樣本繪製的圖形。

## 本章學習目標

機率分配函數的繪圖觀念與技巧、實驗樣本 (亂數) 的生成與相關圖形繪製。

> ### 關於 MATLAB 的指令與語法
>
> 指令:bar, binocdf, binopdf, boxplot, chi2inv, chi2rnd, copularnd, cumsum, ecdf, find, gtext, hist, histfit, normpdf, normplot, normspec, normrnd, qqplot, repmat, stairs, stem, subplot, type
>
> 語法:迴圈的動畫技巧

## 11.1 背景介紹

學習機率與統計，對於各種機率分配函數的「長相」最好能深植腦海，當面對不同的資料、統計量和圖形時，才能迅速地聯想到可能來自的母體。MATLAB 的統計工具箱提供哪些分配函數相關的指令呢？讀者不妨先查詢線上手冊 (如圖 11.1)，雖然大部分指令不會立刻派上用場，但至少能知道 MATLAB 在這方面有多少本事。

要理解統計與機率的分配函數，需要熟悉幾個議題：

1. 各種知名的機率密度函數 (Probability Density Function, PDF) 的圖形，及其與參數間的關係。其次，能分辨是左偏、右偏還是對稱分佈，並清楚每個分配函數的值域 (Domain)。
2. 產生服從各種知名分配 (機率密度函數) 的樣本 (亂數)。

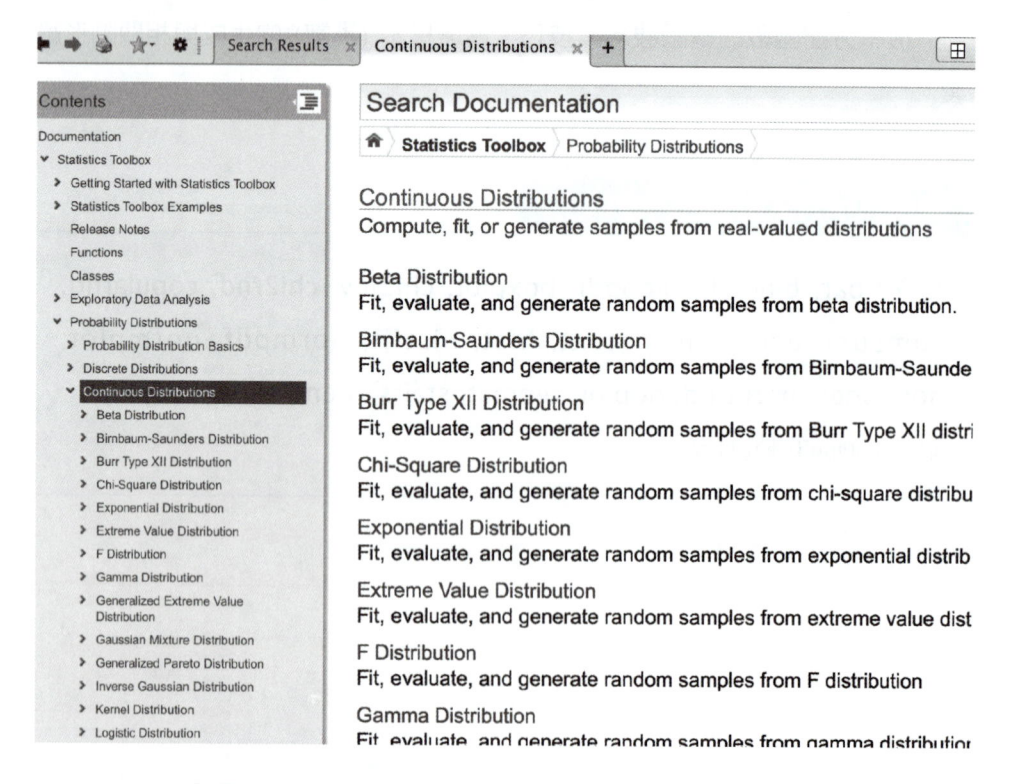

圖 11.1　查詢 MATLAB 在分配函數的指令與功能

# Chapter 11
機率分配的面貌

3. 能對樣本資料做各式圖樣，如直方圖 (Histogram)、盒型圖 (Box Plot)、經驗累積分配函數圖 (Empirical Cumulative Distribution Function, ECDF)。
4. 利用機率相關的函數指令進行計算，譬如計算某個分配的機率密度函數值、累積密度函數值與其反函數的計算。
5. 分辨連續型 (Continuous) 與離散型 (Discrete) 分配的圖形繪製技巧。

以下透過一些範例來熟悉這些議題，俾能在統計與機率的學習上更加得心應手。

## 11.2 連續型的機率分配函數

首先，透過大家最熟悉的常態分配來認識 MATLAB 在機率密度函數的指令使用與特點。以下均使用 PDF 代表機率密度函數，及 CDF 表示累積分配函數 (Cumulatibe Distribution Function)。

### 範例 11.1

畫常態分配 $N(\mu, \sigma^2)$ 的 PDF 及 CDF 圖，其中的參數 $\mu$ 與 $\sigma$ 分別代表平均數與標準差。
- 練習給予不同的 $\mu$ 及 $\sigma$ 值，看看圖形的變化。
- 固定 $\mu$ 值，改變 $\sigma$ 值，練習將每一張圖都疊在畫面上 (如圖 11.2 所示)。

請注意調整 X 軸的範圍，方便看到最完整的分配圖形。計算常態分配的機率密度函數的指令為 normpdf，使用方式可以在命令視窗輸入 doc normpdf 查詢或從本題的示範程式得到粗淺的認識。

只要是繪圖就是描點法，設法將每一個點的 x, y 值都給定與計算好。MATLAB 提供許多分配函數的指令，包括 PDF 及 CDF 函數。設計者不必搬出複雜的原始函數來輸入，譬如指令 normpdf(x, 0, 1) 計算標

準常態在 x 值的 PDF 函數值。[1] 下列程式畫出圖 11.2。

```
clear, clc
mu=0; sigma=1:5;
x=linspace(-3*max(sigma), 3*max(sigma), 1000);
                                          % 設定夠大的觀賞範圍
ns=length(sigma);
figure, hold on                           % 先產生空白圖
for i=1:ns
    y=normpdf(x, mu, sigma(i));
    plot(x,y)
end
hold off
```

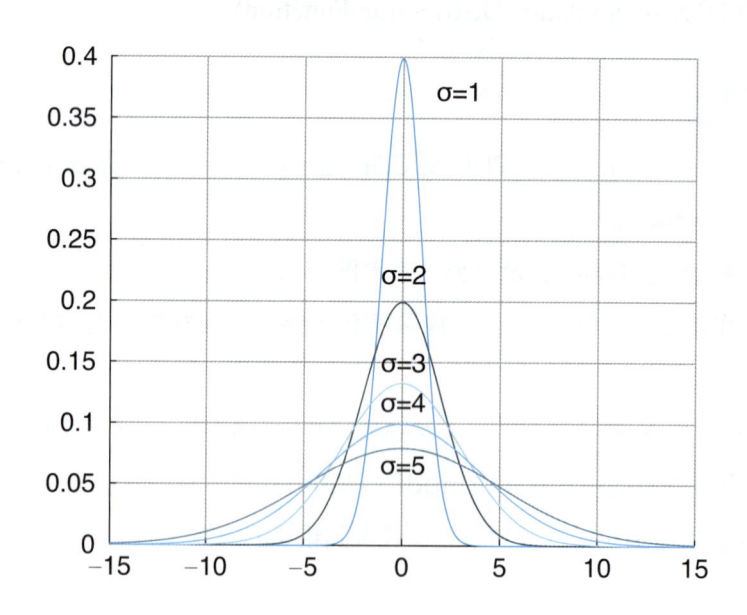

● 圖 11.2　常態分配的機率密度函數 (PDF)，標準差 $\sigma = 1, 2, ..., 5$

---

[1] normpdf(x, 0, 1) 代表標準常態的函數：$p(x) = \frac{1}{\sqrt{2\pi}} e^{-x^2/2}$。由於是經常使用的標準常態，指令可省略參數值，如 normpdf(x) 即代表標準常態。

# Chapter 11
## 機率分配的面貌

上述程式利用迴圈來畫出五組不同參數的常態機率密度函數圖,其中 X 軸的範圍以最大的標準差的 3 倍訂定,確保每個分配函數都能完整呈現。這樣的程式技巧主要為增加程式的彈性,當 sigma 的內容更動時,其他指令不需要更改。指令 ezplot 也可以用函數指令來畫圖,如:

```
ezplot('normpdf(x,0,1)')
```

只不過作疊圖時,比較不方便。另,將指令 normpdf 改為 normcdf 即畫出累積分配函數圖 CDF,讀者不妨立刻試試看。本題也可以改為固定 $\sigma = 1$,讓 $\mu = 1, 2, ..., 5$,讀者可以修改上述程式達到正確兼具美觀的呈現 (請參考第 11.6 節習題 1)。另外,圖上的 $\sigma = 1$ 等標示,是後製完成的,用指令 gtext('\sigma=1') 再利用滑鼠點到適當位置。

### 範例 11.2

統計教科書常見卡方分配的機率密度圖,如圖 11.3。試著用迴圈的方式,畫卡方分配 $\chi(v)$ 的 PDF,其中的參數 $v$ 代表自由度從 4 到 48 (間隔 4)。[2]

學習分配函數首要熟悉其圖形的分佈情況,包括它的值域 (Domain) 及圖形隨參數改變的變化。對於卡方分配而言,有一個參數 (自由度 $v$),讀者必須了解自由度的變化 (增加) 對函數分佈的影響。為了方便觀察,程式常利用暫留 (Pause) 效果,動態呈現參數改變時,分配圖形的變化。下列程式畫出圖 11.3 可供參考。

---

[2] 本範例出現在第 4 章,展現迴圈技巧的應用。在本章則是聚焦在分配函數的觀察,在程式上略添加彈性。

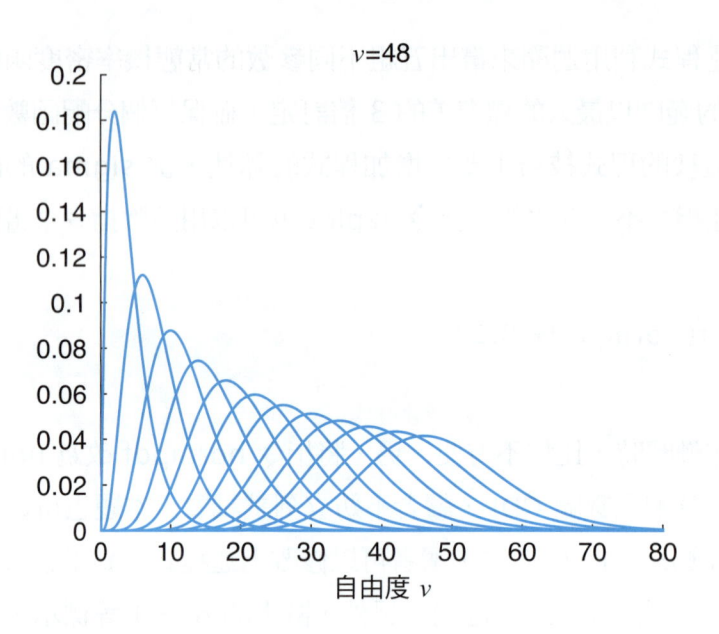

**Coding Math**：寫 MATLAB 程式解數學

● 圖 11.3　卡方分配的機率密度函數 (PDF)，自由度從 $\nu = 4:4:48$

```
clear, clc
f=@(x,v) chi2pdf(x,v);
nu=4:4:48;
x=linspace(0, max(nu)*5/3, 1000);
                                  % X 軸範圍根據最大自由度調整
n=length(nu);
figure, hold on
for i=1:n
    y=f(x, nu(i));
    plot(x, y, 'color', 'blue')
    str=[ '\nu=', num2str(nu(i)) ];    % 準備動態的字串作為 title
    title(str, 'fontsize', 16)
    pause(1)
end
hold off
xlabel('自由度\nu')
```

上述程式中迴圈的第 3 行用來製作一個動態的文字當作圖形的標題 (Title)。所謂「動態文字」表示隨迴圈的循環，內容會跟著變動。變數 str 代表這個動態的文字內容，其中有靜態不變的文字 \nu= 配合動態的自由度改變 (將數字 nu(i) 轉為文字，並與前述靜態文字串接)。文字的串接可以用矩陣，也可以用指令 strcat (strcat 用逗號將多個文字串接起來，逗號可以一直接續下去)，譬如：

```
str=strcat( '\nu=', num2str(nu(i)) );
```

圖 11.4 大略呈現上述程式的動態表現；隨著自由度參數的遞增，函數圖形從右偏漸趨對稱。

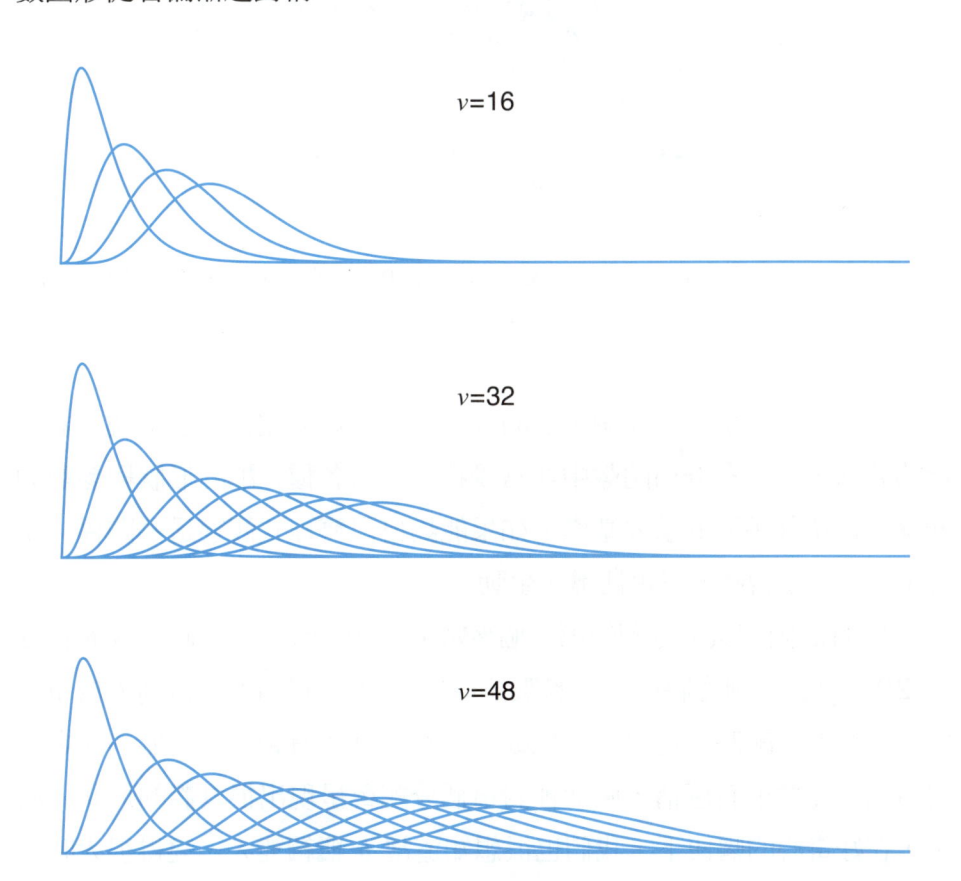

$v$=16

$v$=32

$v$=48

● 圖 11.4 卡方分配的機率密度函數 (PDF) 的分佈隨自由度遞增的動態呈現 (疊圖)

**Coding Math**：寫 MATLAB 程式解數學

### 範例 11.3

貝他 ($\beta$) 分配圖也是統計教科書常見的機率密度圖，如圖 11.5 所示貝他分配 $\beta(a, b)$ 的參數與分佈的變化情形，其中 $a = 9, b = 1 : 29$。請參考範例 11.2 的程式，畫出圖 11.5。

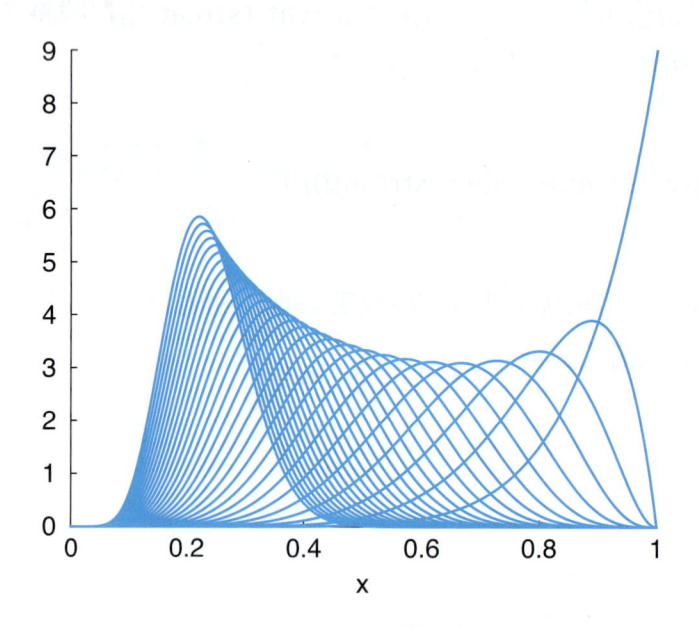

● 圖 11.5　貝他 ($\beta$) 分配的機率密度函數 (PDF) 的分佈隨參數改變的呈現

　　貝他分配很精彩，兩個參數的大小變化交織成左偏、右偏與左右均衡的分佈，在眾多分佈函數中非常獨特。學習各種分配的形狀與參數的關係，是統計領域的重要基礎。如果能夠自己寫程式觀察這些關係，統計或機率的學習將變得更活潑、生動。

　　圖 11.5 固定貝他分配的第一個參數 $a = 9$，改變第二個參數 $b$ 從 1 到 29，也就是刻意將第二個參數值從比 $a$ 小，到相等，再到大於 $a$。當學習貝他分配時，可以盡情地改變參數並立即看到分佈情形。久之，對這個分配會很有感情，腦海裡對這個分配會呈現出很具體的形狀。於是，在好奇心的驅使下，我們也很想知道當 $b$ 繼續變大、變得很大時，它的分佈會不會有極限性？同樣地，反轉兩個參數的大小，結果如何？

或是讓 $a = b = 1:9$，會得到什麼形狀的分佈呢？不妨先猜後做，訓練猜測的能力，這些工作留待做習題時再來完成。

畫出圖 11.5 的程式幾乎可以援用前述畫卡方分配圖的範例，其中分配函數的指令改為 betapdf(x, a, b)。

### 範例 11.4

許多分配函數有趨近常態分配的特性，最有名的莫過於 T 分配。當 T 分配的自由度參數逐漸增加時，其分佈形狀將越接近標準常態，如圖 11.6 所示。

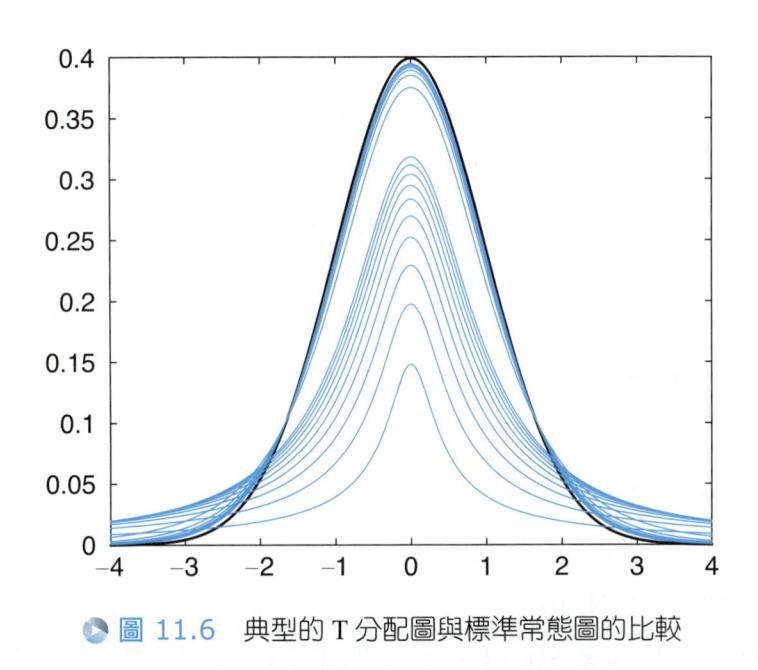

▶ 圖 11.6　典型的 T 分配圖與標準常態圖的比較

同樣利用前述範例的程式，稍改寫即可 (本範例也當作習題)，不再示範。MATLAB 的 T 分配機率密度函數指令為 tpdf(x, nu)，還是延續分配函數的命名法則。

## 11.3 離散 (間斷) 型的機率分配函數

通常離散型的分配函數稱為機率質量函數 (Probability Mass Function, PMF)，但在 MATLAB 的指令組裡，還是沿用 pdf 的字尾。另，畫圖的指令也不同，以下示範幾個離散型的機率分配函數。

### 範例 11.5

畫出二項分配 B(N, p) 的 PMF 圖，其中 $N = 20$, $p = 0.7$。

離散型分配 (如二項分配) 的繪製要特別謹慎，要注意 X 軸範圍的限制與間距的特性，不能以一般繪製連續函數的方式大剌剌地一筆帶過，畫出來的圖必須合乎學理，不是畫出圖來便是對的。以二項分配為例，X 座標的選定與母體的選擇息息相關，譬如母體為 B(20, 0.7)，繪製 PMF 時，計算函數值時必須選對樣本範圍，如 x=0:N，不是不明究竟地越細越好，用 x=linspace(0,N,1000) 就鬧笑話了。以下程式示範以莖葉圖指令 stem 繪製離散型分配的做法：

```
N=20; p=0.7
x=0:N;
y=binopdf( x, N, p);
stem( x, y )   % 或 stem( x, y, 'filled', 'red' ) 加入實心圓點及顏色
```

圖 11.7 的上圖展示 stem 的效果，下圖則示範圖形與顏色的變化 (第三、四個參數分別代表實心圓點與顏色的設定)。

離散型分佈除以莖葉圖繪製外，也可以用長條圖指令 bar，如：

```
bar( x, y)
```
或

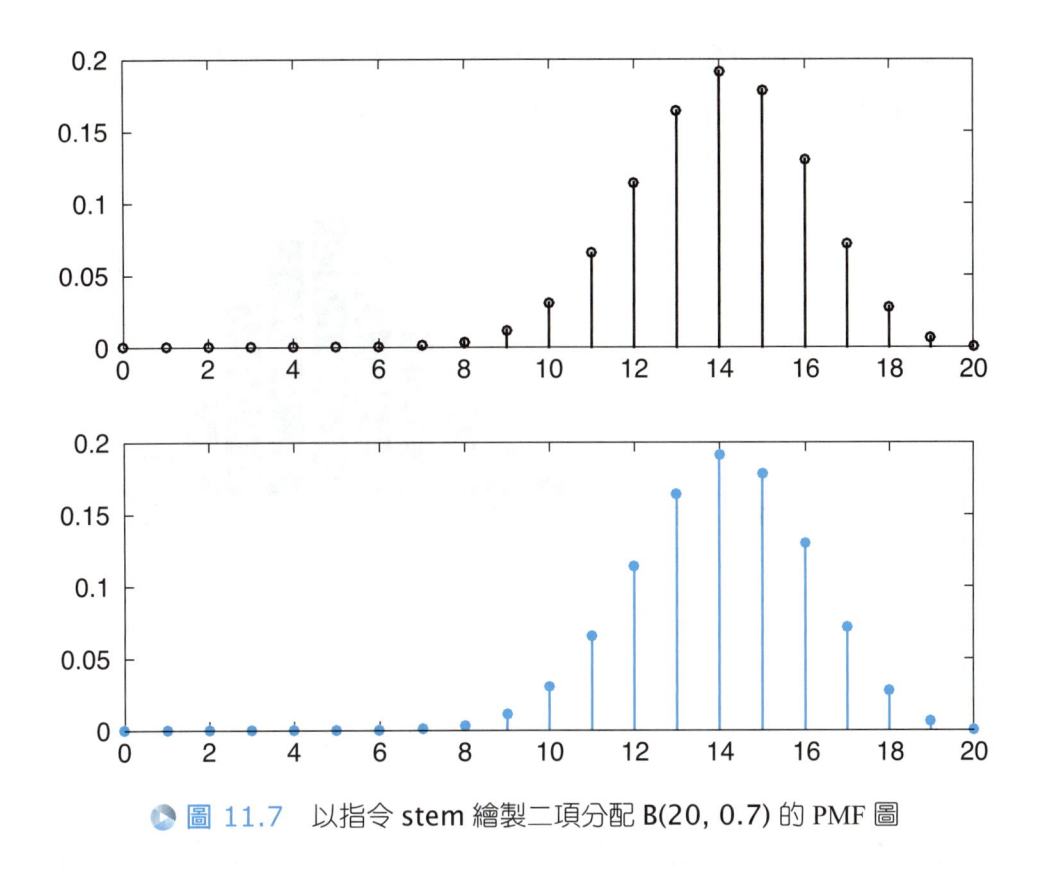

● 圖 11.7　以指令 stem 繪製二項分配 B(20, 0.7) 的 PMF 圖

```
bar( x, y, 0.2 )
或
bar( x, y, 0.2, 'FaceColor', 'red' )        % 或 bar( x, y, 0.2, 'r' )
```

其中第三個參數代表長條狀的寬度 (從 0 到 1)，第四個參數是顏色的選項。圖形如圖 11.8 所示。

至於 CDF 圖，可以採用 stairs 的指令，畫出如階梯般的機率累積圖。stairs 指令怎麼用呢？其實繪圖指令用多了，猜猜看往往八九不離十，學習程式語言要有這種本事才會越學越輕鬆愉快。[3] 圖形展示如圖 11.9。

---

[3] 是不是猜到 y=binocdf(x, N, p) 及 stairs(x, y)？如同其他許多繪製圖形的指令，stairs 指令也是可以配上顏色、粗細、符號等功能。嘗試看看自己的猜測功力是否進步。

至於其他離散分配的指令使用與繪圖方法大致相同。請參考第 11.6 節習題的建議多做練習,並與教科書上的圖形比對。

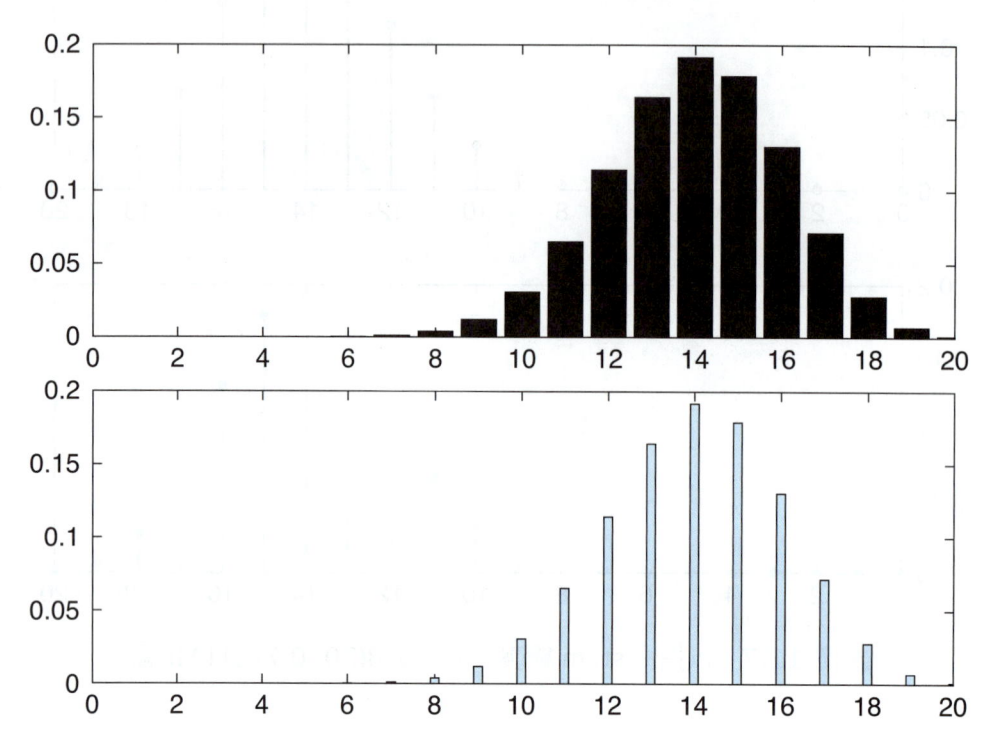

● 圖 11.8　以指令 bar 繪製二項分配 B(20, 0.7) 的 PMF 圖。上、下圖展現直條粗細與顏色

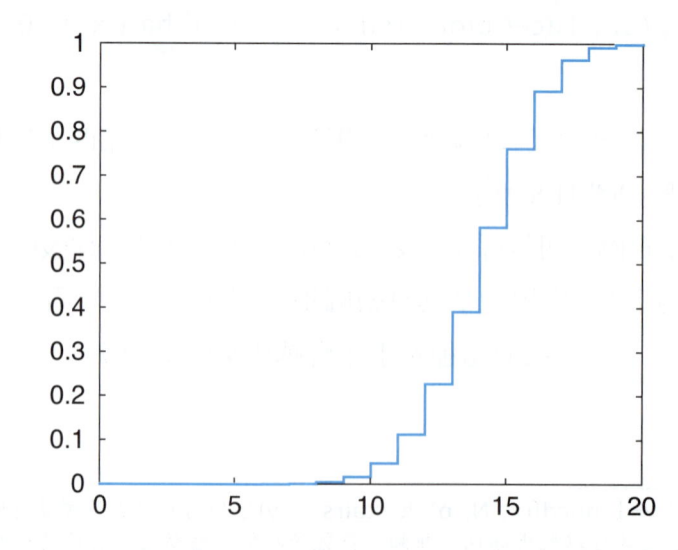

● 圖 11.9　以指令 stairs 繪製二項分配 B(20, 0.7) 的 CDF 圖

## 11.4 樣本 (亂數) 的生成與繪圖

在統計與工程領域的研究裡,經常利用前兩節談論的分配函數來描述相關的資料。過程中常需要模擬大量服從某種分配的資料來進行實驗,用以檢測理論的可行性。本節探討 MATLAB 提供生成亂數 (或一般稱為樣本) 的指令及其用法,及如何對生成的樣本作圖,觀察樣本呈現的「母體內涵」。從自己生成到觀察樣本資料,熟悉觀察到的內涵與樣本來源的關係,將來面對陌生資料才能準確地推測資料的來源。

MATLAB 產生亂數 (Random Numbers) 的方式照例可以從線上手冊 Help 裡面查詢到。其指令的字尾冠上 rnd 代表亂數,而參數的給定不外乎是該分配的參數與欲產生亂數的個數。譬如,下列指令產生 $M \times N$ 個服從常態分配的亂數並放在矩陣 A 裡:

```
A=normrnd(mu, sigma, M, N);
```

前兩個是分配的參數,第三個及第四個參數決定亂數的個數與排列的方式 (依實際需要排成矩陣或向量),不妨多試幾個不同的數字便一目了然。以下範例示範產生亂數的方式並繪製相關圖形,以印證產生亂數與來源母體的關係。

### 範例 11.6

分別產生 30, 100, 1000 個服從標準常態分配的亂數,並從這些亂數繪製直方圖 (Histogram) 與經驗累積分配函數圖 (Empirical Cumulative Distribution Function, ECDF)。

繪製直方圖與經驗累積分配函數圖的指令如下:

```
N=30;
x=normrnd(0, 1, 1, N);
subplot(121), hist(x)              % 繪製直方圖
subplot(122), ecdf(x)              % 經驗累積分配函數圖
```

　　直方圖與經驗累積分配函數圖是由樣本資料繪製得來，其中直方圖看起來像 PDF 圖，而經驗累積分配函數圖像 CDF 圖，也就是從有限的樣本資料去重建母體的「樣子」。當然，樣本數越多，做出來的「樣子」越像。所以，明知圖 11.10 的資料都來自標準常態，但樣本數少的上排，看起來就不像常態的鐘形。中排的樣本數 100 的直方圖看起來已經有鐘形的樣子，而下排樣本數 1000 的直方圖就很像了。

　　直方圖常用來觀察資料的分佈情形 (頻率、落點分佈)，MATLAB 對應的指令為 hist。繪製直方圖需要對資料很有「感覺」，否則容易畫出連自己都不易看懂的圖。其中樣本數的多寡牽涉到直方圖選定的組界數 (Bins)，尤其困擾初學者，不妨多練習、不斷地變更組界數並觀察圖形的變化。在 hist 指令中，組界數在第二個參數，不指定時組界數內定為 10。圖 11.11 展示不同組界範圍的視覺效果。

　　從直方圖只能大概判斷樣本是否來自常態的母體，若能為直方圖疊上接近的常態分配的機率密度圖，可以提供更精準的觀察。指令 histfit 提供這樣的功能：

```
n=1000;
x=normrnd(0, 1, 1, n);
histfit(x,20)
x=betarnd(9, 2, 1, n);
histfit(x, 20, 'beta')
```

結果如圖 11.12 所示,其中圖 11.2(a) 的直方圖配適常態分配,而圖 11.2(b) 則指定配適貝他分配。當選擇為直方圖配適常態分配的機率密度函數圖時,histfit 指令不需特別指定;但指定其他分配時,必須明確給定,譬如 beta 代表貝他分配 (指定分配的文字請參考 doc histfit 的描述)。MATLAB 會根據直方圖的資料先估計該分配所需的參數,再依此估計的參數繪製函數圖。

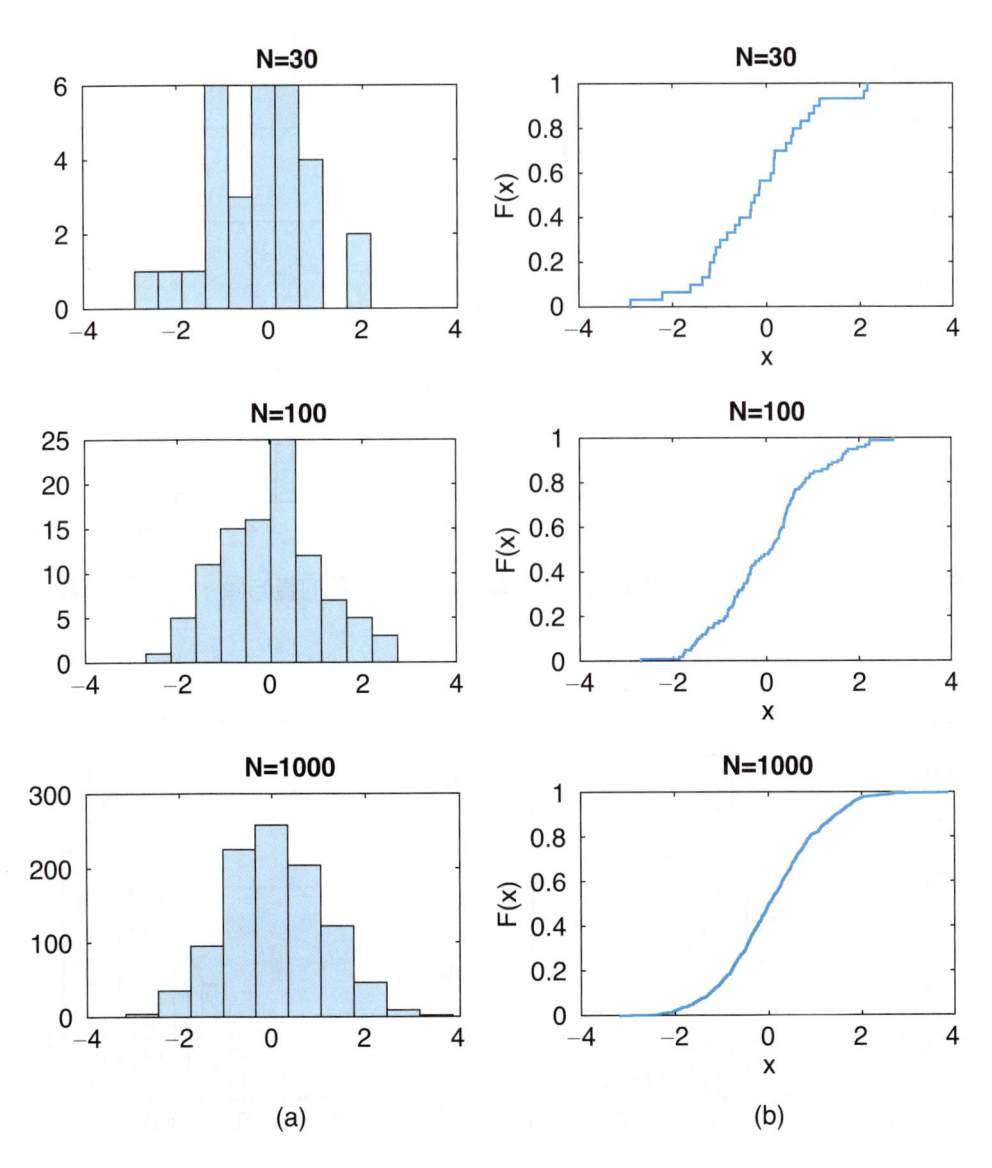

(a)　　　　　　　　　　　　　(b)

● 圖 11.10　30, 100, 1000 個亂數 (服從標準常態分配) 的直方圖 (圖 (a)) 及對應的經驗累積分配函數圖 (圖 (b))

想從圖形知道資料來自何種分配的母體，除直方圖描繪的機率密度函數圖外，ECDF 圖則是從資料來估計其母體的累積分配圖 (CDF) (如

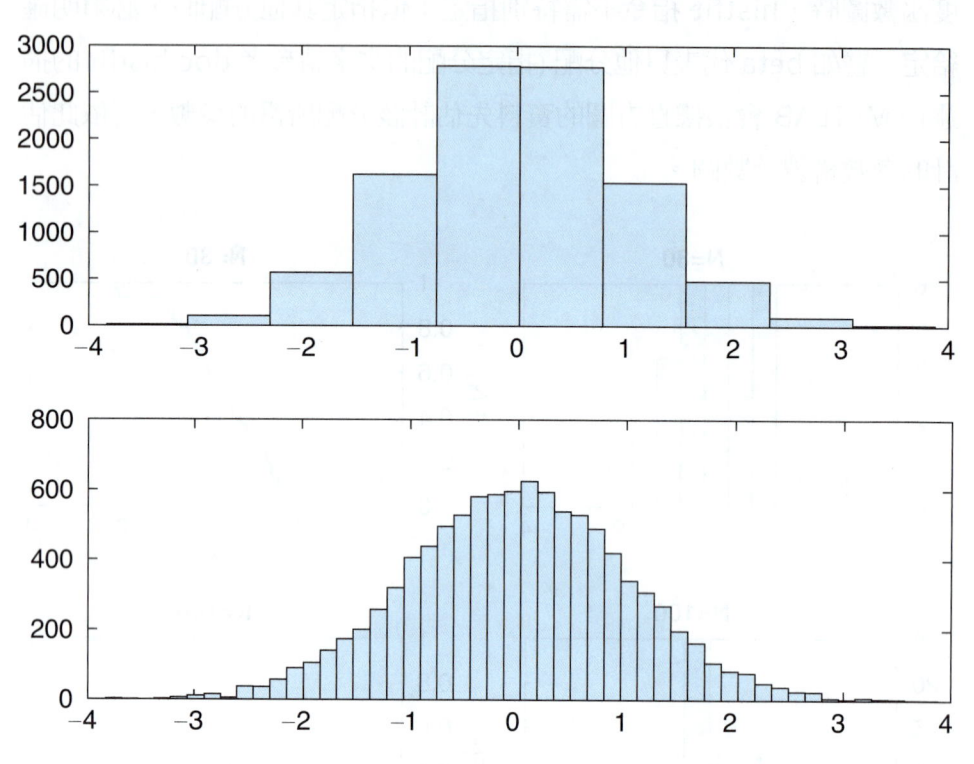

▶ 圖 11.11　相同的 10,000 個樣本畫出不同組界數的直方圖，上下圖組數分別為 10 與 50

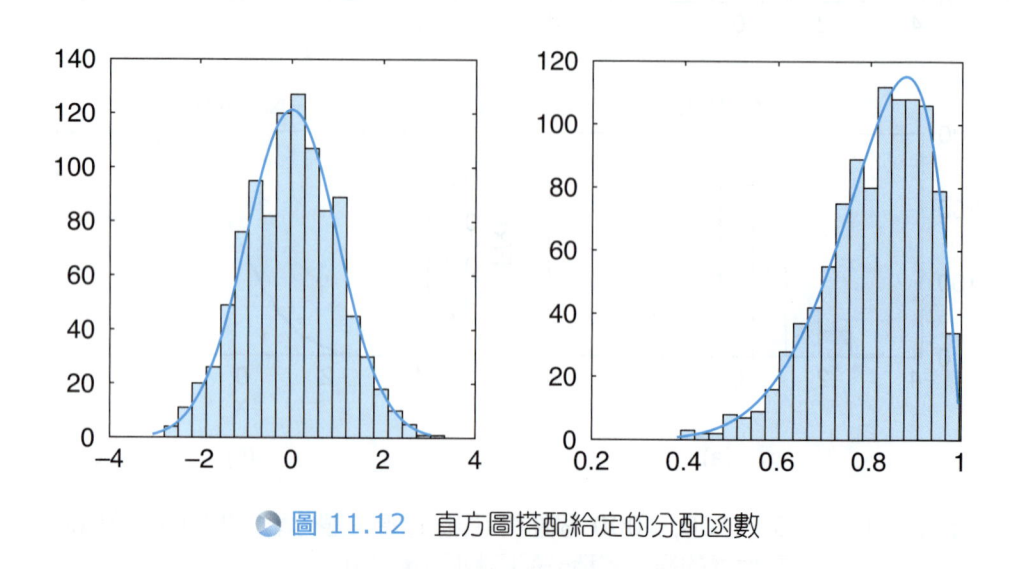

▶ 圖 11.12　直方圖搭配給定的分配函數

圖 11.10(b) 所示)。[4] 不過 CDF 圖並不具辨認性 (每個分配的 CDF 圖與都長得差不多)，一般會將 ECDF 圖與猜測的理論 CDF 圖畫在一起，從兩條線的吻合情形來判定，如圖 11.13 所示。圖中實線部分是 ECDF 圖，

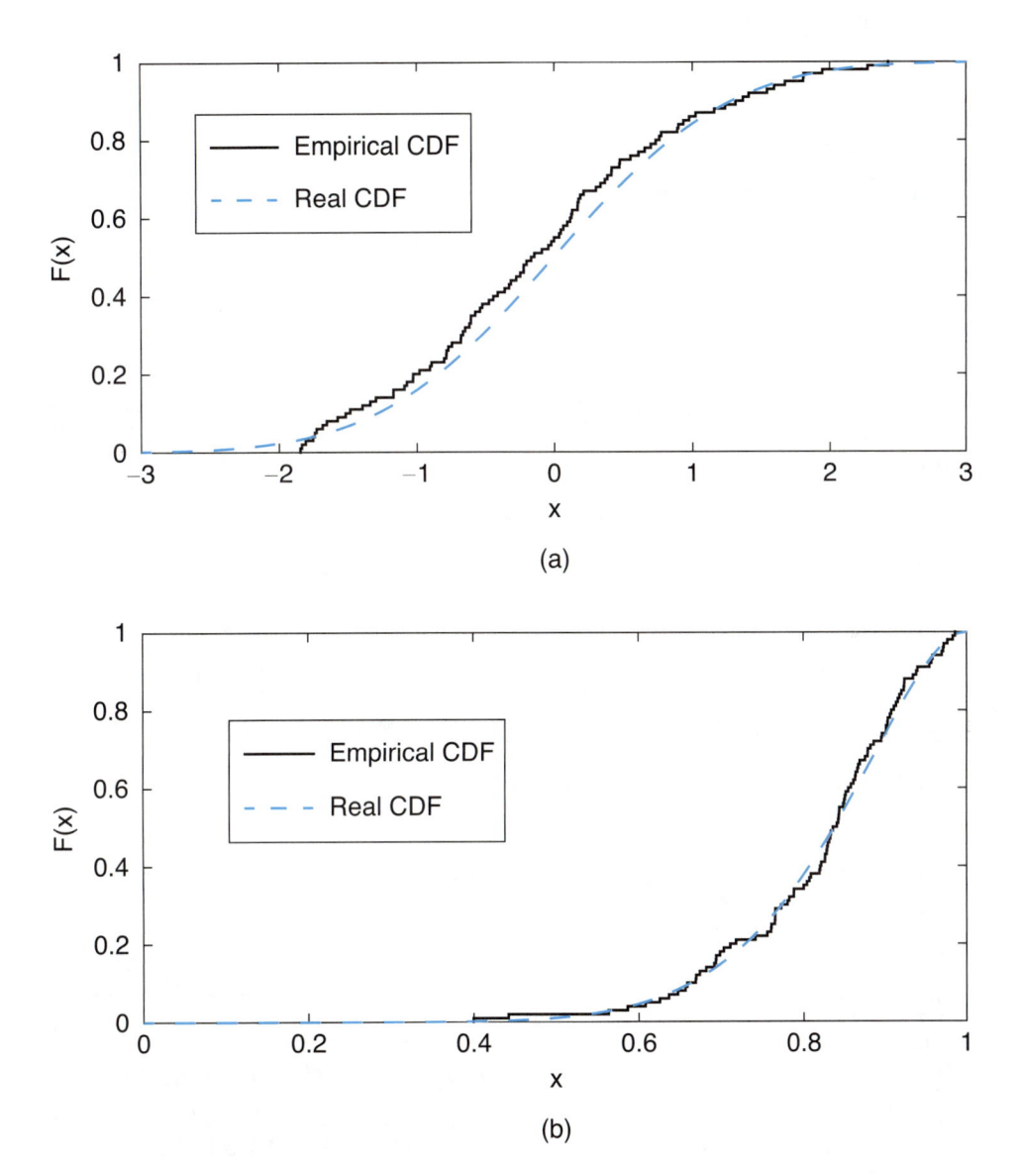

● 圖 11.13　Empirical CDF 與真實 CDF：(a) 常態分配，(b) 貝他分配

---

[4] 關於 ECDF 圖的繪製原理，可以簡單地理解為：先將所有 $n$ 個樣本由小到大排列，賦予每個樣本值均等的發生機率 $1/n$，依照繪製離散分配的累積分配圖，繪製階梯圖 (stairs)。以下幾個指令完成這個動作：x=sort(x); F=linspace(1/n, 1, n); stairs(x,cumsum(F))。

當樣本數不夠多時，看起來如階梯圖，虛線則是猜測的理論 CDF 函數圖。兩者雖有些微差距，但在樣本數少的情形下，初步可判斷樣本資料來自猜測的分配。指令 ecdf 也可以取得繪圖使用的累積機率值與對應的 X 值，這讓繪圖更具彈性，指令使用如下：

```
[ F, X ]=ecdf(x);
plot(X, F, 'LineWidth', 2, 'color', 'red')
                                    % 比較有彈性的繪製 ECDF 圖
```

除拿來繪圖外，這一組累積機率資料 {X, F}，也用來計算 p-value 或從累積機率值 F 查詢對應的 X 值，作為檢定時的關鍵值 (Critical Value)。譬如，計算這組資料所代表的分配其右尾 5% 的關鍵值是多少？圖 11.14 展示一組來自卡方分配 (自由度為 4) 的樣本，經過 ECDF 計算與繪圖後 (虛線)，與來源的母體 (實線) 間有差距，圖 11.14(a) 為關鍵區域的放大圖示。觀察累積機率等於 0.95 所對應的 X 值時，計算的理論值為 9.4877 (實直線所示)，但實際從樣本以 ECDF 計算出的估計值為 9.6276 (虛直線)。這就是樣本估計與實際母體的差異。以下為計算這兩個值的指令：

(a)

(b)

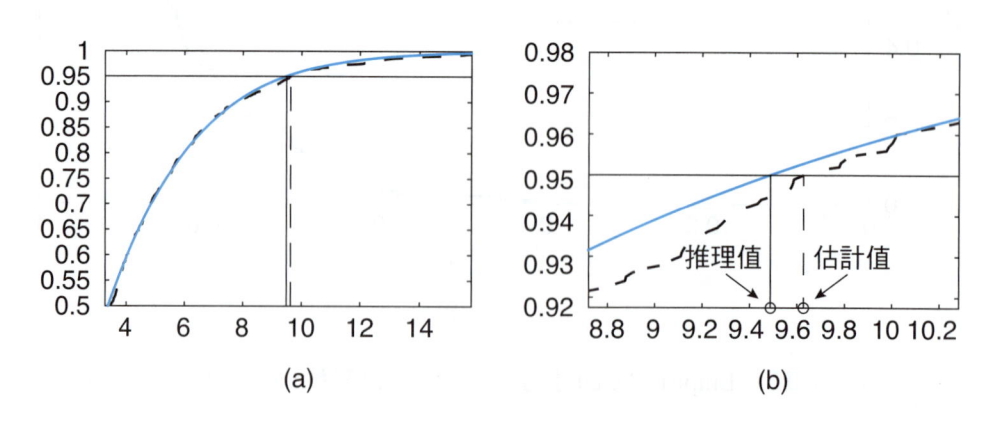

▶ 圖 11.14 從 ECDF 資料估計原始分配的右尾 5% 的關鍵值，(a) 為關鍵區域放大圖

```
n=1000;
x=chi2rnd( 4, 1, n );
[ F, X ]=ecdf(x);
P=0.95;
cv=chi2inv( P, 4 );                      % 理論值
I=find( F>P, 1, 'first' );
cv_hat=X(I);                             % 估計值
```

9.6276 的估計值是從樣本計算而來，樣本不同自然會得到不同的估計值。讀者可以試著跑幾次看看估計值的變動情形，並更動樣本數的大小，試試樣本數的大小與估計值的穩定度的關係。指令 find 的功能在尋找向量或矩陣中符合某些條件的資料。第二個與第三個參數合起來解釋為：找出符合條件裡面的第一筆資料。其他選擇如找出最後一筆 (find( F>P, 1, 'last' )) 或前三筆 (find( F>P, 3, 'first' ))。輸出為該資料矩陣或向量的索引值 (位置)。

### 範例 11.7　觀察樣本的常態分佈狀況和分配屬性

MATLAB 還提供觀察常態分配與否的 normplot 與 qqplot 等繪圖指令，試著產生幾種不同分配的樣本 (亂數)，包括常態分配與非常態分配 (含左偏、右偏與對稱分佈) 的樣本，並以上述指令繪製圖形，觀察不同分配樣本的「長相」。

統計圖形如之前介紹過的直方圖 (hist)、經驗累積分配函數圖 (ecdf)，及本範例的常態機率圖 (Normal Probability Plot, normplot) 與 QQ 圖 (qqplot) 各具特色，學習統計資料分析者必須熟悉這些圖形的意涵，多看多比較。最好的方法不外乎自己能產生各種分配下的樣本並控制其參數，再一一觀察這些樣本的各式統計圖，才算真正了解統計圖與樣本的特性。為了解常態圖形的特色，在此產生常態與非常態資料來觀

察這幾個統計圖形 (指令) 的長相，讓腦袋刻印清楚其對應關係。幾個實驗設計如下：

1. 產生 100 個服從標準常態的樣本。
2. 分別產生 100 個服從 T 分配自由度 3 與 10 的樣本。
3. 分別產生 100 個服從貝他分配參數分別為 $\beta(9, 2)$ 及 $\beta(2, 9)$ 的樣本。

從樣本分別繪製 normplot, qqplot。

先關心服從標準常態的樣本，如圖 11.15 繪製常態機率圖與 QQ 圖。這兩種圖相似，其理論不在此詳述，簡單的觀察原則是以 45° 角的斜線為基準，所有樣本經過適當轉換後以 + 字符號畫在圖上，當所有樣本越貼近這條斜線，代表樣本越接近常態分配。仔細比較圖 11.15 的兩種圖形，發現除了 + 與斜線的相對位置相反及資料是否標準化，常態機率圖與 QQ 圖其實是一樣，未來可以擇一使用。

(a)

(b)

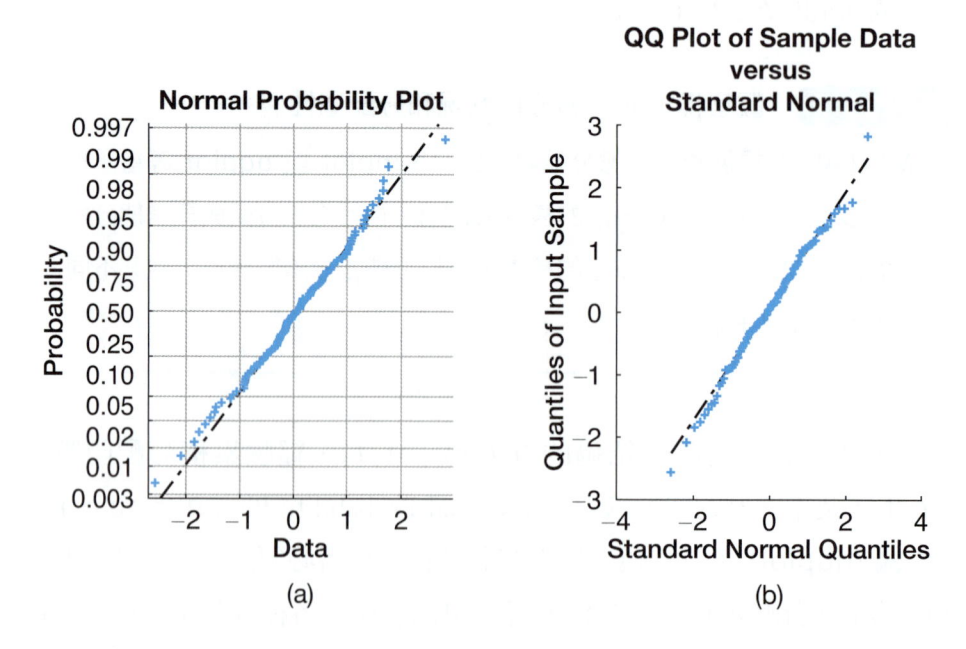

◐ 圖 11.15　100 個服從標準常態的樣本的常態機率圖與 QQ 圖

因為常態機率圖與 QQ 圖是用來觀察資料與常態的差距,所以本實驗的設計先以常態樣本來觀察,如圖 11.15 所顯示,樣本相當程度的集中在斜線上。當然樣本數越少,觀察越困難 (變異較大)。讀者可以試著產生更少及更多的樣本,觀察常態機率圖與 QQ 圖如何呈現常態樣本。

觀察過各種樣本數的常態資料的常態機率圖與 QQ 圖,讓腦袋印記著這些圖。接著觀察非常態的樣本資料。第二組資料選擇對稱型的 T 分配,自由度分別是 3 (比較不像常態) 與 10 (較像常態)。圖 11.16 展示其中一組資料的常態機率圖與 QQ 圖。很清楚地發現圖 11.16(a) 的斜線兩端尾巴資料偏離斜線較多,這是 T 分配的厚尾特性。相對的 T(10) 偏移量較小些 (T(30) 已經接近標準常態了)。同樣的建議,請讀者試著產生更少及更多的樣本並改變自由度,觀察常態機率圖與 QQ 圖如何呈現非常態但對稱的 T 分配。

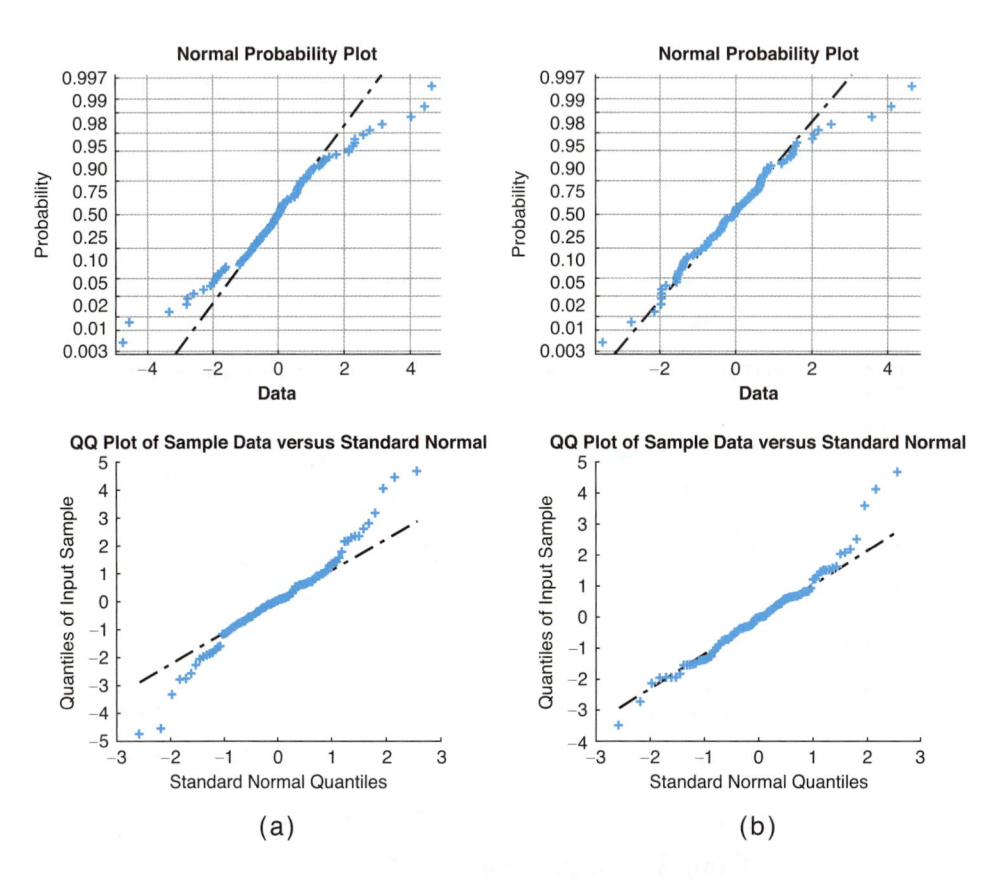

● 圖 11.16　100 個服從 T 分配自由度 3 (圖 (a)) 與 10 (圖 (b)) 樣本的常態機率圖與 QQ 圖

Coding Math：寫 MATLAB 程式解數學

　　第三組資料以左偏的 $\beta(9, 2)$ 與右偏的 $\beta(2, 9)$ 分配來觀察常態機率圖與 QQ 圖的「走向」，如圖 11.17 所展示。特別觀察資料排列的緊密情形與斜線兩端的分散方式，並與前面兩組資料對比，慢慢地領略這些統計圖代表的意涵。圖 11.17 也清楚地展示偏斜分配的「+」會出現在斜線的同一側 (對比圖 16 左右對稱的 T 分配)。讀者不難得出不同偏斜分配的樣本 QQ 圖的彎曲方向。常態機率圖與 QQ 圖指令使用方式為

```
x=normrnd(0,1,1,100);
subplot(121), normplot(x)
subplot(122), qqplot(x)
```

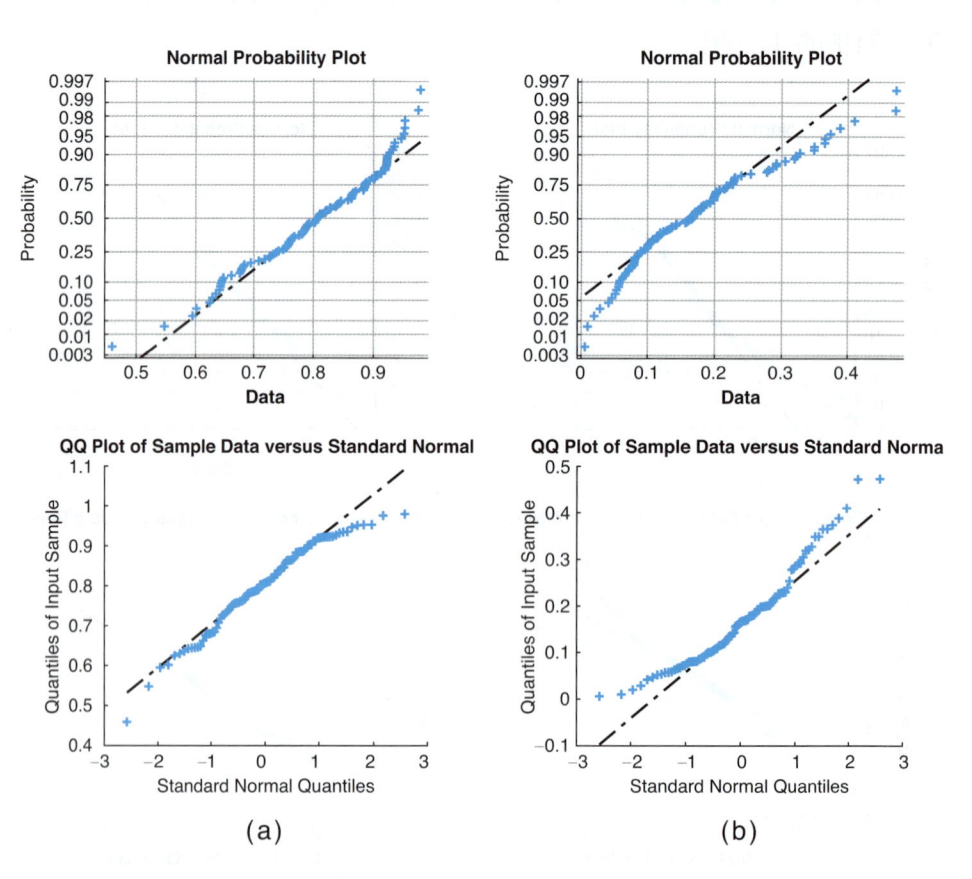

(a)　　　　　　　　　　　　　　(b)

● 圖 11.17　100 個服從貝他分配參數分別為 $\beta(9, 2)$ (圖 (a)) 及 $\beta(2, 9)$ (圖 (b)) 樣本常態機率圖與 QQ 圖

Chapter **11**

機率分配的面貌

### 範例 11.8

盒型圖 (Box Plot) 或稱箱型圖用來觀察資料的分佈 (分散) 情形，透過將幾個簡單的統計量標示在圖上，產生一種對資料結構的遠觀視覺。試著安排幾組資料，譬如服從左右對稱的標準常態資料、右偏與左偏的貝他分配資料，用以呈現盒型圖的特色，並觀察圖形長相與資料間的關係。

MATLAB 盒型圖指令為 boxplot，簡單好用，但是也非常彈性，可以讓使用者依據需求做出不同的圖形。先借圖 11.18 說明 MATLAB 指令 boxplot 在盒型圖上的標示：

1. Med：中位數 (Median)。
2. Q1, Q3：下四分位數 (25th Percentile) 與上四分位數 (75th Percentile)。
3. Upper Whisker, Lower Whisker：上鬚與下鬚，其鬚長定義為

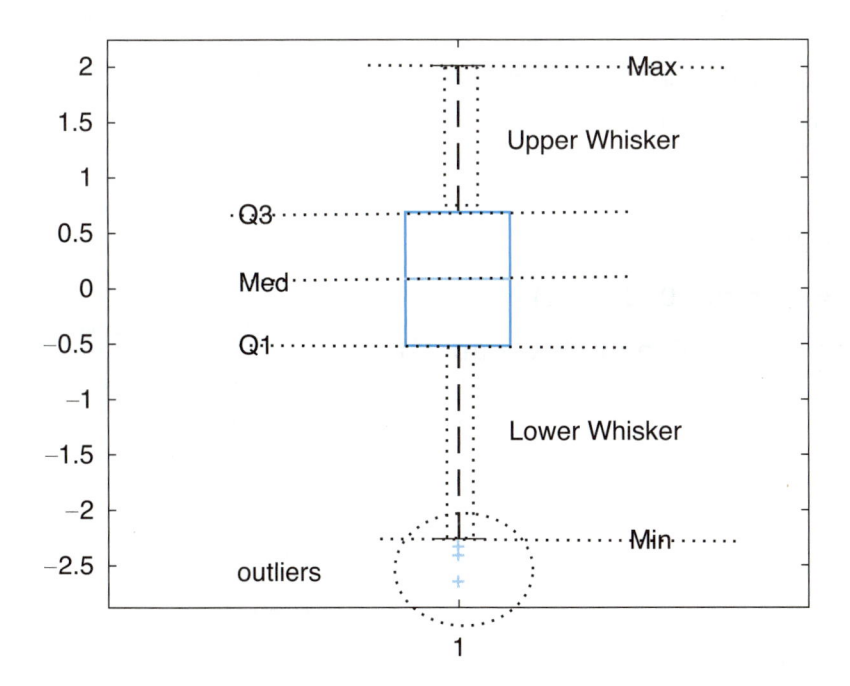

● 圖 11.18　MATLAB 的盒型圖說明

w(Q3-Q1)，位置分別在 Q3 之上與 Q1 之下，其中 w 內定為 1.5 倍 (可更動)。但實際在圖形上的長度以最大值 (Max) 與最小值 (Min) 的位置為界，所以圖形的上下鬚長度經常不一。

4. Max, Min：最大值與最小值。在上下鬚範圍內的最大與最小資料值。

5. Outliers：離群值。設定為上下鬚範圍外的資料，在圖上以紅色 + 標示 (樣本值 > Q3+w(Q3-Q1) 或 < Q1-w(Q3-Q1))。

為展現不同分佈的資料的盒型圖特性，設計了三組資料：

1. 產生 2 組樣本數均為 200 的標準常態樣本。
2. 產生 3 組樣本數均為 200，分別服從貝他分配 $\beta(9, 2)$、$\beta(5, 5)$ 及 $\beta(2, 9)$ 的樣本。
3. 產生 20 組樣本數均為 200 的常態分配樣本，標準差分別為 1, 1.05, 1.1, ..., 1.95 的樣本。

圖 11.19 展示第一組的標準常態資料。讀者可以多看幾眼，仔細想想常態分配的幾個統計量，最好試著產生幾組不同參數的常態資料並畫出盒型圖。指令如：

```
n=200;
X=normrnd(0, 1, n, 2);
boxplot(X,{'Group 1', 'Group 2'})
```

Chapter **11**

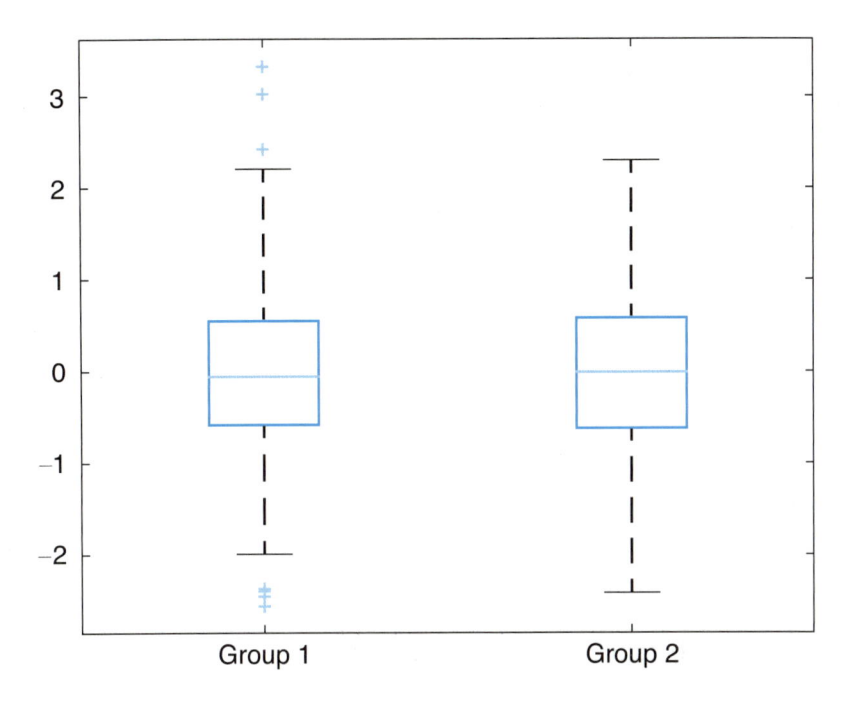

機率分配的面貌

● 圖 11.19　2 組樣本數均為 200 的標準常態資料的盒型圖

這裡刻意用了兩組資料同時呈現，所以 boxplot 處理的資料型態是矩陣，每一行代表一組資料。第二個參數設定了資料的標籤 (Labels)。圖 11.20 展示三組分別為左偏、不偏及右偏的貝他分配，並且並排陳列盒型圖。這張盒型圖特別啟用了參數組 notch 製造出中位數位置的切口，方便觀察。指令如：[5]

```
n=200;
X=[betarnd(9, 2, n, 1) betarnd(5, 5, n, 1) betarnd(2, 9, n, 1)]
boxplot(X, 'notch', 'on', 'labels',{'beta(9,2)','beta(5,5)','beta(2,9)'})
```

---

[5] 參數設定遵從 MATLAB 規範，以「參數名稱」＋「參數選項」成對出現。譬如，參數名稱 'notch' 配參數選項 'on'，或 'plotstyle' 配 'compact'。

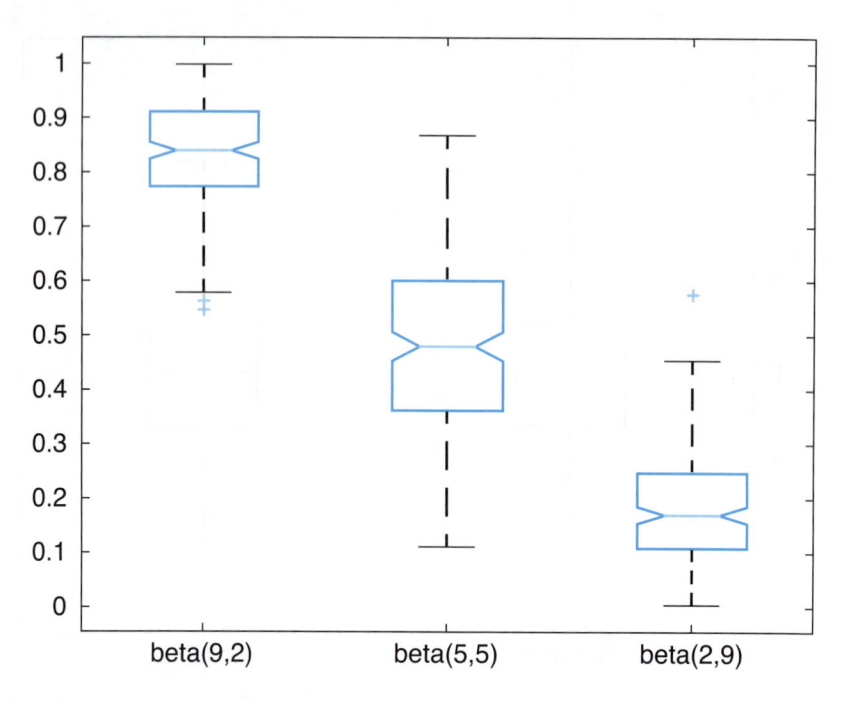

## Coding Math：寫 MATLAB 程式解數學

▶ 圖 11.20　3 組樣本數 200，分別服從貝他分配 $\beta(9, 2)$、$\beta(5, 5)$ 及 $\beta(2, 9)$ 資料的盒型圖

　　從這三個盒型圖的位置、上下鬚的長短與離群值的位置，對照其左偏、不偏及右偏的母體特性，讀者宜仔細端詳，並試著自己產生幾組不同偏斜程度、不同樣本數的資料來畫畫盒型圖，多看、多比對。對學習統計與機率一定更有感情、更能被感動。

　　圖 11.21 進一步展現 MATLAB 在盒型圖上的延伸功能，安排了 20 組資料同時呈現盒型圖。通常讓多組資料同時呈現盒型圖的用意在於「比較」或想看出有什麼「趨勢」，這組資料刻意安排了變異數漸大的傾向。同時呈現多組資料常見的緊實模式 (Compact)。指令如：

```
n=200; m=20;
s=linspace(1, 2, m);              % 漸增的標準差
S=repmat(s,n,1); ;                % 特殊矩陣，為產生亂數準備
X=normrnd(0, S, n, m);
subplot(211), boxplot(X)
subplot(212), boxplot(X, 'plotstyle', 'compact')
```

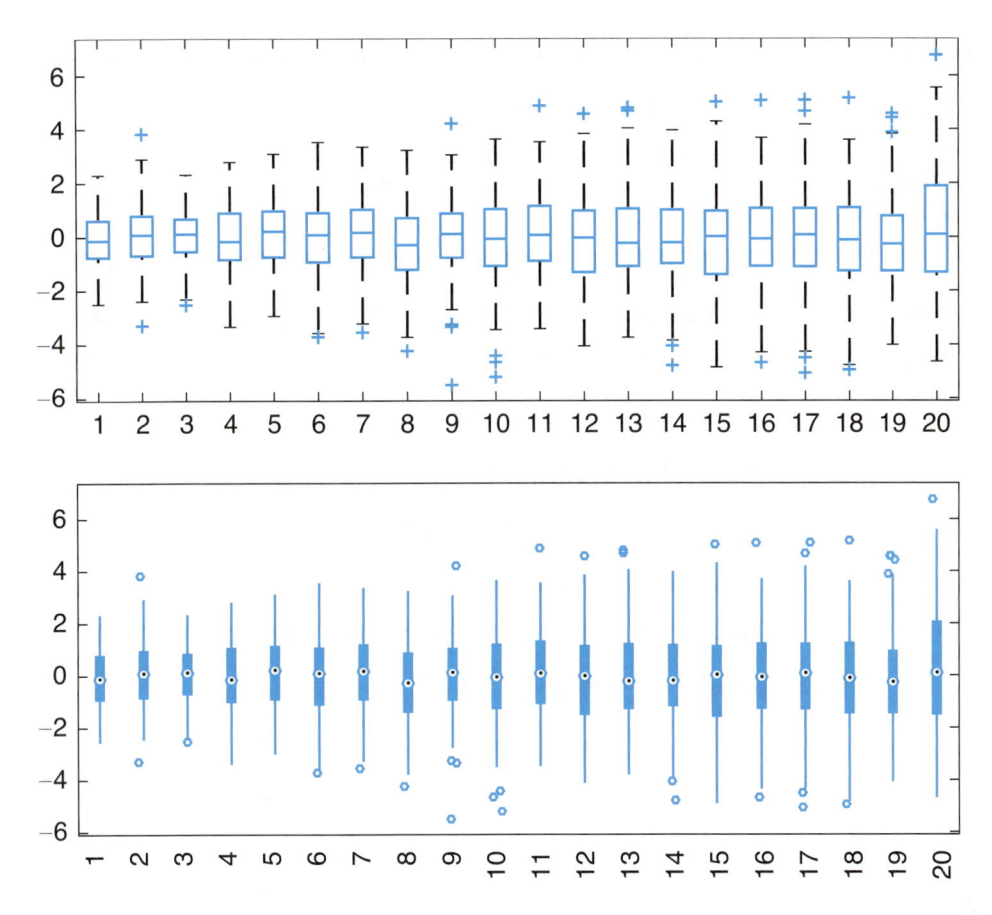

● 圖 11.21　20 組樣本數為 200 的常態分配樣本，平均數同為 0，標準差分別為 1, 1.05, 1.1, ..., 1.95 資料的盒型圖

指令 boxplot 有很多的延伸選項，本書無法一一盡現，建議讀者到 doc boxplot 瀏覽。這裡展示盒型圖的兩種模式選擇，選項名稱為 'plotstyle'，選項為 'compact' 的緊實模式。另外，為方便產生 20 組變異數不同的資料矩陣，在 X=normrnd(0, S, n, m) 的前兩個選項，平均數與標準差，下了一點工夫。這個指令將產生 n x m 的矩陣 X，代表 m 組平均數相同 (皆為 0)，標準差不同的常態樣本。因平均數一樣，第一個參數放上一個數字 0，代表 n x m 矩陣每個樣本來自平均數為 0 的常態。第二個參數為配合標準差的變化，必須擺上與資料矩陣同樣大小的矩陣 S，其中每一行設為同一個標準差，共 m 行，這個矩陣由指令

repmat 完成，[6] 將 1 x m 的向量 s 複製並擺成 n x 1 的模式。相當於以兩個向量相乘，即 S=ones(n, 1)*s。

> **範例 11.9**
>
> 有些時候我們必須模擬兩組或以上的資料，並假設不同組的資料間有某種程度的相關性 (Correlation)，方便驗證某些統計定理，或用來做實驗的模擬資料。在這個範例，試著：
> - 產生兩組資料，每組各 100 個樣本。這兩組資料來自兩個不相關的變數 (Uncorrelated Variables) $Y_1$ 及 $Y_2$ (可以先假設變數都服從常態分配) 畫一個散佈圖來呈現資料間的不相關性 $\{y_1\}$ vs. $\{y_2\}$，並且計算出兩者間的相關係數 r。
> - 同上，但資料來自兩個完全相關 (Completely Correlated) 的變數並觀察相關係數，譬如假設：$Y_1 = cY_2$，c 代表一個常數。
> - 同上，但資料來自兩個部分相關 (Partially Correlated) 的變數並觀察相關係數。(如何模擬「部分相關」的兩組資料呢？請先動動腦！)

　　本範例假設讀者對於兩變數間的相關性及其散佈圖的模樣已經有相當的概念，方能藉此逐步模擬出自己所認知的相關性，特別是模擬部分相關的資料。MATLAB 提供一個指令產生具相關性的多變量亂數，但在認識這個指令之前，讀者可以試著從已經認識的指令與對相關性的認識來產生看看。譬如，想產生如圖 11.22 四種不同相關性的兩組資料。

---

[6] 指令 repmat(x, m, n) 顧名思義是 repeat matrix 的意思，將目標物 x，不管是向量還是矩陣，以 n x m 的矩陣模式複製擺設。讀者不妨在命令視窗玩玩，假設任意的向量或矩陣 x (當然大小盡量小點，方便觀察)，再隨意變更 n, m 的大小，看看結果如何，很快就能掌握這個指令。自己能做些小實驗，比任何說明都清楚。

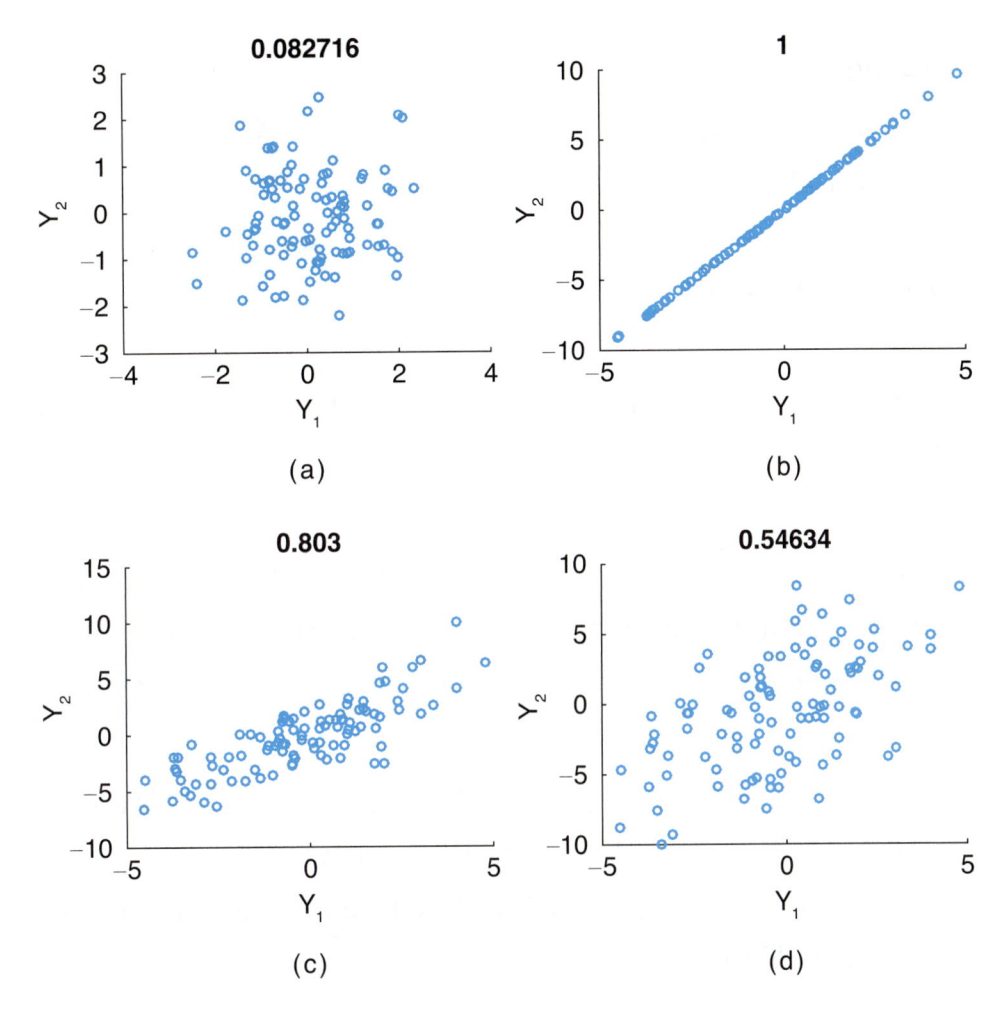

▶ 圖 11.22　不同相關係數的兩個變數樣本的散佈圖

　　圖 11.22(a) 是典型的不相關的兩組資料的散佈圖，$Y_1$ 與 $Y_2$ 間看不出任何明顯的趨勢。在 MATLAB 裡直接以亂數產生器製作出來的亂數，彼此間是獨立的 (也一定不相關)，[7] 以下指令可以製造出兩組獨立的資料 y1, y2，並製作散佈圖：

---

[7] 關於獨立 (Independent) 與不相關 (Uncorrelated) 的機率特性，請參考相關書籍或維基百科 (Wikipedia) 的敘述。

```
n=100;
Y=normrnd(0, 1, n, 2)                    % n x 2 的矩陣
y1=Y( :, 1);
y2=Y( :, 2);
scatter( y1, y2)
```

至於圖 11.22(b) 與 (c)、(d) 具某種線性相關程度的資料，可由下列指令產生 (令 y1 不變，只更動 y2) :

```
y2=y1                                    % 圖 11.22(b)，完全相關
y2= y1+ 2*normrnd(0, 1, n, 1);           % 圖 11.22(c)，部分相關
y2= y1+ 4*normrnd(0, 1, n, 1);           % 圖 11.22(d)，部分相關
```

上述製造部分相關的指令非常粗糙，只是故意製作出相關的資料組，並無法精準控制相關係數。譬如想產生兩組相關的資料，彼此間的相關係數為 0.6。這時最好訴諸 MATLAB 的指令，在此先介紹 copularnd。[8] 譬如：

```
n=100;
rho=0.8;                                 % 先設定相關係數
U=copularnd('Gaussian', rho, n);         % n x 2 的矩陣
```

當相關係數 rho 設定為一個常數時，代表將生成兩組資料，而 rho 代表相關係數。如果想生成兩組以上的資料，rho 必須設定為相關矩陣。[9] 上述指令生成一個 n x 2 的矩陣，代表兩組資料。由 couplarnd

---

[8] 指令 copularnd 屬於統計工具箱中 copulas 指令組的一個。這裡只應用這套指令組最簡單的使用，有興趣的讀者自行 doc copularnd 研究。

[9] 相關矩陣是一個對角線均為 1 的對稱矩陣，非對角線部分代表兩兩變數間的相關係數。

生成的亂數一概服從 (0, 1) 之間的均勻分佈，兩組間的相關係數約為 rho。如果應用上需要服從某特定分配的亂數，可以用該分配的反函數指令來轉換，譬如第一組資料換成標準常態，第二組轉換為伽瑪分配 $\Gamma(2, 1)$，指令如：

```
x1=norminv(U(:, 1), 0, 1);
x2=gaminv(U(:,2), 2, 1);
```

讀者可以畫幾張圖來觀察矩陣 U 的每行資料的分佈與兩行的散佈情況，計算相關係數。對於每個計算出來的資料都利用本章介紹的各種圖形去觀察分析，一次又一次，相信對機率統計的理論將有更精準的認識。

## 11.5 觀察與延伸

1. 繪製機率密度函數時，也可以嘗試使用 ezplot 指令，譬如繪製標準常態分配的 PDF 圖，

```
ezplot('normpdf(x,0,1)')
```

建議經常使用，相當方便。不過當需要疊圖時，ezplot 似乎不太好搞，不妨試試看。

2. MATLAB 關於機率方面的指令不少，normspec 也是一個常用來表達機率概念的圖，其使用方式如下，結果如圖 11.23 所示。

```
normspec([-5 5],0,3)
```

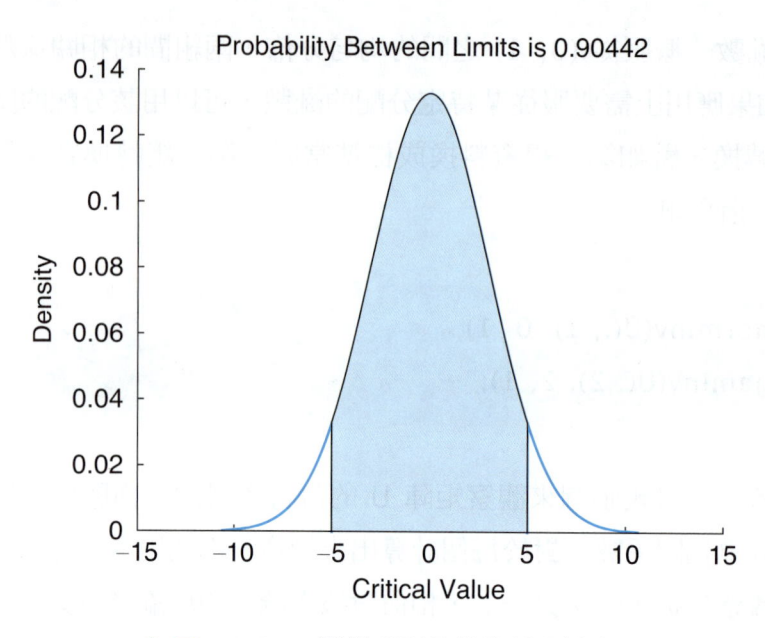

◎ 圖 11.23　常態分配函數的部分機率圖

其中第一個參數指出涵蓋的範圍，第二個與第三個參數則是常態分配的參數。normspec 指令除畫出覆蓋的面積圖之外，也計算出這個面積並展示在 title。

3. 畫出來的 PDF 圖與 CDF 圖是否都符合你的預期呢？如果不是，請翻閱統計學、機率論的書驗證。
4. 釐清機率分配的 PDF 圖與依亂數值產生的直方圖。不要搞混了！必須清楚兩者的異同。
5. 畫出來的直方圖若與自己認定的不符時，請特別注意是畫圖技巧不好，還是指令的操作錯誤或是觀念的錯誤。通常直方圖的畫圖技巧必須注意樣本數及組數 (Bins) 的選擇。
6. 透過本章的練習，當給予一組隨機資料時，你有多少把握知道其原始的分配是什麼？這與資料量的多寡有關嗎？除了畫直方圖之外，還有沒有其他方式可以提供更多的參考訊息呢？讀者必須經常考驗自己觀察原始資料的本事。
7. 兩變數的相關性不一定是線性的，本章只是給予線性的訓練。你也可以試試產生非線性相關的資料，再去計算相關係數，看看會發生什麼事。

8. 請觀察變數資料的產生與關係的形成及最後散佈圖的樣子，要牢牢地將這些東西連結在一起。加強對資料的感覺，培養與資料間的感情，即所謂的「資料感」。

## 11.6 習題

1. 畫出下列分配的 PDF 圖及 CDF 圖，並觀察參數的改變與圖形的關係。將相關的圖疊在一起 (至少 5 張圖疊成一張)，所有的參數資料盡量表現在圖形的空白處 (以指令 text 或 gtext)。

   - 常態分配 (Normal Distribution)：(1) 固定 $\mu$ 改變 $\sigma$，(2) 固定 $\sigma$ 改變 $\mu$。
   - 卡方分配 (Chi Square Distribution)：觀察不同自由度 ($v < 30$) 的圖形變化。另外，可以觀察當自由度很大時，卡方分配的長相？譬如，畫一張圖將自由度 1000 的卡方分配與常態 $N(1000, 45)$ 的 PDF 圖疊在一起。
   - 二項分配 (Binomial Distribution)：自行調整參數。
   - F 分配 (F Distribution)：當兩個自由度的參數 $v_1$, $v_2$ 由小變大時，F 分配的樣子會如何改變呢？有其極限嗎？請仔細觀察。盡量摸索畫出具代表性的 PDF 圖。F分配的機率密度函數指令為 fpdf(x, v1, v2)。
   - T 分配 (T Distribution)：觀察當自由度由小變大時，圖形的變化情形。當自由度很大時是否接近標準常態？試著模仿如圖 11.6 的經典 T 分配圖。最上面較粗的那條線代表標準常態。
   - 貝他分配 ($\beta$ Distribution)：這個分配很豐富，千變萬化，非常精采。當兩個參數 $a, b$ 大小不同時，分配的樣子會如何改變？譬如，觀察當 $b > a$ (固定 $a$，調整 $b$) 時、當 $a > b$ (固定 $b$，調整 $a$) 時及當 $a = b$ 時。圖 11.24 展示幾張典型的貝他分配圖。

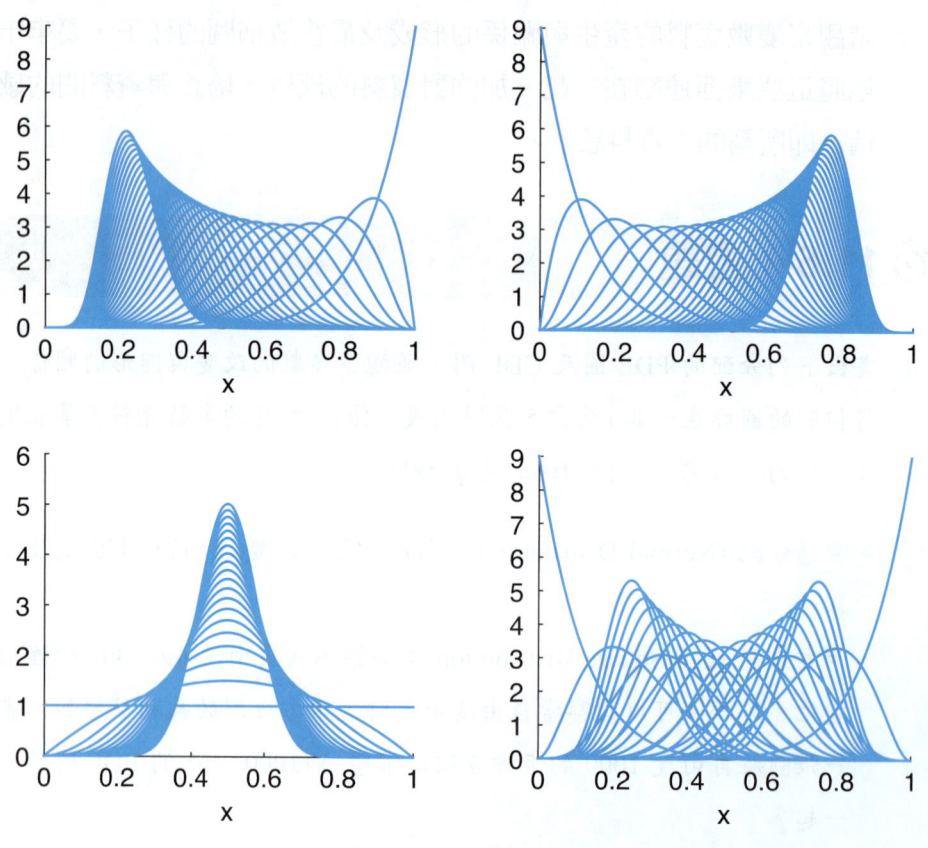

**Coding Math：寫 MATLAB 程式解數學**

● 圖 11.24　貝他 ($\beta$) 分配的 PDF 圖隨參數改變的分佈情形

- 指數分配 (Exponential Distribution)：自行調整參數。指數分配的機率密度函數指令為 **exppdf(x, mu)**。

其他如幾何分配 (**geopdf(x, p)**)、卜瓦松分配 (**poisspdf(x, lambda)**) 都可以自選嘗試。

2. 產生 5 組亂數 (服從 5 個不同的分配)，自行決定個數與分配，分別畫出直方圖。仔細觀察畫出來的圖是否符合預期的分配？試著調整亂數個數與直方圖的組距數，不斷繪圖觀察，直到滿意為止。選擇一張圖作為該分配的代表。

3. 分別產生具左偏與右偏分配的資料各一組，畫出盒型圖。

4. 假設 $X$ 為一服從標準常態分配的變數，令變數 $Y = X^2$。利用適當的

亂數指令產生 1000 變數 $Y$ 的亂數，並繪製其直方圖。類似這樣的抽樣分配在機率或數理統計的課本可以找到很多，不妨多做幾個，並與理論上的分配對照。

# Chapter 12

# 程式專題

**程**式設計者的養成必須假以實戰,不能光寫或模仿一些小程式片段。本章設計幾個簡單但完整的專題,從問題出發,引導讀者從程式的角度來解決問題。需要用到的程式技巧已經在前面的章節介紹過,一方面複習學過的技巧與觀念,一方面逐漸熟悉解決問題的切入點與最終結果的表達(Presentation)。本章內容不一定要留待最後才看,讀者可以先瀏覽每個專題的內容,如果與自己正要解決的問題類似,便可直接閱讀參考,技術不足之處再參閱前章。若只是想訓練自己的程式能力,建議讀者看完題目後,先自己思考如何下手,甚至直接動手寫,最後再參考本章的做法,以收實戰訓練之效。

### 本章學習目標

從問題的掌握,到轉換為程式的撰寫,本章是對程式設計者的養成教育。

> **關於 MATLAB 的指令與語法**
>
> 指令:chi2cdf, chi2inv, ecdf, input, isempty, menu, min, nargin, num2ecll, menu, patch, reshape, scatter, switch, tic, toc, ttest2, unifrnd, while
>
> 語法:邏輯運算、矩陣運算與迴圈運算的比較

本章共含七個專題實驗，分別簡述如下，方便讀者快速瀏覽再決定是否詳讀。

1. **$\pi$ 的估計**：運用均勻亂數在圖形中的位置估計 $\pi$。利用測試樣本數與估計次數的多寡來評量估計值的優劣，並理解抽樣分配的長相與製作過程。

2. **中央極限定理的實驗**：執行中央極限定理所描述的現象，特別是當母體來自各種不同的分配時，觀察在樣本數大與小的條件下，樣本平均數的抽樣分配。

3. **雙樣本 T 檢定的 p-value 分佈**：執行雙樣本 T 檢定後得到的 p-value 將落在 [0,1] 的哪個位置呢？當然這與樣本來源的兩母體相關，但是有多少關係呢？執行 10,000 次後，能猜得出 10,000 個 p-value 的分佈嗎？學過檢定、用過檢定的讀者，最好能玩玩這個實驗，對這個常見的檢定將有新的認識。

4. **順序統計量 (Order Statistics) 的經驗分配**：根據某個實驗狀況的陳述，能否運用亂數製作出實驗樣本？本實驗是一個簡單、常見的狀況，實驗很好做，既能製作出實驗所需的樣本，又能控制樣本數且一再執行，輕易創造出與理論一致的結果。

5. **泰勒級數的舞步**：泰勒級數普遍應用在許多複雜問題的簡化上，它的實質意義是什麼呢？不妨用圖形來展現，並以動態方式呈現其優雅、迷人的姿態。

6. **摩天輪 —— 矩陣運算的程式觀**：這是數學與程式設計結合的案例，從線性代數的矩陣向量乘積的幾何意義，來計算摩天輪 (一個幾何圖形) 在空間移動的位置。不難、有意思，最後的結果也超乎原先的想像。有數學、有程式、有動畫的玩興，建議程式初學者多玩這類的程式。

7. **評估統計量的優劣 —— 以卡方適合度檢定為例，演練蒙地卡羅模擬**：這是一個接近研究型態的專題，題目有點大且繁雜，算是研究工作的初階。以卡方適合度檢定的統計量為對象，透過大量的實驗次數，觀察統計量的抽樣分配是否與理論相符。程式不難也不大，

但是如何透過縝密的安排,讓程式來評估統計量的優劣,這個專題可供參考琢磨。

## 12.1　專題 1：$\pi$ 的估計

單位圓的面積是 $\pi$,大家都知道 $\pi = 3.14159\ldots$,但是這個數字從何而來?一個簡單也不簡單的估計方法如下:

1. 在單位圓周圍的外切正方形內,均勻的投擲 $N$ 個點,如圖 12.1 所示。
2. 假設落在單位圓內的數量為 $M$,則依據面積比 (單位圓 vs. 正方形面積) 與落點分佈比的關係

$$\frac{\pi}{4} \approx \frac{M}{N}$$

得出估計值

$$\hat{\pi} = \frac{4M}{N}$$

這是一個粗糙的概念,實際估計值並不準確,但在沒有計算機的年

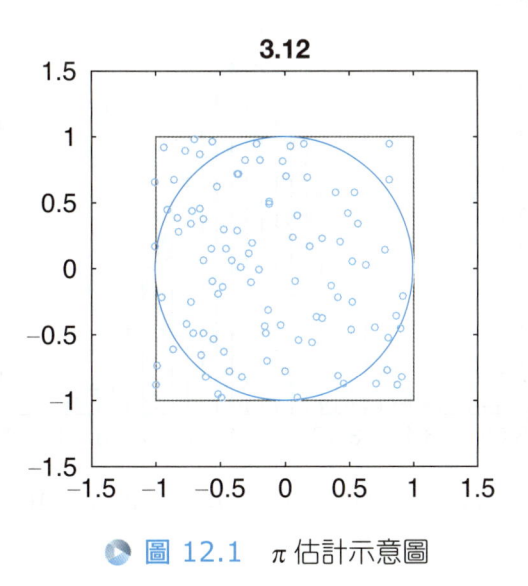

▲ 圖 12.1　$\pi$ 估計示意圖

代裡，卻是一個簡單、有效的方法，對解決複雜的問題具啟發性。況且當投擲的點更「均勻」、數量 $N$ 很大時 (這要讀者親自去試驗)，簡單的估計方法也可能很漂亮。執行這個專題，有幾件工作可以試試：

1. 畫單位圓與其外切正方形，如圖 12.1。
2. 在正方形的範圍內產生 $N$ 個均勻分配的點 ($(x, y)$ 座標點)。
3. 計算每個點 (共 $N$ 個點) 與圓心的距離。
4. 比較含有 $N$ 個距離的向量內小於半徑 1 的數量 (共 $M$ 個)，並計算估計值 $\hat{\pi}$。
5. 重複上述估計值的計算 $K$ 次，當 $K$ 夠大時，$K$ 個估計值的直方圖將呈現 $\hat{\pi}$ 的抽樣分配，如圖 12.2。

透過簡單的問題與執行程序，一方面幫助理解幾個重要的統計觀念 (如抽樣分配)；一方面學習動手做實驗，從繪圖、亂數的應用、矩陣向量的計算到最後結果的呈現。這個專題雖簡單，卻很完整，值得初學者仔細、有耐心地做。已經有程式經驗的讀者可以開始動手做實驗呈現出如圖 12.1 與圖 12.2。完全沒有經驗的讀者請再繼續往下讀，幾個指令的提醒與介紹能協助讀者逐步看到結果。

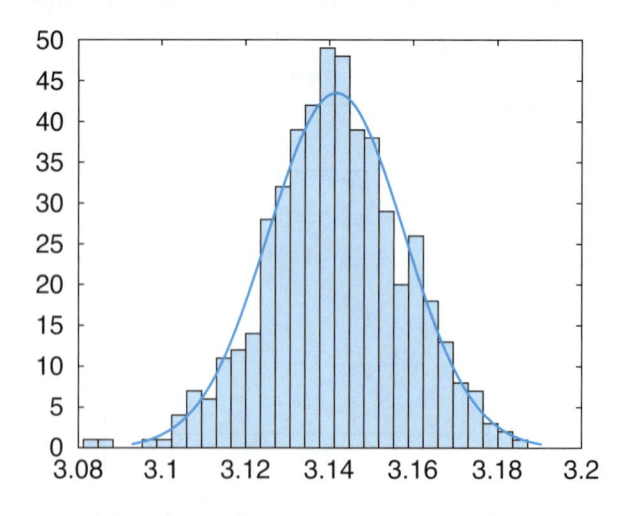

▶ 圖 12.2　$\hat{\pi}$ 的抽樣分配 ($K = 500$, $N = 10000$)

## Chapter 12 程式專題

> **Tips**
>
> 本書希望以引導的方式幫助讀者思考、嘗試想法與解決問題，而非直接給出最後的程式，讓讀者輕易看到結果。專題的結果並不重要，過程卻彌足珍貴，是統計 (數學) 程式設計者養成的必經階段。請讀者有耐心的花點時間想想如何做？如何解決問題？相信程式寫作的功力一定大增。

依上述建議的工作順序，首先是畫單位圓與其外切正方形。[1] 以下是可行的做法：

```
axis([-1.5 1.5 -1.5 1.5])
axis square
x=[-1 1 1 -1 -1];
y=[-1 -1 1 1 -1];
plot( x, y ); hold on
t=linspace(-pi,pi,1000);
plot(sin(t), cos(t), 'linewidth', 2, 'color', 'red'); hold off
```

上述程式碼的第一個 plot 畫出正方形，這只是應用繪圖的原則就能達到目的，[2] 不須其他指令。MATLAB 另有一指令也可以做到，如：

```
x=[-1 1 1 -1 ];
y=[-1 -1 1 1 ];
patch( x, y, 'w' )
```

---

[1] 在本書第 2 章已經介紹過，其中圓形與正方形的畫法列在該章習題中。
[2] 將 5 個點連在一起，其中頭尾同一點。

267

指令 patch 將資料所圍的面積塗上顏色，第三個參數代表顏色 (白色)。前述指令的第二個 plot 畫出一個圓，採用了極座標的概念。接著要產生估計 $\pi$ 所需的亂數值，也就是產生均勻散佈在正方形內的座標點。程式設計者遇到沒寫過的功能，會有兩個反應：找現成指令或自己寫。初學者通常會問有沒有這個指令？有經驗者會判斷什麼功能可能有現成指令，也能粗估找指令花的時間與自己撰寫哪個方式比較快。這是屬於程式設計者的心理遊戲。在此，筆者提出個人常用的方式；先用一個比較粗糙的方式寫下去，有時間、有必要再慢慢尋求較好的做法。好比先做一個雛形系統，感受一下可行性，再決定要花多少時間做到盡善盡美。

在正方形內灑下均勻分佈的點，簡單的替代方案可用單一變數的亂數來替代，[3] 也就是用服從均勻分配的 $X, Y$ 變數產生所需的 $(x, y)$ 座標，程式碼如下：

```
N=100;
rx=unifrnd(-1, 1, 1, N);
ry=unifrnd(-1, 1, 1, N);
plot(rx, ry, 'o')
```

最後的 plot 指令畫出散佈圖。也可以用散佈圖指令

```
scatter(rx, ry)
```

有了 $N$ 個座標點，便可用來計算這些點與原點 (0, 0) 的距離，[4] 計算距離小於 1 的個數 $(= M)$。這是 MATLAB 程式最擅長的數學計算與

---

[3] 在特定的空間灑下均勻分佈的點不是一件容易的事，特別是形狀特殊或在高維度空間。

[4] 這裡暗藏了一個小小的訣竅，就是讓原點是 (0, 0)。因為原點不管在哪裡都可以畫一個正方形與半徑為 1 的單位圓。

邏輯判斷式。讀者可以稍停下來想一想你會怎麼寫這一段計算距離與邏輯判斷的程式，再來參考下面的程式碼：

```
d=sqrt(rx.^2+ry.^2);
M=sum(d<1);
pi_hat=4*M/N;
```

第 1 行同時計算了 $N$ 個距離，即變數 $d$ 是一個 $1 \times N$ 的向量，儲存 $N$ 個座標點與原點 (0, 0) 的距離 $d = \sqrt{x^2 + y^2}$。第二行是個很簡潔的邏輯判斷式 d<1 與指令 sum 的配合。讀者想解讀這類的複合指令，最好逐一在命令視窗執行並觀察結果，譬如想知道 d<1 的結果是什麼？在計算過 $d$ 向量後，直接在命令視窗輸入 d<1，便會看到一連串 1 與 0 的向量。當 $N$ 值很大時，一大堆的 0, 1 數字並不好理解。此時可以自行設計小實驗來理解指令的意義與使用方式。譬如，

```
d=[1 0.2 0.3 1.2]
d < 1
```

從命令視窗呈現的結果不難看出 d<1 所表的意義，也就是向量 d 的每一個元素都與 1 比較，符合 < 的邏輯式者給予 1 (代表 TRUE) 作為比較後的輸出結果，否則為 0 (代表 FALSE)。所以 d<1 的輸出結果為一個與向量 d 同樣大小的向量，其內容非 0 即 1。而 sum(d<1) 便是將這個邏輯判斷後的 $N$ 個 0 或 1 相加，其實就是計算比 1 小的個數。[5]

MATLAB 利用矩陣內容同步計算與邏輯判斷的優勢，讓程式簡潔、漂亮。特別當上述 $\pi$ 的估計需要重複 $K$ 次時，矩陣的運算模式顯得精簡、迷人。以下列出兩種思維的程式範例作為熟悉 MATLAB 矩陣運算的代表。

---

[5] 這個技巧是 MATLAB 常見的伎倆，相較於傳統的程式概念，往往是運用一個迴圈逐一計算距離，並使用計數器累加邏輯判斷後的結果。其結局當然一樣，速度也許也差不多，但是傳統方式的程式碼比較囉唆。

| A. 傳統直線型思維 | B. 矩陣式立體思維 |
|---|---|
| K=20000;　　　　% 實驗次數<br>N=100;　　　　　% 樣本數<br>pi_hat = zeros(1,K);<br>for i=1:K<br>　　rx = unifrnd(-1,1,1,N);<br>　　ry = unifrnd(-1,1,1,N);<br>　　d = sqrt(rx.^2+ry.^2);<br>　　M = sum(d<1);<br>　　pi_hat(i) = 4*M/N;<br>end<br>histfit(pi_hat, 30) | K=20000;<br>N=100;<br>RX=unifrnd(-1, 1, K, N); % K x N<br>RY=unifrnd(-1, 1, K, N); % K x N<br>D = RX.^2+RY.^2; % K x N<br>M = sum(D<1, 2); % K x 1<br>pi_hat= 4*M/N; % K x 1<br>histfit(pi_hat, 30) |

　　上述 A, B 兩組程式碼做同樣的事，產生同樣的結果，但是程式寫作的思維不同，執行效率也不同 (B 組幾乎快了 10 倍)。讀者可以試著在自己的電腦執行這兩組程式，並分別在第一行指令前加 tic，最後一行指令後加 toc 計算執行時間。粗略地分析執行效率的因素在於：

1. A 組因為迴圈的關係，共執行了 $2K$ 次的指令 unifrnd 及 $K$ 次指令 sum 與 sqrt，反觀 B 組足足少了 $K$ 倍。
2. B 組程式碼在計算距離處，刻意拿掉開根號指令 (當然 A 組也可以這麼做)，減少計算量。

　　所以，當 $K$ 值較大時，兩邊執行效率落差更大。當然，B 組程式碼還是有限制的，即當 $K, N$ 很大時，$K \times N$ 矩陣需要足夠的記憶體才能裝載得下，這便是 MATLAB 程式設計者必須留意的極限。必要時，也不得不採用 A 組的傳統程式概念，用時間換取空間的不足。當然，上述 A, B 兩組程式的執行時間都很短 (以秒計)，也許無法引起太多關注 (反正都負擔得起)。不過，很多模擬實驗的場合，10 倍的差距也許是 10 天與 1 天之別，這不能忍受了吧！

## 12.2　專題 2：中央極限定理的實驗

中央極限定理是統計學應用上很重要的基礎，許多理論也都以中央極限定理作為假設的依據，在學理及應用上都佔有一席之地。本專題透過對中央極限定理的描述，進一步以程式繪圖去驗證，盼藉此徹底了解中央極限定理的真正意涵。隨著練習的步驟一步步展開，耐心的操作與細心的觀察，非但程式寫作技巧會有很大的進步，對抽象或艱澀的數學也比較不懼怕。

先簡單描述中央極限定理：[6]

### 已知
1. 令隨機變數 $X$ 服從某一分配 (不一定是常態)，該分配的均值與標準差分別為 $\mu$ 和 $\sigma$。
2. 隨機自該母體抽取 $n$ 個樣本。

### 定理
1. 當樣本數 $n$ 增加時，其樣本平均數 $\overline{X}$ 的分佈將趨近常態分配。
2. 樣本平均數 $\overline{X}$ 的均值將趨近母體的均值 $\mu$。
3. 樣本平均數 $\overline{X}$ 的標準差將趨近 $\sigma/\sqrt{n}$。

### 常見的實際法則
1. 當樣本數 $n$ 大於 30 時，其樣本平均數的分佈通常可以合理地以一個常態分配來近似。且樣本數越大，越近似。
2. 當抽樣的母體本身是常態分配時，樣本平均數的分佈也是常態，不論樣本數多寡。

---

[6] 內容翻譯自 *Elementary Statistics*, 7th edition, by Mario F. Triola。

定理的描述往往很學術性，不容易看懂，雖然可以透過數學手段去證明而得到理解，但礙於數學能力不足而望文興嘆。此時透過定理的描述，以實驗的方式來觀察定理的意思，一樣能達到目的。譬如，根據上述定理的描述，我們設計以下的實驗：

1. 找來服從均勻分配 (Uniform Distribution) U(0,1) 的隨機變數 $X$，也就是 $X$ 的隨機樣本將均勻地落在 0 與 1 之間。
2. 產生隨機變數 $X$ 的樣本 $n$ 個並計算其平均數，稱為 $\bar{x}_1$。
3. 重複上述步驟 $m$ 次，得到 $m$ 個樣本平均數 $\bar{x}_1, \bar{x}_2, ..., \bar{x}_m$。

中央極限定理便是描述了這些樣本平均數可能的分佈情況，一般稱為樣本平均數的抽樣分配。這個實驗也可以從圖 12.3 來看，其中左邊呈現了 $m = 30$ 次的抽樣樣本，每次抽取 $n = 20$ 個樣本，以散佈圖的方式排列在一條垂直線上，中間的圓點為其平均數所在。右邊的常態分配圖呈現了中央極限定理描述這些圓點 (樣本平均數) 分佈的極限性 (當 $n$ 趨近無窮大)。[7]

圖 12.3 左側呈現的樣本平均數是否服從常態分配？樣本數 $n$ 的影響有多大？$n$ 趨近無窮大，是否印證中央極限定理的結論？母體不同 (常態與非常態)，樣本平均數的分佈有什麼差別？一般初學者讀了中央極限

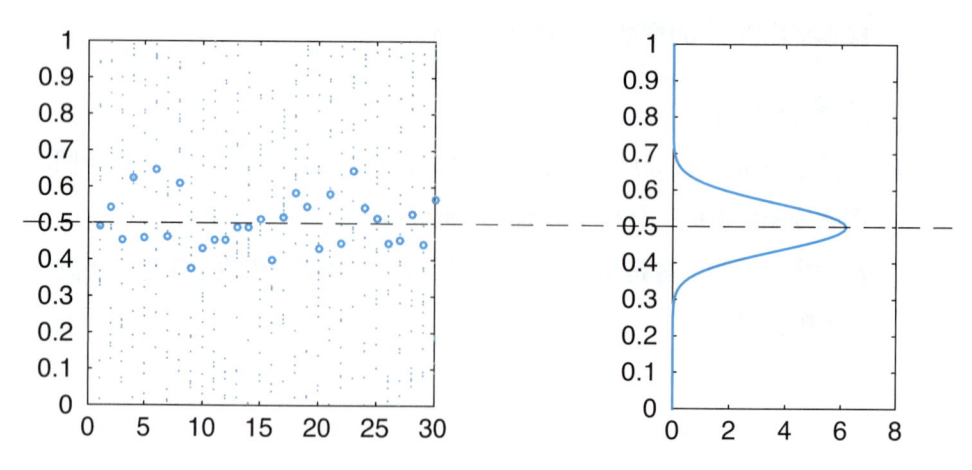

● 圖 12.3　樣本平均數的抽樣分配 (樣本數 $n = 20$，抽樣次數 $m = 30$)

---

[7] 讀者是否想試著畫出圖 12.3？

定理後，恐怕很難肯定的回答這幾個問題。此時，透過實驗的觀察與繪圖技巧的運用，將會對這個重要的統計概念留下深刻的印象。請跟著以下幾個實驗細心的撰寫程式。

> **範例 12.1**
>
> 從一個母體，譬如標準常態，抽取樣本，樣本數由小逐漸變大 $n = 5, 10, 50, 100, \ldots$，觀察樣本平均數的分佈與樣本數 $n$ 的關係。接著試試不同分配的母體，譬如卡方、貝他 ($\beta$) 分配等，觀察結論是否相同。

　　中央極限定理是關於樣本平均數的分佈情況，所以先來關心樣本平均數的分佈與樣本數的關係。既然牽涉到分佈狀況，代表不能只看幾個樣本平均數，這就是寫程式的必要了。不管是樣本數，或是要計算的樣本平均數的數量，對程式來說只是數字的改變而已。透過程式可以迅速地觀察樣本數不同對樣本平均數的影響，更能夠用圖形呈現文字或數字不容易表達的結果。譬如，圖 12.4 的散佈圖呈現自標準常態的母體中，抽取樣本數分別為 $n = 10, 100, 1000$ 的樣本並計算其平均數，重複 100

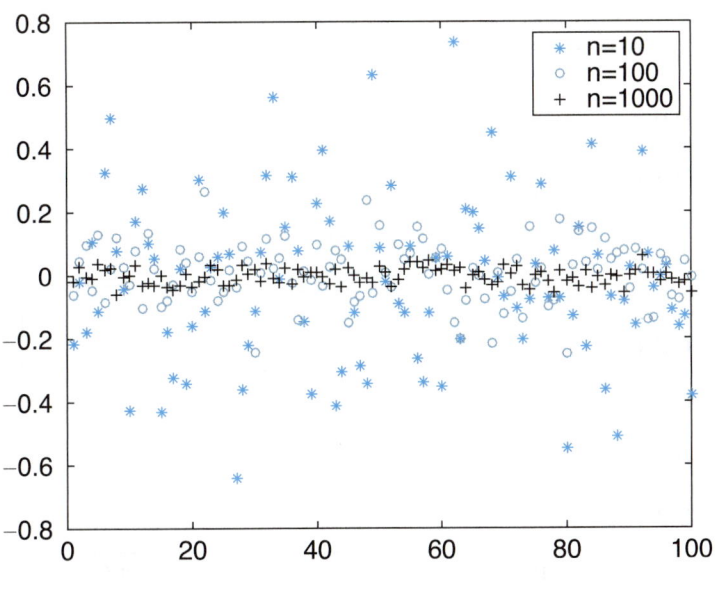

● 圖 12.4　樣本平均數的分佈與樣本數的關係

的結果。從圖 12.4 中三種符號的散佈情況，得到兩個結論：

1. 不論大小樣本數，其平均數大約都在母體平均數 ($\mu = 0$) 的上下波動。
2. 樣本數小 ($n = 10$) 時，波動範圍大 (樣本平均數變異大)；反之，樣本數大 ($n = 1000$) 時，波動小 (樣本平均數變異小)。

上述結論也適合用盒型圖表達，如圖 12.5。不同的圖形各具特色，適當的使用會比文字更生動，讀者宜多嘗試，才能真正掌握各種圖形的特色。

> **Tips**
>
> 大學「基礎統計學」一開始便介紹多種統計圖表，但許多統計系學生終其大學四年始終懵懵懂懂，看得懂各種圖形，但不會用，不知道什麼圖形適合呈現什麼資訊。這就是實驗做太少，讀死書，統計的概念不能深植。本書的目的便是協助讀者透過程式做數學與統計實驗，讓抽象的概念逐漸轉化為一般常識。

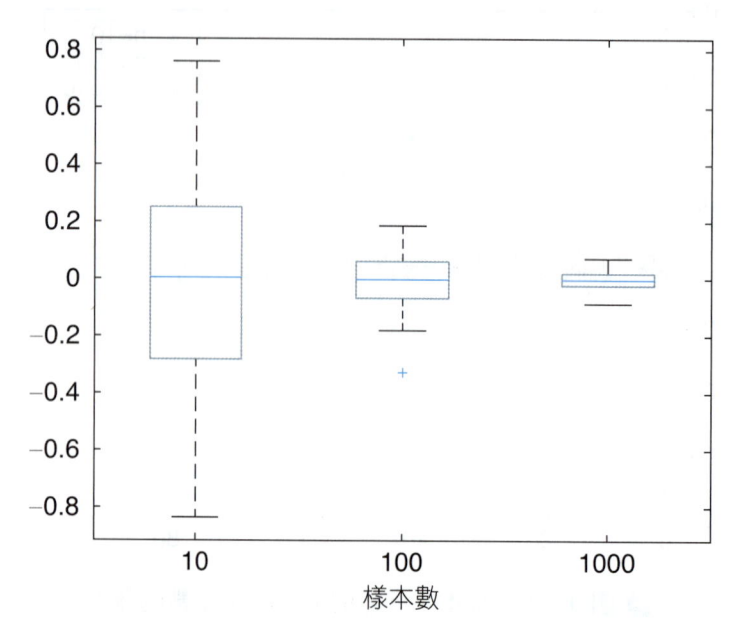

● 圖 12.5　盒型圖更適合表達如圖 12.4 的資料散佈情況

以上結論已經略有中央極限定理的雛形，只是還不知道這些散佈在母體平均數上下的樣本平均數是否服從特定分配 (常態分配)。有經驗的讀者可以試著畫出圖 12.4 與圖 12.5 的樣子，並試著替換母體為卡方及 $\beta$ 分配等具偏斜特性的母體。

> **Tips**
>
> 做實驗通常會先選擇標準常態作為程式撰寫的開端，主要原因是大家對常態的理解比較好，容易掌握對錯，有利偵錯程式。一旦結果的呈現與預期一樣，這支程式大概沒問題。此時一定要改變資料的型態，一方面加深對理論的理解，再則考驗程式的普遍性 (寫程式也容易因偏見而寫錯，這種錯誤很難發現)。

經驗尚不足自己動手寫程式做實驗的讀者，可以先複習前面談到「機率分配」與「繪圖」的章節，熟悉樣本的生成與散佈圖、盒型圖的繪製。再從簡單能掌握的指令一個個開始，譬如以下的指令：

```
n=[10 100 1000];
m=100;
x1=mean(normrnd(0, 1, n(1), m));
x2=mean(normrnd(0, 1, n(2), m));
x3=mean(normrnd(0, 1, n(3), m));
plot(1:m, x1, '*', 1:m, x2, 'o', 1:m, x3, '+')
```

上述指令畫出三組資料的樣本平均數散佈圖。不過剛開始寫程式，通常要先一組組來，一組成功了，再接著做，最後再思考如何做比較方便加入更多組資料，這就是程式功力演進的過程。上述指令 plot 一次裝進三組資料並分別指定符號，如果想觀察更多不同的樣本數或改變抽樣次數 $m$，以下的程式碼是常見的技巧：

```
clear, clc
PLAY=1;                              % 設定是否繼續執行的旗標 (flag)
while(PLAY)
    n=input('以向量方式輸入不同的樣本數：');    % 譬如 [10 100 1000]
    m=input('輸入抽樣次數：(按 Enter=100)');    % default=100
    if isempty(m), m=100; end        % 設定預設值為 100
    X=[ ];
    k=length(n);
    for i=1:k
        X=[X mean(normrnd(0,1,n(i), m))'];
    end
    subplot(211), plot(X,'*')
    subplot(212),boxplot(X,num2cell(n))
    PLAY=input('想要繼續實驗？(YES=ENTER, NO=ANYKEY)','s');
    if isempty(PLAY)
        PLAY=1;
    else
        PLAY=0;
    end
end
```

上述程式開端使用指令 while 讓程式進入無限迴圈，以便能重複實驗毋須退出，配合程式裡的三個 input 指令，可以與操作者互動取得資料。這個形式的程式已經有產品的雛形，也就是執行程式者可以不直接面對程式，便能透過輸入不同的資料執行不同的實驗情境。操作過程如圖 12.6 所示，共執行了兩次實驗，分別更動了樣本數與抽樣次數。

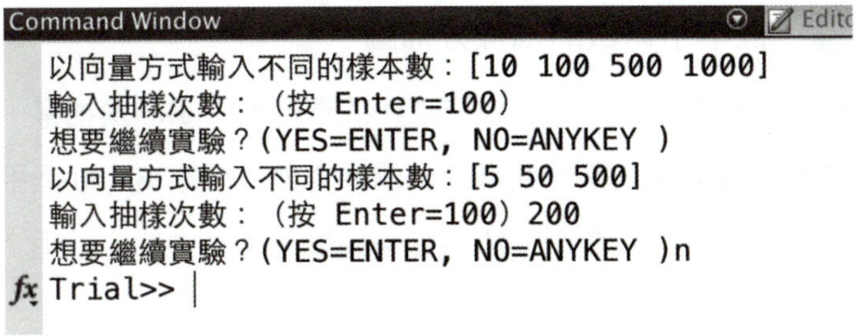

```
Command Window
以向量方式輸入不同的樣本數：[10 100 500 1000]
輸入抽樣次數：(按 Enter=100)
想要繼續實驗？(YES=ENTER, NO=ANYKEY )
以向量方式輸入不同的樣本數：[5 50 500]
輸入抽樣次數：(按 Enter=100) 200
想要繼續實驗？(YES=ENTER, NO=ANYKEY )n
Trial>> |
```

▶ 圖 12.6　利用指令 while 與 input 製作可以重複執行的實驗

　　上述程式中間的迴圈部分會被 MATLAB 編輯視窗提出警告，原因是矩陣 X 將會隨迴圈的進行不斷擴增，這不利計算的效能，被 MATLAB 視為不好的習慣。不論矩陣大小，若執行的時間尚能接受，暫時還可用；否則應該先預留矩陣的空間，加速程式的進行，譬如下列的程式碼：[8]

```
k=length(n);
X=zeros(m,k);
for i=1:k
   X( : , i )=mean(normrnd(0,1,n(i), m))';
end
```

　　請注意，迴圈中矩陣變數 X 的擺設方式是為了在指令 plot(X, '*') 畫出正確的散佈圖。另外，程式用了兩次 isempty 指令來判斷使用者是否輸入任何內容，如判斷結果為否，則使用預設值。

　　接著，進入中央極限定理的核心論述：當樣本數趨近無窮大時，樣本平均數的分佈將接近常態分配。著手以下的實驗。

---

[8] 仍會有些情況無法事先預知矩陣可能的大小。

| 範例 12.2 | 樣本平均數的抽樣分佈圖 |

假設對常態分配 $N(\mu, \sigma)$ ($\mu$ 與 $\sigma$ 自訂) 的母體進行 100 次抽樣，每次抽 30 個樣本並計算其平均數，共得 100 個平均數。觀察這 100 個平均數，有沒有呈現想像中的常態分佈呢？(如何確認是否為常態分配呢？)

　　繼續前一個範例的程式，很輕易得到 100 個平均數。接著如何表達這些資料的分佈情形呢？花幾分鐘想想，再繼續往下看。

　　圖 12.7 的直方圖是其中的選項。左圖看起來比較接近常態分配，右圖則差比較遠。其實這個範例裡的兩個數字 100 與 30，分別代表抽樣次數與每次抽樣的樣本數。其中抽樣次數 100 與定理並無相關，是實驗可以自由決定的一個數字而已 (樣本平均數的數量)。中央極限定理關心的是 30 個樣本的平均數會呈現什麼分佈？為了觀察這個未知的分佈，我們設計了一個實驗來重複計算 30 個樣本的平均數，而且必須蒐集夠多的平均數，理論上越多越好。圖 12.7 的直方圖來自 100 個樣本平均數，顯然不夠多，無法透過直方圖觀察母體分佈的形象。既然是實驗可調整的選項，何妨在電腦硬體允許下，嘗試更多抽樣次數。圖 12.8 呈現了 1000 與 10,000 個樣本平均數的直方圖。同樣是來自 30 個樣本的平均數，圖 12.7 只因繪圖的樣本數不夠多，導致看不出樣本的分佈情況，這是實驗者的觀念不夠清楚才會犯的錯誤。

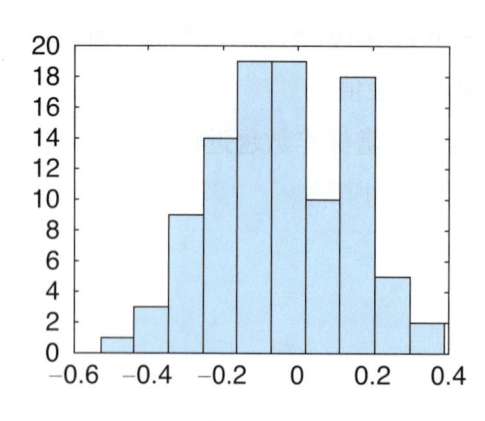

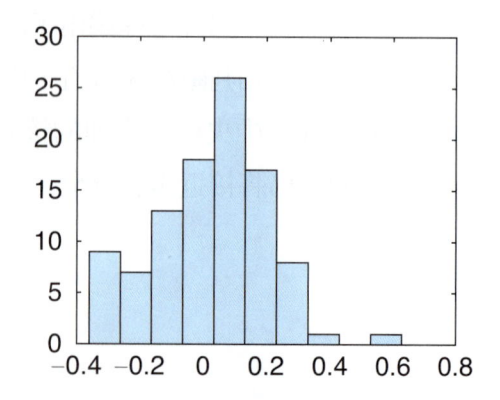

● 圖 12.7　兩組 100 個樣本平均數的分佈 (樣本數 30)

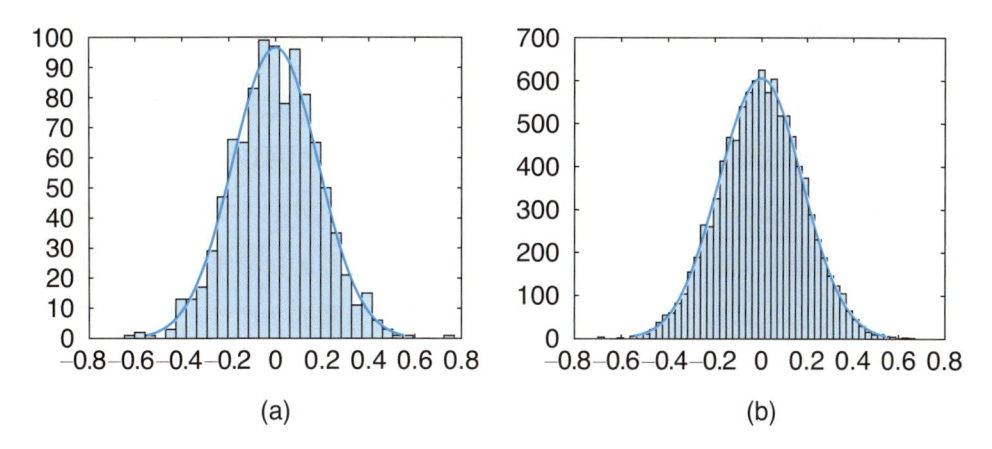

● 圖 12.8　(a)、(b) 分別來自 1000 與 10,000 個樣本平均數的分佈 (樣本數30)

　　讀者可以再往上追加樣本均數的數量，看看直方圖的變化，同時也別忘了調整直方圖的組距 (Bins) (指令 hist 的第二個參數)，讓直方圖更像理論的分配圖。[9] 在這裡要提醒讀者，本專題目的在透過實驗驗證中央極限定理，對於實驗應該得到的結果已經很清楚了。所以，當結果不如預期，譬如圖 12.7 不像常態的直方圖，必須停下來，仔細檢查程式是否寫錯，或觀念是否錯誤，而不是盲目地接受所有程式跑出來的結果，如此才能同時精進程式能力與理論的理解。

> **Tips**
>
> 　　教學現場常見學生不明究理的接受所有程式跑出來的結果，不會懷疑對錯，以為能跑得出結果的程式就是對的。殊不知，能順利執行的程式只能說程式的語法沒有錯，至於結果的對錯還需要與實驗的目標反覆驗證，這個驗證的過程才是進步的來源。

---

[9] 在教學現場經常發現學生混淆了樣本數與樣本平均數的數量。在這個實驗裡，我們只是改變樣本平均數的數量，試圖得到比較好的觀察圖形。

> **範例 12.3**
>
> 中央極限定理提及的樣本平均數，其來源的母體不一定是常態分配且不管是連續型或離散型，對稱或不對稱，右偏或左偏都可以。只要樣本數 $n$ 夠大，其樣本平均數的分配就會趨向鐘型的常態分配。這個結論在應用上非常重要 (譬如假設檢定)，因為實務上有興趣的目標常是樣本平均數，不是樣本本身。在這個練習中，我們要從母體的多樣性來驗證這個定理，請依下列步驟進行：
>
> 1. 假設母體為卡方分配 (右偏分配)，並決定自由度為 4。
> 2. 畫出母體分配的 pdf 圖，先認識該分配。
> 3. 開始抽樣、計算平均數並繪製適當的直方圖 (如圖 12.8)。程式預留對樣本數 n 的選擇，固定適當的抽樣次數以便每次都能觀察到最好的直方圖 (可以從上一個實驗中得到好的經驗值，一方面要呈現最完美的直方圖，另一方面不能過大，免得造成電腦跑不動)。
> 4. 繪製樣本平均數的經驗累積分配函數圖 (ECDF)。ECDF 圖比直方圖的純目視判斷多一分真實感，尤其是可以與理論的 CDF 圖畫在一起比較。除了樣本平均數的 ECDF 圖外，再加入一條常態分配的 CDF 圖，即 $N(\mu,\sigma/\sqrt{n})$，其中 $\mu$ 與 $\sigma$ 是原母體的平均數與標準差，也就是中央極限定理所宣稱的，當樣本數趨近無窮大時，樣本平均數趨近 $N(\mu,\sigma/\sqrt{n})$ 的常態分配，以本題為例 $\mu=4$, $\sigma=\sqrt{8}$。

這個實驗刻意挑選一個具偏斜分配的母體 $\chi^2(4)$，來凸顯樣本平均數的分佈在足夠的樣本數下脫離原母體的分佈傾向。圖 12.9 展現中央極限定理迷人的特色。

圖 12.9 (a) 為右偏的母體 $\chi^2(4)$，(b) 的樣本平均數的直方圖仍看得出明顯的右偏傾向 (樣本數為 5)，若以 (c) 的經驗累積分佈圖來看，與理想中的常態分配有些差距 (虛線為常態分配)。同樣地，將樣本數放大為 50，此時的樣本平均數的直方圖 (e) 已經是常態的模樣了，若與中央極限

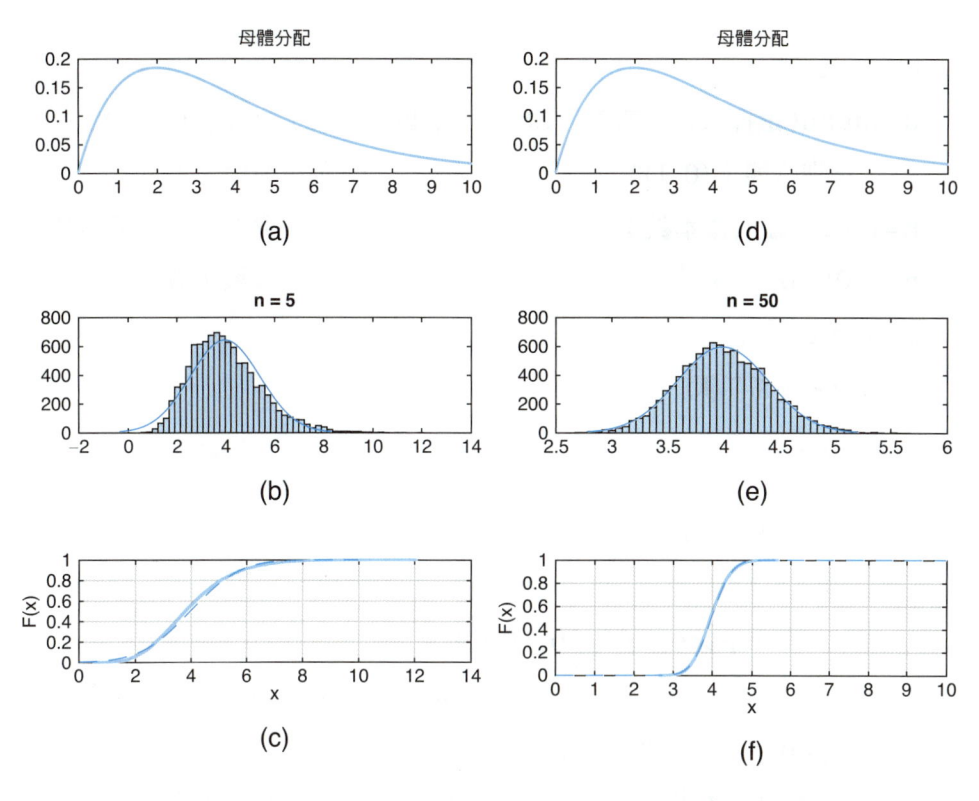

▶ 圖 12.9 樣本數不同的樣本平均數分佈情況。(a) 至 (c)：$n = 5$，(d) 至 (f)：$n = 50$

定理宣稱的常態分配對照，兩條累積分佈圖線幾乎貼在一起 (f)。不斷地嘗試調整樣本數大小後，相信對中央極限定理的描述會留下深刻的印象。這就是數學實驗的典型。

順利地寫出上述的實驗後，可以加入母體的選擇，譬如左偏的貝他分配 $\beta(9, 2)$，或離散型的二項分配 $Bin(30, 0.2)$，或對稱的 T 分配，甚至玩玩常態分配。多看看不同的母體，多嘗試不同的樣本數，慢慢會對母體與樣本數產生感覺，對未來從事統計分析有莫大的助益。[10] 為讓實驗方便進行，下列的程式碼可供參考：

---

[10] 統計分析經常聽到「大樣本」、「小樣本」這樣的說法，但樣本數多大才算是大樣本？這並沒有一定的數字，因為當應用中央極限定理時，樣本大小與母體是什麼分配有關。來自越偏斜的分配的樣本，其平均數需要來自更多樣本才能變成不偏斜的常態分配，這是常理可以推敲的。

```
clear, clc
d=menu('選擇母體', 'T(3)', 'Chi2(4)', 'Beta(9,2)', 'Bin(30,0.2)', ...
    ' 標準常態 N(0,1)');                    % 選單視窗
n=input('輸入樣本數：');                    % 在命令視窗輸入樣本數
m=10000;                                    % 固定實驗次數
switch d
    case 1 % T(k)
        ⋮

    case 2 % $x^2(k)$
        k=4;
        x=linspace(0.01,10,1000);
                            % 繪製 PDF 與 CDF 圖的範圍
        ypdf=chi2pdf(x,k);
        X=chi2rnd(k,n,m);   % m 次抽樣，每次 n 個樣本
        ycdf=normcdf(x, k, sqrt(2*k/n));
                            % 中央極限定理趨近的常態分配
    case 3 % Beta(a,b)
        ⋮

    case 4 % Bin(N,p)
        ⋮

    case 5 % N(mu,s)
        ⋮

end
% 繪圖
subplot(311), plot(x, ypdf, 'LineWidth',2)
title('母體分配')
```

```
X_bar=mean(X);                    % 計算 m 組樣本的平均數
subplot(312), histfit(X_bar, 50), title(strcat('n = ', num2str(n)))
alpha(0.3)
subplot(313), ecdf(X_bar), hold on
plot(x, ycdf, 'r-'), grid, hold off
```

上述程式碼故意留空白 (:處) 讓讀者自行補上，當作程式寫作的訓練。這段程式碼除了方便執行實驗外，還可以用來包裝成示範中央極限定理的產品。其中指令 menu 產生一個比較友善的對話視窗，讓操作者直接用滑鼠點選預先設定好的選項。程式碼利用 switch 來處理不同選項的需求。這裡有一個寫程式的概念值得注意：每個 case 裡只處理該選項獨特之處，其他共同的事情 (繪圖) 通通拉到外面處理，譬如 case 2 的 5 行程式全與母體卡方分配有關。而繪製三個圖形的部分則拉到 switch 之外，避免繪圖程式碼在每個 case 重複，除造成冗長的編輯頁面外，也徒增未來修改時的困擾。讀者可以參考 case 2 的做法一一補足其他 case。如此完成中央極限定理實驗的專題，也琢磨了不少程式技巧。

### 範例 12.4　中央極限定理練習題

民意調查的對象通常是從所有可能的人選中抽樣取得，譬如常見的選舉民調是從選民中抽取適當的人數作為樣本。民調關心的是某位候選人的支持率。假設抽樣 1000 人，其中有 600 人支持 1 號候選人，我們是否可以下結論：1 號候選人的支持率是

$$\hat{p} = \frac{600}{1000} = 60\%$$

呢？這樣的說法似乎很難讓人信服。因為如果同一時間再做一次民調的話，得到的支持率可能是 57% 或甚至更慘的 50%。[11] 如果可以做很多

---

[11] 這個論述排除任何抽樣調查的技術，只是單純對母體抽樣而已。

次,不難想像每一次的結果可能都不一樣。有趣的是,這麼多次的結果儘管數值不一樣,似乎存在著某種「規律」。這個規律對民調結果的推論有加強的效果,比較令人接受。本範例便是要找出這個「混亂中的秩序」。先不管理論怎麼說,我們已經學會怎麼寫程式叫電腦抽樣,就來寫一支程式模擬民調的結果,用電腦做 10,000 次「民調」來觀察這 10,000 個 $\hat{p}$。該怎麼開始呢?

- 抽樣的母體該用哪個分配才對?相關的參數要怎麼給?需要什麼假設嗎?在動手前,要仔細想想這些問題。
- 如何表達觀察到的結果?或者說,你該觀察什麼呢?計算哪些統計量或畫什麼圖可以幫忙做判斷?
- 靜下心來想一想,再推敲一下理論,前面學過的東西有哪些可以幫上忙?

## 12.3 專題 3:雙樣本 T 檢定的 p-value 分佈

統計應用上經常需要檢定兩組資料的母體 (來源) 平均數是否相等,[12] 一般稱為雙樣本 T 檢定 (Two-Sample T test),也是一般統計教科書的經典內容。這裡透過簡單的程式做實驗來理解其中的概念。以下是實驗的想法:

1. 假設兩組資料都來自標準常態母體 $N(0, 1)$ 且樣本數一樣同為 $n$。對這兩組資料進行雙樣本 T 檢定,將得到一個 p-value。想透過實驗知道這個 p-value 的分佈,換句話說,如果將這個 p-value 當作一個隨機變數,它的分配會是什麼?先猜猜看,再來寫程式做實驗。

MATLAB 提供指令 ttest2 做雙樣本 T 檢定,檢定兩組資料的母體平均數是否相等。其結果的輸出為檢定的判決 (拒絕與否),另外可以依使用者的需求增加輸出 p-value 及其他統計量。當輸入資料的情

---

[12] 並不是兩個平均數的數字是否相等,譬如想從兩個班級的英文平均分數推測兩班的英文程度 (母體平均數) 是否相同?

況比較複雜時 (譬如變異數不相等或未知)，也可以透過額外的輸入參數調整，算是功能完善的指令。參考指令如下：

```
x=normrnd(0,1,1,100);          % 第一組樣本
y=normrnd(0,1,1,100);          % 第二組樣本
[h,p]=ttest2(x,y);
```

指令 ttest2 回傳的第 1 個參數 h 代表拒絕與否的判斷 (與內設的 $\alpha$ = 0.05 比較，0：不拒絕，1：拒絕)，第 2 個參數 p 則是檢定的 p-value。

2. 承上，但假設兩組資料分別來自不同的常態分配 $N(0, 1)$ 及 $N(0.5, 1)$。在兩母體平均數不同的情況下，生成的資料在雙樣本 T 檢定下，p-value 將呈現什麼樣的分佈？

3. 承上，繼續改善程式以便觀察當兩常態母體的平均數差距較大時，所生成的樣本在雙樣本 T 檢定下，p-value 分佈有什麼變化？

這一系列的檢定仍需決定生成的樣本數 $n$ 與檢定的次數 (就是計算多少個 p-value)，這些實驗的設定一般稱為 Experimental Scenarios (實驗劇本/情節)。最後當然也要決定該如何呈現實驗結果，譬如計算某些統計量、繪製適合的圖形或製作表格。圖 12.10 列出四種不同母體平均數的差距下，每次抽兩組各 20 個樣本，執行 10,000 次的雙樣本 T 檢定的 p-value 直方圖供讀者參考。

圖 12.10(a) 的 p-value 似乎呈現均勻分佈，[13] 當考慮拒絕與否的門檻值 $\alpha$ = 0.05，[14] 則 10,000 次的檢定中，大約有 5%，也就是約 500 次拒

---

[13] 在實驗結果公佈前，問學生這些 p-value 可能的分佈狀況，很少學生答對。多半不知道題目在問什麼？若改讓每個學生就某次的抽樣任挑一個可能的 p-value，普遍都會選比較大的數值，譬如 0.7。因為大家心裡認定這個檢定不會被拒絕，於是會挑一個比較高的 p-value 來表示不拒絕。實驗揭曉時，常常讓一些學生瞠目結舌。等回去想清楚後，對假設檢定的型一誤與檢定力常有新的體會。往後對統計實驗會有較高的興趣。

[14] 當 p-value < 0.05 時，則拒絕虛無假設 (兩母體平均數相等)。

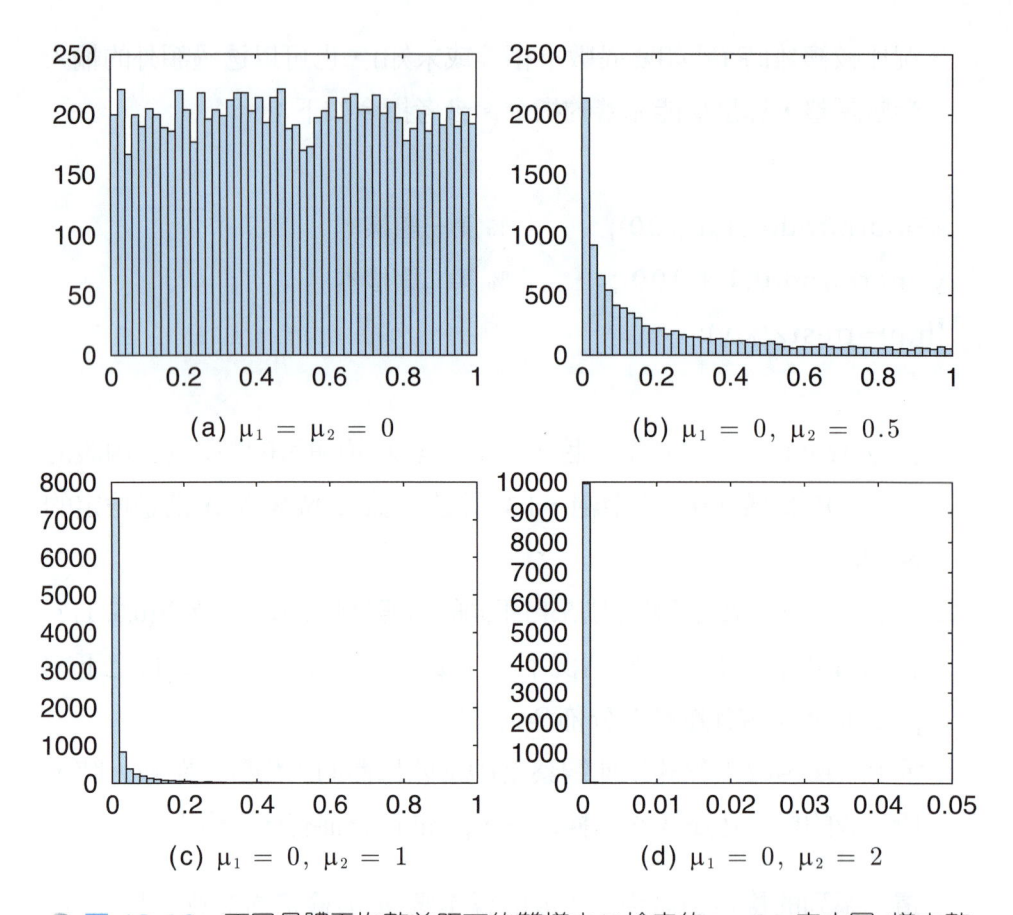

▶ 圖 12.10　不同母體平均數差距下的雙樣本 T 檢定的 p-value 直方圖 (樣本數 20，執行 10,000 次)

絕了兩母體平均數相等的虛無假設。有趣的是，圖 12.10(a) 的兩組資料來自相同的母體。但是經過 10,000 次的抽樣與檢定實驗，卻還是出現約 5% 的「誤判」，這就是統計學上的型一誤 (Type I Error) 的觀念。透過實驗看得很清楚，但是課堂上的學生可能聽的似懂非懂。

　　型一誤的觀念必須配合檢定力的概念才能釐清，這要從圖 12.10(d) 說起。圖 12.10(d) 實驗的兩組資料來自兩個平均數相差 2 的常態母體 (即資料來自對立假設)，顯然差距夠大，讓所有的 p-value 都變得非常小 (全部集中在左側)。在顯著水準 $\alpha = 0.05$ 的假設下，幾乎所有 10,000 組資料的檢定結果都會因 p-value 小於 $\alpha$，而被判定拒絕虛無假設。這個拒絕的比例稱為檢定力，意思是判斷資料不符合虛無假設的能力。

當兩個母體平均數的差距縮小到 1 與 0.5 時，如圖 12.10(c) 與 (b)，p-value 的分佈隨著差距縮小有往右邊延伸的趨勢，這個意思是檢定力變弱了。這個結果很合理；兩個母體越接近，其隨機樣本當然會越像，越不容易區分。讀者可以試著在程式中加入計算檢定力的程式碼，加強了解當資料來源不符合虛無假設，但是越接近時，檢定力的衰退狀況，也同時了解 MATLAB 的指令 ttest2 的檢定力。[15] 從上面圖形與檢定力的描述，該如何下手寫程式呢？讀者宜仔細想想，試著寫寫看，再來參考下列程式：

```
clear, clc
m=10000;                           % 實驗次數
n=input('Input sample size(Hit ENTER for n=20): ');   % 動態輸入樣本數
if isempty(n), n=20; end           % 程式保護措施
mu1=0;                             % 固定 μ_1 = 0
fprintf('Set mu_1 =0\n');
mu2=input('Input mu_2: (Hit ENTER for mu_2=0) ');     % 動態輸入 μ_2
if isempty(mu2), mu2=0; end        % 程式保護措施
x=normrnd(mu1,1,n,m);
y=normrnd(mu2,1,n,m);
[h,p]=ttest2(x,y);
hist(p,50), alpha(0.3)
power=sum(p < 0.05)/m;             % 計算檢定力 power
fprintf('The testing power is %f \n',power)
```

---

[15] 相同的檢定應用常有好幾個檢定方法可以使用，這說明一件事：沒有一個檢定方法在各種條件下絕對的好。研究學者提出各自的檢定方法都想在相同的條件下比其他方法有更高的檢定力，但往往事與願違，有一好，沒兩好，很少出現完勝的檢定方法。統計學者仍不斷地挑戰各種資料情境，希望研究出更高檢定力的方法。

關於雙樣本 T 檢定，教科書上有更多不同情境的描述，導致推導出的檢定統計量不同，讀者可以試著模仿上述的實驗，甚至用 menu 的方式將所有狀況羅列出來，讓實驗程式更完整。

> **建議練習題：**
> 圖 12.10 呈現兩母體平均數在不同差距下的雙樣本 T 檢定的 p-value。請依圖 12.10 (b)(c)(d) 所假設的母體差異，畫出兩母體重疊的 PDF 圖共三張。由每張圖上兩條分配曲線的差異與平均數的距離，約略可以感受分辨樣本平均數來自不同母體的難度。

## 12.4　專題 4：順序統計量的實驗分配

順序統計量 (Order Statistics) 在統計應用上很常見，也是數理統計教科書的內容。問題很單純，但理論的推敲有點小麻煩，還好實驗很好做，實驗過程與結果對學習者理解理論的幫助很大。先提出一個問題，請讀者試著想想或猜猜。

假設有 $n$ 個變數 $x_1, x_2, \ldots, x_n$ 皆服從標準常態 $N(0, 1)$，令一新變數 $x_{min}$ 定義為

$$x_{min} = \min(x_1, x_2, \ldots, x_n)$$

請問下列何者正確？

1. $x_{min}$ 仍服從標準常態。
2. $x_{min}$ 服從某個常態分配 $N(\mu, \sigma^2)$。
3. 以上皆非。

要回答這個問題，可以從理論著手，推導出 $x_{min}$ 的分配函數。不過在這裡卻鼓勵利用實驗來試著否定前兩個答案。電腦模擬實驗並不能證明一件對的事情，但是否定一件錯的事情卻是可行的。請試著利用 MATLAB 程式產生適當的樣本，觀察 $x_{min}$ 的經驗分配圖 (Empirical

Distribution)，看看能不能從經驗分配的圖形中否定前兩個選項。當然除了經驗分配圖外，直方圖、盒型圖也都是可以嘗試的。除了圖形之外，適當的統計量也是可行的，[16] 只不過圖形是一種直觀的表達方式。

經驗分配是統計模擬常用的技巧，通常用來呈現抽樣分配，特別是不知名的分配。因為是未知的分配，所以找不到適當的指令來計算機率值，便需要利用數值 (估計) 方法來估計機率值。這時候上述的 $n$ 是否影響到實驗分配？換句話說，是否不同的 $n$ 會產生不一樣的經驗分配圖 (形狀)？試著改變 $n$ 來觀察這個現象。

寫程式做實驗前，要先想想如何設計這個實驗、要怎麼做才能呈現 $\mathbf{x}_{min}$ 的分佈、有哪些情境要安排、需要產生什麼資料等。譬如，變數的數量 $n$、抽樣次數 $m$。$n$ 是觀察的變量，而 $m$ 是否固定一個數值即可？結果的呈現該用什麼圖？需要計算什麼統計量嗎？這是個已知的理論，是否將實驗結果與已知的分配比較？[17] 這些事情都要先想想，再下手寫程式。先從簡單的寫起，再慢慢納入想觀察與計算的部分。甚至開始前，先就幾個會用到的功能測試自己的熟悉度，遇到困難才能先解決，譬如 MATLAB 取得向量或矩陣中最小值的指令 min。

圖 12.11 呈現上述的結果。藉由前面幾個專題的訓練，不難畫出這個圖形。從上圖可以輕易看出帶有左偏的分佈趨勢，下面的盒型圖也看到盒子下方的「離群值」特別多，至少顯示 $\mathbf{x}_{min}$ 不會是常態分配。為確保繪圖的品質，所以實驗選擇了 10,000 次的抽樣，讓直方圖比較好看，而每次抽取 100 個樣本取其最小值。隨後還可以多測試其他樣本數，觀察偏斜情況是否隨樣本數改變？除了繪製直方圖與盒型圖觀察分配趨勢外，也順便計算了偏態係數 (Skewness) 呈現在圖的抬頭，提供偏離常態的具體數據。

圖 12.11 只能否定變數 $\mathbf{x}_{min}$ 服從常態分配的可能，但不知道它會是什麼分配，甚至不知道實驗做得對不對？[18] 這時可以從理論的結果來驗

---

[16] 譬如，鋒度 (Kurtosis) 與偏態 (Skewness)。

[17] 學習程式設計最好先面對一些已知答案的問題，從已知的結果來判斷程式的對錯，對初學者而言會比較容易上手。

[18] 這句話是針對程式寫作還不熟練的讀者。

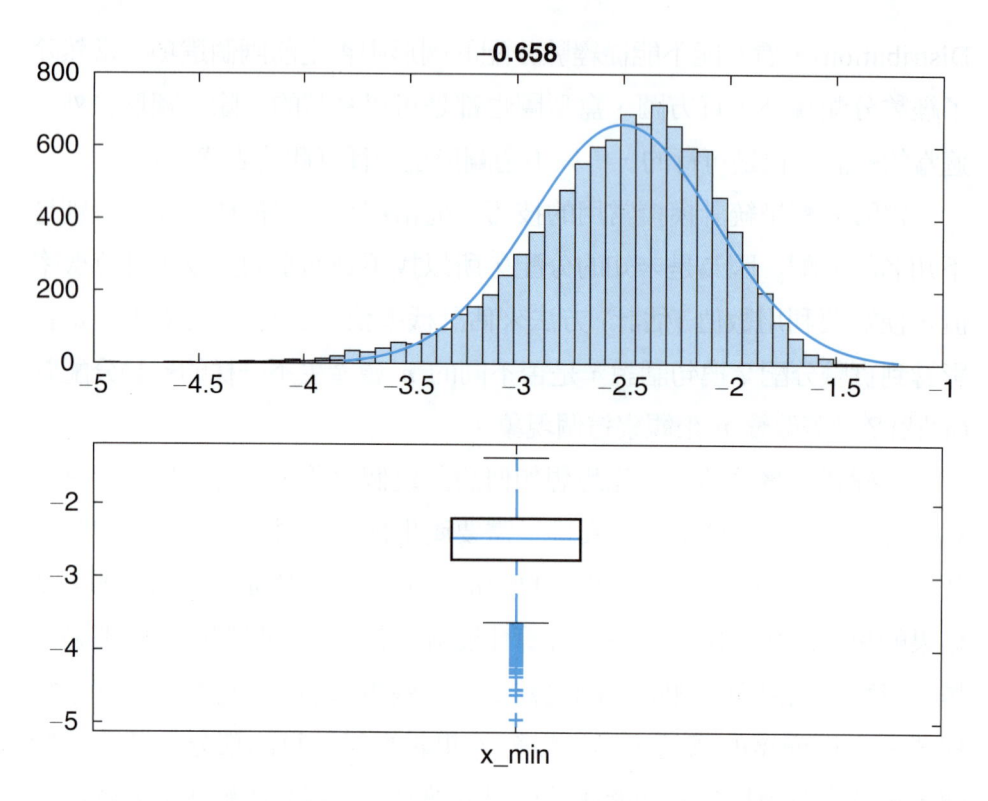

● 圖 12.11　$\mathbf{x}_{min}$ 的抽樣分佈及盒型圖 (樣本數 100，抽樣次數 10,000)

證圖 12.11 的對錯。這個最小值 $\mathbf{x}_{min}$ 有其學理的累積分配函數 (CDF)，寫成

$$F\mathbf{x}_{min}(x) = 1 - (1 - F\mathbf{x}(x))^n$$

其中 $F\mathbf{x}(x)$ 代表獨立變數 $\mathbf{x}$ 的分配函數，這裡給定標準常態 $N(0, 1)$。圖 12.12(a) 呈現上述實驗裡 10,000 個 $\mathbf{x}_{min}$ 樣本的實驗累積分佈圖 (Empirical CDF) (實線) 與其理論分配 (虛線) 的比較。很清楚地看到這兩條線幾乎是貼在一起，大約可以判斷程式應該是寫對了。即便是寫程式的老手也都要想辦法在完成一支程式後，有能力、有方法的驗證自己程式的對錯。這時候再來延伸到其他的假設與觀察比較有意義。圖 12.12(b) 呈現了當統計量 $\mathbf{x}_{min}$ 來自不同數量變數的最小值時，其分配的變化。這個結果頗合理的，當數量越多的樣本取最小值時，比數量較少的小，所

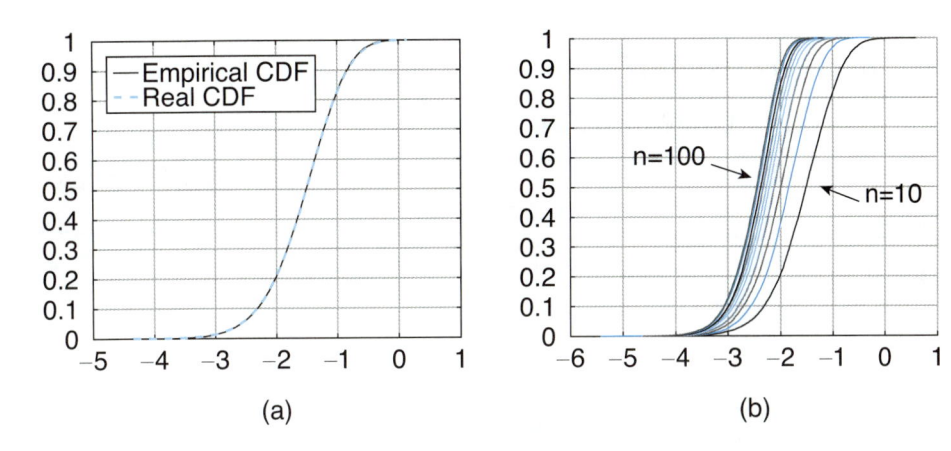

▶ 圖 12.12　(a) 經驗 CDF 與真實 CDF 函數比較，(b) 變數數量 $n = 10, 20, ...,$ 100 時的經驗 CDF

以分佈的範圍隨著 $n$ 變大往左邊移動。另外，這張圖不容易看出偏態係數的變化趨勢。讀者不妨改用盒型圖或計算偏態係數另作比較。

學習寫程式做實驗的階段，最好找經典定理著手。利用已知的結果來檢驗程式的對錯，一方面提升程式能力 (特別是除錯)，一方面更清楚理解該定理的內涵，就算沒有能力利用數學證明，至少懂得定理的精神，才能活用定理。順序統計量關心的當然不只是排序最小的數值，而是任何排序都可以，譬如最大值或中間值。以下程式示範圖 12.12(b) 的做法，讀者可以改為針對最大值或中間值。

```
clear, clc
figure, grid, hold on
m=10000;                      % 實驗次數
n=10:10:100;                  % 10 種樣本數
num=length(n);
for i=1:num
    X=normrnd(0,1,n(i),m);    % 逐行取最小值，1 × m
    xmin=min(X);
```

```
    [f,x]=ecdf(xmin);
    plot(x, f, 'LineWidth', 2)
    pause(1)                                % 製造動畫，觀察移動軌跡
end
hold off
```

## 12.5　專題 5：泰勒級數的舞步

一個可連續微分的實數函數 $f(x)$ 可以展開為如下的冪級數：

$$f(x) = f(a) + \frac{f'(a)}{1!}(x-a) + \frac{f''(a)}{2!}(x-a)^2 + \frac{f'''(a)}{3!} + (x-a)^3 + \ldots \quad (12.1)$$

稱為泰勒級數 (Taylor series)，當 $a = 0$ 時，又稱為麥克勞倫級數 (Maclaurin series)。譬如，自然指數函數 $f(x) = e^x$ 的麥克勞倫級數為

$$e^x = 1 + x + \frac{1}{2!}x^2 + \frac{1}{3!}x^3 + \ldots$$

這是一個無限項次的多項式函數，且隨著冪次方越高，前面的係數越小，代表該項的重要性越小。在應用上經常將函數以泰勒級數展開，如同對函數的解構，其中前面係數較大的項目代表原函數較多的成分，係數太小者往往被刪除不用。於是，一個複雜的非線性函數在應用上常常以其泰勒級數的前三項 (二次多項式)，甚至只用前兩項 (線性函數) 取而代之，特別在 $x = a$ 附近的小範圍內。看起來是化簡為繁，事實上是簡化了函數的複雜性，讓應用上的成本下降很多。雖然付出誤差的代價，但只要應用上無礙即可。

本專題並非泰勒級數的應用，只是在 YouTube 上看到中華大學數學系李華倫教授製作的「Taylor Polynomial's Tango」(泰勒多項式的探戈)[19]，

---

[19] https://www.youtube.com/watch?v=msFbHyw043g。

# Chapter 12
## 程式專題

覺得這是一個有趣的題目,可以幫助學生理解泰勒級數的美妙,也是鍛鍊程式的好題材。特別的是,李教授的作品結合動畫與生動的音樂,讓整件事變得更有趣。李教授致力於音樂方面的程式寫作,將音符視為資料的一種,而旋律是一種樣式 (Pattern),於是統計與電腦資訊的技術找到另一個戰場,非常有意思。

本專題要讀者寫一支程式重現李教授在 YouTube 上的作品 (除了音樂以外)。程式需求如下:

1. 找一個非線形函數及固定範圍,譬如 $f(x) = \sin(x)$, $-2\pi \leq x \leq 2\pi$。
2. 找一個符號,譬如 O,以某種固定速度從函數最左邊沿著函數的曲線移動這個符號到最右邊 (如圖 12.13(a) 所示)。[20]
3. 上述的符號再重新移動一次,但加入繪製函數在該點的泰勒級數 (展開到第二項),逐步動態的進行到最右邊,如圖 12.13(b) 所示。即繪製直線函數 $g(x) = f(a) + f'(a)(x-a)$。當 $f(x) = \sin(x)$ 時,$g(x) = \sin(a) + \cos(a)(x-a)$。這條直線隨著 $a$ 值從 $2\pi$ 移動到 $2\pi$ 造成斜率的改變,營造出動態效果。[21] 在數學與應用上的意義是,任何函數在 $x = a$ 附近的小範圍內,可以被視為一條直線,稱為函數的線性化 (Linearization)。[22] 從圖 12.13(b) 所繪製的位置也能看出小區域範圍函數線性化的合理性。
4. 同上,再重頭走一遍。這次的泰勒級數加入第三項的平方項,即 $g(x) = \sin(a) + \cos(a)(x-a) - \sin(a)(x-a)^2/2!$,並且也在右邊加入同樣的符號點。一左一右同時進行。如圖 12.13(c) 所示。加入右邊同步進行的動畫效果相當迷人有趣,若配合音樂,確實有跳

---

[20] 寫成功後,也可以加速速度的變化,譬如下坡變快,上坡變慢。

[21] $a$ 值不可能是連續值,設計者必須選擇適當的間距,譬如 a=-2*pi : 0.2 : 2*pi,或 a=linspace(-2*pi, 2*pi, 100),在每個點與點之間停頓適當的秒數,譬如 0.1 秒,製造出動畫效果。

[22] 線性化的概念可以延伸至多變量函數,甚至一些複雜問題的簡單化,都隱含這個概念。

(a) 沿著函數滾動的球

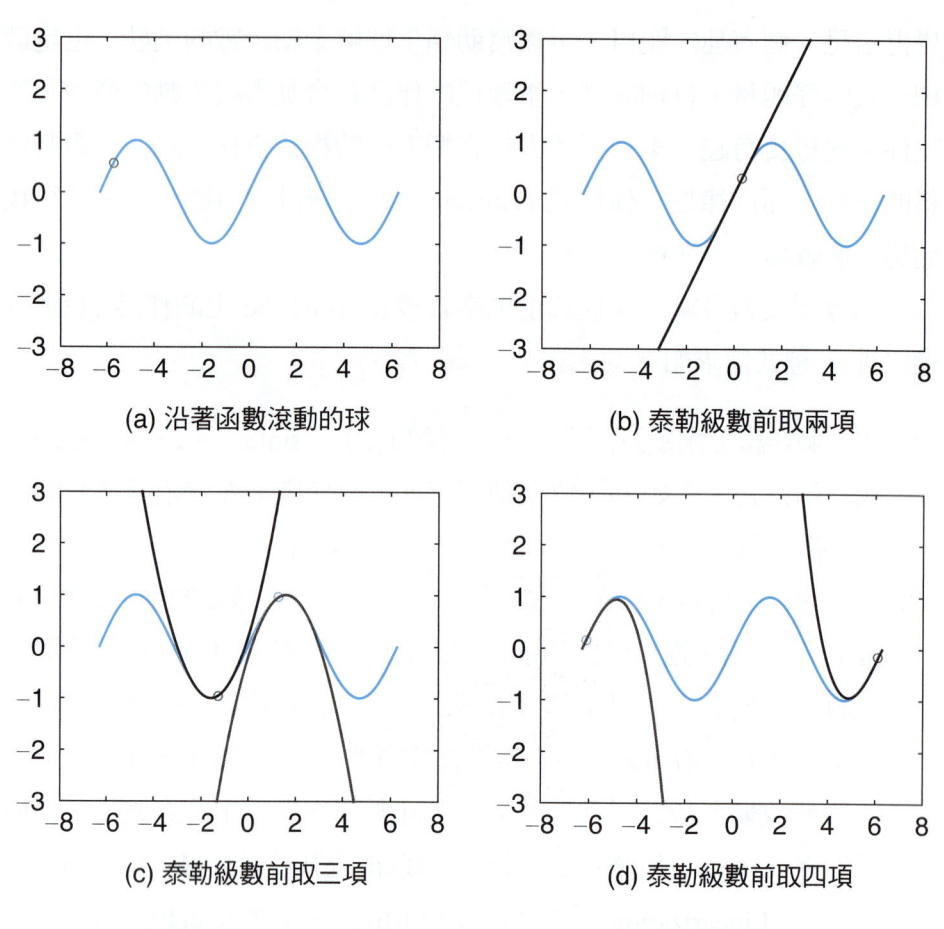

(b) 泰勒級數前取兩項

(c) 泰勒級數前取三項

(d) 泰勒級數前取四項

● 圖 12.13　以動畫呈現 $f(x) = \sin(x)$ 的泰勒級數解構

探戈舞步的味道。

函數並非在每個位置都適合線性化，譬如圖 12.13(c) 的兩個符號所在的位置。如果改採如圖 12.13(c) 的二次多項式函數就好多了，適用的鄰近範圍較大一些。

5. 同上，繼續雙人舞步，但這次再增加泰勒級數的第四項立方次項。即 $g(x) = \sin(a) + \cos(a)(x - a) - \sin(a)(x - a)^2/2! - \cos(a)(x - a)^3/3!$，如圖 12.13 (d) 所示。越高冪次項的加入代表越適合函數在斜率變化大的區域。當然，加入越多項次會越接近原函數。雖然計算成本增加，但是泰勒級數的多項式函數還是比較容易操作的函數(譬如微分、積分等)，在應用上受到歡迎。

以下列出一段繪製圖 12.13(b) 的程式碼，技巧不高，貴在程式的發想。

```
clear, clc
f=@(x) sin(x);
f1p=@(x) cos(x); % f'(x)
x=linspace(-2*pi, 2*pi, 1000);
a=linspace(-2*pi, 2*pi, 100);           % 泰勒級數展開的位置
n=length(a);
for i=1:n
    plot(x, f(x), 'LineWidth',3);       % 繪製函數 f(x)
    hold on
    y=f(a(i))+f1p(a(i))*(x-a(i));
    plot(a(i), f(a(i)), 'go', 'LineWidth', 3, 'MarkerSize', 10)     % 繪製符號 O
    plot(x, y, 'r')                     % 繪製泰勒級數 (直線)
    axis([-8 8 -3 3])                   % 固定座標軸
    hold off
    pause(0.1)                          % 暫停 0.1 秒
end
```

上述程式的迴圈內製造出動畫效果的幾個指令，分別是 hold on、axis([-8 8 -3 3])、hold off 及 pause(0.1)。這只是筆者自己嘗試的做法，絕非唯一，一定有更漂亮的做法。其中 axis([-8 8 -3 3]) 用來固定座標軸，免得因為繪圖的位置忽上忽下而影響視覺效果。

這個專題兼具學習、程式技巧與樂趣，非常適合初學程式設計者作為升級挑戰的題目。當速度調整到很慢時，很容易觀察到不同的泰勒級數項目在哪個區域表現最接近原函數。其他程式技巧的挑戰還包括：

1. 動態的處理從均速換成隨著斜率之不同變化,加入上、下坡度速度變化的動感。
2. 變換不同的函數。
3. 符號點可以換成踩著滑板的人或衝浪的圖像。

## 12.6　專題 6:摩天輪:轉換矩陣的程式觀

　　製作摩天輪動態轉動的程式構想,來自另一門課 (線性代數) 正在教授的「線性轉換」概念。簡單地說,線性轉換是利用一個 $m \times n$ 的矩陣 A 將 $n$ 度空間中的某個點 (向量) **x** 轉換到 $m$ 度空間,當 $m = n$ 時,指在同一個的空間轉移位置。當然轉換一定有其積極的意義,譬如讓事情 (資料) 變得更簡單、更清晰、處理的成本更低廉等。

　　譬如,假設有一團糾結的毛線,看似纏繞到無法恢復,但在線性代數的空間觀裡,卻可以想像如果將這團毛線轉移到更高度的空間,也許會「長得」像一條有飄逸曲線的彩帶那樣單純。這其中的關鍵來自矩陣 A 的設計。目前我們無法窺見比三度空間更高的空間中物體的形狀,但是科學家或工程師卻可以透過理論的可能性來解決實務問題。有時「眼不能見的」反而能擴大視野與想像力,才能解決問題,這是科學美妙的地方,跳脫一般常規的三度空間思維。常常有人問筆者學線性代數有何用?利用高度空間解開糾結纏繞的毛線就是筆者常舉的例子。[23]

　　寫程式製作一個栩栩如生的動畫摩天輪,方法豈止千百種,但在學校的課堂上,筆者堅持請學生用矩陣 (線性轉換) 的方式來變換籃子的移動位置,以下的分析說明以這個概念為主。先從幾張動畫程式的擷取圖來展開這個專題。[24] 凡事從簡單開始,如圖 12.14(a) 先做一個單純的轉動模式;用一個正方形當籃子,下面連接一條到原點的線當支撐桿,並

---

[23] 舉另一個例子,站在一條高樓大廈鱗次櫛比的大道上看過去,大樓與大樓之間似無空隙,一棟緊貼著一棟。如果移駕到大樓的正前方,也許大樓間還有一條馬路的寬度呢!這就是空間限制了眼睛的視野,而科學就是從心的視野擴大了空間,將不可能變為可能。

[24] 圖 12.14(c)、(d) 分別來自 2015 年的學生許瑜珊、黃英嘉的作品。

# Chapter 12
程式專題

試著轉動 θ 角度 (譬如 45° 角)。在二度空間裡,將一個點 (向量) 順時針旋轉 θ 角度的做法是在向量前乘上矩陣 A

$$A = \begin{bmatrix} \cos\theta & \sin\theta \\ -\sin\theta & \cos\theta \end{bmatrix}$$

先期作業先畫一個連接到原點的正方形,再將這個正方形順時針方向旋轉 θ 角度。初學程式的讀者必須將這個需求轉為程式碼,這需要一點時間琢磨。首先,畫出第一個連接一條線的正方形:

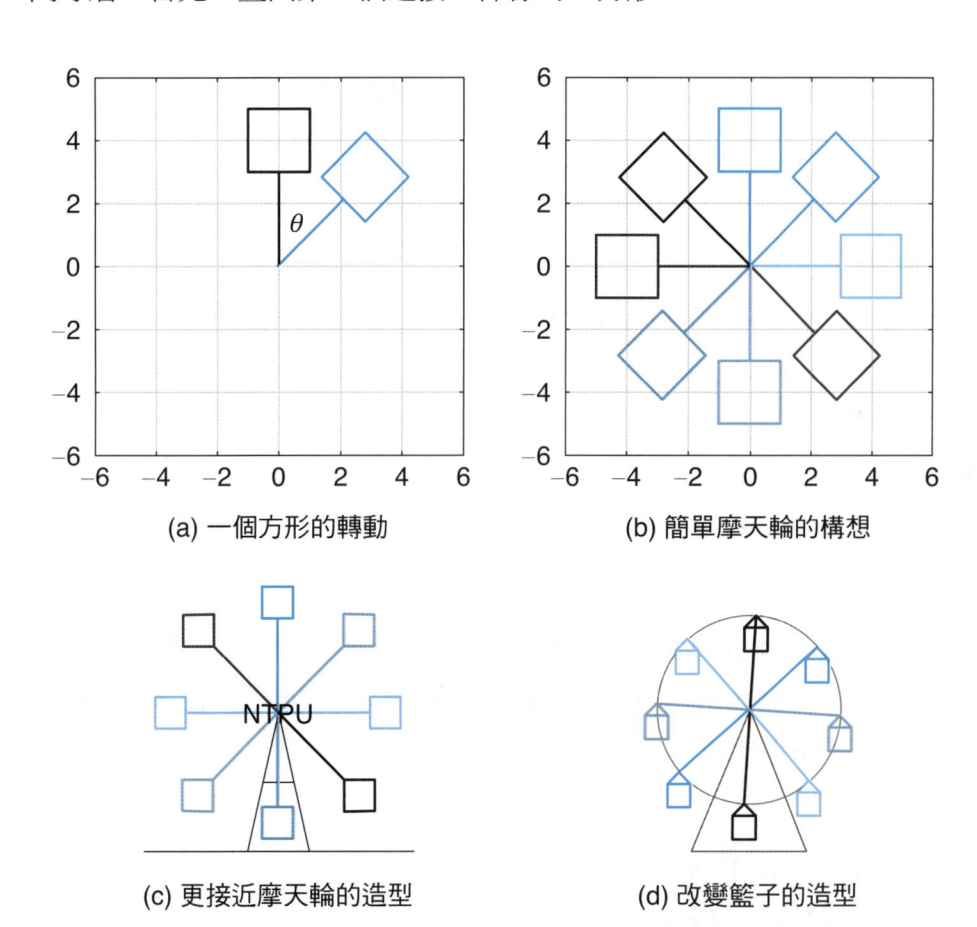

(a) 一個方形的轉動

(b) 簡單摩天輪的構想

(c) 更接近摩天輪的造型

(d) 改變籃子的造型

● 圖 12.14　摩天輪的進程:從構想、試做、修飾到雛形

**Coding Math**：寫 MATLAB 程式解數學

```
x_o=[ 0 0 -1 -1 1 1 0 ];
y_o=[ 0 3 3 5 5 3 3 ];
plot(x_o, y_o, 'LineWidth', 3)
```

用 plot 畫多邊形的關鍵點在頭尾相接，[25] 不過這張圖因為從直線一端開始的關係，沒有回原點。上述程式的 x_o 與 y_o 代表 7 個點的 x 與 y 座標。利用矩陣線性轉換的旋轉概念，就是用矩陣 A 乘上這 7 個座標 (也視為 7 個向量)，換成另一組新的座標即可，這就是圖 12.14(a) 看到的樣子。承接上述的程式碼，再畫一個籃子的程式碼參考如下：

```
n=8;
intvl=2*pi/n;                                    % 旋轉角度
A=[cos(intvl) sin(intvl);-sin(intvl) cos(intvl)]; % 線性轉換矩陣 (順時針)
tmp=A*[x_o; y_o];                                % 同時轉換所有的點
x_new=tmp(1, :);                                 % 新的 x 座標
y_new=tmp(2, :);                                 % 新的 y 座標
plot(x_new, y_new, 'LineWidth', 3)
```

程式中的 (x_new, y_new) 可以視為新的座標點，來自轉換矩陣 A 的加乘效果。x_new 與 y_new 也可以如下列程式碼的做法，以節省一行程式碼，不過比較不容易解讀。

```
x_new=A(1, :)*[x_o; y_o];
y_new=A(2, :)*[x_o; y_o];
```

---

[25] 如果畫多邊形的色塊，只需要多邊形的端點即可，不需頭尾相接，繪圖指令可選擇 fill 或 patch。

> **Tips**
> 
> 　　程式寫作不只是在意程式執行效率與程式碼的簡潔，有時候程式碼的可讀性更重要。除了方便自己未來閱讀外，團隊合作的程式會更注意可讀性，讓程式的除錯與未來的擴充方便許多。當然這需要在不嚴重影響執行效率的前提之下。

　　程式到此已經略看到樣子，再來就是讓原來的正方形可以按各種旋轉角度繞一圈，如圖 12.14(b) 的旋轉 8 次，每次 45° 角。請讀者先想想，再寫一個迴圈，加個停頓秒數形成動畫效果。[26] 成功之後，再繼續「加料」，譬如減少旋轉角度 (增加次數)，縮短停頓秒數 (加快旋轉速度) 等，完成初階的摩天輪：讓一個籃子成形並且轉動一圈。

　　以上是進行一個「大工程」的先期探索作業，了解可能遇到的困難，試著先解決最難處理的技術問題。待一切順利，剩下的只是時間的問題，也比較容易評估時程。在進行更複雜的摩天輪外型設計與動畫前，筆者利用這個機會介紹 MATLAB 的獨特的程式風格。有別於一般程式設計的線形邏輯 (動不動便喜歡用迴圈處理重複性的工作)，MATLAB 常以矩陣式的平面邏輯處理資料。譬如，從前面一個籃子的程式出發，讓程式可以輕易加入更多籃子，並能同時轉動一圈，如圖 12.15 所示。而可以一次呈現多個籃子的程式碼如下：

```
m=4; d=2*pi/m;                  % 籃子數量 m 與間隔角度 d
p=7;                            % 定義每個籃子的座標點數量
B=[cos(d) sin(d);-sin(d) cos(d)]; % 用來設定其他籃子的位置
X=zeros(m, p); Y=zeros(m, p);   % 預留 m 個籃子位置空間
X(1,:)=[ 0 0 -1 -1 1 1 0 ];     % 設定第一個籃子
```

---

[26] 可以讓正方形籃子疊圖出現，也可以只出現一個籃子如秒針一格格的轉動。

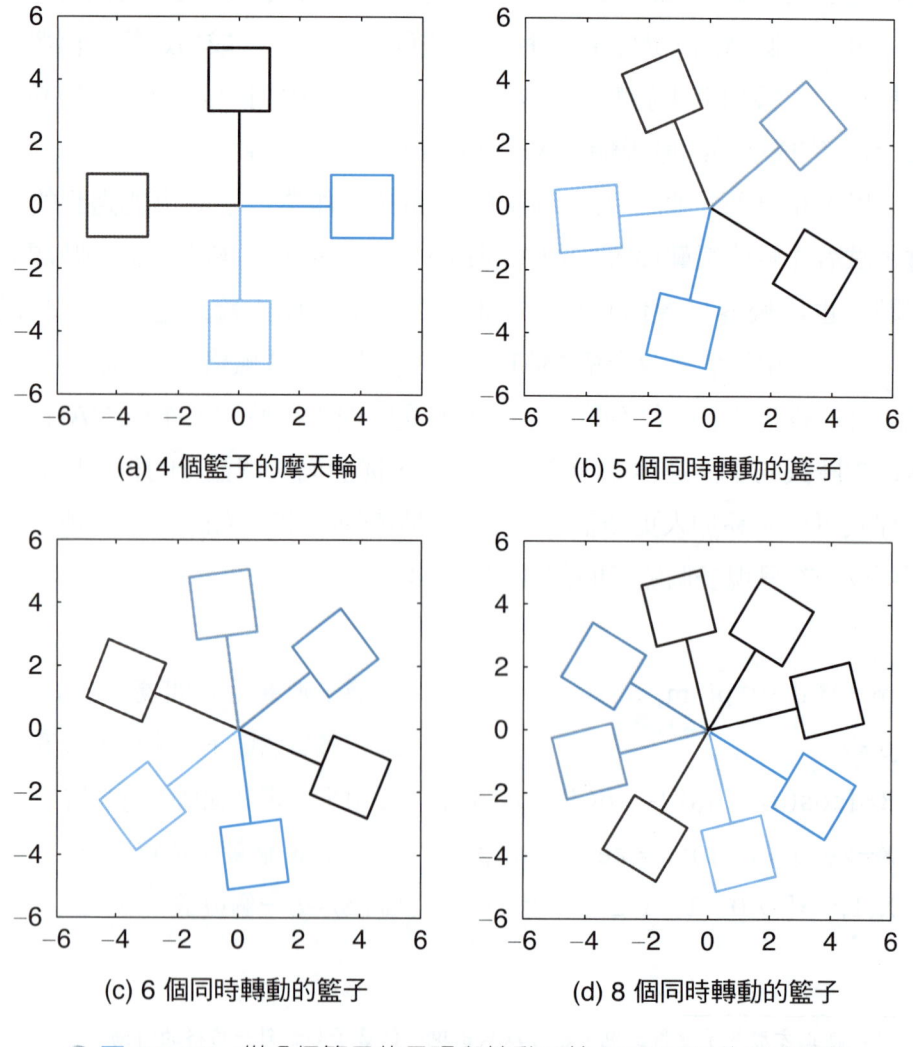

```
Y(1,:)=[ 0 3 3 5 5 3 3 ];
for i=2:m                          % 計算其他籃子的座標位置
    X(i, :)=B(1, :)*[X(i-1, :); Y(i-1, :)];
    Y(i, :)=B(2, :)*[X(i-1, :); Y(i-1, :)];
end
plot(X', Y',' LineWidth', 3)
axis([ -6 6 -6 6 ]), axis square
```

(a) 4 個籃子的摩天輪

(b) 5 個同時轉動的籃子

(c) 6 個同時轉動的籃子

(d) 8 個同時轉動的籃子

▶ 圖 12.15　從多個籃子的呈現與轉動示範 MATLAB 的程式風格

## Chapter 12 程式專題

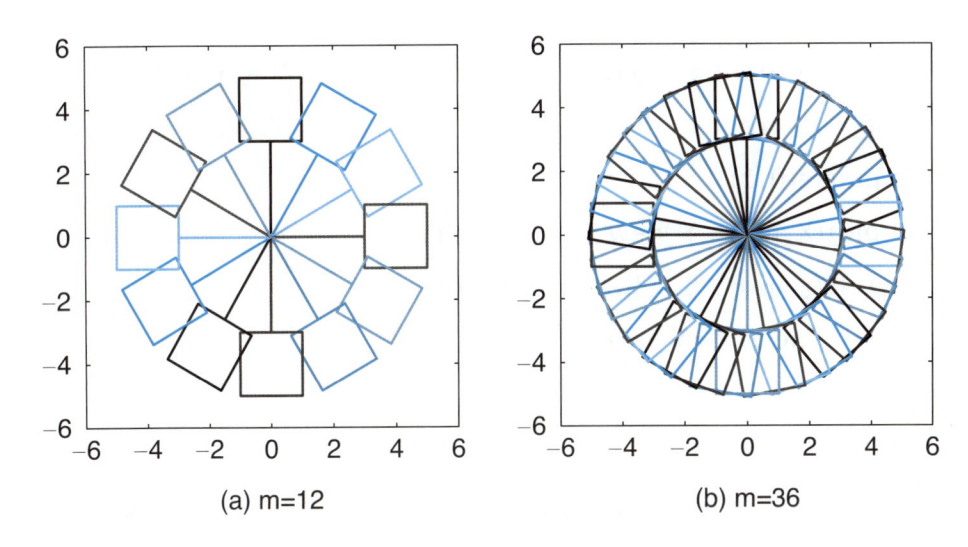

(a) m=12

(b) m=36

● 圖 12.16　程式設計的意外結果

只要更改 m=4 的設定，就可以產生 4 個籃子。讀者也許沒想過這個數字可能造成視覺上多大的改變，如圖 12.16 的示範。大家能想像當 m=120 的花團錦簇嗎？

上述程式將 m 個籃子的 p 個 (x, y) 座標點放在 $m \times p$ 的矩陣 X 與 Y。在設定第 1 列 (第一個籃子) 的座標值後，其餘籃子的座標利用一個迴圈分別設定。最後一個 plot 指令就可以畫出所有的線 (籃子)。[27] 接續前述產生 m 個籃子的程式碼，讓這些籃子同時轉動。[28]

```
n=32; intvl=2*pi/n;     % 轉一圈的次數；即每次旋轉角度
A=[cos(intvl) sin(intvl);-sin(intvl) cos(intvl)];
for i=1:n                % 開始轉動，每次轉 intvl 角度，共轉 n 次
    xtmp=A(1, :)*[reshape(X', 1, p*m); reshape(Y', 1, p*m)];
    ytmp=A(2, :)*[reshape(X', 1, p*m); reshape(Y', 1, p*m)];
```

[27] 這個指令將 X 與 Y 分別轉置，是為了配合指令的意思。程式設計者不需要特別去記或查詢 plot 如何正確畫出兩個矩陣的對應線條，只要畫畫看，錯了再換過來即可。

[28] 請讀者注意，製作一個有點複雜的程式，最好要分段處理，一步步逼近，切莫一口氣寫完再來執行除錯。

```
    X_new=reshape(xtmp, p, m)';        % 新位置的 X 座標
    Y_new=reshape(ytmp, p, m)';        % 新位置的 Y 座標
    pause(0.1)
    plot(X_new', Y_new', 'LineWidth', 3)
    axis([ -6 6 -6 6 ]), axis square
    X=X_new; Y=Y_new;
end
```

上述程式充分展現 MATLAB 的矩陣風格，特別是在迴圈內的前四行。這四行程式碼做了一件事；將 m 個籃子的個別 p 個座標 (X 與 Y) 全部換成下一個位置的新座標 (X_new 與 Y_new)。不同於前面利用迴圈計算個別籃子的位置，這裡使用 reshape 指令將儲放所有籃子座標的矩陣 X 與 Y 變形，計算後再變回原來的矩陣形狀成為新座標矩陣 X_new 與 Y_new。指令 reshape 與 repmat 是 MATLAB 矩陣運算的兩個得力助手，以下介紹 reshape 扮演的角色。

指令 reshape(X', 1, p*m) 將 $p \times m$ 矩陣 X' 轉換成 $1 \times pm$ 的向量，這是為了配合旋轉矩陣 A。這個做法像是將 m 個籃子 (每個有 p 點座標) 打散成一個有 $pm$ 點座標的籃子。當用旋轉矩陣 A 將每個座標轉換後，再用 reshape(xtmp, p, m) 將向量換回 $p \times m$ 矩陣，經過轉置後回到 $m \times p$ 的座標矩陣，再交給 plot 畫出所有籃子。指令 reshape 像變形金剛將矩陣或向量任意變形，再配合其他矩陣的操作，讓程式設計充滿無限可能與想像，除了完成任務需求外，也給足程式設計者娛樂與挑戰，堪稱 MATLAB 程式設計的典型風格。

指令 reshape 對矩陣的變形機制可以透過小小的例子立即理解，程式設計者最好先在命令視窗試試，避免出錯。譬如，有一矩陣 A 與向量 **a**

$$A = \begin{bmatrix} 1 & 2 & 3 \\ 4 & 5 & 6 \end{bmatrix}, \mathbf{a} = \begin{bmatrix} 1 & 2 & 3 & 4 & 5 & 6 \end{bmatrix}$$

試著在命令視窗練習指令 reshape 將 A 轉成 a，及將 a 轉成 A。讀者宜先想想試試，如果跑出來的結果錯了，便再調整，再試試，直到成功。最後再參考下列指令：

```
reshape(A',1,6)
reshape(a,3,2)'
```

對指令 reshape 有幾分了解之後，再來解讀上述程式中的四個帶有 reshape 的指令，必然一目了然。至此，一個簡單的摩天輪便已成形，而且籃子數量與旋轉速度都能輕易透過一個參數調整，具備一支程式的要件。接下來可以嘗試下列幾件事，讓程式摩天輪更像真實摩天輪。

1. 保持正方形籃子的底部永遠與地面呈水平，不至於像圖 12.14(b) 的籃子東倒西歪。圖 12.14(c)、(d) 的籃子比較接近真實。
2. 讓籃子能順時針或逆時針旋轉或混合轉動。
3. 執行時可以選擇籃子數量、速度與圈數 (可以利用指令 menu 做出簡單的圖形介面)。
4. 做一些外部造型 (一般仍以多邊形、圓形為主)，如圖 12.14(c)、(d)。
5. 搭配音樂。[29]

---

[29] MATLAB 提供聲音檔的讀取與播放指令，如 [y,Fs] = audioread('filepath/filename.wav') 讀取音樂檔，接著用指令 sound(y, Fs) 播放音樂，其中 filepath 指音樂檔案所在的路徑。若與程式在相同路徑，則可略去。

## 12.7　專題 7：評估統計量的優劣——以卡方適合度檢定為例演練蒙地卡羅模擬

　　本專題用意在引導讀者如何寫程式從事統計科學或工程方面的研究。學寫程式不是好玩而已，必須有「戰場」，寫程式才有目標有熱情；否則很快便無以為繼，不知道學程式設計所為何事？寫程式的戰場初期是刻意安排的示範程式，之後也許是幫助理解課本的理論或解決習題，[30] 再來必須跳出已知的框框，挑戰未知的事物。在學校裡，可能是在某位老師的研究團隊分到一些事情做，[31] 譬如最粗淺的研究工作像是些重複性的測試或計算。重複性的工作看起來沒什麼營養，其實無形中對資料的結構、程式的效率、結果的呈現、理論的理解等有涵養之效。

　　統計方法的應用與研究是兩回事，一是將統計方法應用在實務資料上，另一是針對實務問題提出解決的統計方法。一般而言，在大學階段的學習較著重於理論的理解與方法的應用，對於研究的過程鮮少碰觸。學生對於書本上提出的統計方法，往往缺少質疑心，直接視為金科玉律。殊不知道每個可以被用來解決問題的統計方法除了必須在理論上被證明可行外，通常還需要透過大量模擬資料的驗證，方能說服使用者。本節利用解決一個簡單且眾所周知的統計問題：「卡方適合度檢定」(Chi-square Goodness-of-Fit Tests)，讓初學者初嚐研究中常見的模擬過程，祈能順利進入統計研究的殿堂，成為指導老師的好幫手。

　　卡方適合度檢定是一個古老但是有效的檢定方法。近代許多檢定方法仍以卡方適合度檢定為核心思想做調整或延伸，達到特殊的檢定需求。對於卡方適合度檢定的了解有助統計理論的研究與開發。先來看看這個檢定方法要解決什麼問題，以及如何解決？

---

[30] 譬如習題要求證明某個論述的結果。初看也許不會證明，甚至不知所云，這時可以先寫程式來驗證要證明的論述是否如此。藉此理解問題並找到證明的方法。就算最後因為數學能力不足，還是不會證明，至少理解了問題。

[31] 如果你能事先練習過如何做這些事，對爭取到這份工作有莫大助益。

## 12.7.1 卡方適合度檢定問題？

在統計的應用裡，我們常需要知道某組樣本是否服從某個已知分配。統計學上喜歡用「假設檢定」來探測這個事實。[32] 假設檢定條件寫成

$H_0$: 已知資料<u>服從</u>某個已知分配

$H_a$: 已知資料<u>不服從</u>某個已知分配

卡方適合度檢定的原理是將樣本資料的分佈與已知分配的分佈做比較。所謂「樣本資料的分佈」，落實在數值上是將樣本資料依大小順序分成 $k$ 個組距，資料在每個組距的觀察個數為 $O_i$, $i = 1, 2, ..., k$，其中 $\sum_{i=1}^{k} O_i = n$，即樣本數。而「已知分配的分佈」，落實在數值上就是在相同的 $k$ 個組距內，計算 $n$ 個樣本可能散佈的數量，記為 $E_i$, $i = 1, 2, ..., k$。[33] 當分配已知，範圍已定，則期望值 $E_i = np_i$ 是固定數值，其中 $p_i$ 是樣本出現在第 $i$ 個組距的機率。於是，著名的卡方適合度檢定的統計量寫成 [34]

$$S = \sum_{i=1}^{k} \frac{(O_i - E_i)^2}{E_i} \sim \chi^2_{k-1} \qquad (12.2)$$

不論讀者是否熟悉卡方適合度檢定，光從式 (12.2) 的檢定統計量，不難看出這個方法簡樸的精神；就是統計量 $S$ 與兩組數據的差距平方和正相關，其大小恆為正，且當兩組資料 $O_i$ 與 $E_i$ 越接近時，其值越小。換句話說，當統計量 $S$ 接近 0 時，代表觀察值與期望值越相近，即已知的觀測資料越可能來自假設的已知分配。圖 12.17 展示了這個概念，其中的曲線代表已知的分配 (這裡假設為標準常態)，並將樣本空間粗分了 5 個區域。圖 12.17 中的圓點來自母體為標準常態的樣本 (共 100 個)，且根據樣本值 (X 軸) 定位。看起來一切都非常合理；曲線較高的區域代表樣

---

[32] 所謂「假設檢定」，簡言之，想從已知資料裡得到足夠的證據來推翻虛無假設 $H_0$。若最後證據不足，只好接受虛無假設的論述。

[33] $O_i$ 與 $E_i$ 的符號代表 Observed Number 與 Expected Number，即觀察值與期望值。

[34] 統計量 $S \sim \chi^2_{k-1}$ 表示服從卡方分配 (自由度為 $k-1$)。

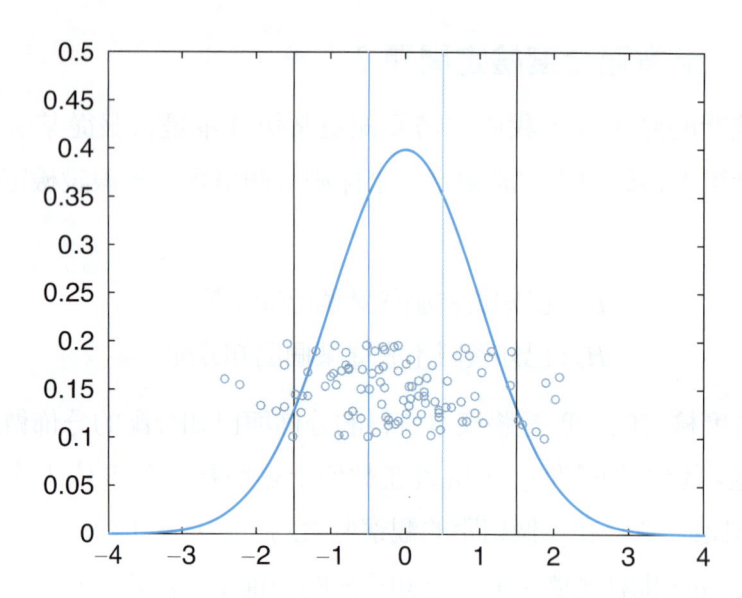

● 圖 12.17　100 筆資料的分佈與已知分配 (標準常態) 圖，將樣本空間區分為 $k=5$ 個區域

本發生的機率大；反之，較小，這與圓點的散佈情況相同。卡方適合度檢定便是從計算組間數量的落差來決定樣本資料是否來自已知分配。

### 12.7.2　專題目標

　　卡方適合度檢定統計量 (式 (12.2)) 的設計理念感覺簡單樸實，但有一個問題必須面對：這個檢定統計量「厲害」嗎？意思是，當資料確實來自假設的已知分配，從這些資料計算得來的統計量 $S$ 是否能正確判斷？(即不拒絕虛無假設)。而當資料來自非假設的已知分配，又是否能正確地拒絕虛無假設？

　　統計學者提出一個統計方法，固然需要理論根據，但實務上的效果更是重要。所謂真金不怕火煉，每個方法都要經過多方試煉，才能證實為可行的統計方法。但問題在於，實務上我們常不能提供足夠的真實資料作為測試的依據，為了在短時間內提供其效力證明，符合問題假設的各種模擬資料便取而代之。本專題要求初學者利用電腦程式模擬符合問題假設的各種資料，並且大量地重複執行，讓該統計方法的「統計現象」可以呈現出來。以假設檢定而言，我們關心一個檢定統計量對於型

一誤的維持及其檢定力 (Power) 的表現。[35] 以下是蒙地卡羅模擬 (Monte Carlo Simulations) 實驗要做的幾件事：[36]

- 大量模擬資料的產生 (符合 $H_0$ 或 $H_a$ 的樣本資料)。在模擬的需求下，我們必須產生具某種分配的樣本共 $N$ 次，每次生成 $n$ 筆資料，以便執行 $N$ 次的檢定，記錄拒絕虛無假設 $H_0$ 的次數。本實驗設定 $N = 50,000$。[37]
- 計算 $N$ 次樣本資料的統計量，並觀察這 $N$ 個統計量的分佈情況 (是否與理論上對檢定統計量分配的推論一致，即服從卡方分配 $\chi^2_{k-1}$)。
- 樣本數 $n$ 的影響有多大呢？本實驗準備觀察當 $n = 10, 20, 30, 40, 50, 100, 300$ 時，檢定統計量的表現。[38]
- 將樣本空間分成 $k$ 組，$A_1, A_2, ..., A_k$ 的方式可採等機率 (Equal Probability)、等組距 (Equal Interval) 或自訂組距 (Specified Interval)，哪一種比較好？該怎麼分？分成多少組比較好？這裡有太多選擇，不容易從理論窺探，卻是模擬實驗要觀察的重點。
- 型一誤 (α) 的維持情況：在給定型一誤 α 下進行檢定，如果 $N$ 次實驗的資料都來自 $H_0$ 的假設，而檢定結果卻拒絕 $H_0$ 的資料有 $N_1$ 次，我們想知道錯誤拒絕的比例 $N_1/N$ 是否接近 α 值。這叫做型一誤的維持，或顯著水準 (Level of Significance) 的維持。在本實驗裡，令虛無假設為 $H_0$：資料服從標準常態分配。

---

[35] 型一誤與檢定力是統計學的專有名詞，本書不另細述，請讀者自行尋找參考書閱讀。看五六分懂即可，透過程式實驗實作後，相信會完全理解統計應用上非常普遍的假設檢定是怎麼回事。

[36] 蒙地卡羅模擬是設法利用電腦讓同一事件 (母體) 一次又一次的發生，經過相當的次數之後，事件 (母體) 的所有可能性幾乎盡現。程式針對每一次的資料做計算，最後得到一些可供比較判斷的統計數據或圖表。通常蒙地卡羅模擬最困難的是根據事件的由來生成對應的資料。萬一資料生成錯誤或與事件不符，後續的計算也是徒勞無功。

[37] 既是模擬，次數 $N$ 當然操之在己，一般而言越大越好，不過當 $N$ 大到某個程度，其結果將趨於穩定，過大只是徒增計算時間。所以模擬次數的多寡只求適當即可，透過初步模擬過程，決定 $N = 50,000$ 次。

[38] 有時候在研究領域上做比較時，會有所謂的標竿 (Benchmark) 的數字供參酌，當作比較的基礎。如果沒有這些經典數字，一般的選擇會涵蓋小樣本到大樣本，看看不同樣本數下，檢定統計量的表現。

- 檢定力的優劣評估：同上，當 $N$ 次實驗的資料都來自 $H_a$ 時，而檢定結果拒絕 $H_0$ 的資料有 $N_1$ 次，則 $N_1/N$ 代表正確拒絕的比例，一般稱為檢定力，越接近 1 越好。由於對立假設 $H_a$ 的選擇眾多，在此我們挑選幾個分配：$T(3)$, $T(10)$, $N(0.5, 1)$, $N(1, 1)$, $N(2, 1)$。這些分配都與標準常態有若干程度的相似，用來測試檢定統計量的分辨能力，也就是檢定力。

上述實驗想探知檢定統計量與幾個條件的關係 (樣本大小、分組數量、分組方式、對立假設的資料來源與虛無假設的相似度等)。這些條件對「檢定的品質」有何影響？能直接從統計式中看出來嗎？有些問題可以從理論推論而得，有些必須依賴電腦模擬，其中「檢定品質」指檢定統計量的型一誤及其檢定力的表現。

本模擬實驗在資料生成方面沒什麼問題，都是來自一般性的機率分配，MATLAB 現成指令便能輕易做到。對初學者而言，統計量式 (12.2) 的計算才是挑戰，最好從這裡先下手。以下程式碼可供參考 (程式中假設已知分配為標準常態，且分組方式定義在變數 B 的自訂組距)：

```
n=100;                              % 樣本數
f=@(x) normpdf(x, 0, 1);            % 欲檢定的已知分配
x=normrnd(0, 1, 1, n);              % 生成服從已知分配的樣本資料
B=[-1000 -1.5 -0.5 0.5 1.5 1000];   % 分組的邊界值
k=length(B) - 1;                    % 共分 k 組

p=zeros(1, k);   % 預留空間儲存「樣本出現在每一段組距的機率」
for i=1:k
    p(i)=integral( f, B(i), B(i+1) );
                        % 計算樣本出現在每一段組距的機率
end
```

```
E=np;                          % 計算每一段組距出現樣本的期望數量
O=zeros(1, k);      % 預留空間儲存樣本資料落在每一段組距的數量
for i=1:k
    O(i)=sum(x>B(i) & x<B(i+1));
                               % 計算實際落每個組距的樣本數量
end
S=sum(( E – O ).^2./E);               % 計算檢定統計量
```

上述自訂的組距放在向量 B 裡，代表 5 個組距 (如圖 12.17 展示的)，其中第一組距與最後組距分別為 (−1000, −1.5) 與 (1.5, 1000)，其真正的意思是 (−∞, −1.5) 與 (1.5, ∞)，反映了樣本空間是 (−∞, ∞) 的事實。在程式計算裡通常用一個合理的較大數值取代 ∞ 的角色，避開理論上經常見到的無限值。

檢定統計量 $S$ 來自兩組數據 $O_i$ 與 $E_i$，在程式裡沿用其理論上的符號 S, O, E。[39] 上述程式分別用一個迴圈計算 $O_i$ 與 $E_i$ (事實上是計算機率 $p_i$) 並存放在向量 O 與 p。乍看之下，可以僅用一個迴圈同時計算兩者。這裡分別計算的理由在當執行 N 次模擬實驗時，每次 $O_i$ 都不同，而機率 $p_i$ 僅需計算一次。如果放在一起，只會增加 $p_i$ 的計算次數，當然也是時間的消磨。[40]

上述程式碼用來生成一組測試資料，並計算一個檢定統計量值。如果想驗證檢定統計量是否符合理論宣稱的卡方分配，則可以執行 N 次的實驗，取得 N 個檢定統計量值 (也可以說是檢定統計量的樣本)，透過直

---

[39] 為程式的變數命名也是小小的學問，名稱要呈現實質的意義，還要盡量精簡並兼顧一些約定成俗的法則。MATLAB 作為計算數學的程式語言，具備與數學原式近似的表達語法，寫作時盡量採用數學符號名稱作為變數名稱。方便閱讀與除錯。

[40] $p_i$ 的計算也可以避免使用積分指令，譬如從累積機率函數計算：normcdf(B(i+1),0,1) - normcdf(B(i), 0,1)。

方圖便能觀察這個檢定統計量的抽樣分配。上述的程式經改寫後便能重複 N 次，計算出 N 個檢定統計量值，參考程式如下 (讀者不妨先想想如何改寫最省事)。圖 12.18 則呈現檢定統計量的抽樣分配。

```matlab
N=50000;                          % 實驗次數
n=100;                            % 每次實驗樣本數
X=normrnd(0, 1, N, n);  % 同時生成 N 組測試資料，每組 n 個樣本
f=@(x) normpdf(x, 0, 1);          % 欲檢定的已知分配
B=[-1000 -1.5 -0.5 0.5 1.5 1000]; % 分組的邊界值
k=length(B) - 1;                  % 共分 k 組

p=zeros(1, k);   % 預留空間儲存「樣本出現在每一段組距的機率」
O=zeros(1, k);   % 預留空間儲存樣本資料落在每一段組距的數量
S=zeros(1, N);                    % 預留 N 個統計量值的空間
for i=1:k
    p(i)=integral( f, B(i), B(i+1) );
                    % 計算樣本出現在每一段組距的機率
end
E=np;                             % 計算每一段組距出現樣本的期望數量

for i=1:N                         % 重複 N 次
    x=X(i, :);                    % 擷取已生成的樣本
    for j=1:k
        O(j)=sum(x>B(j) & x<B(j+1));
                    % 計算實際落每個組距的樣本數量
```

```
        end
    S(i)=sum(( E - O ).^2./E);
end
────────────────────────────
histfit(S,50, 'gamma')
```

上述程式的最後一個指令是畫出 N 個檢定統計量值的直方圖 (視為檢定統計量 $S$ 的抽樣分配)。因為理論宣稱 $S$ 服從卡方分配且自由度 k-1，所以利用 MATLAB 配適直方圖的指令 histfit，並選擇伽瑪 (Gamma) 分配來配適 (Fit) 直方圖。[41] 統計量 $S$ 的 50,000 個樣本的抽樣分配如圖 12.18(a)。圖 12.18(b) 則是進一步描繪經驗累積分配 (實線) 與理論上的卡方累積分配 (虛線) 比較。兩條線幾乎貼近，代表檢定統計量 $S$ 在設定的條件下 (樣本數與分組方式) 確實如理論所宣稱的服從卡方分配 (自由度 k-1)。

圖 12.18 是驗證任何新提出的檢定統計量都會執行的模擬，藉以證實檢定統計量的理論分配無誤。上述程式與圖只代表特定條件下的抽樣分配，完整的實驗還會包括在各種條件下的表現，譬如小樣本、不同組距、不同母體分配等，如此才理解該檢定統計量適用的範圍。[42] 建議讀者自己變更樣本數大小，看看圖 12.18 的變化。

---

[41] 多數軟體都會以伽瑪分配來表示卡方分配，指令 MATLAB 也是如此。因為卡方分配是伽瑪分配的一種特殊形式，其關係為 $\chi^2(k) = \Gamma(k/2, 2)$。

[42] 在推導檢定統計量的分配函數時，往往都需要假設某些條件，最常見的便是利用中央極限定理的大樣本假設。

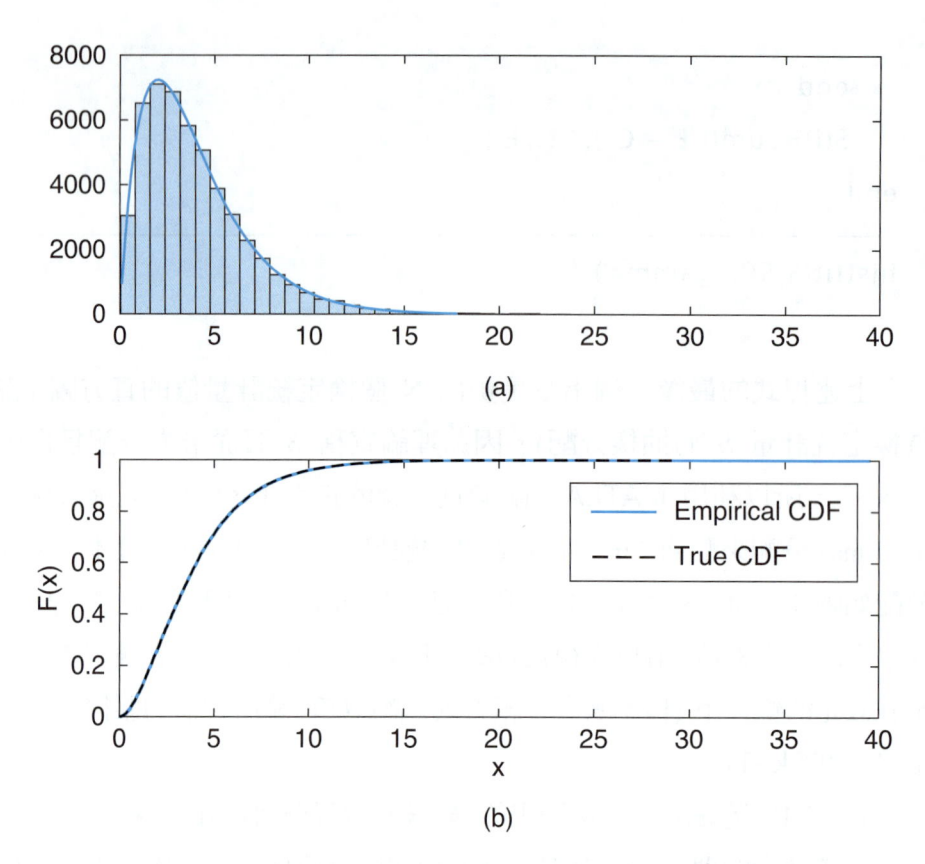

● 圖 12.18　(a) 檢定統計量 $S$ 的抽樣分配，(b) 經驗累積分配圖

### 12.7.3　檢測檢定統計量的型一誤維持 (顯著水準的維持)

　　除了初步觀察抽樣分配外，研究工作還會進一步觀察新提出來的統計量對於型一誤的維持與檢定力大小，通常伴隨與其他現成的檢定統計量做比較。[43] 本書限於篇幅，只介紹單一統計量的這兩項評比指標。

　　簡單地說，統計量的型一誤維持代表統計量的分配函數是正確的，所以當資料來自符合虛無假設 $H_0$ 的前提下 (在此假設為標準常態)，若設定型一誤為 $\alpha$，則拒絕 $H_0$ 假設 (犯錯) 的比例需約為 $\alpha$。圖 12.19 呈現了這個結果，其中樣本數分別為 10, 20, 30, 40, 50, 100, 300，$\alpha = 0.05$，其他條件同前。由圖 12.19 得知，不管樣本數多寡，其顯著水準都在設定的型一誤 (0.05) 上下，且樣本數越大，越穩定地接近。這個結果可以

---

[43] 研究工作除創新外，不外乎要做出更好的「產品」。這意味著在相同的條件下與其他同類型的產品評比。

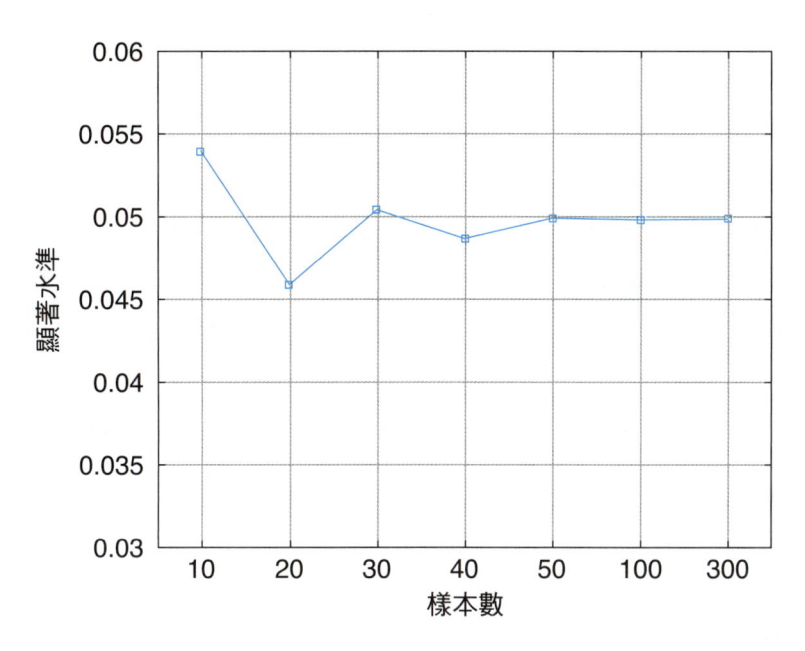

● 圖 12.19　檢定統計量 $S$ 在 $\alpha = 0.05$ 下的顯著水準

認定檢定統計量的理論分配沒有問題，甚至在小樣本條件下，表現也不差。接下來就是測試它的檢定力大小。

圖 12.19 的結果來自延伸之前的程式，由簡而繁，從「單一樣本數＋單一實驗」到「單一樣本數＋多次實驗」，推展到「多種樣本數＋多次實驗」，並加入對每次實驗做出拒絕與否的判斷。這個單元刻意從做簡單開始，其實也是有經驗的程式設計者寫程式的過程，沒有必要一次到位。[44] 以下程式碼僅列出與前述程式不同的片段，讀者再自己研究「組裝」，直到能跑出圖 12.19。

```
N=50000;                          % 實驗次數
n=[10 20 30 40 50 100 300];       % 不同樣本數的實驗
nn=length(n);nn=length(n);        % nn 種樣本數
```

---

[44] 寫數學或統計模擬實驗程式，並非跑出東西來就是對的，程式設計者必須保證程式本身無誤，更要清楚知道程式是否搞對方向。所以，寫作過程必須謹慎，按部就班，一步步確認到位。

```
        ⋮
a=0.05;                       % 設定型一誤
cv=chi2inv(1-a, k-1);         % 拒絕與否的臨界值
sig_level=zeros(1,nn);        % 為不同樣本數預留拒絕比例的空間
for m=1:nn                    % 針對不同樣本數
    E=n(m)*p;                 % 根據樣本數計算組距的期望次數
    X=normrnd(0, 1, N, n(m)); % 不同樣本數的資料生成
    for i=1:N                 % 重複 N 次
        ⋮                         ⋮
    end
    sig_level(m)=sum(S>cv)/N; % 拒絕比例
end
```

筆者喜歡在這種模擬程式中加入輸出指令，輸出過程中的結果。譬如選擇在計算完每一個 sig_level 後，輸出每個樣本數的信賴水準模擬結果：

```
fprintf('Significance level = %7.5f sample size=%3d\n', sig_level(m), n(m))
```

計算完所有樣本數的信賴水準後，緊接著呈現圖 12.19 的結果。為求好的觀賞視野，有幾個小技巧值得介紹，[45] 如下：

```
plot(sig_level, 's-')                        % 有符號的折線圖
ylim([0.03 0.06]), xlim([0.5 7.5]), grid     % 調整適當的觀賞視野
```

---

[45] 技巧是其次，如何適當的表現結果才是重點，這是學術的品味。

```
set(gca, 'XTickLabel', n)          % 依樣本數大小設定 X 軸刻度
```

尤其是最後一行,將 X 軸的刻度依樣本數大小設定並為等距,以便有較好的觀察空間感。而指令 xlim 則是為座標軸左右兩邊各拉出一些距離,避免資料點直接畫在邊線。

## 12.7.4 檢測檢定統計量的檢定力

如果資料不是服從 $H_0$ 的假設,上述程式計算的顯著水準必須改稱為檢定力,也就是辨認資料不是來自 $H_0$ 的能力。對程式而言只是改變資料來源而已,譬如:

```
X=trnd(10, N, n(m));
```

圖 12.20 展示三個不同來源的資料,看看上述程式在不同樣本數的檢定能力;也就是說,看看檢定統計量 $S$ 是否能認得出這些資料不是來自標準常態。圖 12.20(b)、(d)、(f) 呈現兩個不同的母體分配的圖形差異,目視亦可判斷檢定的難易。很清楚地,儘管面對不同來源的資料,檢定力容有不同,但是隨著樣本數增加,檢定力一定增加。也就是如果想增加檢定力,增加樣本數是一個手段 (雖然現實情況通常不允許)。

## 12.7.5 檢定統計量商品化的考量

假設上述的檢定統計量經模擬實驗證實具優越的檢定力,這個檢定程式碼便可以寫成公用的程式供大眾使用,也就是商品化。從 MATLAB 程式語言的角度,就是改寫成一支函數程式,提供適當的輸入與輸出參數。使用者只要提供資料及其他額外的訊息 (譬如組距),便能透過這個函數得到檢定的結果 ($p\_value$ 或拒絕與否的決定)。這又回到前面執行一次檢定統計量計算的程式,經適當改寫如下供參考 (讀者宜自行改寫,以提高程式寫作能力)。

**Coding Math**：寫 MATLAB 程式解數學

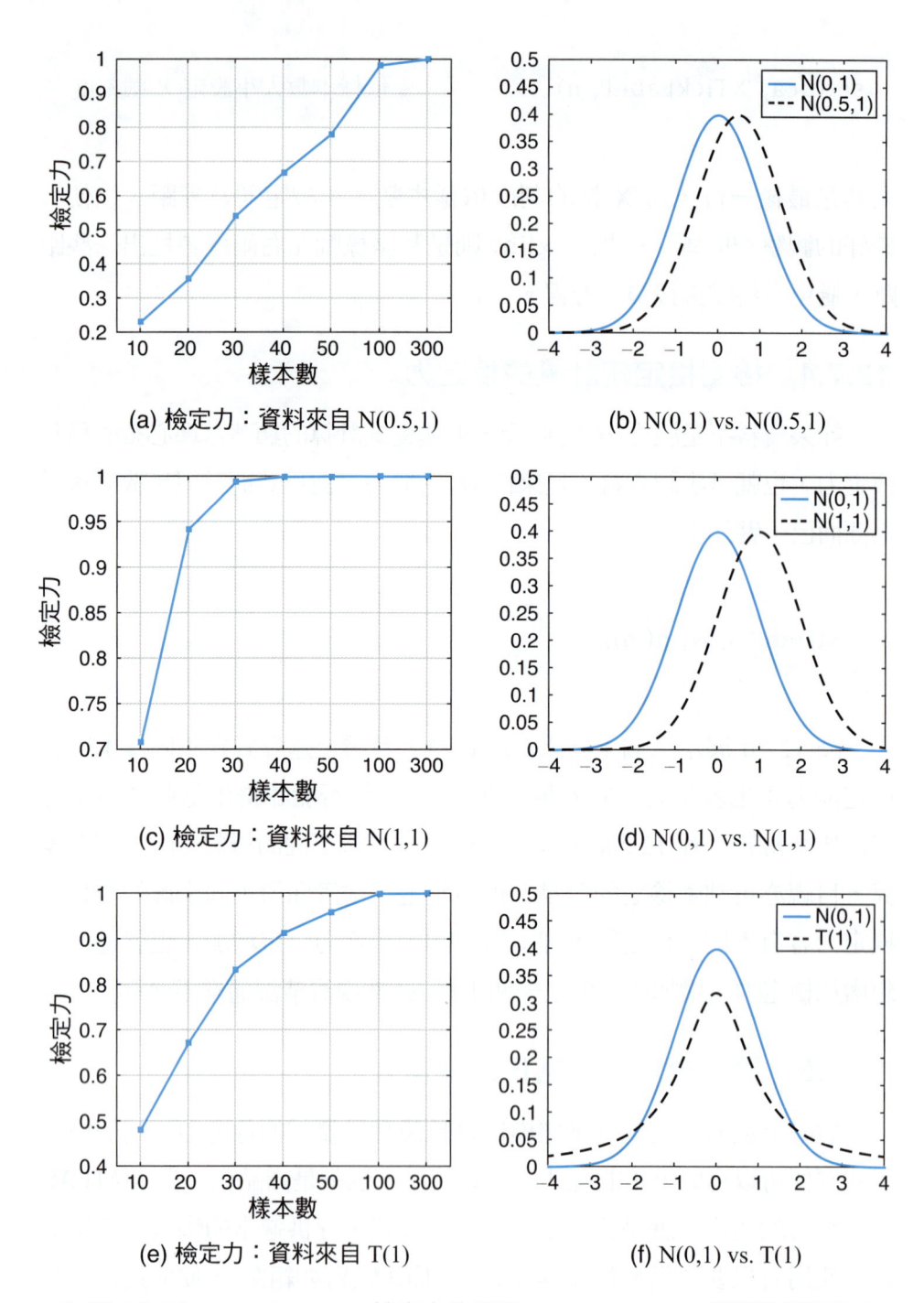

(a) 檢定力：資料來自 N(0.5,1)

(b) N(0,1) vs. N(0.5,1)

(c) 檢定力：資料來自 N(1,1)

(d) N(0,1) vs. N(1,1)

(e) 檢定力：資料來自 T(1)

(f) N(0,1) vs. T(1)

● 圖 12.20　(a)、(c)、(e)：檢定力的呈現，(b)、(d)、(f)：標準常態與檢定資料來源的比較

```
function p_val=mychi2gof(x, B)   % 輸入參數 x, B 分別
                                 % 代表資料與組距參數
    if nargin <2                 % 檢查是否輸入第二個參數 B
      B=[-1000 -1.5 -0.5 0.5 1.5 1000];   % 使用預設組距
    end
    n=length(x);                 % 計算資料量
    f=@(x) normpdf(x,0,1);       % 預設的比對分配 H₀
    k=length(B) - 1;             % 共分 k 組
    p=zeros(1, k);               % 預留「每一段組距的出現機率」空間
    O=zeros(1, k);               % 預留樣本資料落在每一段組距的數量

    for i=1:k
        p(i)=integral( f, B(i), B(i+1) );
                                 % 計算每一段組距的出現機率
        O(i)=sum(x>B(i) & x<B(i+1));
                                 % 計算實際落每個組距的樣本數量
    end
    E=np;                        % 計算每一段組距出現樣本的期望數量
    S=sum(( E - O ).^2./E);
    p_val=1-chi2cdf(S, k-1);     % 檢定統計量
```

上述程式第 2 至 4 行的 if 指令，是 MATLAB 公用函數的慣常寫法，其中 nargin 是系統的保留變數，意思是 number of arguments in，「輸入參數的數量」。其目的在檢查呼叫端是否傳入第二個參數。如果沒有，代表使用者要援用預設的組距值。[46] 這是現代程式兼具彈性與方便的常規作法。

---

[46] 作為公用程式必須負起這些檢查責任，為程式設立所有可能的檢查機制，一旦漏列，會產生程式執行時的錯誤，讓使用者不知所措，這個程式就不好用了。所以每個公用函數必須寫好註解，讓使用者清楚知道可以使用多少個輸入參數，能得到多少個輸出參數，順序是什麼都要寫清楚。

上述函數的寫法有很多討論的空間，或說商用程式的規格要如何訂？要做到什麼地步？要考量哪些情況？讀者都要仔細想想，再試著自行練習改寫。另外，讀者可以試試不同的組距，包括組距的選擇與分組的數量，再以蒙地卡羅模擬的方式，比較不同組距與組數在型一誤的維持與檢定力的表現。這是大工程，瑣碎的事情很多，結果的整理與表達也很折磨人，但這卻是整合學理與程式設計能力的好機會。

每個研究主題都有其假設與限制，「卡方適合度檢定」有哪些假設與限制？不同的假設或限制會造成什麼影響？譬如，當設定的組距不當，導致該範圍可能涵蓋的樣本太少 (< 5)，對檢定力有什麼的影響？唯有透過徹底的資料模擬，才能對所有的假設與限制有深刻的了解，才能體會後續的許多統計研究到底在做些什麼，統計學課本的描述只能點到為止。

## 12.8　結論

寫程式是解決問題的手段，但如果對問題不理解、不懂學理，空有絕佳的程式寫作能力也是無用武之地。另一方面，想對欲解決的問題或學習中的學理有深刻的認識，程式可以幫上大忙。解決問題與手段運用缺一不可，兩者相輔相成。本章七個專題已經幫助過許多初學程式的學生找到寫程式的熱情，找到寫程式的方向，甚至找回學習艱澀理論的信心。在研究領域或職場上，也常能立即驗證錯誤的想法，適時修正。好的寫程式技巧與習慣是練出來的，不是看出來的。～與大家共勉～

Chapter

# 13

# 著名 EM 演算法的程式寫作

本章以常見的分數分佈的問題，說明如何應用機率觀念解決實際問題。透過直覺的想法，佐以機率的理論與電腦程式的寫作，示範從學生分數的表現中分離出不同的程度的群組。想法、理論與實作結合的練習，是本章主要的目的。其中，著名的 EM (Expected and Maximization) 演算法解決混合常態的參數估計問題，是本章程式寫作的練習目標。

## 本章學習目標

依演算法的步驟寫作程式，含初始條件的設定、參數估計的多種計算方式及演算法停止條件的設定與執行。

### 關於 MATLAB 的指令與語法

指令：find, cumsum, norm, repmat, subplot
語法：無限迴圈的寫法

## 13.1　背景介紹

學過機率論不代表懂得如何應用在實務問題上，因為從機率的觀點切入問題的核心需要不斷的練習，譬如練習從樣本的分佈情況假設其機率分配模型，或根據問題描述寫出概似函數或後驗機率。最後配合實作的演練，方能逐漸駕輕就熟，成為未來解決問題的手段之一。

本章想從機率的觀點出發，將隱藏在一組樣本裡的群組資訊揭露出來，譬如從學生的考試分數中發現群組特性，像是「有學習意願」與「無學習意願」兩群或城鄉差距的組群。[1] 這牽涉到對樣本資料的假設 (譬如服從常態分配)，資料的模型 (譬如雙峰常態) 及分群的方法。分數 (樣本) 透露了學生該屬於哪一群的資訊，這是機率式的思考模式，需要練習以機率函數的方式表達，其中概似函數、後驗機率與先驗機率是最常使用的機率函數。這些機率函數的意義、使用與表達是練習的重點。而依據這些機率函數的分群方法，往往需要演算法的幫忙才能真正達到分群的目的。演算法的落實便是程式寫作的發揮。從觀念的切入、資料與模型假設與程式的撰寫，本章透過解決同一個問題的三個不同演算法，引導讀者依演算法的步驟，練習寫作程式的技巧與相關的觀念。

## 13.2　範例練習

以下透過幾個練習範例，由簡到繁逐步鋪陳，引導讀者探索問題並協助寫作著名的 EM 演算法。

---

[1] 一般而言，人類的學習能力常被假設具常態分佈，這個觀察來自如考試分數之類的能力評量資料常呈現鐘型的分佈。但這個結果根植於所有參與者都具學習意願的假設，當有一部分人拒絕學習時，情況會變得複雜。於是在某些情況下，當資料呈現出「不正常」的非常態分佈時，透過分群的方式，常可以發現問題的原因，譬如城鄉或貧富差距。

# Chapter 13
## 著名 EM 演算法的程式寫作

### 範例 13.1

本章以學生的學期分數為例,探討老師「當人」的抉擇難題。一般而言,希望在 60 分畫一條界線,低於 60 分者被當,但這似乎不能反映出學生真實的學習情況。有些基礎條件好的學生荒廢學業,但有些條件較差的學生則是非常努力才得到這個分數。當考慮全體分數的分配情況時,這些分數以外的資訊才會顯露出來。機率的觀念揭露了資料的隱藏資訊,先來看看圖 13.1 展示四種學期成績的分配情況,老師會最想見到哪一種分佈呢?

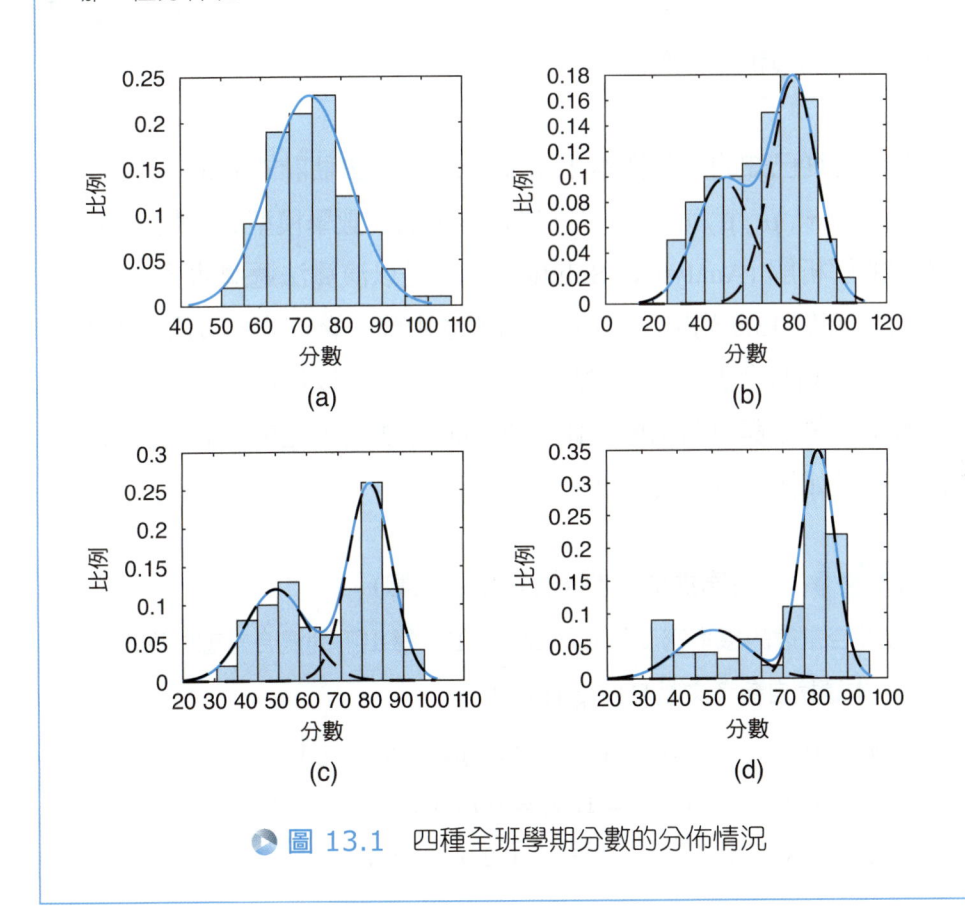

▶ 圖 13.1 四種全班學期分數的分佈情況

圖 13.1 除了 (a) 之外,其餘三張圖都呈現出程度不一的雙峰分佈,教育單位或專家可以舉出各種原因來說明這個「非常態」分佈的現象,不過這不是本章的目的,這裡想透過機率的觀念去估計這個雙峰分配的

參數。理論很簡單，方法很單純，就是需要寫程式來完成這個工作。先來描述問題：

某個班級有 N 個學生，假設其學期分數 $\{y_1, y_2, ..., y_N\}$ 來自兩個常態分配的母體，[2] 即 $y_i$ 不是來自 $N(\mu_1, \sigma_1^2)$ 便是 $N(\mu_2, \sigma_2^2)$。則樣本資料 $y_i$ 的來源母體的機率密度函數寫成

$$f(\mathbf{y}|\Omega) = \pi_1 p(\mathbf{y}|\mu_1, \sigma_1^2) + \pi_2 p(\mathbf{y}|\mu_2, \sigma_2^2) \tag{13.1}$$

其中 $p(\cdot|\mu, \sigma^2)$ 代表常態分配 $N(\mu, \sigma^2)$ 的機率密度函數，$\pi_1, \pi_2$ 分別代表兩個常態分配的組合比例。

我們想從已知的分數樣本 $\{y_1, y_2, ..., y_N\}$ 去估計式 (13.1) 中的未知參數 $\Omega = \{\pi_1, \mu_1, \mu_2, \sigma_1, \sigma_2\}$。[3] 從樣本推估其數學模型的參數，通常沒有所謂的解析解 (Analytical Solution)，而是以演算法遞迴估算。下列範例 13.4 到範例 13.6 列舉三個演算法 (概念由簡而繁)，並介紹如何撰寫程式來估計未知的參數。另，驗證演算法之優劣常以模擬資料帶入演算，再比較估計結果與真實值的差距。介紹演算法前，先來認識混合常態的分配函數及如何模擬生成資料。

### 範例 13.2　混合常態的長相 (機率密度函數)

假設混合常態的機率密度函數為式 (13.1)，畫出下列混合常態的密度函數。(本題摘自參考文獻 [1]，p.113。)

1. $\pi_1 = 0.5, \mu_1 = 0, \sigma_1 = 1, \pi_2 = 0.5, \mu_2 = 2, \sigma_2 = 1$
2. $\pi_1 = 0.25, \mu_1 = 0, \sigma_1 = 1, \pi_2 = 0.75, \mu_2 = 3, \sigma_2 = 1$
3. $\pi_1 = 0.8, \mu_1 = 1, \sigma_1 = 1, \pi_2 = 0.2, \mu_2 = 1, \sigma_2 = 4$

---

[2] 一般而言，一個母體由多個常態的母體所組成，其分配稱為混合常態分配 (Normal Mixture)。

[3] $\pi_2 = 1 - \pi_1$。

4. $\pi_1 = 0.6, \mu_1 = 0, \sigma_1 = 1, \pi_2 = 0.4, \mu_2 = 2, \sigma_2 = 2$
5. $\pi_1 = 0.9, \mu_1 = 0, \sigma_1 = 1, \pi_2 = 0.1, \mu_2 = 2.5, \sigma_2 = 0.2$
6. $\pi_1 = 0.6, \mu_1 = 0, \sigma_1 = 1, \pi_2 = 0.4, \mu_2 = 2.5, \sigma_2 = 1$

想從樣本估計原始母體的參數，非得對母體的長相有些認識不可，才能了解問題的難度，或是否搞錯了問題。這個範例設計了六個混合模式，透過圖 13.2 可以清楚看到兩個不同的常態分配經過混合後的長相。有的依稀看出來自兩個分配的組合，有些幾乎認不出來。但組合的出來樣子肯定都不是一些知名的分配。[4]

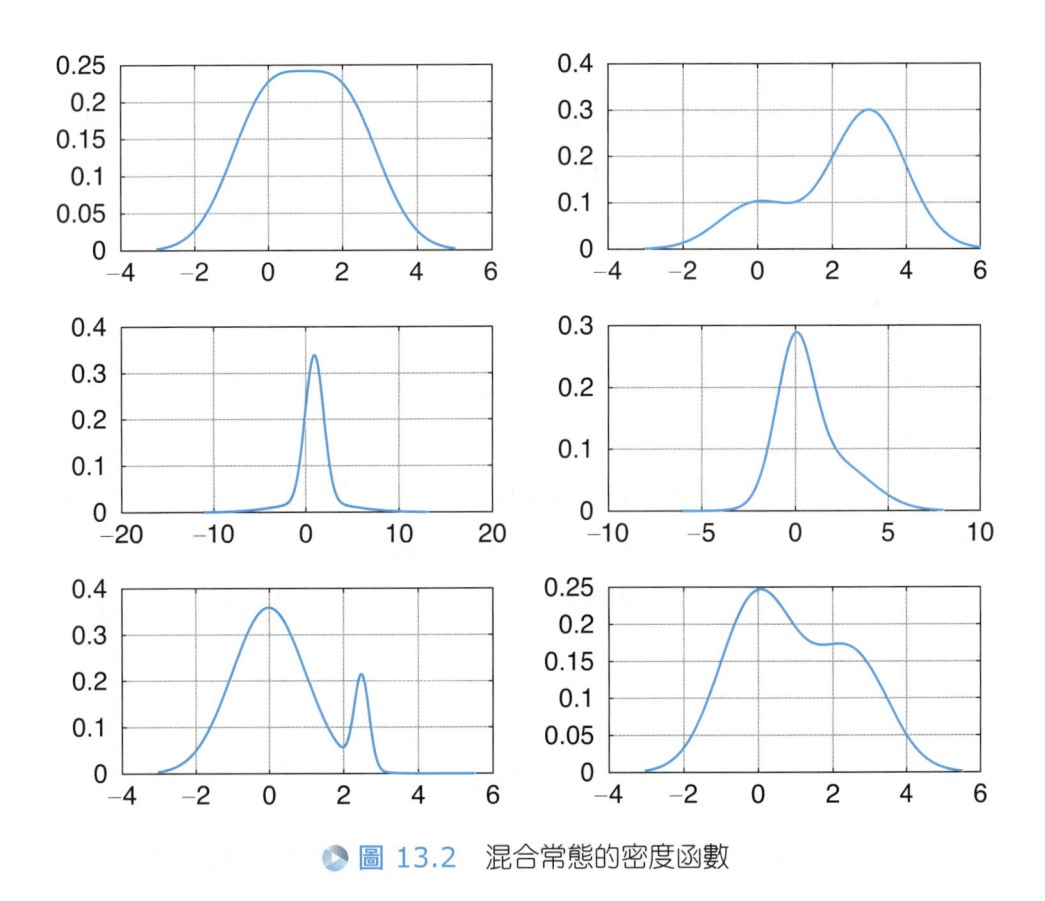

● 圖 13.2　混合常態的密度函數

---

[4] 這也是為什麼在第 11 章談到分配函數時，特別強調要畫出每個分配在不同參數值下的樣子。

畫出圖 13.2 的程式如下：

```
clear, clc
pi1=[0.5 0.25 0.8 0.6 0.9 0.6]; pi2=1 - pi1;
mu1=[0 0 1 0 0 0]; s1=[1 1 1 1 1 1];
mu2=[2 3 1 2 2.5 2.5]; s2=[1 1 4 2 0.2 1];
n=length(pi1);
for i=1:n
    x1=min([mu1(i) mu2(i)])-3*max([s1(i) s2(i)]);
    x2=max([mu1(i) mu2(i)])+3*max([s1(i) s2(i)]);
    x=linspace(x1, x2, 1000);
    f=pi1(i)*normpdf(x,mu1(i),s1(i))+pi2(i)*normpdf(x,mu2(i),s2(i));
    subplot(n/2,2,i), plot(x,f), grid
end
```

程式前幾行設定函數的參數，以向量的方式將所有的參數放一起，方便下面的迴圈取用。這個程式決定用兩行的 **subplot** 來呈現所有的圖，於是第一個參數設定為 **n/2**，也就是列數依想呈現的函數多寡決定。另外，由於每個函數不同，繪圖時的範圍也必須隨函數而定，變數 **x1** 與 **x2** 決定了左右兩個端點，取自組合的兩個常態的平均數與變異數。這是程式設計必須關照的細節，初學者往往忽略或省略，錯失磨練程式技巧的磨練。

> **Tips**
> 想盡辦法呈現一張好圖，不但程式設計的技術能精進，對美的事物也多一分品味。

## Chapter 13 著名 EM 演算法的程式寫作

**範例 13.3** 混合常態的模擬資料生成

上題的函數代表混合常態樣本的來源母體，本範例為每一個混合常態分配的母體產生樣本，方便後續的演算法做模擬實驗。另外，為每一組產生的樣本製直方圖，看看直方圖是否與相對應的機率密度函數圖長相接近？

如果母體的機率密度函數已知，能模擬出樣本嗎？這是一個大問題，也是專門的領域。一般程式設計者仰賴所使用的程式語言提供指令生成樣本，一旦該程式語言沒有相關的指令，也只能放棄了。不過，就混合常態而言，雖然 MATLAB 沒有提供樣本生成的指令，但還是可以從常態分配的指令著手改裝。讀者不妨先想想，根據式 (13.1) 的機率密度函數，如何寫程式生成所需數量的樣本。產生的模擬樣本可以用直方圖與機率密度圖比對驗證是否正確，如圖 13.3 所示 (與圖 13.2 相對位置的機率密度圖對照)。

圖 13.3 的程式與圖 13.2 的大致相同 (除迴圈內的程式碼不同)，以下僅列出不同之處供參考：

```
   :
N=200;                                          % 樣本數
for i=1:n
    N1=binornd(N, pi1(i));                      % 第一群的數量
    y=[normrnd(mu1(i),s1(i),1,N1) normrnd(mu2(i),s2(i),1,N-N1)];
                                                % 組合
    subplot(n/2,2,i), hist(y,30),alpha(0.3)
end
```

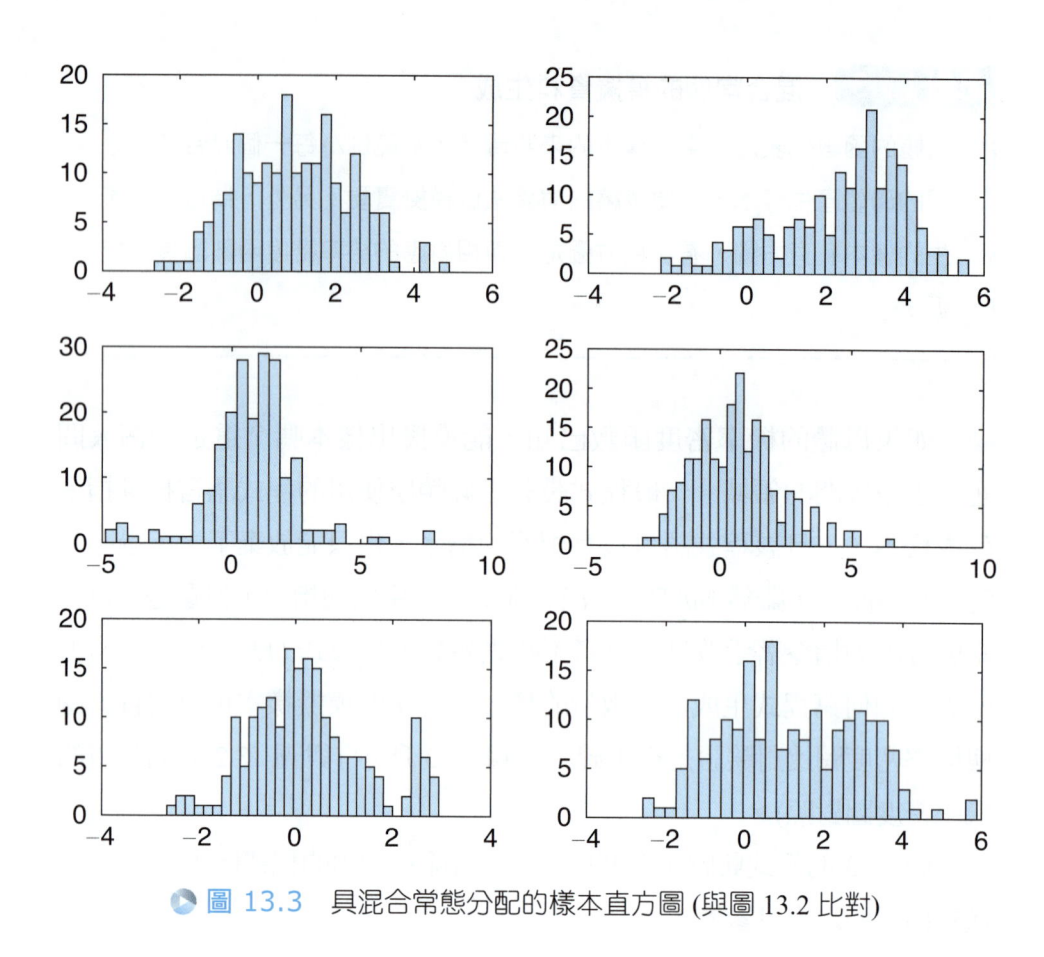

**Coding Math**：寫 MATLAB 程式解數學

● 圖 13.3　具混合常態分配的樣本直方圖 (與圖 13.2 比對)

　　當有 N 個樣本來自混合常態分配 (兩個常態分配)，表示有一部分樣本來自一個常態分配，其他來自另一個常態分配。於是生成混合常態分配的樣本時，也是從個別的常態分配生成，再合併成一組資料。[5] 其中來自第一個常態的樣本數 N1 是依二項分配 Bino(N,$\pi_1$) 抽樣決定，不是 N$\pi_1$ 的固定數字。這個做法比較符合機率的概念，也就是在混合常態中 $\pi_1$ 的比例是個機率的概念，不是固定數。上述程式可以生成演算法所必須的蒙地卡羅模擬資料。以下開始介紹混合常態參數估計的三個演算法。

---

[5] 從機率密度函數來看，混合機率密度函數是兩個機率密度函數依比例相加，但樣本則是個別生成後再合併 (並非相加)。

## Chapter 13 著名 EM 演算法的程式寫作

### 範例 13.4　演算法 (一)

1. 先猜測兩常態群組的參數：$\mu_1, \sigma_1, \mu_2, \sigma_2$ 作為第一次的估計。[6]
2. 利用機率密度函數值判斷每一筆樣本最可能來自哪一個的常態群組，即如果 $p(y_i|\mu_1, \sigma_1) > p(y_i|\mu_2, \sigma_2)$，則 $y_i \in$ 群組 1；反之，$y_i \in$ 群組 2，$i = 1, 2, ..., N$。
3. 根據步驟 2 的分群結果，估計參數

$$\pi_1 = \frac{N_1}{N}, \; N_1 : y_i \text{ 屬於群組 1 的個數}$$

$$\mu_1 = \frac{1}{N} \sum_{y_i \in \text{群組 1}} y_i$$

$$\mu_2 = \frac{1}{N_2} \sum_{y_i \in \text{群組 2}} y_i, \; N_2 : y_i \text{ 屬於群組 2 的個數}$$

$$\sigma_1^2 = \frac{1}{N_1 - 1} \sum_{y_i \in \text{群組 1}} (y_i - \mu_1)^2$$

$$\sigma_2^2 = \frac{1}{N_2 - 1} \sum_{y_i \in \text{群組 2}} (y_i - \mu_2)^2$$

重複步驟 2 與 3，直到所有估計值不再改變為止。每次重複步驟 2 與 3 都會更新這些參數，但變化幅度可能會越來越小，最後幾乎不再變化，稱為「收斂」。寫程式時可以設定一個較大迴圈數，列印每次迴圈最後的更新結果，以肉眼設定收斂的標準，記錄最後的結果。或是在程式迴圈中，設定一個微小的差距值 $\epsilon$，若前後兩次的估計值的差小於 $\epsilon$，則程式停止。譬如以本實驗為例，共有 5 個估計值，其整體的大小可以採取所有參數形成的向量的長度，表示如下：[7]

$$\left\| \begin{bmatrix} \pi_1 & \mu_1 & \mu_2 & \sigma_1 & \sigma_2 \end{bmatrix} \right\|_2 = \sqrt{\pi_1^2 + \mu_1^2 + \mu_2^2 + \sigma_1^2 + \sigma_2^2}$$

當這個代表整體估計參數大小的前後值差小於 $\epsilon$ 時，程式停止。

---

[6] 譬如先畫出樣本直方圖，約略猜出兩個常態的參數。

[7] 估計參數若有大小差距甚大的情形，必須調整其大小規模 (Scale)，否則過大的參數值將主導一切，過小的參數值被忽略，終將導致演算法停止在不該停的地方。

這個演算法比較直覺，來自事先的假設；即樣本來自兩個不同的常態分配。於是先猜測兩個常態的參數，[8] 再依據這個猜測及樣本值大小為每個樣本分組。分組後，再依據各組的樣本值，重新估計常態分配的參數。[9] 再依據新的分配參數重新分組……，直到不再變化為止。這個過程幾乎不牽涉到數學推演，完全依據觀測事實推斷，一般稱「直覺法」。演算法可以很數學，也可能很直覺，至於孰好孰壞，必須經過模擬驗證才能見真章。

因為演算法有步驟、無限重複及保證收斂的特性，根據演算法寫程式有一定的章法。下列程式依演算法(一)而寫。

```matlab
clear, clc
y=load('score_simulated.txt')';        % 讀入模擬樣本
N=length(y);                            % 樣本數
f=@(x,mu,sigma) normpdf(x,mu,sigma);
% 步驟 1：初始值猜測
mu=[20 80]; s=[10 10];                  % 猜測的待估計參數值
for i=1:20                              % 演算法迴圈
% 步驟 2：分組
    G1=find(f(y,mu(1),s(1)) >= f(y,mu(2),s(2)));
                                        % 屬於第一群的樣本索引
    G2=find(f(y,mu(1),s(1)) < f(y,mu(2),s(2)));
                                        % 屬於第二群的樣本索引
    N1=length(G1);                      % 屬於第一群的樣本數量
% 步驟 3：估計
    pi1=N1/N;                           % $\pi_1$ 估計值
```

---

[8] 猜測參數的方式通常不是瞎猜，總有些可靠的根據，譬如從直方圖去猜。

[9] 演算法中估計常態分配的平均數與變異數的方式非常簡單，就是一般的樣本平均數與樣本變異數。這個「一般」的估計值有一個響亮的統計專有名詞：「最大概似估計值」，是簡單也不簡單。

```
    mu=[mean(y(G1)) mean(y(G2))];      % μ₁, μ₂ 估計值
    s=[std(y(G1)) std(y(G2))];         % σ₁, σ₂ 估計值
    disp([i pi1 mu s])                 % 顯示估計過程
end
```

寫演算法程式需要準備各式各樣符合問題描述的大量模擬資料，供驗證演算法的能力。但初寫時，為了確定程式無誤地寫出演算法的目的，一般會準備較為簡單、明確的資料，看看程式能否正確處理，如圖 13.4(a) 展示樣本來自兩個明顯差異的常態母體，如果程式連這麼容易估計的資料都錯估，一定是寫錯了 (當然也有可能是演算法不好)。正確後，再慢慢調整資料的「難度」(讓兩個母體更接近)，甚至利用真實資料如圖 13.4(b) (顯示兩群較接近的樣本) 做多次的觀察驗證。

上述程式在步驟 2 將所有樣本分成兩組，採用 MATLAB 常用的索引技巧，搭配指令 find。顧名思義，find 就是尋找矩陣 (或向量) 中符合條件的資料。其中的條件常以邏輯式表示，而傳回結果則是符合條件的資料所在的索引位置。所以，變數 G1 儲存樣本 y 中滿足 >= 條件的索引位置，歸類為群組 1，其他的歸為群組 2。G1 是索引值，y(G1) 就是索

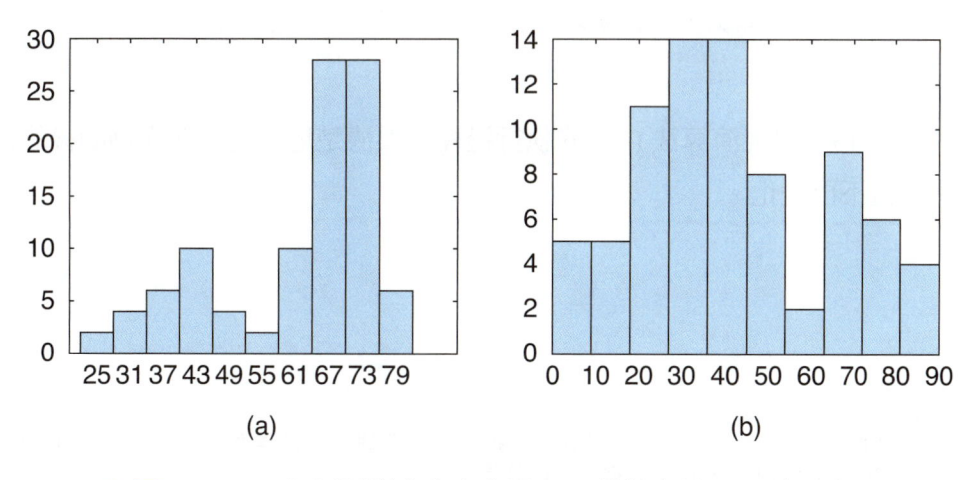

▶ 圖 13.4　兩組測試樣本的直方圖：(a) 模擬資料，(b) 實際資料

引值所在的樣本值。[10]

　　其實這裡用指令 find 只是為凸顯步驟順序，MATLAB 程式設計老手往往喜歡一次到位，譬如略去 find 直接估計平均數：

```
mu=[mean(y(f(y,mu(1),s(1)) >= f(y,mu(2),s(2)))) ...
mean(f(y,mu(1),s(1)) < f(y,mu(2),s(2)))];
```

　　這個指令顯得又臭又長，不容易解讀，寫錯也不容易判讀。雖然看起來可以省略幾個指令，不見得是好事，提出來僅供參考。[11] 迴圈最後一行 disp([i pi1 mu s]) 會在命令視窗顯示每個迴圈的估計結果，方便查看過程是否正確、是否收斂、收斂速度快慢等。此時搭配的迴圈數可以視情況放大許多，俟程式確定正確後，再加入演算法的停止條件設定，最後才進行大量資料測試。

> **Tips**
>
> 　　程式寫作之初，通常先照顧比較核心的演算法部分，其他細節留待最後修飾，這是輕重緩急之分。以演算法的程式而言，終止演算法的迴圈需要加入判斷的準則，代表演算法已經收斂，不需要再做下去。

　　圖 13.5 呈現演算法 (一) 的執行過程。很清楚地看見第四次迴圈後的估計值不再變化。

---

[10] 要理解指令 find 的功能，只需在命令視窗執行幾個簡單操作即可。譬如，x=1:5; G=find(x > 2)；x(G) 三個指令就能搞清楚一切。

[11] 簡單的解讀是 mean(y(...))，向量變數 y 的索引來自邏輯式⋯的判斷結果。讀者可以試試前一個註腳的例子，改用指令 x=1:5; x(x>2)，從執行結果便能理解。

| | | | | | |
|---|---|---|---|---|---|
| 1.0000 | 0.6538 | 28.8824 | 68.6296 | 12.5804 | 12.2007 |
| 2.0000 | 0.6410 | 28.4600 | 67.9643 | 12.3374 | 12.4796 |
| 3.0000 | 0.6410 | 28.4600 | 67.9643 | 12.3374 | 12.4796 |
| 4.0000 | 0.6410 | 28.4600 | 67.9643 | 12.3374 | 12.4796 |
| 5.0000 | 0.6410 | 28.4600 | 67.9643 | 12.3374 | 12.4796 |

● 圖 13.5　演算法 (一) 的執行過程。欄位分別代表：迴圈數，$\pi_1, \mu_1, \mu_2, \sigma_1, \sigma_2$

　　演算法 (一) 的直覺做法常有疏漏、不夠嚴謹的問題，譬如前述步驟 2 以機率密度函數值來判別群組的方式，當兩群組的分配函數交錯時，這一「刀」只能切在交叉點 (如圖 13.6)，陰影面積就是可能誤判的樣本區域。譬如，圖 13.6 中的樣本出現在 X 位置，會被編入群組 G1，其實 X 仍有可能來自 G2。同樣地，樣本 O 也有可能來自群組 G1，卻會直接編入 G2。演算法 (二) 改善了這個問題，也考慮了群組的大小比例。

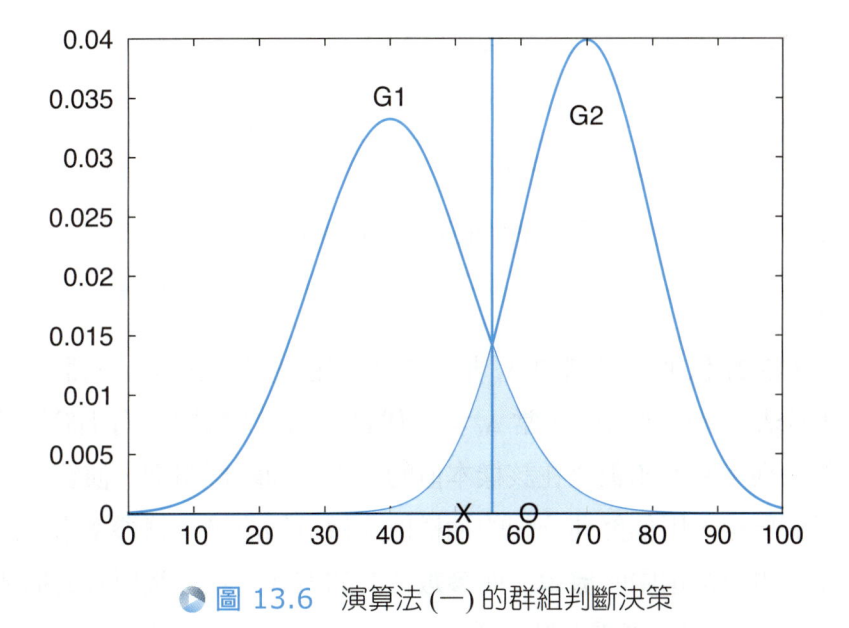

● 圖 13.6　演算法 (一) 的群組判斷決策

### 範例 13.5　演算法 (二)

1. 先猜測兩常態群組的參數：$\pi_1, \mu_1, \sigma_1, \mu_2, \sigma_2$ 作為第一次的估計。
2. 依伯努利分配的抽樣值判斷每一筆分數樣本 $y_i$ 最可能來自哪一個的常態群組 (假設為 $\Delta_i$)

$$\Delta_i \stackrel{\text{抽樣}}{\sim} Bino(1, \gamma_{i1})\text{，其中} \tag{13.2}$$

$$\gamma_{i1} = \frac{\pi_1 p(y_i|\mu_1,\sigma_1)}{\pi_1 p(y_i|\mu_1,\sigma_1) + (1-\pi_1) p(y_i|\mu_2,\sigma_2)} \tag{13.3}$$

3. 估計參數

$$\pi_1 = \frac{1}{N} \sum_{i=1}^{N} \Delta_i$$

$$\mu_1 = \frac{\sum_{i=1}^{N} \Delta_i y_i}{\sum_{i=1}^{N} \Delta_i} = \frac{1}{N\pi_1} \sum_{i=1}^{N} \Delta_i y_i$$

$$\mu_2 = \frac{\sum_{i=1}^{N} (1-\Delta_i) y_i}{\sum_{i=1}^{N} (1-\Delta_i)} = \frac{1}{N(1-\pi_1)} \sum_{i=1}^{N} (1-\Delta_i) y_i$$

$$\sigma_1^2 = \frac{\sum_{i=1}^{N} \Delta_i (y_i - \mu_1)^2}{\sum_{i=1}^{N} \Delta_i} = \frac{1}{N\pi_1} \sum_{i=1}^{N} \Delta_i (y_i - \mu_1)^2$$

$$\sigma_2^2 = \frac{\sum_{i=1}^{N} (1-\Delta_i)(y_i - \mu_2)^2}{\sum_{i=1}^{N} (1-\Delta_i)} = \frac{1}{N(1-\pi_1)} \sum_{i=1}^{N} (1-\Delta_i)(y_i - \mu_2)^2$$

重複步驟 2 與 3，直到所有估計值不再改變為止。

　　式 (13.2) 依抽樣得到的 $\Delta_i$ 非 1 即 0，用來判斷樣本 $y_i$ 的群組。當 $\Delta_i = 1$ 代表 $y_i$ 屬於群組 1，當 $\Delta_i = 0$ 代表 $y_i$ 屬於群組 2。有別於演算法 (一) 依賴機率密度函數值在該樣本值的大小，判斷群組別，演算法 (二) 打破這個界線，用伯努利分配的抽樣值來做這個決策，讓機率密度函數值較小者也有被選中的機會。而參數估計的方式雖然在數學式的描述與演算法 (一) 不同，實質上是一樣的，也就是幾乎可以沿用上一個程式的大部分內容。

## 著名 EM 演算法的程式寫作

　　由於每個樣本的群組屬性來自抽樣的結果，參數的估計並不會如演算法 (一) 產生收斂的效果，也就是參數估計的結果會持續變動，只是變動幅度會趨於穩定。這時候停止程式遞迴的機制必須另外考量。譬如，讓程式持續執行相當數量的迴圈，並記錄每次估計的結果，迴圈結束後，最終的估計值採最後 m 次估計值的平均數。至於總迴圈數與 m 值視情況而定，沒有一定的數值可供參考。程式的架構大致沿用上一個程式，不同之處如下供參考：

```
    :
% 遞迴 n 次，取最後 m 個估計值的平均
n=500; m=50
% 步驟 1：初始值猜測
mu=[20 80]; s=[10 10]; pi=[0.5 0.5];    % 猜測的待估計參數值
Pi1=zeros(n,1); Mu=zeros(n,2);S=zeros(n,2);
                                        % 預留 n 次估計值的空間
for i=1:n                               % 演算法迴圈
% 步驟 2：分組
    gama=pi(1)*f(y,mu(1),s(1))./ ...            % 式 (13.3)
    (pi(1)*f(y,mu(1),s(1)) + pi(2)*f(y,mu(2),s(2)));
    delta=binornd(ones(1,N),gama);
                                % 依抽樣結果分組 (式 (13.2))
% 步驟 3：估計
    pi=[sum(delta) sum(1-delta)]/N;         % $\pi_1$, $\pi_2$ 估計值
    mu=[mean(y(delta==1)) mean(y(delta==0))];
                                            % $\mu_1$, $\mu_2$ 估計值
    s=[std(y(delta==1)) std(y(delta==0))]   % $\sigma_1$, $\sigma_2$ 估計值
    Pi1(i)=pi(1); Mu(i,:)=mu; S(i,:)=s;     % 存放每次估計值
end
```

上述程式中的變數 gama 記錄了每個樣本的群組屬性機率 $\gamma_{i1}$，而變數 delta 則是透過抽樣後每個樣本的群組值 (非 1 即 0)，請注意，這個抽樣指令 binornd(ones(1,N),gama) 裡面兩個參數都是 $1 \times N$ 的向量，共做了 $N$ 次伯努利抽樣。後續的參數 $\pi, \mu, \sigma$ 的估計也是從 delta 值來分組後直接計算。

由於每個迴圈的群組分派都是抽樣決定，這個演算法的估計勢必不會收斂到固定值，而是存在某種穩定程度的變動。所以必須執行夠多次的迴圈，得到足夠多的估計值，再從最後幾個估計值的平均當作最後的估計值。上述程式還必須有一段後續處理，下列程式碼計算最後的結果並以圖 13.7 展示結果。

```
% 演算迴圈結束後的後續估計值處理 (取最後 m 次估計值的平均)
pi1_o=mean(Pi1(n-m:n));                              % π₁
mu_o=mean(Mu(n-m:n,:));                              % μ₁, μ₂
s_o=mean(S(n-m:n,:));                                % σ₁, σ₂
% 計算估計過程的平均值 (只用在繪圖)
Pi1_avg=cumsum(Pi1)./(1:n)';                         % 過程平均值
Mu_avg=cumsum(Mu)./repmat((1:n)',1,2);
S_avg=cumsum(S)./repmat((1:n)',1,2);
% 繪圖
subplot(221), hist(y), alpha(0.3)
x=linspace(0,100,1000);
y=pi1_o*f(x,mu_o(1),s_o(1))+(1-pi1_o)*f(x,mu_o(2),s_o(2));
hold on, plot(x, y*700, 'LineWidth',2), hold off
subplot(222), plot([ Pi1,Pi1_avg ])
subplot(223), plot([ Mu Mu_avg ])
subplot(224), plot([ S S_avg ])
```

圖 13.7(a) 是原始資料的直方圖，隱約看得出兩個常態的模樣，上面疊加的函數圖便是依據最後的估計值畫上去的。將這兩張圖畫在一起可以很清楚地表達估計結果的準確性，比起數字更具親和性。由於直方圖與機率密度函數的數字規模大不同，必須調整才能並陳，這裡為機率密度函數乘上 700 純粹是目視得來，暫時可用。[12]

　　其他三個圖分別展示 $\pi_1$ (b)、$(\mu_1, \mu_2)$ (c) 及 $(\sigma_1, \sigma_2)$ (d) 共 500 次的估計值。由於這是上、下變動的估計值，為了觀察是否穩定的變動，沒有往上或往下傾斜的趨勢，筆者喜歡畫一條平均值線來觀察。這條線來自估計值的移動平均，也就是當計算得到第 n 次的估計值時，將前 n 次的

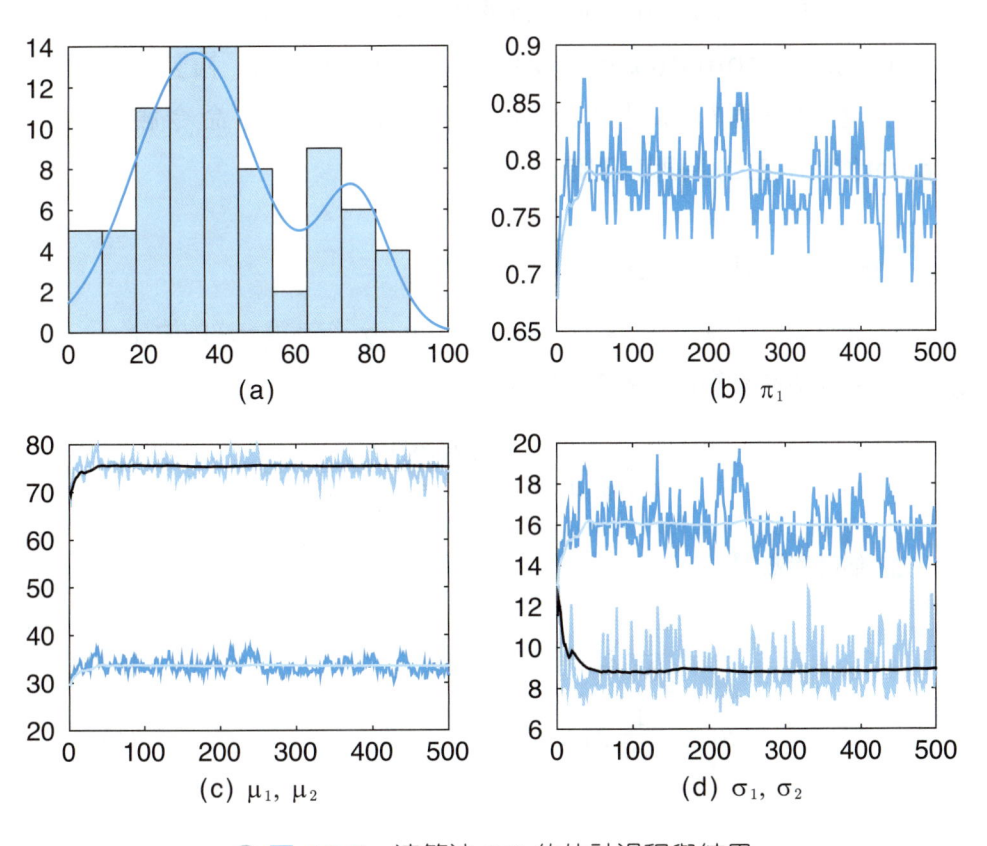

● 圖 13.7　演算法 (二) 的估計過程與結果

---

[12] 讀者可以試著寫程式自動調節兩者，不管什麼樣本都能準確地並陳。

估計值取平均。[13] 當 n=500 時，共計算了 500 次平均。即便每次的估計值會因為抽樣的結果上下起伏，但是只要平均值是平穩的水平線，便視為收斂。而最後的估計值通常是取最後若干次估計值的平均 (較前面的估計值被認為不穩定)，這裡用變數 m 代表這個常數。不管是迴圈數 n 或是作為穩定估計的最後 m 次，這兩個數字都是經驗值，必須視情況而定。

上述程式使用 cumsum 計算 $n \times 2$ 矩陣 Mu 的累積加總，得到一個同樣是 $n \times 2$ 的矩陣。隨後除以一個由指令 repmat 製作的 $n \times 2$ 矩陣，得到兩個平均數 n 次估計的移動平均。這是指令 repmat 經常被使用的場合，如其名 repeat matrix，將矩陣複製成更大的矩陣。

上述指令 repmat((1:n)',1,2) 表示將行向量 (1:n) 複製 1 x 2 的矩陣，也就是兩行都是 (1:n)。讀者可以試著在命令視窗執行 repmat((1:5)',1,2) 將即刻明瞭用法。

### 範例 13.6　演算法 (三)

1. 先猜測兩常態群組的參數：$\pi_1, \mu_1, \sigma_1, \mu_2, \sigma_2$ 作為第一次的估計。
2. 計算樣本 $y_i$ 屬於群組 1 的機率

$$\gamma_{i1} = \frac{\pi_1 p(y_i|\mu_1,\sigma_1)}{\pi_1 p(y_i|\mu_1,\sigma_1) + (1-\pi_1) p(y_i|\mu_2,\sigma_2)}$$

3. 估計參數[14]

$$\pi_1 = \frac{1}{N} \sum_{i=1}^{N} \gamma_{i1} \tag{13.4}$$

$$\mu_1 = \frac{1}{N\pi_1} \sum_{i=1}^{N} \gamma_{i1} y_i \tag{13.5}$$

---

[13] 指令 cumsum 便是對一個向量進行逐步累積加總。讀者想理解這個指令到底做了什麼，可以到命令視窗做簡單的實驗。譬如，觀察執行 a=1:5; cumsum(a) 後的結果。

[14] 這裡的平均數可以稱為「加權平均數」。

$$\mu_2 = \frac{1}{N\pi_2}\sum_{i=1}^{N}\gamma_{i2}y_i = \frac{1}{N(1-\pi_1)}\sum_{i=1}^{N}(1-\gamma_{i1})y_i \qquad (13.6)$$

$$\sigma_1^2 = \frac{1}{N\pi_1}\sum_{i=1}^{N}\gamma_{i1}(y_i-\mu_1)^2 \qquad (13.7)$$

$$\sigma_2^2 = \frac{1}{N\pi_2}\sum_{i=1}^{N}\gamma_{i2}(y_i-\mu_2)^2 \qquad (13.8)$$

4. 令 $p_i = [\pi_1\ \mu_1\ \mu_2\ \sigma_1\ \sigma_2]_i$ 代表第 $i$ 次的估計值。當相對誤差

$$err = ||\frac{p_i - p_{i-1}}{p_{i-1}}||_2 < \epsilon$$

迴圈停止，[15] 否則重回步驟 2。[16]

不同於前述兩種演算法，演算法 (三) 不再對每個樣本 $y_i$ 分組。從對 $\mu_1$ 的估計式中，隱約可以讀出是將每個樣本值 $y_i$ 屬於群組 1 的部分 (比例為 $\gamma_{i1}$) 拆出來 (即 $\gamma_{i1}y_i$) 相加後取平均。這樣說來，好像這個方法也很直覺。其實演算法 (三) 是來自有名的 EM 演算法，[17] 從頭到尾都是有根有據的推論，只是最後的估計公式可以從直覺描述。演算法 (三) 特別加入了停止迴圈的機制，代表已經到達收斂範圍，不需繼續「原地踏步」。

公式如此，程式該怎麼寫呢？讀者還是得先想想自己如何下手？以下程式僅供參考。

---

[15] 相對誤差指每個參數估計值的相對誤差放在一個向量。這個式子的兩個向量相除，指分子 $p_i - p_{i-1}$ 與分母 $p_i$ 的每一項各自相除。

[16] 這裡的停止條件是依參數估計值的變化而定，而是每個參數的相對變化，以避免數字規模差距。當全體估計值的變化幅度小於事先預設的值，譬如 $\epsilon = 10^{-6}$，代表演算法收斂。至於多小的值才合適，必須視資料而定。

[17] EM 演算法的 EM 代表 Expectation and Maximization，是指遞迴的每個過程含這兩個步驟。在上述的演算法公式裡，$\pi_1$ 的估計屬 Expectation，其餘都是 Maximization (最大概似估計法)。

⋮

```
n=1000;
stop_criterion=1e-6;                              % 迴圈的停止條件
for i=1:n
    p=[pi(1) mu s];                               % 為迴圈停止準備
% E-step
    gama=pi(1)*f(y,mu(1),s(1))./ ...
        (pi(1)*f(y,mu(1),s(1)) + pi(2)*f(y,mu(2),s(2)));
    pi=[mean(gama) 1-mean(gama)];                 % π 的期望值
% M-step
    mu=y*[gama' (1-gama)']./pi/N;                 % $\mu_1, \mu_2$ 估計值
    s=sqrt([mean(gama.*(y-mu(1)).^2) ...
        mean(((1-gama).*(y-mu(2)).^2))]./pi);     % $\sigma_1, \sigma_2$ 估計值
% 設定迴圈中止條件
    p_new=[pi(1) mu s];                           % 新的估計值
    err=norm((p_new - p)./p);                     % 新舊估計值的差
    if err < stop_criterion
        break;                                    % 符合停止條件，跳出迴圈
    else                                          % 未達停止條件
        disp([pi mu s e]);                        % 印出新的估計值
        p=p_new;                                  % 重新設定估計值，回到 E-step
    end
end
```

圖 13.8 展示演算法 (三) 執行的過程中部分迴圈的估計結果，最後一行是相對誤差值。從圖 13.8 中看出各參數的估計值演化及相對誤差 err 的逐漸變小。相對誤差 err 雖然沒有隨著每個迴圈遞減 (有時候會略為反彈變大)，但整體趨勢是往下落的。這種沒有直直落的誤差讓很多演算法

| | | | | | |
|---|---|---|---|---|---|
| 0.7151 | 31.2708 | 71.1793 | 14.2759 | 11.6122 | 0.0338 |
| 0.7222 | 31.4745 | 71.6727 | 14.3790 | 11.2467 | 0.0351 |
| 0.7290 | 31.6703 | 72.1473 | 14.4793 | 10.8839 | 0.0355 |
| 0.7353 | 31.8581 | 72.5936 | 14.5790 | 10.5353 | 0.0350 |
| 0.7411 | 32.0361 | 73.0031 | 14.6776 | 10.2109 | 0.0335 |
| 0.7464 | 32.2016 | 73.3688 | 14.7737 | 9.9186 | 0.0311 |
| 0.7511 | 32.3522 | 73.6860 | 14.8654 | 9.6646 | 0.0278 |

圖 13.8　演算法 (三) 估計過程部分結果。由左至右代表 $\pi_1, \mu_1, \mu_2, \sigma_1, \sigma_2$, err

的程式不喜歡採取參數值的變化 (特別是多個參數)，傾向使用目標函數值。[18]

上述示範的程式還有可議論之處；譬如 $\pi_1, \mu_1, \mu_2, \sigma_1, \sigma_2$ 的計算指令寫法沒有完全依照數學式，而是按程式設計者自己的解讀與習慣。以下分別寫出計算這些參數不同的寫法，供讀者進一步熟悉 MATLAB 的技法。

```
pi=[mean(gama) 1-mean(gama)];        % 按式 (13.4) 的意義
pi=[sum(gama) N-sum(gama)]/N;        % 按式 (13.4) 的寫法
```

```
mu=y*[gama' (1-gama)']./pi/N;
                                     % 按式 (13.5)、式 (13.6) 的向量計算方式
mu=[sum(gama.*y)/pi(1) sum((1-gama).*y)/pi(2)]/N;
                                     % 按式 (13.5)、式 (13.6) 的寫法
mu=[mean(gama.*y) mean((1-gama).*y)]./pi;
                                     % 按式 (13.5)、式 (13.6) 的意義
```

---

[18] 演算法 (三) 並沒有寫出目標函數，無法作為停止條件，否則 EM 演算法的原則是目標函數一定會隨迴圈逐步變大 (求最大值)，直到最高點。

```
% 按式 (13.7)、式 (13.8) 的意義
s=sqrt([mean(gama.*(y-mu(1)).^2) ...
    mean(((1-gama).*(y-mu(2)).^2))]./pi);
% 按式 (13.7)、式 (13.8) 的寫法
s=sqrt([sum(gama.*(y-mu(1)).^2)/pi(1) ...
    sum((1-gama).*(y-mu(2)).^2)/pi(2)]/N);
```

其實只要做得到，怎麼做應該都可以，不過程式的開發常常延續一段時間，也許會有不同的人參與修改，所以程式的可讀性也不可忽略。當然，寫程式如藝術創作，有時候還是藏有個人的風格，允許的情況下，還是放任自己任性一下。

## 13.3　觀察與延伸

圖 13.9 展示三個演算法的估計結果與原始分數的直方圖，其中資料來自同一筆真實資料 (樣本數 78)。這筆資料的量不大，所以直方圖看起來比較粗糙。演算法 (一) 的估計與其他兩個稍有差距，也稍偏離直方圖。演算法 (二)、(三) 的結果比較像。三種方式的結果孰優孰劣，無法從真實資料分辨出來，因為我們並不曉得真正的參數是什麼。如果要了解不同方法間的優劣，只好從模擬資料中去判別。資料是根據自己設定的參數創造出來的，標準答案已經在那裡，估計的結果自然可以根據標準答案去衡量。一般測試演算法都會利用模擬資料，在不同情境的設定下，分辨演算法的優劣，下列幾種型態可供參考：

- 當兩個常態成分的比例比較懸殊時，譬如 $\pi_1 = 0.9, \pi_2 = 0.1$。
- 當兩個常態成分比較接近時，即 $\mu_1$ 與 $\mu_2$ 較接近時，譬如以分數資料為例，$\mu_1 = 50, \mu_2 = 60, \sigma_1 = 10, \sigma_2 = 10$。

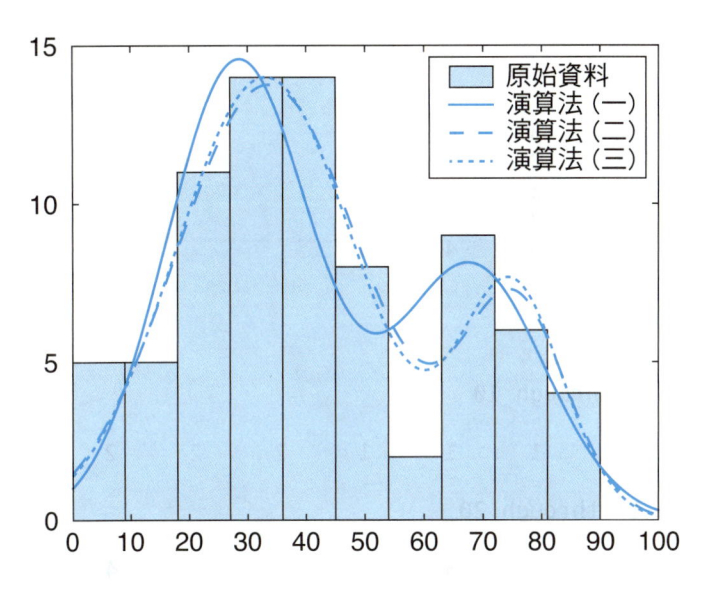

**圖 13.9** 三個演算法的估計結果與原始資料直方圖的比較

- 當兩個常態成分的變異數相同或不同時，譬如 $\mu_1 = 50, \mu_2 = 70$, $\sigma_1 = 12, \sigma_2 = 5$。

以上僅供參考，嚴謹的演算法評估，在做實驗前，得先擬好實驗內容，準備好數據，才開始動手，最後製作評估的表格或圖形。

# 13.4 習題

1. 寫程式畫出與圖 13.6 一樣的圖形。
2. 使用指令 repmat 製作如圖 13.10 中的 A 矩陣。再用指令 reshape 轉成 a 向量。
3. 練習繪製如圖 13.9 的直方圖與混合常態密度函數的疊圖。
4. 為演算法 (一) 加入停止條件。
5. 參考範例 13.3 關於模擬混合常態資料的生成方式，產生 N 組資料 (譬如 N = 10,000)，每組樣本數 n 個 (譬如 n = 200)，參數自訂 (或參考前一節的建議)，利用本章的三個演算法估計這些參數值。將所有估計值儲存

```
A =

     1     2     3     4     5
     1     2     3     4     5
     1     2     3     4     5
     1     2     3     4     5
     1     2     3     4     5

a =

  Columns 1 through 10

     1     1     1     1     1     2     2     2     2     2

  Columns 11 through 20

     3     3     3     3     3     4     4     4     4     4

  Columns 21 through 25

     5     5     5     5     5
```

▶ 圖 13.10　指令 repmat 與 reshape 的使用

在檔案 (可以是 MAT 檔或 EXCEL 檔)，方便後續分析。[19]

6. 將上一題儲存的估計值 (共 5 個參數，每個參數 N 個估計值) 取出，利用下列公式評估每個估計值的準確度。假設真實值與估計值分別為 $z$ 與 $\hat{z}_i$, $i = 1, 2, ..., N$

$$E_{RMSE} = \sqrt{\frac{1}{N} \sum_{i=1}^{N} (\hat{z}_i - z)^2}$$

其中 $E_{RMSE}$ 一般稱為「均方根誤差」(Root Mean Squared Error)。

7. 擴大上述蒙地卡羅實驗的規模，想了解樣本數對演算法 (三) 的影響。設定樣本數為 n=50, 100, 200, 300, 500，每個樣本生成 N 組資料進行估計。將估計結果依每個樣本數計算「均方根誤差」，並繪圖呈現樣本數 (X 軸) 與「均方根誤差」(Y 軸) 的關係。

---

[18] MATLAB 儲存資料到檔案的方式，請參考第 3 章的介紹。

## 參考文獻

[1] B. Flury, "A First course in Multivariate Statistics," Springer.

[2] T. Hastie, R. Tibshirani, J. Friedman, "The Elements of Statistical Learning: Data Mining, Inference, and Prediction," Springer.

Chapter

# 14

# MATLAB 圖形使用者介面設計

　　圖形使用者介面 (Graphical User Interface, GUI) 是程式語言的附加功能，主要目的在建構應用程式與使用者間互動的平台，藉由適當圖形畫面的包裝與引導，讓一般使用者透過簡易的操作便能執行該程式所提供的所有功能。有別於一般程式必須在命令視窗進行一連串指令的操作，圖形介面有效降低了使用門檻，因此一般也稱為友善的使用者介面 (Friendly User Interface)。不過，給使用者方便，其實是給程式設計者一些額外的負擔；設計者必須在原來的程式之外，考慮使用者的操作習慣、產品功能的動線等與程式執行不直接相關的細節。這些工作增加產品製作的難度與學習的門檻。本章希望能引領讀者親近 MATLAB 提供的 GUI 功能，從製作簡單的產品開始，一步步領會 GUI 設計的樂趣與優勢。

### 本章學習目標

　　MATLAB 圖形使用者介面的畫面佈局與程式設計的觀念。

> **關於 MATLAB 的指令與語法**
>
> 指令：close, delete, get, guidata, msgbox, open, questdlg, set, str2double, strcmp, switch, uigetfile, uiputfile, unicontrol, web
> 語法：GUI 資料共用的技術、多個 GUI 畫面的資料傳遞

**Coding Math：寫 MATLAB 程式解數學**

## 14.1　背景介紹

　　正在學習機率的讀者需要觀察各種機率分配的「長相」與其相關參數間的關係，有時需要產生具某種分配的亂數 (樣本) 並觀察樣本數對機率特性的影響。如果能親手操作並透過控制一些參數便能立刻看到各種機率變化，絕對比單純看課本來得有「感覺」。熟練 MATLAB 的程式設計者能輕易利用 MATLAB 提供的指令做到這些事，但對於一般不諳程式設計的使用者而言就不容易了。

　　**MATLAB** 的 GUIDE (GUI Design Environment) 提供一個開發環境，讓程式設計者透過控制元件的安排，將特定的功能包裝在視窗裡，使用者只需透過畫面的引導與一些控制元件 (UIControls) 的操作，便能執行這些功能。如圖 14.1 展示 MATLAB 內建的 GUI 示範程式 disttool：機率分佈函數工具 (Probability Distribution Function Tool)。[1]

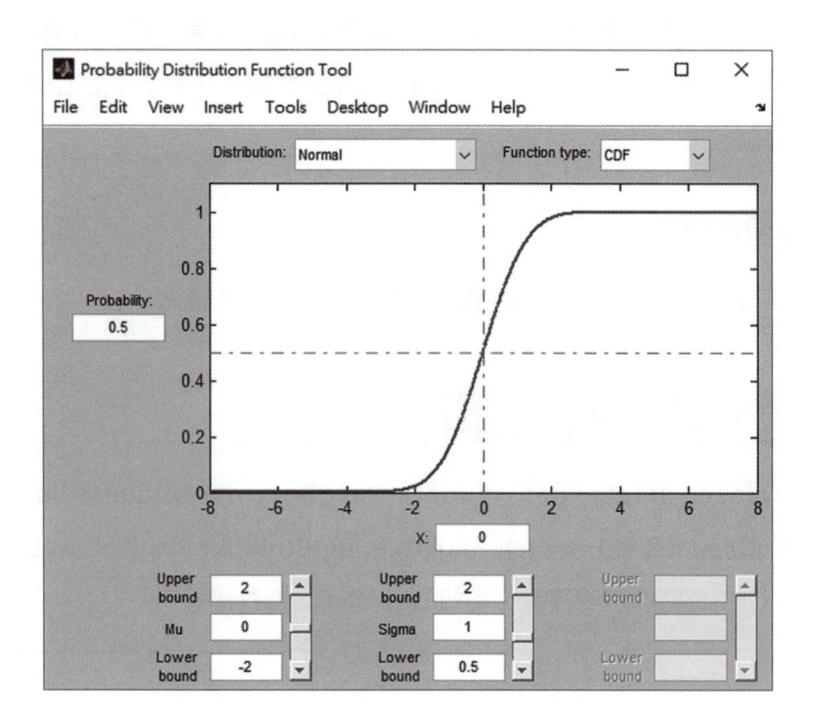

▶ 圖 14.1　示範的 GUI app：MATLAB 內建的機率分配函數工具 disttool

---

[1] 在命令視窗下執行 disttool 指令。

# Chapter 14
## MATLAB 圖形使用者介面設計

圖 14.1 的視窗裡有一般使用者熟悉的控制元件 (如下拉式選單)，只要安排得宜，使用者無須使用手冊的幫助，便可按圖直接操作。中間繪圖區的十字紅線甚至會隨著滑鼠點選的位置移動，同時計算出 $x$ 與機率函數值 $f(x)$。這個小而美的工具令學過機率的學生莫不相見恨晚。本章將透過製作幾個簡單的應用程式 (app) 介紹 MATLAB 的 GUI 開發環境 GUIDE、GUI 建置的方式及 GUI 運作的方式。

GUI 是一個視窗，依賴控制元件讓使用者與程式互動，以下練習從簡單的應用開始，一一加入控制元件並逐步介紹 GUI 的設計觀念與 MATLAB 提供的指令與技術。進入練習前，從命令視窗輸入指令 >>guide，進入如圖 14.2 的 GUIDE 進入畫面。想學好 GUI 設計的程式設計者，從現在開始要多注意與欣賞別人的作品，譬如圖 14.2 的畫面是 GUIDE 面對使用者的第一個畫面，使用者可以選擇開啟一個新的 GUI 編輯畫面 (如圖 14.3)，或點選已經編輯過的舊檔。試著從畫面去摸索你要的功能，一方面看看動線方便與否？好不好用？一方面暗忖自己能否做出同樣的東西。設計者要多探索，這邊按按、那邊試試，將來自己設計 GUI 時才有所本。

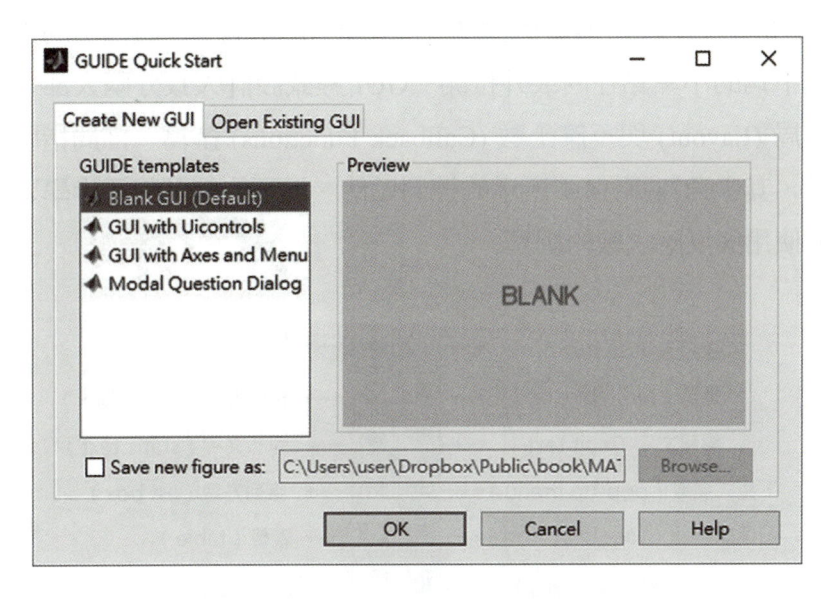

● 圖 14.2　GUIDE 進入畫面

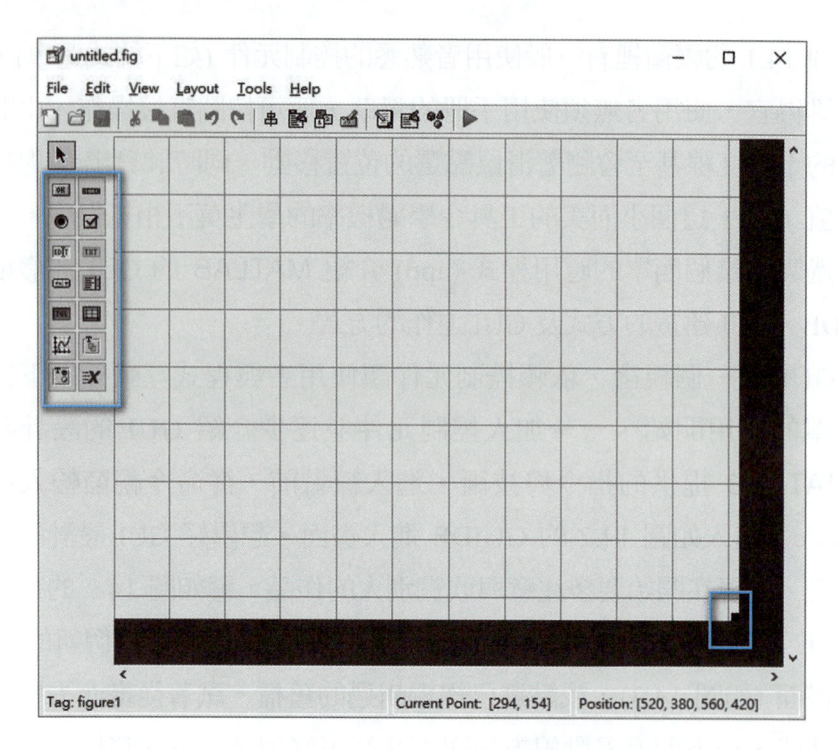

▶ 圖 14.3　GUIDE 編輯畫面

　　圖 14.3 是一個全新的空白的 GUI 編輯畫面，左邊有兩排控制元件讓設計者點選並置放到中間的版面區 (Layout Area) 擺設。版面區的大小可以從右下角的小黑點往內或外拉開。GUI 程式設計大致分兩大部分，分別是佈局 (Layout) 與反應函數 (Callback Functions) 撰寫。佈局指版面區的設計，其主角為圖 14.4 所示的控制元件。以下的練習將逐步學習控制元件的使用與反應函數的撰寫。

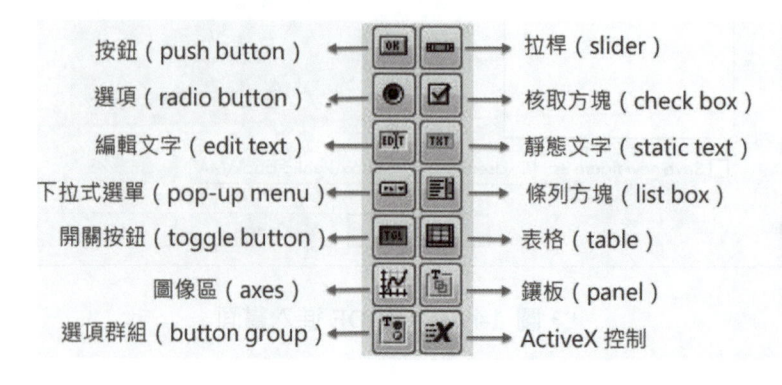

按鈕 ( push button ) ←→ 拉桿 ( slider )
選項 ( radio button ) ←→ 核取方塊 ( check box )
編輯文字 ( edit text ) ←→ 靜態文字 ( static text )
下拉式選單 ( pop-up menu ) ←→ 條列方塊 ( list box )
開關按鈕 ( toggle button ) ←→ 表格 ( table )
圖像區 ( axes ) ←→ 鑲板 ( panel )
選項群組 ( button group ) ←→ ActiveX 控制

▶ 圖 14.4　GUI 控制元件

## 14.2 佈局與反應函數

### 14.2.1 佈局

　　製作 GUI 應用程式的第一步是「佈局」，也就是在大小適中的版面區擺設各種控制元件。每個 GUI 控制元件都是從左邊的工具列點選後，到版面區事先想好的位置以滑鼠點擊放置，如圖 14.5。控制元件的擺設除靠滑鼠調整位置與大小外，也可以從元件的特性編輯器調整 (Property Editor)。隨後的範例將逐一介紹不同元件的主要特性與設定方式。

　　當控制元件一一被點選放置到佈局區時，只能粗放，很難排列均勻整齊。這時得靠 GUIDE 提供針對控制元件的「對齊工具」(Align

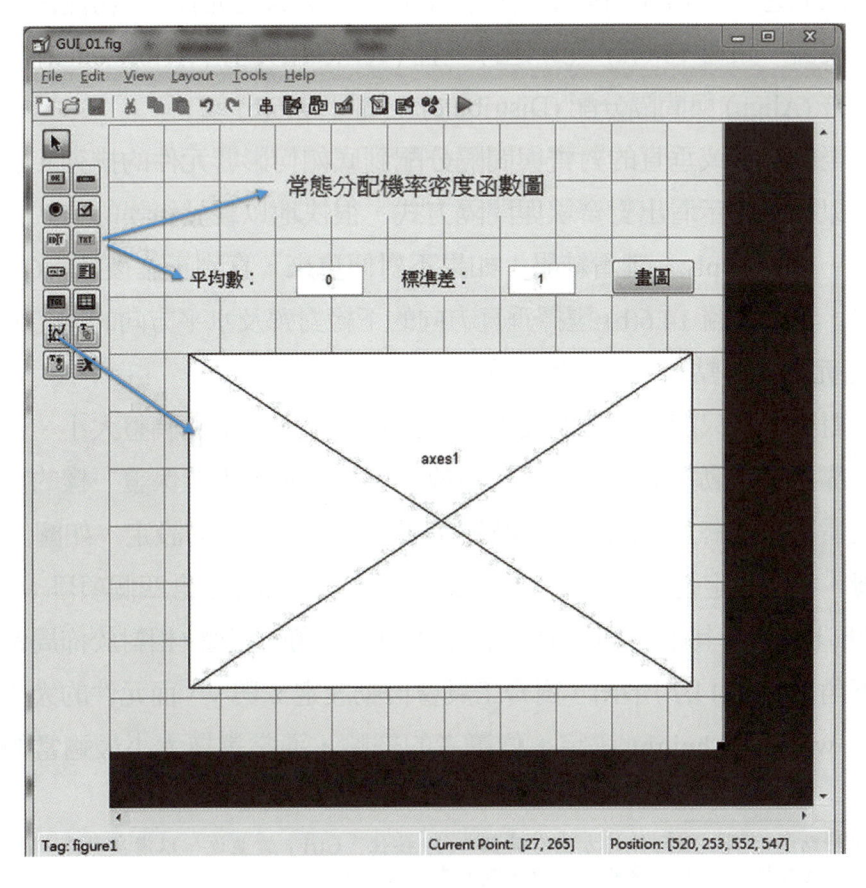

▶ 圖 14.5　GUI 佈局

(a)                                                      (b)

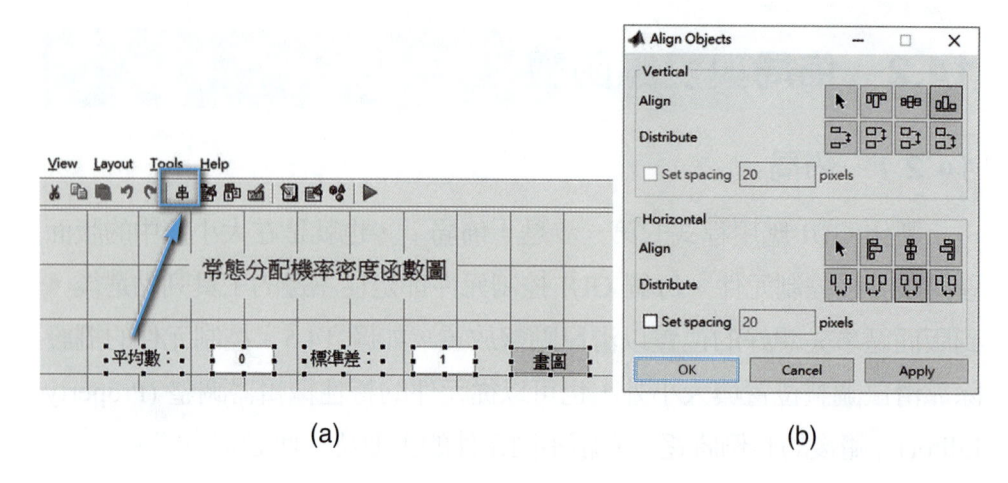

▶ 圖 14.6   GUIDE 的 (a) 控制元件圈選與 (b) 對齊工具視窗

Objects) 進一步微調。做法：(1) 先圈選需要對齊的元件，[2] 再開啟對齊工具視窗，如圖 14.6(a)，(2) 選擇垂直 (Vertical) 與水平 (Horizontal) 方向的對齊 (Align) 與間隔分配 (Distribute)，如圖 14.6(b)。

    至於水平或垂直的對齊與間隔分配到底如何影響元件的排列，設計者可以從小圖示看出對齊線與間隔方式，很快地以嘗試錯誤的方式大膽選擇，按「Apply」鍵看結果；如果不對便重來，直到正確後按「OK」退出。譬如，圖 14.6(b) 選擇垂直方向的下緣對齊及水平方向的均勻分配 (以各元件中心點為準)，調整後如圖 14.7。

    對齊工具只能調整控制元件間的對齊與分佈，不能調整大小。同樣地，靠滑鼠手動拉開大小也只是粗放，不夠準確，不能保證一樣的寬或高，看起來始終差一點點。這時還是要求助「特性」的設定，如圖 14.7 左邊「特性設定視窗」裡的「Position」。[3]「Position」含四個項目：x, y, width, height，其中 x 與 y 代表該元件的左下角的座標 (相對於佈局區的左下角，如圖 14.7 所示)。對齊工具會自動設定 x 與 y，而元件的大小自然由 width 與 height 決定。依筆者的經驗，通常選擇大小最適當的元

---

[2] 同時點選兩個以上元件的方法有兩個：(1) 按住「Ctrl」鍵並逐一以滑鼠點選，(2) 用滑鼠從外圍圈起來，便可輕易地圈選所有元件。

[3] 雙擊控制元件會帶出「特性編輯器」。

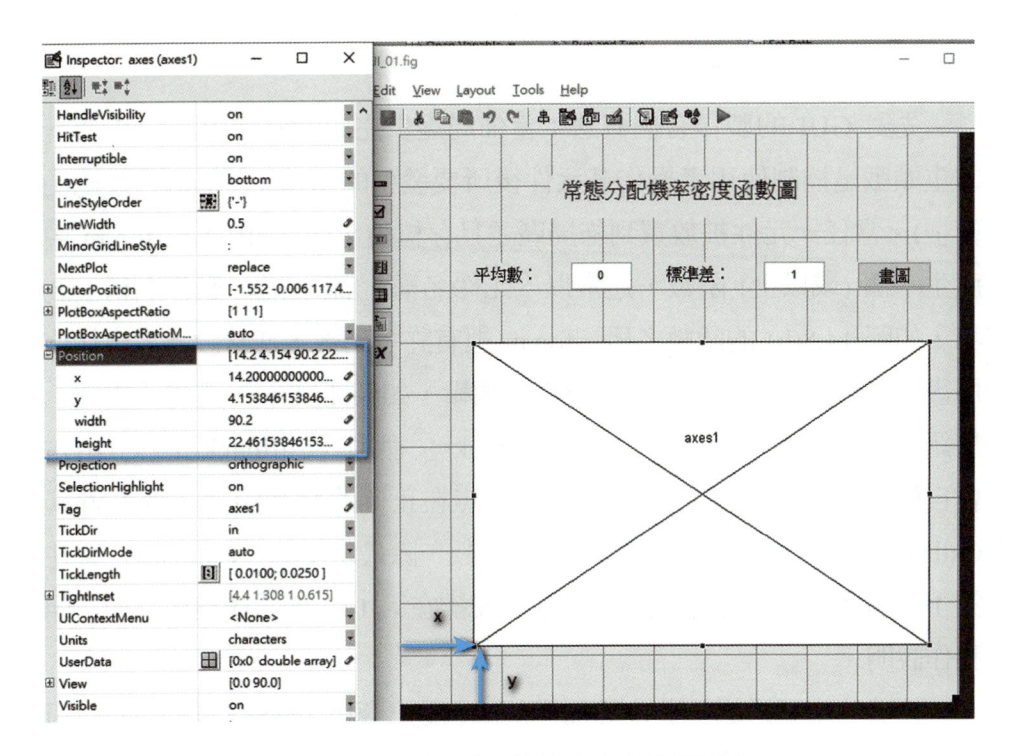

● 圖 14.7　控制元件的大小與位置設定

件，用滑鼠拉至需要的大小，將這個元件的 width 與 height 值拷貝到其他元件，以取得所有元件的大小一致。

### 14.2.2　GUI 檔案

　　佈局陸續完成的過程中，一旦存檔，GUIDE 將自動產生兩個檔案：「foo.fig」與「foo.m」。[4] 其中副檔名「fig」代表製作 GUI 佈局的程式檔，裡面是一個個產生控制元件的指令碼，內含所有特性設定，設計者一般不需要看到這些原始碼，完全交由 GUIDE 管理。副檔名「m」的程式檔由一群 function 組成，對於初學者來說，現在不是了解它的時機，透過本章後面的練習題，再慢慢一步步揭開這些函數存在的目的。

---

[4] foo 是程式領域的慣用字，用來代表任何要舉例的名稱，譬如這裡當作檔案名稱。關於 foo 的來源非常有趣，有興趣者可以到 http://faq.programming.com 搜尋。

### 14.2.3　反應函數

先對 GUI 的製作有個概念：當佈局逐步完成的過程中，GUI 設計的重頭戲是控制使用者操作某元件後所要發生的事情 (也稱為「反應函數」)。當任一元件被放置到佈局區並且存檔後，GUIDE 便在 foo.m 中產生一個 (或以上) 函數，通常以「元件名稱 _ 流水號 _ 動作名稱」為名，如圖 14.8(b) 的函數名稱。foo.m 裡有許多函數，通常設計者會從佈局畫面的元件找到這個函數進行程式編輯，如圖 14.8(a)，選擇「畫圖」按鈕，按右鍵後，選擇「View Callbacks」裡的「Callback」，GUIDE 會自動帶出編輯視窗中的 foo.m 並聚焦在正確的反應函數。從「View Callbacks」的選項裡看到好幾種反應函數，除最常用的「Callback」會在第 14.3 節的「練習」解說外，其他的安排在第 14.4 節「觀察與延伸」中稍作說明。

接著，本章透過一些由簡而繁的練習題，解說每個控制元件的使用方式與特性、反應函數的撰寫及 GUI 動線的設計與資料的傳遞。

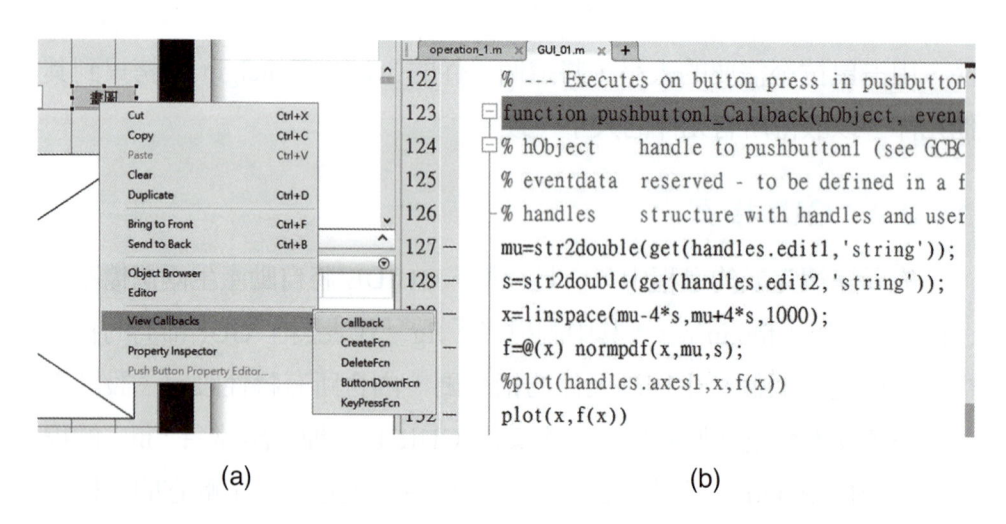

(a)　　　　　　　　　　　(b)

● 圖 14.8　(a) 按鈕反應函數的種類與 (b)「Callback」反應函數的程式內容

## 14.3　範例練習

> **範例 14.1**
>
> 製作觀察常態分配函數 (PDF) 圖形的 GUI APP (如圖 14.9)，讓使用者透過輸入不同的平均值與標準差，觀察常態分配的長相。
>
> 控制元件：靜態文字 (static text)、編輯文字 (edit text)、按鈕 (push button) 與圖像區 (axes) 的設定。
>
> 功能：從按鈕觸動反應函數及反應函數的基本架構。

　　凡事從簡單開始，讓我們透過幾個練習，一步步做出像圖 14.1 的圖形介面。這也是學習程式設計的法門，找一個好的範本，試著做出一模一樣的東西，如書法的臨帖。

　　簡單如圖 14.9 的 GUI 介面牽涉到四個控制元件：**靜態文字**、**編輯文**

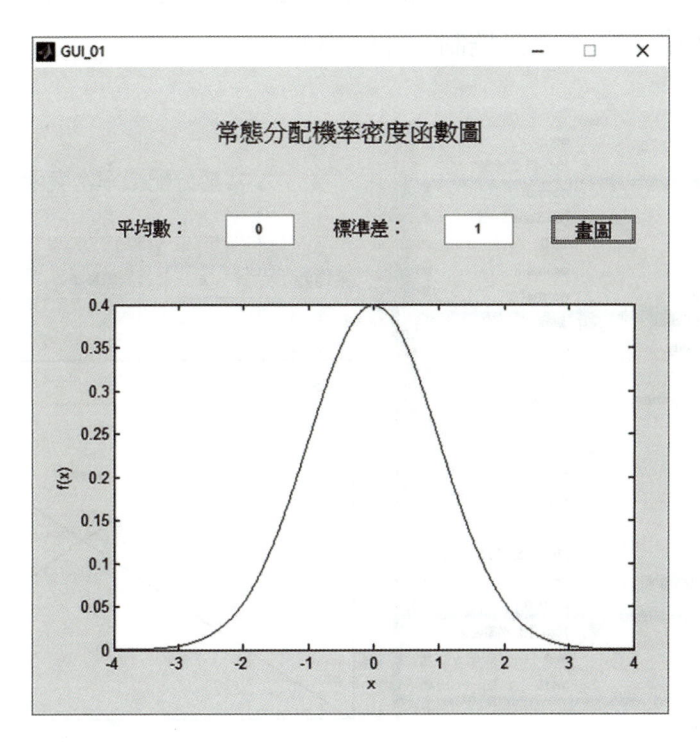

● 圖 14.9　簡單的使用者介面

字、按鈕及**圖像區**。其中**靜態文字**用來編製畫面所需的任何文字方塊，如圖 14.9 的「常態分配機率密度函數、平均數、標準差」等字。而**編輯文字**則是提供編輯方框，供使用者輸入文字或數字，如圖上白色方框內填入 0 與 1 的地方。**按鈕**顧名思義是提示使用者按下以執行程式，如圖上的「畫圖」按鈕。**圖像區**是程式執行繪圖時，呈現圖形座標的區域。

圖 14.10 展示一個**靜態文字**控制元件與其特性編輯視窗，其中特別框出字型 (Font) 特性。像字型這類的特性，很容易從名稱知道意思，再稍加測試後，從畫面呈現出的變化便能迅速掌握，不需要多費篇幅介紹。編輯**靜態文字**的第一件事當然是輸入文字，對應的特性是「String」如下面的方框所示，這也是大部分需要呈現文字的控制元件輸入文字的地方。另，方框中有一個「Tag」的特性，需要解釋。當 GUI 控制元件被拖曳到工作區時，會被賦予一個標籤 (Tag)，譬如 text1, edit2 等。當程式需要對該控制元件做出動作時，必須指定正確的標籤名稱。MATLAB 自動賦予的標籤名稱，通常依控制元件的名稱加流水號順序設定。程式設計者可以自行更改，譬如根據該控制元件的角色名稱。總之，程式設計者必須懂得在這裡找到控制元件的標籤。

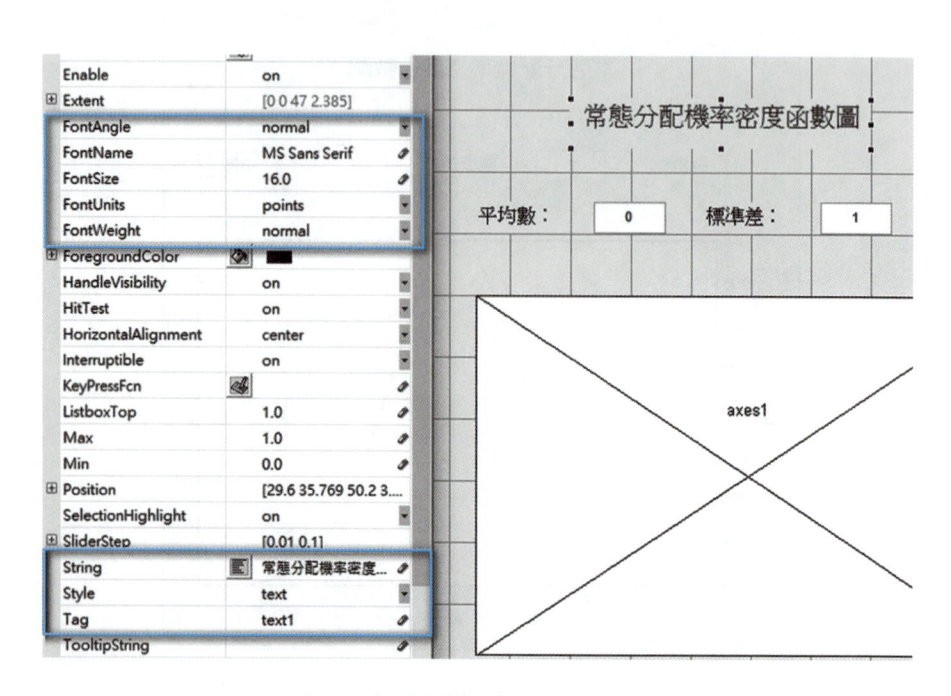

▶ 圖 14.10　GUI 控制元件的佈局與特性設定

同樣是文字的控制元件，**編輯文字**與**靜態文字**的差別在前者可供使用者以鍵盤輸入文字或數字。在設計之初，可以留空白或是先寫上預設的內容。在本範例中有兩個編輯文字控制元件，分別在各自的「String」特性欄位中填入 0 與 1，方便使用者不必輸入便可直接壓畫圖按鈕看到第一張圖形。[5]

此外，本範例還有一個啟動畫圖的**按鈕**控制元件。**按鈕**的設定比較單純，通常寫上文字並決定好字型即可，[6] 主要的工作在撰寫壓按按鈕後的程式功能 (稍後說明)。按鈕必須被放置在明顯易「懂」的位置，上面的文字具引導性 (譬如「畫圖」)，使用者一看便知道按下去會得到什麼結果。最後是一個**圖像區**控制元件，用來呈現常態分配圖形。**圖像區**的大小最好維持固定的長寬比例，如 4:3 或 16:9，比較適合圖形的呈現，看起來比較舒服。

佈局妥適後，接著是處理按下按鈕後的執行動作。此時可以選擇該按鈕 (如前所述)，按右鍵並選擇「View Callbacks –> Callback」後，MATLAB 自動開啟程式，並將指標停在該反應函數裡。函數名稱如：

```
function pushbutton1_Callback(hObject, eventdata, handles)
```

這個函數負責按下按鈕後的所有動作。典型的動作有幾個：

1. get：取得某些 GUI 控制元件的某個內含值，譬如取得編輯文字的值 (以圖 14.9 使用者輸入的平均數與標準差的值為例)。

```
mu=str2double(get(handles.edit1,'string'));
s=str2double(get(handles.edit2,'string'));
```

---

[5] 通常選擇最常見的內容作為預設值。
[6] 文字的輸入一律在「String」。

指令 get 的第一個參數是代表元件的代碼，如 handles.edit1，表示將從標籤名稱 edit1 的元件取得某個內含值。第二個參數指該元件的某個特性名稱，如 string 這個特性，整個來說是，取得 edit1 元件的 string 內容。隨後利用 str2double 將該字串轉換成數字。要取得畫面中某元件的內容，必須找到代表該元件的標籤，在 MATLAB GUI 的設計中，所有元件標籤都「藏」在 handles 這個變數裡，隨著反應函數傳遞過來 (第三個)。[7] 通常程式設計者會從元件佈置的畫面上，透過元件特性編輯視窗觀察到個別物件的標籤，在程式裡面透過 handles 變數與該元件溝通。

2. set：將程式執行結果寫回畫面中某個元件。set 動作與 get 相反，讀者可以試試看。譬如：

```
set(handles.text1,'string','The PDF of Normal Distribution');
```

看看發生了什麼事。[8]

3. 畫圖：利用取得的使用者輸入值，畫出預設的 PDF 圖。如果畫面中有超過一個繪圖區，繪圖時必須指定畫到哪一個，[9] 譬如：

```
x=linspace(mu-4*s, mu+4*s, 1000);
f=@(x) normpdf(x,mu, s);
plot(handles.axes1, x, f(x))
```

接下來，慢慢加入其他物件，逐漸掌握不同物件的特性。

---

[7] handles 是一個結構矩陣型變數 (struct)，內含所有元件的標籤變數，變數內容是代表該元件的代碼。

[8] 在此 handles.text1 指畫面最上面的**靜態文字**元件，讀者須自行查看目標元件的標籤名稱。

[9] 如果只有一個繪圖區，則一般的用法即可，即 plot(x, f(x))。

# Chapter 14
## MATLAB 圖形使用者介面設計

### 範例 14.2

逐步擴增前範例的功能,加入分配函數型態的選擇 (畫 PDF 圖或是 CDF 圖),及刻意放進是否在圖形畫格線與寫上標題的選項,如圖 14.11 所示。

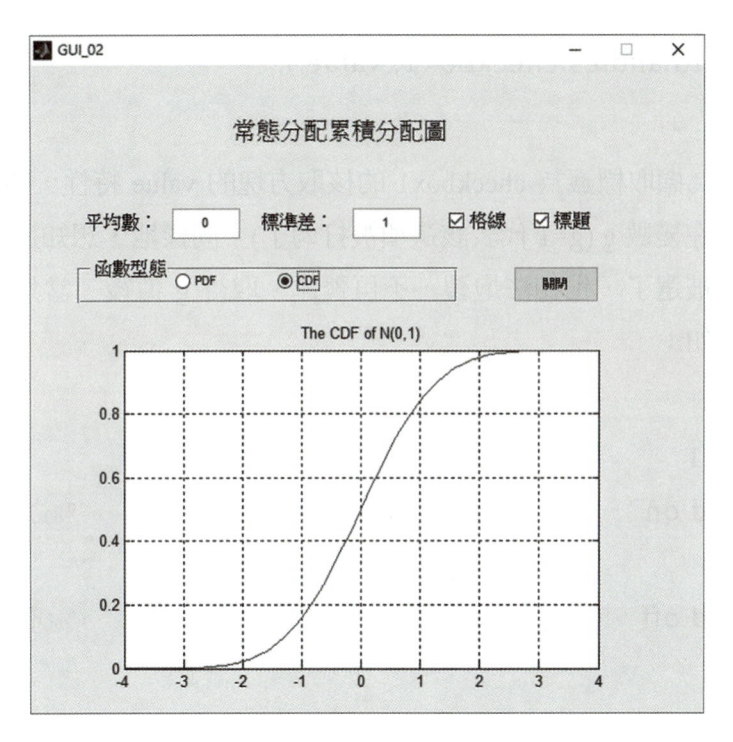

● 圖 14.11　加入複選核取方塊與單選按鈕的 GUI

控制元件:**複選核取方塊** (checkbox)、**單選按鈕** (radio button) 與**選項群組** (button group 或 uipanel)。

功能:從**單選按鈕**觸動畫圖的反應程式。

**複選核取方塊**提供多重選項功能 (簡稱「多選多」),而**單選按鈕**則是習慣上作為多選項中的單選功能 (簡稱「多選一」)。這是圖形介面使用的慣例,不可打破,否則使用者會混淆。另外,這個範例捨棄從按鈕觸動畫圖的反應程式,直接於**單選按鈕**觸動,在操作上比較方便。

在放置**複選核取方塊**時,要決定是否事先核取?這個選項在特性裡的「value」設定:當 value=1 時表示打勾;反之,空白。在反應程式中則必須擷取哪個核取方塊被打勾了?方式是針對每個選項逐一探詢,譬如想知道「格線」是否被使用者選取:

```
g = get(handles.checkbox1,'value');
```

解讀為擷取標籤為 checkbox1 的核取方塊的 value 特性,將內容 (非 0 即 1) 放在變數 g (g=1 代表該選項被打勾了)。同樣地,想知道「標題」選項是否被選了,也如法炮製,不再贅述。取得 g 值後,當然必須有所反應,譬如:

```
if g==1
    grid on                                      % 加入格線
else
    grid off                                     % 取消格線
end
```

至於**單選按鈕**的「多選一」機制可以交由 MATLAB 幫忙處理,首先必須先將所有選項群組起來,代表在這一群選項裡面挑一個。因為指定了群組的關係,MATLAB 會自動做出多選一的反應,也就是同時只會有其中一個選項被選取。如果不加入群組關係,則會被視為單獨一群,設計者須自行處理畫面上多選一的動作。加入群組的做法,先選取**選項群組** (Button Group) 元件 (在左下角),其表現方式通常是圍一個框框,配上一個群組名 (如圖 14.11 的「函數型態」所示),之後再將一個個的**單選按鈕**放進框框裡並賦予名稱文字,這便完成多選一的功能。接下來是反應程式的處理方式。

程式處理**選項群組**裡哪一個選項被選了,有兩種做法:(1) 當選擇**單選按鈕**作為觸動反應函數的元件,(2) 選擇其他元件觸動反應函數。對於第一種情況,則選擇選項群組的反應函數中的「View Callbacks –> selectionChangeFcn」函數,如圖 14.12 所示。

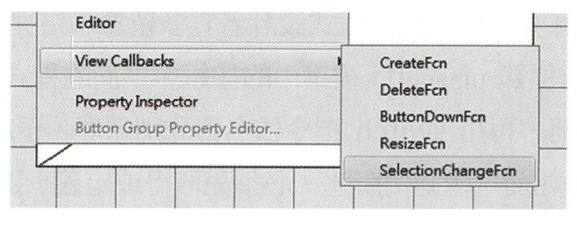

```
% --- Executes when selected object is changed in uipanel1.
function uipanel1_SelectionChangeFcn(hObject, eventdata, handles)
% hObject    handle to the selected object in uipanel1
% eventdata  structure with the following fields (see UIBUTTONGROUP)
%   EventName: string 'SelectionChanged' (read only)
%   OldValue: handle of the previously selected object or empty if no
%   NewValue: handle of the currently selected object
% handles    structure with handles and user data (see GUIDATA)
```

● 圖 14.12　選項群組的反應函數選擇與反應函數

反應函數要取得哪一個單選按鈕被按了,可透過反應函數傳進來的第一個參數 hObject (如圖 14.12 的方框所示),這個變數的內容就是被選到的**單選按鈕**的代碼。程式可以寫成

```
disttype=get(hObject,'string');
switch disttype
case 'PDF'
    f=@(x) normpdf(x,mu,s);
    fcn='常態分配機率密度圖';
case 'CDF'
    f=@(x) normcdf(x,mu,s);
    fcn='常態分配累積分配圖';
end
```

**Coding Math**：寫 MATLAB 程式解數學

```
plot(handles.axes1, x, f(x))
set(handles.text1,'string',fcn)
```

　　從圖 14.12 的函數可以看到 MATLAB 會在函數名稱下補充關於輸入參數的意義，甚至使用方式，程式設計者宜多留意。這裡的 hObject 代表在選項群組 (標籤 uipanel1) 被選中的按鈕。上面的程式先用 get 指令取得按鈕的名稱，再用 switch 指令依名稱分別處理。至於其他變數 (像 mu, s, x) 也是如前一個範例所述，必須先取得或定義，這裡不再贅述。

> **🔔 Tips**
>
> 　　這裡有一個程式技巧提醒；最後兩個指令 plot 與 set 要放在 switch 之後。沒有經驗的程式設計者會放在每個 case 裡面，這會造成指令重複的管理問題。

　　如果反應函數不是**選項群組**，而是前一個範例的**按鈕**。方才的 hObject 便不是代表被選中的按鈕，此時要先取得**選項群組**中被選中的**單選按鈕**代碼，再透過代碼取得**單選按鈕**上的文字，範例如下：

```
grphandle=get(handles.uipanel1,'SelectedObject');
disttype=get(grphandle, 'String');
```

　　第一行先取得**選項群組**中哪一個**單選按鈕**被選中了。第二行便是從該**單選按鈕**中取得文字，用文字來做區隔處理。

　　原先在圖 14.9 的「畫圖」按鈕因為這裡改採**選項群組**來反應使用者的選擇，因此「畫圖」按鈕不再需要，而改為「關閉」按鈕，是一般圖形化介面常有的一個結束整個應用程式的按鈕，執行結果如圖 14.13。做法是在處理關閉按鈕的反函數裡，加入下面幾行慣用的結束程式指令：

```
exit= questdlg('是否結束本應用程式？', 'NTPU', '是','否','否');
if strcmp(exit, '是')
    close(gcf)
end
```

第 1 行的指令 questdlg 由 MATLAB 提供如圖 14.13 的簡易小視窗，基本的用法如上。程式設計者可以直接抄錄並從執行結果對照猜測使用方式，然後依猜測修改幾個參數的文字，執行幾次便輕易掌握，不需要參考線上使用手冊或其他說明 (程式設計者應該在學習的過程中迅速掌握語法)。另，第 3 行的 gcf 代表 Get Current Figure，是取得本視窗代碼的指令，取得後以 close 指令關閉視窗。

另外，這個 GUI 雖然能繪圖並做出適當的反應，但仍有瑕疵。譬如，一進入 GUI 想畫 PDF 圖，必須先點選 CDF 再回頭點 PDF，這當然是不順暢的動線。改善的方式可以從兩個地方著手：(1) 一打開 GUI 便立刻畫一張內設的 PDF 圖 (稍後的範例才會介紹相關的觀念與技術)，(2) 再增加一個畫圖按鈕引導使用者按壓。換句話說，圖形繪製可以從「畫圖」的按鈕執行，也可以從任何控制元件的改變自動繪圖。詳細的做法請見第 14.4 節「觀察與延伸」。

圖 14.13 結束應用程式的詢問

### 範例 14.3

再擴充前範例功能,將原先只針對常態分配畫圖的部分再增加兩個分配 (以貝他分配與卡方分配為例)。為因應不同分配有不同的參數名稱與數量,原來佈局的元件與名稱也需隨選項改變。新增部分如圖 14.14 上方的「選擇分配」。

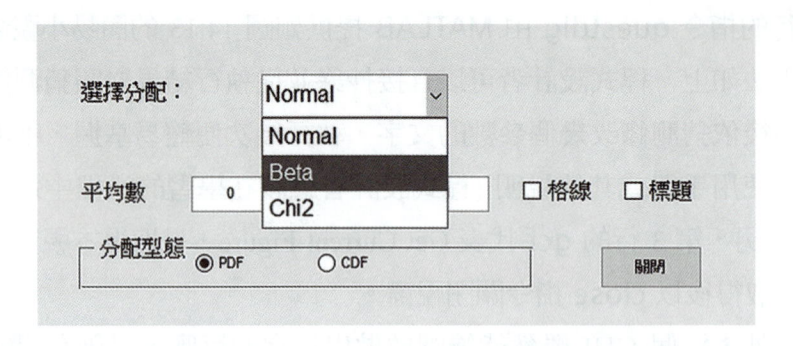

▶ 圖 14.14　含三個選項的下拉式選單

控制元件:下拉式選單 (popupmenu)。

功能:根據選項不同,動態調整佈局的元件。

　　下拉式選單提供多選一的功能,與前述的選項群組目的相同,不同的是下拉式選單將所有選項隱藏 (最多露出第一個),避免佔據空間,適用於選項眾多時,而缺點是必須勞駕使用者打開才能看到所有選項。下拉式選單置入多重選項的方式如圖 14.15 所示,在特性編輯處找到 String,點開中間的小圖示,在彈開的小視窗中一一輸入選項。

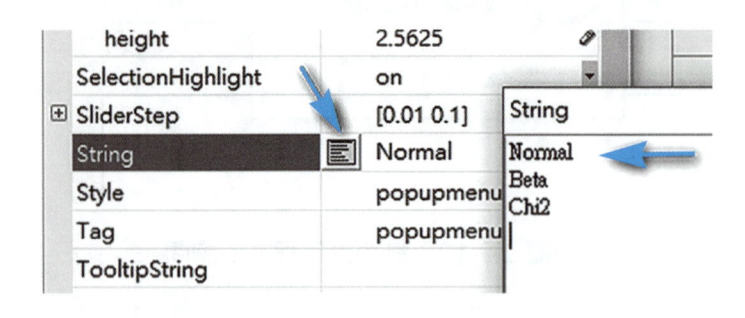

▶ 圖 14.15　下拉式選單的選項輸入方式

在程式中取得選項的方式為 [10]

```
distnameIdx=get(handles.popupmenu1, 'value')
switch distnameIdx
    case 1
    ...
    case 2
    ...
end
```

變數 distnameIdx 的值會是使用者選定的項目的排序，隨後再以 switch 分流處理，針對不同的選項做不同的動作。如本範例的下拉式選單，當使用者選擇不同的分配時，佈局必須因應不同的分配，反應正確的參數數量與名稱，如圖 14.16 所示。選擇「Normal」出現「平均數、標準差」等文字，選擇「Beta」則反應出 Beta 分配慣用的參數名稱「A, B」，而選到「Chi2」卡方分配時，因參數只有一個 (自由度)，於是畫面必須配合去除一組參數，才不會讓使用者混淆。這是從事 GUI 設計比較麻煩的部分，也就是處處替使用者著想，不給使用者任何「犯錯」的機會，確保整個程式操作順暢無礙。

---

[10] 本章的程式段落所見到的元件代碼僅供參考，譬如 handles.popupmenu1，讀者必須參酌自己程式裡每個元件的標籤，不一定與本書相同。

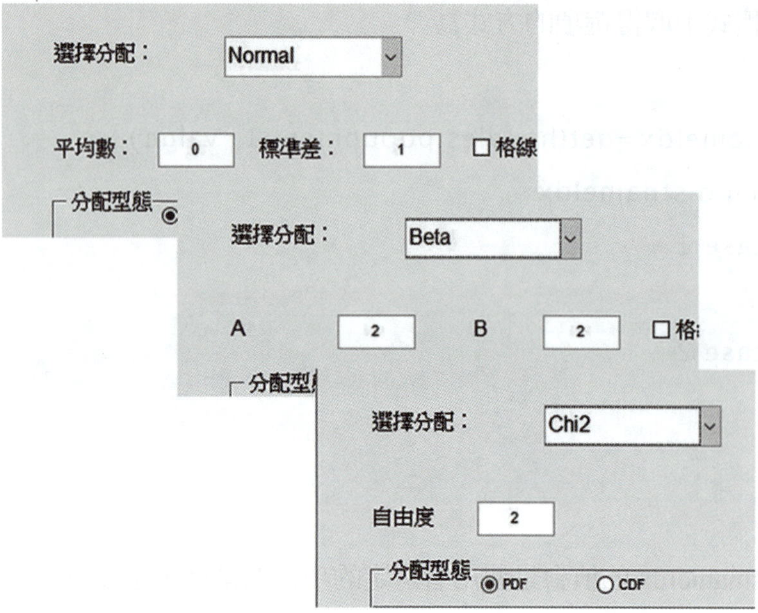

● 圖 14.16　下拉式選單：根據不同的選項變更畫面

　　為了在使用者做了選擇後立即反應出正確的畫面，在下拉式選單的反應函數必須做出以下的動作：

function popupmenu1_Callback(hObject, eventdata, handles)
distnameIdx=get(handles.popupmenu1, 'value');
switch distnameIdx
case 1　　　　　　　　　　　　　　　% 選擇 Normal
　　set(handles.text2,'String',' 平均數');
　　　　　　　　　　　　　　% 在 text2 的位置寫入「平均數」
　　set(handles.edit1,'String','0');
　　　　　　　　　　　　　　% 在 edit1 填入預設的平均數 0
　　set(handles.text3,'visible','on');　　% 恢復 text3
　　set(handles.text3,'String',' 標準差');
　　　　　　　　　　　　　　% 在 text3 的位置寫入「標準差」

# Chapter 14
## MATLAB 圖形使用者介面設計

```
    set(handles.edit2,'visible','on');         % 恢復 edit2
    set(handles.edit2,'String','1');
                                % 在 edit2 填入預設的標準差 1
case 2                          % 選擇 Beta
...
case 3                          % 選擇 Chi2
    set(handles.text2,'String',' 自由度');
                                % 在 text2 的位置寫入「自由度」
    set(handles.edit1,'String','2');
                                % 在 edit1 填入預設的自由度 2
    set(handles.text3,'visible','off');    % 隱藏 text3
    set(handles.edit2,'visible','off');    % 隱藏 edit2
```

　　從 case 1 到 case 3 的動作非常細膩，在幾個靜態文字與編輯文字間轉換狀態與內容。靜態文字隨時可用 set 指令改變內容，也可以改變存在與否；譬如，使用 visible 的特性令其消失 (off) 或復原 (on)。讀者可以一一解讀 case 1 的每一行指令，不難了解到底做了什麼。其實，在寫作程式的過程難免漏掉一、兩個動作，但反覆地執行幾次，很快就能發現疏失之處，再補回即可，並不是太了不起的事。只是程式設計者必須習慣這些動作都不是自動發生的，而是程式設計者必須一一考慮與完成。另，case 2 與 case 1 情況相似，留給讀者自行撰寫。

### 範例 14.4

　　製作一個 GUI 專供檔案讀取與檔案內容的顯示。這是圖形化介面常見的功能，如圖 14.17 所示。

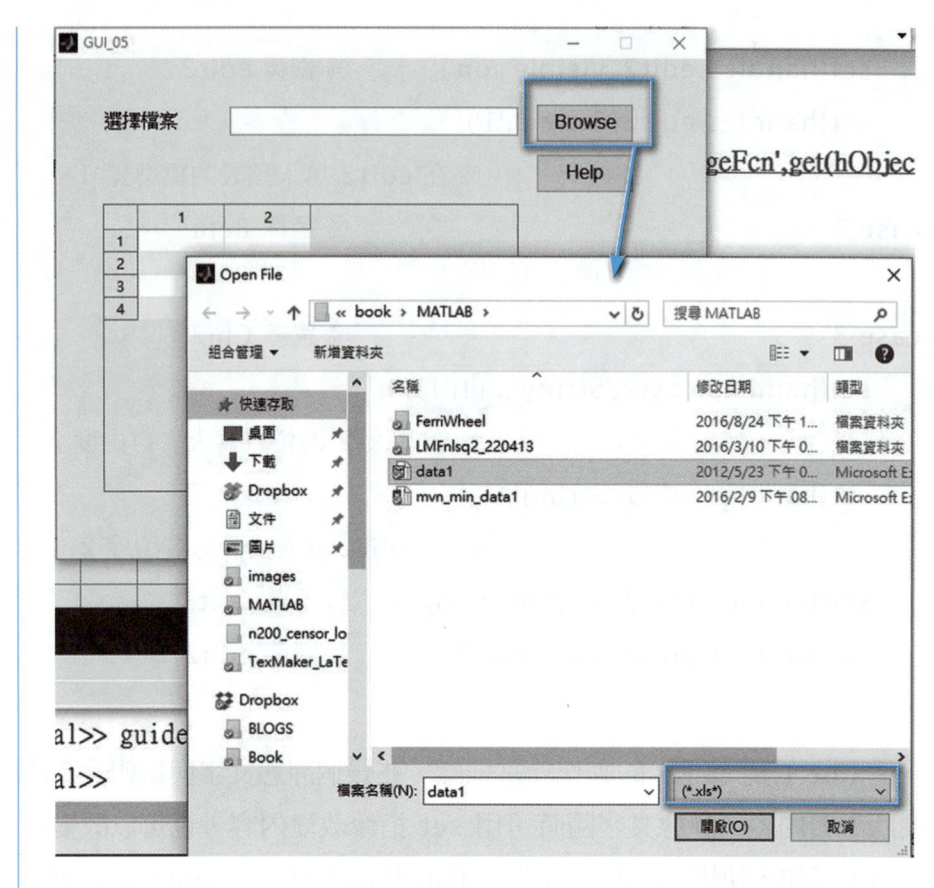

# Coding Math：寫 MATLAB 程式解數學

▶ 圖 14.17　含表格的 GUI 與 Windows 的檔案讀取視窗

控制元件：表格 (Table)。

功能：開檔與讀檔的指令。

　　作為資料分析用的 GUI 通常需要讀取來自外界的資料 (檔案)，典型的做法是用一個靜態文字、一個編輯文字與一個按鈕，分別做文字的引導、檔案名稱的輸入與啟動讀檔視窗。如圖 14.17 所示。圖 14.17 中的開啟檔案視窗由作業系統提供，不是自己撰寫，以統一型態，免得每位程式設計者都製作一個相同目的視窗，搞得使用者必須適應不同的視窗型態與使用方式。於是對於這些類型的視窗，軟體業界早已形成共識，統一由作業系統提供介面給商業軟體使用。

366

啟動檔案的讀取通常來自按鈕 (如圖 14.17 的 Browse)，其典型的反應程式做法如下：

```
[filename, pathname] = uigetfile({'*.xls*';'*.txt';'*.*'},'Open File');
```

指令 uigetfile 會帶出大家都熟悉的檔案選取畫面。其中第一個參數是指定讀取哪些型態的檔案，以 cell 的資料型態表示，一般以副檔名作為區別，第一順位的附檔名是預設值。[11] 第二個參數是視窗的標題。指令 uigetfile 的輸出結果為檔名及檔案所在路徑的字串。

接下來的程式碼當然視功能而定，不過處理這些常用的功能總有些標準動作。譬如，使用者可能沒有選取任何檔案，直接取消動作，這時候可以跳出一個簡單的視窗提醒使用者並未選擇任何檔案，程式碼如下：

```
if isequal(filename,0)
    msgbox('沒有選擇任何檔案','File Open Message');
    return;
end
str=[pathname filename];           % 取得完整檔名 (含路徑)
set(handles.edit1,'string',str);   % 將檔名寫到編輯文字控制元件
```

msgbox 是 MATLAB 提供的另一個簡單視窗，作為文字訊息的發佈。[12] 一旦使用者選取了檔案，程式的標準回應方式，通常會將檔案名稱與目

---

[11] 預設值的意思如圖 14.17 右下角的框線所示，代表帶出開啟檔案的視窗時，將先顯示副檔名為 XLS 或 XLSX 的 EXCEL 檔案。*.XLS* 中的 * 指萬用字元。

[12] msgbox 的用法可以參考線上使用手冊的說明，不過初學者通常先直接引用現成的指令，再猜測每個參數的意思，試著修改並執行結果，很快便能初步掌握。進一步的細節或更多的功能，等到需要時再查閱，先不要亂了製作過程的流暢性。本章最後再來討論這個指令的其他用法。

錄寫回畫面上。這時可以選擇寫到靜態文字或編輯文字的元件上。兩者的差別在於：編輯文字還可以讓使用者選擇以文字輸入的方式選擇檔案，當然這必須對它的反應程式做出處理，讀者可以試試看。接著便是讀取檔案並進行處理，本範例將資料輸出在畫面的表格裡。典型的程式碼如下：

```
filetype = filename(end-2 : end);          % 擷取附檔名
switch filetype
    case 'txt'
        X=load(str);
    case 'xls'
        [X, title, raw]=xlsread(str);
    otherwise
        msgbox('檔案格式錯誤，請選擇 txt 檔或 xls 檔', ...
        'File Open Error','error');
        return;
end
```

第 1 行指令從檔名裡取出副檔名的三個英文字，目的是拿來判別檔案型態。因為 MATLAB 對這讀取不同檔案的指令不同。[13] 通常 EXCEL 檔會含有標題列，因此處理時會分別將標題與數據取出 (如上述的 xlsread 指令)，並放在表格元件的適當位置。如：

```
set(handles.uitable1,'data',X);
set(handles.uitable1,'columnName',title);
```

---

[13] 當然也可以用相同的指令打開不同類型的檔案，如 importdata，不過不一定比較方便，讀者可以試試看。

上述第一個指令是將數據資料寫到表格的資料欄。第二個指令將前述的 xlsread 指令接收到的標題列 (放在名為 title 變數中)，寫到表格的欄位名字上 (ColumnName)，圖 14.18 示範一個典型的 EXCEL 檔案與其在表格元件中呈現的樣子。

有些資料檔只有資料，沒有標題列，此時表格物件的標題必須設為固定式的，且在佈局階段便先設定好，不從程式裡面去設定。讀者可以自行到表格元件的特性 ColumnName 設定看看。倒是列名稱 (RowName) 比較常見變動的型態，讀者可以從上述對 ColumnName 的處理學習到如何從程式設定 RowName。關於表格的特性設定，將在第 14.4 節「觀察與延伸」中介紹。

另外，MATLAB 也提供存檔的視窗介面，類似開檔視窗，讀者請自行參考 uiputfile 指令，使用方式與 uigetfile 類似。

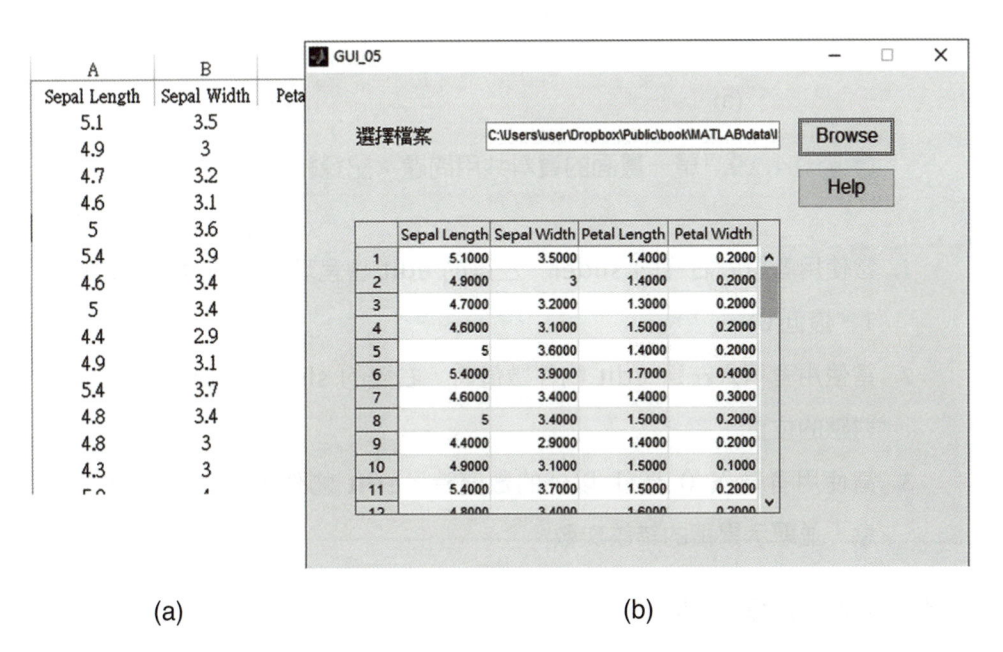

(a)　　　　　　　　　　(b)

▶ 圖 14.18　(a) EXCEL 資料檔案，(b) 在 GUI 表格的呈現

### 範例 14.5

GUI 的設計常會牽涉到資料共用的問題，[14] 譬如在單一畫面下，有共同的資料被多個物件共用。本範例解說 MATLAB 提供的範例 sliderbox_guidata (如圖 14.19)，示範資料共用的技巧。這個 GUI 程式做幾件簡單的事，牽涉了資料的共用問題：

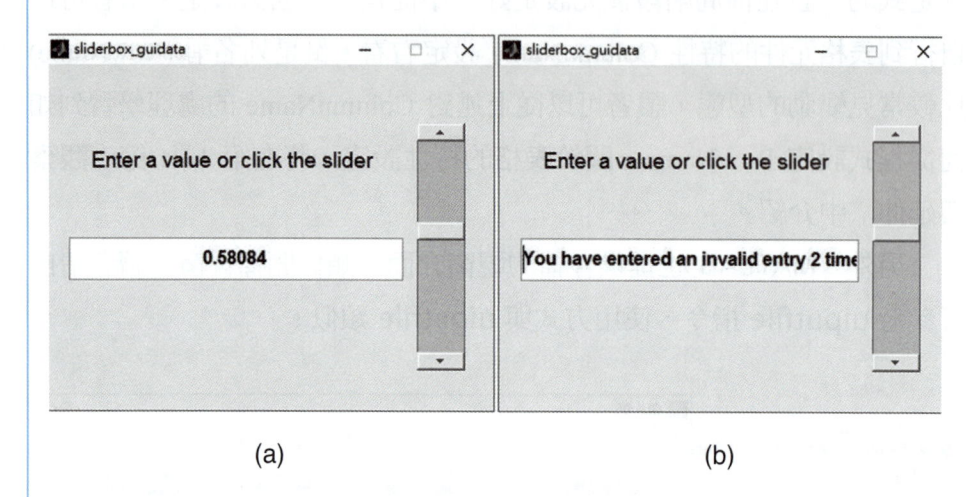

(a)            (b)

▶ 圖 14.19    單一畫面的資料共用問題：記錄錯誤次數的遊戲

1. 當使用者拉動右邊的 slider，左邊的 edit 會呈現對應的數值 (最高 1，最低 0)。
2. 當使用者填入左邊 edit 物件數值時，右邊的 slider 會自動調整至對應的位置。
3. 當使用者輸入 0 至 1 以外的數值時，edit 物件會出現錯誤的訊息，並顯示累積的錯誤次數。

控制元件：**拉桿** (slider)。

功能：共用資料的設定與取用。

---

[14] 在多個畫面 (figure) 的情況下更是常見的技巧。

Chapter 14
MATLAB 圖形使用者介面設計

本範例的「資料共用」發生在累計犯錯 (輸入 0 與 1 以外的數字) 的次數上。讀者可以先想想看，在 GUI 的設計結構下，如何記錄使用者操作錯誤的次數？GUI 程式由多個函數組成，函數內的變數只在函數內有效，如何將函數內得到的資料保留，供其他函數需要時使用呢？[15] MATLAB GUI 提供了幾種資料共用方式，有興趣的讀者不妨到 Help 裡找找看。本章僅提出利用 GUI DATA 的方式傳遞共用資料。

所謂 GUI DATA 代表所有的反應函數都可以取得或設定的資料。在前面的範例中，傳送給每個反應函數的結構矩陣型變數 handles 就是扮演這個角色，裡面包含了所有物件的代碼 (handle)。[16] 利用這個結構矩陣型變數，我們可以擴充裡面的變數，除了個物件的代碼外，還可以加入其他的，譬如本範例需要的計數器。首先必須先設立計數器並預設為 0。下列的範例選擇在 GUI 程式 sliderbox_guidata 被開啟時設定：[17]

```
function sliderbox_guidata_OpeningFcn
(hObject, eventdata, handles, varargin)
    :
handles.number_errors = 0;            % 自行新增變數
guidata(hObject, handles);
```

在結構矩陣型變數 handles 下，新增一個變數 number_error，再利用指令 guidata 將資料存入，才能被其他反應函數取得。請注意，每

---

[15] 共用變數在傳統上就是全域變數的概念，可以為程式內所有函數共同使用。函數內的變數稱為區域變數，效用僅及於函數內。學習程式設計都會被警告慎用全域變數，除非萬不得已，否則少用為妙。

[16] 當反應函數被呼叫時，變數 handles 都會被當作輸入參數，藉此傳遞畫面中所有物件的代碼。

[17] 當一個 GUI 程式被開啟時，程式會陸續執行前面三個函數，其中前兩個負責執行一些必要的啟動設定。而第二個以 _OpeningFcn 為字尾的函數 sliderbox_guidata_OpeningFcn，是程式設計者可以介入的開始。

個反應函數被呼叫時都會帶入 handles，這個結構矩陣型變數由系統控制並負責傳遞給被呼叫的函數。想擴充新的變數，通常選擇在這個開啟的函數裡建立。

本範例的 GUI 程式在**編輯文字**控制元件裡處理了資料共用的問題。當使用者輸入數字並按下「Enter」鍵後，反應函數做了幾件事：[18]

1. 檢查輸入的數字是否在預設的 0 與 1 之間。
2. 如果數字合於規定，則設定旁邊的**拉桿**到指定位置。
3. 如果數字不合規定，則累計錯誤數字於共用變數 handles.number_error，並在文字方框中輸出對應文字與累計的錯誤次數，如圖 14.19 (b)。

變數 handles.number_error 記錄錯誤的次數的共用資料做法如下：

```
handles.number_errors = handles.number_errors +1;
guidata(hObject, handles);    % 將資料存入，交由 MATLAB 管理
set(hObject, 'String',['You have entered an invalid entry 2 times
num2str(handles.number_errors), 'times']
```

也就是先將計數器加 1，再利用指令 guidata 存入，最後合併一些警告文字顯示在**編輯文字**裡。

除了上述的 GUIDATA 方式外，MATLAB 也在示範程式裡建議另一種做法。[19] 每個 GUI 元件都具備一個 UserData 的特性 (property)，用來儲存使用者資料。以本範例為例，可以將計數器放在**編輯文字**這個控制元件的 UserData 裡。

---

[18] 本範例討論的 sliderbox_guidata 程式是內建程式，讀者可以在 MATLAB 的目錄裡搜尋得到。

[19] 讀者可以在 MATLAB Help 裡輸入關鍵字「sliderbox」或「Sharing data with UserData」查到資料共用的範例，不但可以直接執行，也可以下載原始程式作為參考。

## 範例 14.6

前一個範例說明如何在同一個 GUI 下共用資料。本範例將前範例的**編輯文字**與**拉桿**分別放置在不同的 GUI 畫面,主程式名為 MATLAB_gui_7,從屬程式為 MATLAB_gui_8。並介紹如何在多個 GUI 間傳遞資料。圖 14.20 展示兩個 GUI 間資料傳遞的示意圖。其運作如下:

(a)

(b)

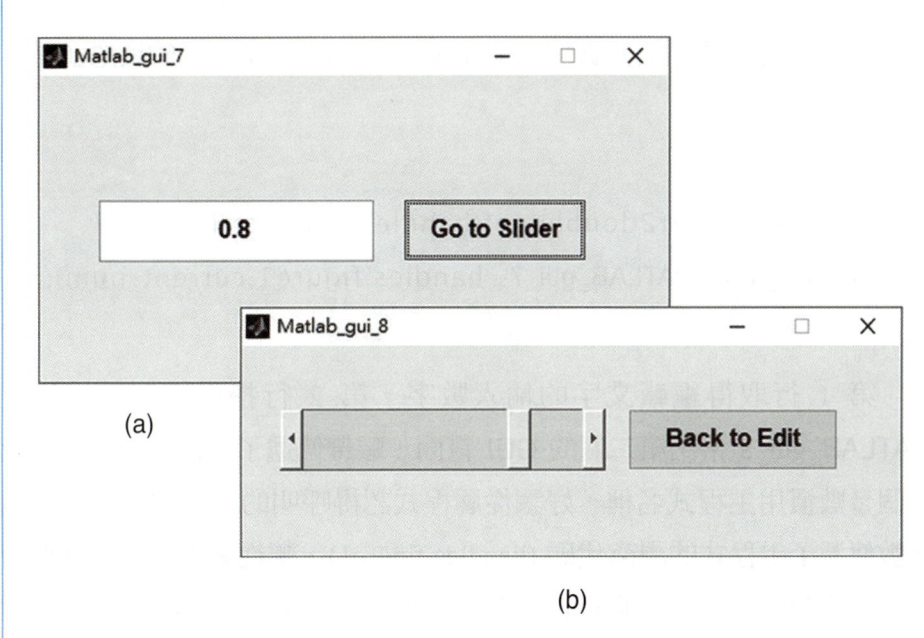

● 圖 14.20　多個 GUI 畫面的資料共用技術

1. 當使用者在**編輯文字**填入數值後,按「Go to Slider」開啟另一個含**拉桿**的 GUI (圖 14.20(b)),並將**編輯文字**輸入的數值反應到**拉桿**上。
2. 當使用者拉動**拉桿**後,按「Back to Edit」,畫面結束並將**拉桿**的現值反應到原視窗的**編輯文字**。

也就是在任一視窗改變的資料將反應到另一個視窗,或說在兩個視窗間傳遞資料。

首先，分別製作兩個 GUI 程式：一個作為主程式 (假設檔名為 MATLAB_gui_7)；另一個作為從屬程式 (假設檔名為 MATLAB_gui_8)。通常從屬程式執行時，使用者不能切換到主程式，一來通常沒必要，二來容易引起不必要的麻煩。所以在設計從屬程式的佈局時，需要在特性表中找到 WindowStyle 並設為 modal，[20] 將來呈現時會限制使用者切換視窗。

對主程式而言，主要動作發生在按鈕「Go to Slider」的反應函數，示範指令如下

```
current_num=str2double(get(handles.edit1,'string'));
MATLAB_gui_8('MATLAB_gui_7', handles.figure1,current_num);
```

第 1 行取得**編輯文字**的輸入數字。第 2 行指令呼叫從屬程式 MATLAB_gui_8 帶出第二個的 GUI 畫面，順帶傳遞了三個參數過去。第一個參數慣用主程式名稱，好讓從屬程式認得呼叫的主程式。[21] 第二個參數傳遞了主程式的視窗代碼 (handles.figure1)，讓從屬程式可以回傳資料。第三個參數傳遞了前面取得的**編輯文字**內的數字。當從屬的 GUI 程式 (MATLAB_gui_8) 被呼喚時，會在字尾為 _OpeningFcn 的函數中做一些初始設定。譬如下列的程式碼在 MATLAB_gui_8 程式的 MATLAB_gui_8_OpeningFcn 函數中，[22] 用來接收資料並為交換資料做準備。

```
function Matlab_gui_8_OpeningFcn(hObject, eventdata, handles, varargin)
    ⋮
```

---

[20] 佈局畫面的每個控制元件有屬於自己的特性表，雙擊該元件便可叫出特性編輯視窗。同樣地，視窗的本身也有一個特性表，雙擊任何背景處便能點出特性視窗。

[21] 多數時候這個名稱並沒有被使用到，讀者可以考慮略去不用。

[22] 程式設計者要自己到程式檔案找到這個函數 (前面數來第二個函數)。

```
handles.new_number=varargin{3};
                    % 將主程式傳來的數字存在 handles 裡
handles.mainGUI=varargin{2};
                    % 將主程式傳來的主程式代碼存在 handles 裡
guidata(hObject, handles);
                    % 將 handles 新增的資料儲存備用
set(handles.slider,'value', handles.new_number)
                    % 改變拉桿的高度
uiwait(handles.figure1);
```

前三個指令，利用 handles 來儲存共享資料，第四個指令直接調整拉桿的高度。最後一個指令 uiwait 則令程式的執行停留在此，直到遇到 uiresume 指令為止。指令 uiwait 與 uiresume 是控制 GUI 程式運作的慣用手法，初學者先用了再來研究。至此從屬程式已經透過參數的傳遞得到來自主程式的資料，並且取得視窗的主導權 (不能切換到任何視窗)，接下來使用者可以調整拉桿的高度，並在結束視窗前將高度傳回主程式。但如何將從屬程式的資料傳回主程式呢？在按鈕「Back to Edit」的反應函數中，執行下列指令：

```
mGUI=guidata( handles.mainGUI);           % 取得主程式代碼
current_num=get(handles.slider,'value');  % 取得拉桿高度值
set(mGUI.edit1,'string', current_num)
                    % 將高度值寫回主視窗的**編輯文字**
uiresume(handles.figure1);   % 交還主控權回到 uiwait 的位置
```

第一個指令將原先儲存在 handles 裡的主程式代碼變成真正的 handles 結構矩陣型變數，如此可以直接對主程式的物件做出任何動作，如第三行設定主視窗的**編輯文字**為拉桿的現值。最後的指令 uiresume 解

開方才 uiwait 的等待,直接將程式帶到字尾為 **_OutputFcn** 的輸出函數 MATLAB_gui_8_OutputFcn 中,準備離場。在這個函數裡,一般都會執行如下的動作:

```
function varargout = Matlab_gui_8_OutputFcn(hObject, ...
   eventdata, handles)
       ⋮
varargout{1}=[ ];
delete(hObject);                                        % 關閉視窗
```

這是標準做法,先用了再慢慢理解。如此一來,完成了資料在兩個 GUI 間交換。主程式 (主視窗) 以輸入參數的方式傳遞資料給從屬程式 (從屬視窗),而從屬程式則是將自己視窗中的拉桿值直接設定回主視窗的**編輯文字** (並沒有實際傳遞資料回主程式)。另一種用法是,從屬程式將拉桿的高度資料回傳給主程式,由主程式自己負責設定**編輯文字**的內容。此時必須改寫上述指令中的 varargout{1}=[ ] 的方式,改為

```
varargout{1}=get(handles.slider,'value')
```

原先主程式裡呼叫從屬程式的指令必須改為

```
sliderValue=MATLAB_gui_8('MATLAB_gui_7', handles. ...
   figure1,current_num);
set(handles.edit1, 'string', sliderValue)
```

第一個指令傳回資料給 sliderValue,再透過 set 設定編輯文字。

## Chapter 14
### MATLAB 圖形使用者介面設計

　　以上介紹了兩個視窗互相傳遞資料與設定元件的方式，讀者最好能自己從頭做起，一邊模仿，一邊想想。如果對傳遞的資料掌握不好或不知道是否傳遞正確，可以利用「偵錯模式」，讓程式執行停留在資料傳遞的接受端，再從命令視窗觀看變數內容，如圖 14.21 所示。在從屬視窗的第二個函數 _OpeningFcn 裡設定偵錯的停止點，然後執行主視窗的「Go to Slider」呼叫從屬視窗，此時程式將停在預設地點。當滑鼠指向欲觀察的變數 handles 時，畫面自動跳出 handles 內容。當然，也可以指向數入變數 varargin，觀察從主程式傳進來的所有內容。

　　另，本範例也呈現另一個常見的技術，如圖 14.22 左方**編輯文字**上的提醒文字「Enter a number in [0,1]」。提醒文字用來提示使用者正確地

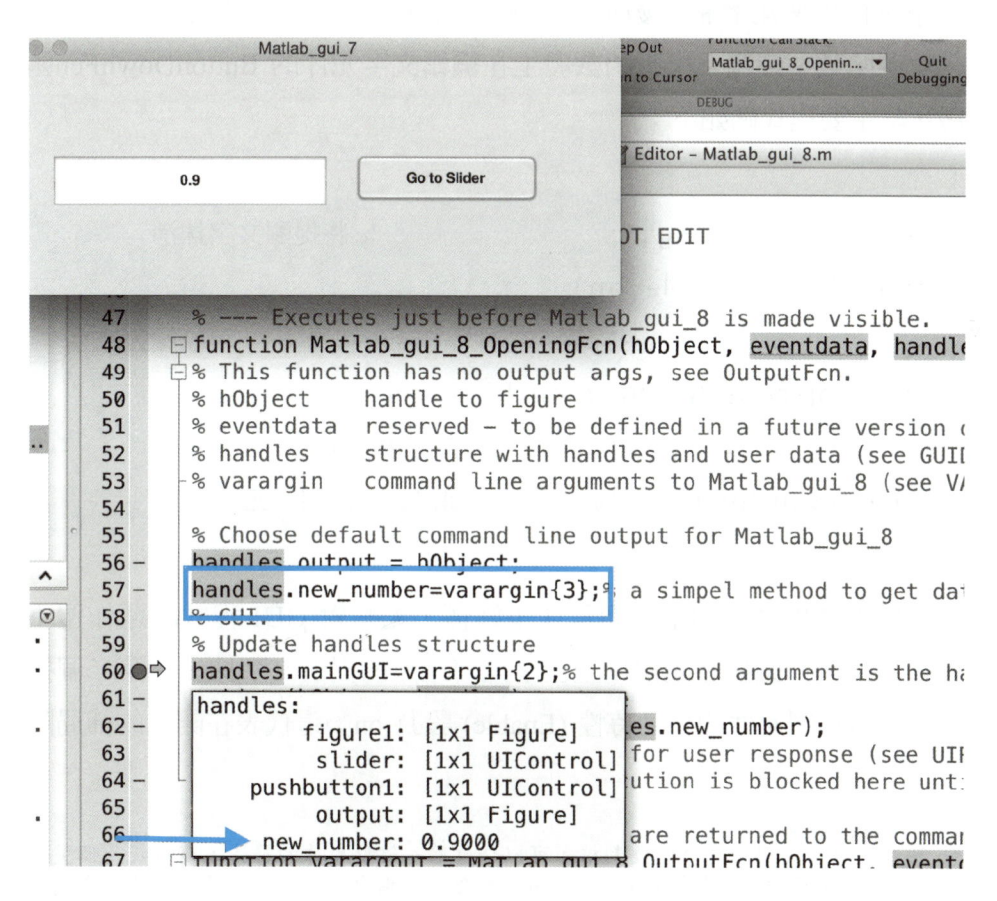

● 圖 14.21　透過「偵錯模式」觀察兩視窗間的資料傳遞

**377**

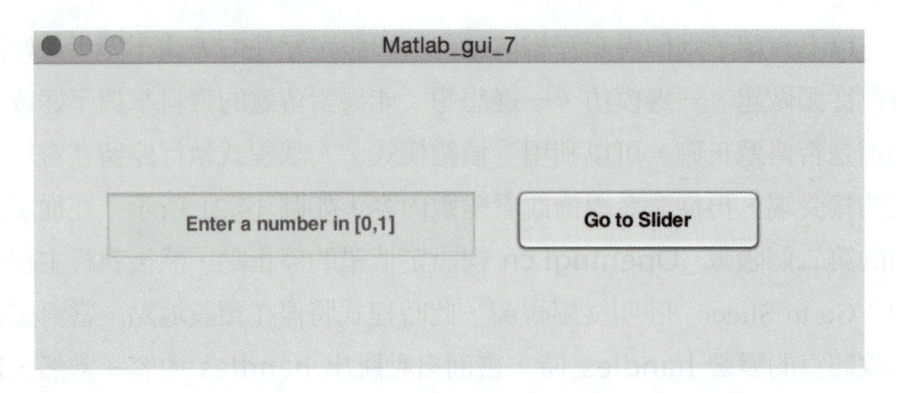

**Coding Math**：寫 MATLAB 程式解數學

▶ 圖 14.22　控制元件**編輯文字**上的提醒文字技術

輸入內容，[23] 當使用者將滑鼠移至該處並按下後，提醒文字立刻消失，留下空白供使用者輸入數值。這個技術分成兩部分：「特性編輯」與「反應函數」撰寫。反應函數發生在**編輯文字**元件的 ButtonDownFcn 函數，[24] 主要程式碼如下：

```
set(hObject, 'string','');              % 將提醒文字抹消
set(hObject, 'Enable','on');
                   % 設定特性「Enable」為 on，可以輸入文字
set(hObject,ButtonDownFcn',[ ]);
                   % 刪除反應函數 ButtonDownFcn
uicontrol(hObject);    % 重做一個編輯文字控制字元
```

這幾個指令對初學者而言並不好懂，尤其對 GUI 程式的運作還不熟練時。第一個指令先使用空白字元將原來的提醒文字抹去。第二個指令將這個控制元件的驅動特性 (Enable) 設為 on。這代表在開始的佈局階

---

[23] **編輯文字**給使用者完全的控制權，可以任意輸入鍵盤允許的符號，這無疑是個災難的開始。GUI 設計者最好不要給使用者有犯錯的機會，上上策便是引導使用者輸入正確的內容，之後才在程式裡做適當的檢查與錯誤警告。

[24] 同樣在該控制元件上用滑鼠右鍵，在「View Callbacks –> ButtonDownFcn」。

段,這個**編輯文字**的 Enable 特性必須設為 off 或 inactive,方能讓滑鼠按下時呼叫 ButtonDownFcn 這個反應程式。一旦進入後,立刻設回 on,並在第三個指令註銷 ButtonDownFcn 的反應程式,最後用控制元件的生成指令 uicontrol 重新設定元件,恢復**編輯文字**的一般使用模式。[25]

### 範例 14.7

GUI 的設計除了應用畫布空間之外,還可以使用一般軟體常見的「Menu Bar」,也就是通常出現在視窗左上角的選單,如圖 14.23。這提供設計者更多選擇,特別是一般軟體常用的「檔案」、「編輯」、「HELP」之類的選項,可以考慮移至 Menu Bar。

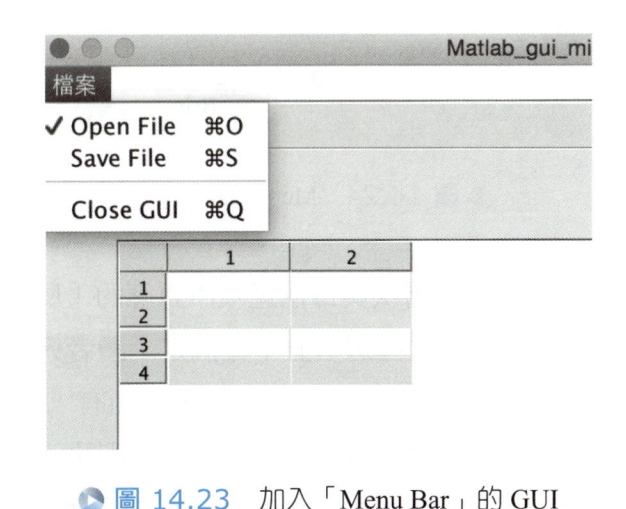

● 圖 14.23　加入「Menu Bar」的 GUI

加入「Menu Bar」項目的方法,首先點選佈局畫面上面的選單「Tools – Menu Editor」,喚出如圖 14.24 的編輯視窗。「Menu Editor」可以設計兩種選單:一個叫「Menu Bar」,也就是本範例所指的選單;另一個是「Context Menus」,將在範例 14.8 示範。圖 14.24 呈現 Menu

---

[25] 這個帶有提示文字的技巧算是**編輯文字**的特殊使用方式。讀者若不能理解為什麼要先設 Enable 為 off,然後再執行這四個指令。先不問其所以然,只要能解決問題,用了再說吧!

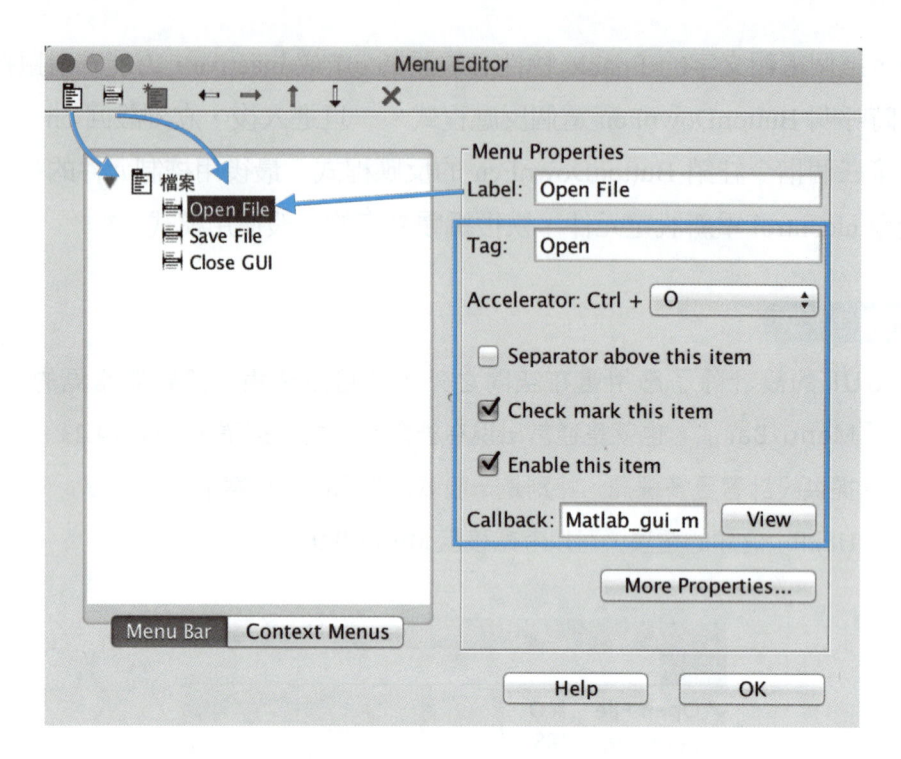

● 圖 14.24　Menu Bar 設定

Bar 的設定，主要是選單的層次與每個選項所對應的「反應函數」。有了前面 GUI 設計的基礎，這些選項並不難搞定，讀者只需反覆操作幾次便可輕鬆上手。譬如，傳統的「檔案」選單裡面有「Open File」、「Save File」與「Close GUI」這類的選項，並搭配快速鍵。讀者可以試著依照範例 14.7 的樣子，參考圖 14.24 的箭頭指示與方框中的各項功能，試著加入其他選單與選項並玩玩這些功能。

「Menu Bar」當然也牽涉到反應函數，才能有所反應。圖 14.24 展示「Open File」的製作，其中方框最下面的「Callback」就是指反應函數，一般都是按右邊的「View」按鈕，自動帶到同前面示範的反應函數裡。以「Open File」的傳統功能為例，自然是去開檔讀檔，這些作業可以參考範例 14.4 的表格讀檔程式 (直接拷貝，稍微修改即可)。

Chapter 14
MATLAB 圖形使用者介面設計

## 範例 14.8

GUI 的畫面空間隱藏另一個小世界，如圖 14.25。當使用者在某個物件上點滑鼠右鍵時 (譬如圖 14.25 中的表格)，跳出來的選單叫「Context Menus」，提供在該物件上額外的功能選項。這個功能可以避免畫面過於擁擠的困擾，其角色與 Menu Bar 類似。本範例擴增前範例的功能，在資料讀進表格後，在表格任何位置按滑鼠右鍵帶出「Context Menus」選單，提供三個畫圖選項：Histogram、Box Plot 與 ECDF 圖，展現資料的圖形。

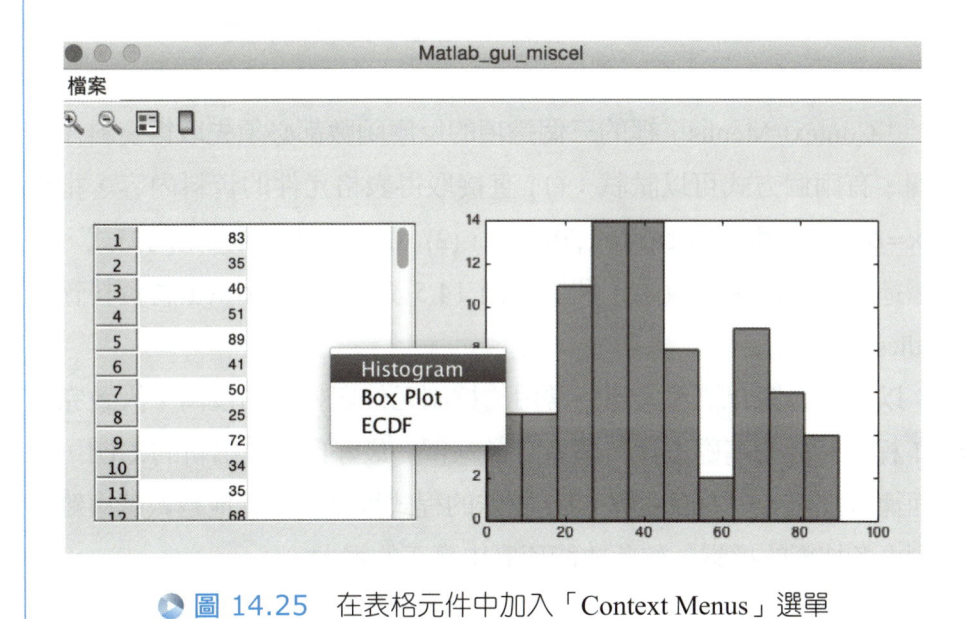

▶ 圖 14.25　在表格元件中加入「Context Menus」選單

　　Context Menus 的設定也是在「Tools – Menu Editor」裡與「Menu」並列。這個功能類似下拉式選單，以下列出幾個製作的重點：(1) 建立「ContextMenu」選單，並給予一個名稱，如 table_context，(2) 加入選項並為每個選項指定反應函數，方式同前面「Menu」選項的反應程式，(3) 在目標物件 (也就是按右鍵的那個物件，在本範例是指表格，標籤為 table1) 的特性設定裡找到 UIContextMenu，並指定與名為 table_context 的 ContextMenu 配合 (如圖 14.26)，如此便大功告成。

381

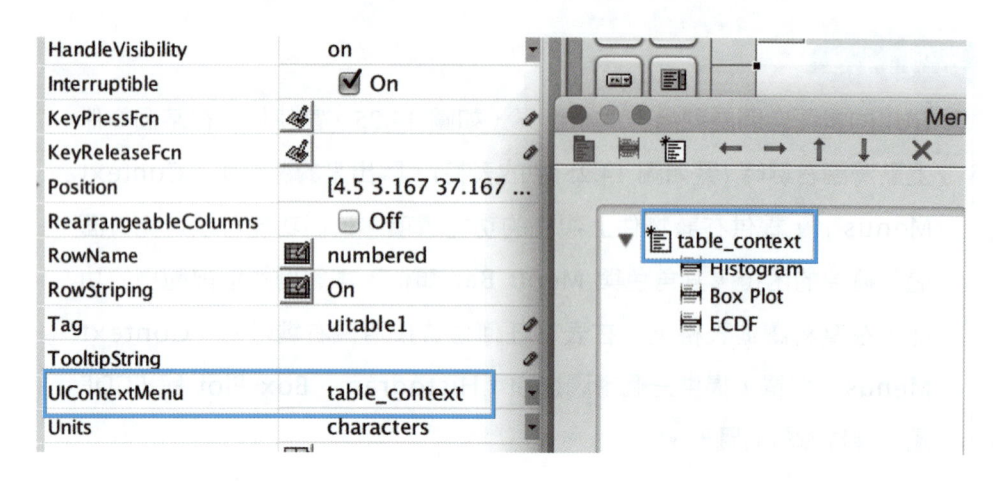

▶ 圖 14.26 「Context Menus」與元件的設定

「Context Menus」裡的三個選項的反應函數都必須先取得資料才能畫圖，有兩個方式可以試試：(1) 直接取得表格元件的資料內容，指令如 x=get(handles.uitable1,'data')，(2) 可以利用資料共用的方式，先在讀進資料的反應函數內，利用範例 14.5 介紹的 guidata 將資料存進 handles 裡。

以上的範例介紹了大部分常用的控制元件與相關的技術，大致完成 GUI 程式設計的基礎工程。讀者宜多練習，最好自己做出新的 GUI，一方面練習技術，一方面理解 GUI 特殊的程式觀點。慢慢地越做越複雜，碰到更多技術的挑戰，如此才能琢磨出真正的實力。

## 14.4 觀察與延伸

1. 範例 14.2 提及增加一個如範例 14.1 的畫圖按鈕，讓程式一開始的動線比較清楚、自然。這涉及多個控制元件的反應函數同時使用同一段程式碼的問題。從程式設計的角度來看，絕不能在每個反應函數放上一段相同的程式碼，這會是災難一場。一般做法都是另做一個函數來放置相同的程式碼，如此一來，需要做此反應的元件只需呼叫該函數即可。這個做法如圖 14.27 裡的函數 sketch_graph(handles) 所示。原來的反應函數則只剩下一條指令：sketch_graph(handles)。

```
% --- Executes on button press in pushbutton2.
function pushbutton2_Callback(hObject, eventdata, handles)
% hObject     handle to pushbutton2 (see GCBO)
% eventdata  reserved - to be defined in a future version 
% handles    structure with handles and user data (see GUI
sketch_graph(handles)

function sketch_graph(handles)
% 繪製 PDF 與 CDF 圖
mu=str2double(get(handles.edit1,'string'));
s=str2double(get(handles.edit2,'string'));
g=get(handles.checkbox1,'value');
t=get(handles.checkbox2,'value');
grphandle=get(handles.uipanel1,'SelectedObject');
disttype=get(grphandle,'String');
```

● 圖 14.27　反應函數 pushbutton2_Callback 與其呼叫的函數 sketch_graph

2. 一般 GUI 視窗都會有一個「離開」的按鈕，來結束整個畫面。這個結束程式的反應函數可以這樣寫：

```
exit=questdlg('關閉 xxx?','NTPUstat','YES','NO','NO');
if strcmp(exit, 'YES')
    close(gcf)
end
```

其實關閉應用程式只要最後一行 close(gcf) 即可，但一般處理上會加上詢問的對話盒，目的在避免使用者誤觸「離開」按鈕或忘了儲存結果，導致不可挽回的錯誤。無論如何，一個好的應用程式都要有這道保險的手續，即使惹得使用者覺得不方便都不可省略，因為這是程式設計者的責任。

3. 細心的 GUI 設計常利用**靜態文字**寫一些小叮嚀或短訊，幫助使用者操作，以縮短學習的時間。但若非三言兩語可以說清楚的，可以直接做成檔案或連結到網頁上，使用者只要按下按鈕即可。[26] 這個反應函數程式可以這樣寫：

```
open xxx.pdf
```

這個指令會帶出瀏覽器並在裡面開啟檔案。若要連接到某個網頁 (譬如臺北大學首頁)，改成

```
web http://www.ntpu.edu.tw/
```

4. 通常一個 GUI 程式被呼叫時，其程式 (函數) 被呼叫的順序為 (假設檔名為 foo.m) foo, foo_OpeningFun，最後是 foo_OutputFun。GUI 畫面在函數 foo 裡面被開啟。這三個函數被順序執行後，程式結束，GUI 畫面停在螢幕上等待使用者做動作，之後便都是執行反應程式。除非在 foo_OpeningFun 做出 uiwait，迫使程式暫留，直到在某個反應函數執行 uiresume 為止，程式才跑到 foo_OutputFun，結束程式。這個暫留動作讓程式有機會傳回資料給呼叫它的主程式，達到資料傳遞的任務。

5. GUI 程式有時候會在不同電腦上開啟，為避免因螢幕大小造成視窗外觀不利觀賞使用，設計時可以加入一個選項，使 GUI 程式在開啟後可以允許使用者調整外觀的大小。程式設計者只要在佈局畫面的選單中選「Tools – GUI Options」裡的第一項，Resize bahavior，選擇「Proportional」即可。

6. GUI 用表格呈現資料時，習慣將列的底色交錯出現 (row stripping effect)，方便閱讀。這個功能在**表格**元件特性編輯視窗指定，如圖 14.28 所示。

---

[26] 當然也可以用範例 14.7 或範例 14.8 的選單。

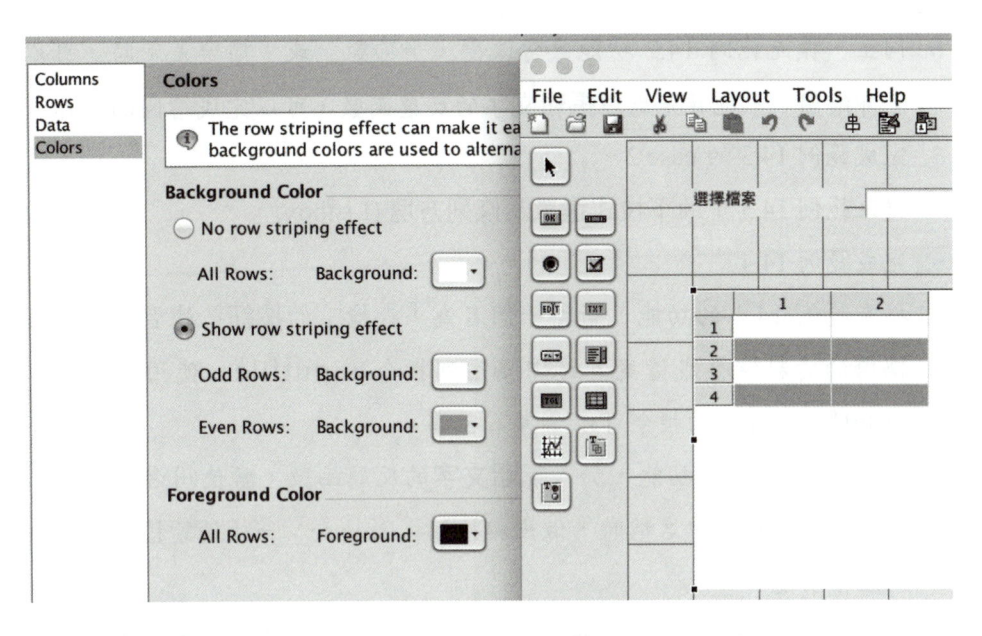

● 圖 14.28　表格元件的列顏色交錯設計

## ⏱ 14.5　習題

1. 從範例 14.1 的說明，準確地撰寫反應函數以取得使用者輸入的平均值與標準差；最後繪圖，完成一個簡單的 GUI 程式。

2. 從範例 14.2 的說明，完成以**單選按鈕**的反應函數來繪圖，能正確畫出 PDF 圖與 CDF 圖。

3. 擴充範例 14.2 功能，除了如前題以**單選按鈕**啟動繪圖外，加入一個「畫圖」的**按鈕**控制元，專司繪圖。依第 14.4 節「觀察與延伸」中關於反應函數中再拉出新函數的技巧 (如圖 14.27) 完成程式。[27]

4. 擴充範例 14.2 功能，當核取「格線」的**複選核取方塊**時，立即在繪圖區加入格線 (處理「格線」的 Callback Function)。

5. 同上，擴充範例 14.2 功能，當核取「標題」的**複選核取方塊**時，立即在繪圖區加入標題。

---

[27] 理論上函數可以放在同一支函數的程式裡，也可以是獨立的一支函數程式。但顧及管理方便及該函數的專用特性，還是會選擇不另存為獨立檔案。

6. 同上，擴充範例 14.2 功能，當改變「平均數」或「標準差」時，可以立即繪圖。[28] 也就是處理**編輯文字**的反應函數，可以完成繪圖的工作。
7. 完成範例 14.3 的 case 2。
8. 更改範例 14.3 中的**下拉式選單**為**條列方塊** (Listbox)。
9. 完成範例 14.4。
10. 擴充範例 14.4 的功能，新增一個名為「存檔」的**按鈕**，練習將目前**表格**內的資料儲存成檔案。這需要用到指令 uiputfile，使用方式類似 uigetfile。存檔的指令可以參考第 3 章。
11. 擴充範例 14.4 的功能，加入**編輯文字**的反應函數，當使用者直接輸入正確的檔案路徑與名稱時，做出與按鈕「Browse」一樣的讀檔與寫資料到表格功能。
12. 完成範例 14.5，包括在**編輯文字**的反應函數加入檢查輸入數字是否超過規定，並設定**拉桿**到相對位置。另外，在**拉桿**的反應程式加入動作，將**拉桿**所在的位置數字 (0 與 1 之間) 寫入**編輯文字**中。
13. 模仿範例 14.5，製作一個單一視窗的資料共用 GUI。
14. 改寫範例 14.5，讓欲共用的資料儲存在**編輯文字**的特性 UserData 中。
15. 製作如範例 14.7 中描述的 GUI (如圖 14.23)，加入表格與選單。在選單中加入如圖的「Open File」並撰寫如範例 14.4 的反應程式，並將檔案內容寫到表格裡。
16. 完成範例 14.8 介紹的畫圖選項，並利用資料共用的方式取得畫圖時所需的資料。

---

[28] 讀者將發現**編輯文字**的反應出現在輸入數字後按「RETURN」鍵時，或滑鼠游標移到別的地方時。

# 索引

Direct Search　162
EM Expected and Maximization　319
EM 演算法　337
EXCEL　66
GUIDE　GUI Design Environment　346
Hessian Matrix　210
LineWidth　38
QQ 圖　245
Set Path　62
T 分配　235
TXT　65
Z-Score　55

## 二畫

二分法　Bi-Section　171
二項分配　236

## 三畫

上四分位數　75th Percentile　249
上鬚　Upper Whisker　249
下四分位數　25th Percentile　249
下鬚　Lower Whisker　249
工作區資料視窗　Workspace　5

## 四畫

中斷點　Breakpoints　173
內建的變數　nargin　128
反註解行　Uncomment　59
反應函數　Callback Functions　348, 352
日期/時間　Dates and Times　11
牛頓法　Newton-Raphson Method　142, 167, 168, 187, 209

## 五畫

出現頻率　frequency table　139
卡方分配　231
四則運算　26
立體圖　188

## 六畫

向量的長度　53
向量的運算　54
多項式的根　134
多變量函數的極值　186
字元/字串　Characters/Strings　10

## 七畫

低階檔案存取　71
均方根誤差　Root Mean Squared Error　342
貝他分配　234

## 八畫

函數的根　132, 133
函數憑證　Function Handle　43
函數憑證　Function Handles　17
初始值　143, 149, 177
命令視窗　Command Window　4
定點法　151
抽樣分配　87
版面區　Layout Area　348
直方圖　240
表格　Tables　12
非限制式　Unconstrained　195

387

## 九畫

指令歷史紀錄視窗　Command History　5
限制式條件　201
限制式極值　Constraint Optimization　180

## 十畫

索引變數　78
迴圈　75
迴圈的停止條件　177
除錯工具　Debug Tool　173

## 十一畫

副程式　117, 122, 161
動畫　84
匿名函數　Anonymous Function　42, 125, 137
區段程式　60
區域最大值　Local Maximum　156
區域最小值　Local Minimum　156
常態機率圖　Normal Probability Plot　245
控制元件　348
混合常態　325
符號運算　98, 133
終止迴圈　147
莖葉圖　236

## 十二畫

散佈圖　57, 255
最大概似估計法　Maximum Likelihood Estimation, MLE　181

最陡坡法　Steepest Descent　167, 187, 210
無限迴圈　172
畫多邊形的面積　111
程式　76
程式除錯　173
程式路徑表管理　62
等高線圖　188
結構矩陣　Structure Arrays　15
結構矩陣型變數　120
註解行　Comment　59
階梯圖　Stairs Plot　107
黃金比例　Golden Ratio　171

## 十三畫

亂數　239
微分　98
經驗累積分配函數圖　89, 240
蜂巢矩陣　Cell Arrays　16
路徑管理　Set Path　127

## 十四畫

圖形視窗　Figures　5
演算法　142, 166, 320
演算法的停止條件　147
演算法停止條件　319
遞迴迭代　Iterative　142, 144

## 十五畫以上

數值運算　100, 103
樣本　239
編輯子視窗　59

索引

編輯視窗　Editor　5
黎曼積分　Riemann Integral　104
積分　99
檔案目錄視窗　Current Folder　5
檔案讀取　63
隱函數　Implicit Function　42
雙精準度　Double-Precision　7
離散型分配　236
離群值 Outliers　250

顏色　17
類別矩陣　Categorical Arrays　14
讀取各式檔案　70
讀取圖片檔　69
讀取影片檔　69
讀取聲音檔　69
變數視窗　Variables　6
邏輯資料　Logical Data　18